JN290324

# 数学公式活用事典

### 新装版

秀島照次 編

朝倉書店

### 執 筆 者

秀島照次　町田デザイン専門学校・参事

町田　哲　文部省初等中等教育局主任教科書調査官・視学官

岩崎芳敬　東京都立武蔵村山高等学校・校長

水谷　弘　東京都立羽田高等学校・校長

# ●はしがき

　学校を卒業して実社会に出てから，仕事の上で数学を使う機会が多い方，あるいは今一度，数学を復習し見直ししたい方，あるいは高校生や大学生の方で数学が理解しにくく，進み方が遅くはかどらない方，こういう方々のために，少しでも役立つようにということでこの『数学公式活用事典』を編集いたしました．本書は厳密な純数学理論を学ぶとか，理論を追求して新しい定理や公式を考え出そうとするためのものではありません．数学の定理や公式や理論を適宜タイミングよく利用し，数学の基礎を理解するとともに，数学を使って実務上の問題を解くための手がかりにしようとするものであります．

　いろいろな技術の解明や，実務上の問題を解くために数学が使われますが，この場合，数学は問題解決のための道具であろうと思います．したがって，この道具の性質や働きをよく知り，それを上手に使うことがより大切になります．私たちは物を作るときに，いろいろな道具を使いますが，その道具の内部や構造などについて詳しく知ることよりも，使用する目的に応じてどのように利用するかが大切だと思います．同様に数学を実務上に使う場合，数学そのものをよく知っていても必ずしもうまくいくとは限りません．数学の定理や公式を，その場合場合に応じて適切に利用できないと，実務上の問題解決はスムーズにはいかないのです．

　本書を執筆した私たちは，高等学校で数学を担当したり，技術教育に従事したりしていますが，数学教育には深い愛情と情熱を注いでいる者ばかりです．本書の編集にあたっては，簡潔で読みやすく，わかりやすく，そして実用的であることをモットーにしながら，特に次の点に留意いたしました．

　1．高等学校学習指導要領（昭和53年告示）に則り記述するが，特に基礎

的・基本的事項に重点をおく．

　2．配列は原則的に高校の教科書の配列に従うが，関連の深いものは同一の章にまとめる．

　3．各項目ごとに関連が深く，しかもわかりやすい例題をできるだけ多く提示する．

　4．各項目ごとに読み切りとし，その項だけ読んでも理解できるようにする．

　5．数学の発展に特に寄与した人々のプロフィールをのせ，先哲の業績や人となりに触れながら，学習の一助となるようにする．

　そのほか，三角関数表等の資料を巻末に掲載しましたが，最少限にとどめました．また急ぎのときなどに有効に使っていただくために，索引を作成いたしました．

　数学の内容も時代の流れとともに若干変わりつつありますが，その基礎となり基本となる内容は変わりないと思います．本書は，実務的に活用できることをねらいとしており，内容も基礎的・基本的事項に十分しぼったつもりです．どうか本書をいつもそばに置いて，数学を生きた力として実際の問題解決に活用されることを期待しております．

　昭和60年1月20日

秀島照次

# ●目　次

## I. 代　数

1. **整　式**
   - 1.1　計算の法則　……………………………………………1
   - 1.2　整　式　…………………………………………………1
   - 1.3　整式の加法・減法・乗法　……………………………2
   - 1.4　乗法公式（展開公式）　………………………………4
   - 1.5　因数分解　………………………………………………6

2. **整式の除法と分数式**
   - 2.1　整式の除法　……………………………………………10
   - 2.2　約数と倍数　……………………………………………11
   - 2.3　分数式の加法・減法　…………………………………12
   - 2.4　分数式の乗法・除法　…………………………………13

3. **数と集合**
   - 3.1　実　数　…………………………………………………15
   - 3.2　平方根　…………………………………………………17
   - 3.3　数の集合　………………………………………………19
   - 3.4　複素数の加減乗除　……………………………………22

4. **2次方程式**
   - 4.1　2次方程式の解法　……………………………………24
   - 4.2　2次方程式の解と判別式　……………………………25
   - 4.3　解と係数の関係　………………………………………26

5. **高次方程式**　　　　　　　　　　　　　　　　　　　　29

6. **連立方程式**
   - 6.1　連立2元1次方程式　…………………………………31
   - 6.2　連立3元1次方程式　…………………………………32
   - 6.3　1次式と2次式の連立方程式　………………………34

7. **不等式**
   - 7.1　1変数の1次不等式　…………………………………36
   - 7.2　1変数の2次不等式　…………………………………38
   - 7.3　2変数の不等式　………………………………………40

## II. 関 数

**8. 2次関数**
- 8.1 関数とグラフ …………………………… 43
- 8.2 2次関数のグラフ ……………………… 44
- 8.3 2次関数の最大・最小 ………………… 47

**9. 分数関数**
- 9.1 分数関数 ………………………………… 50
- 9.2 逆関数 …………………………………… 52

**10. 無理関数** … 54

**11. 指数関数・対数関数**
- 11.1 累乗根とその性質 ……………………… 56
- 11.2 指数の拡張と指数法則 ………………… 57
- 11.3 指数関数とグラフ ……………………… 58
- 11.4 対数の基本性質 ………………………… 59
- 11.5 対数関数とグラフ ……………………… 61
- 11.6 指数・対数方程式, 不等式 …………… 61
- 11.7 常用対数 ………………………………… 63

**12. 三角関数**
- 12.1 正弦・余弦 ……………………………… 65
- 12.2 正 接 …………………………………… 66
- 12.3 三角比の性質 …………………………… 67
- 12.4 正弦定理 ………………………………… 69
- 12.5 余弦定理 ………………………………… 70
- 12.6 三角形の面積 …………………………… 71
- 12.7 一般角と弧度法 ………………………… 72
- 12.8 三角関数の定義 ………………………… 74
- 12.9 三角関数の性質 ………………………… 75
- 12.10 三角関数のグラフ ……………………… 77
- 12.11 加法定理 ………………………………… 78
- 12.12 三角方程式・不等式 …………………… 81

## III. 平面図形・空間図形

**13. 図形と式**
- 13.1 平面上の座標 ……………………………… 84
- 13.2 内分・外分 …………………………………… 85
- 13.3 軌　跡 ………………………………………… 87
- 13.4 図形の平行移動・対称移動 ………………… 88
- 13.5 斜交座標 ……………………………………… 90
- 13.6 極座標 ………………………………………… 92
- 13.7 座標変換 ……………………………………… 93

**14. 平面図形**
- 14.1 直線の方程式 ………………………………… 96
- 14.2 2直線の平行・垂直・交点 ………………… 98
- 14.3 円の方程式 …………………………………… 100
- 14.4 直線と円 ……………………………………… 101
- 14.5 放物線の方程式 ……………………………… 102
- 14.6 放物線の弦・接線・法線の方程式 ………… 103
- 14.7 放物線の主な性質 …………………………… 105
- 14.8 楕円の方程式 ………………………………… 106
- 14.9 楕円の弦・接線・法線の方程式 …………… 108
- 14.10 楕円の主な性質 ……………………………… 110
- 14.11 双曲線の方程式 ……………………………… 111
- 14.12 双曲線の弦・接線・法線の方程式 ………… 113
- 14.13 双曲線の主な性質 …………………………… 115
- 14.14 一般の2次曲線 ……………………………… 116

**15. 空間図形**
- 15.1 直交座標 ……………………………………… 119
- 15.2 極座標・円柱座標 …………………………… 121
- 15.3 直線の方程式 ………………………………… 122
- 15.4 2直線の関係 ………………………………… 124
- 15.5 平面の方程式 ………………………………… 126
- 15.6 点と直線・平面との距離 …………………… 127
- 15.7 2平面のなす角 ……………………………… 129
- 15.8 直線と平面のなす角 ………………………… 131
- 15.9 一般の2次曲面 ……………………………… 133

## IV. 行列・ベクトル

### 16. 行列式

- 16.1 行列式の定義 …………………………… 135
- 16.2 行列式の基本性質 ………………………… 136
- 16.3 小行列式・余因子 ………………………… 138
- 16.4 クラメルの公式 …………………………… 140

### 17. 行　列

- 17.1 行列の定義 ………………………………… 143
- 17.2 行列の和・差とスカラー倍 ……………… 144
- 17.3 行列の積 …………………………………… 146
- 17.4 逆行列 ……………………………………… 148
- 17.5 転置行列・対称行列・対角行列 ………… 149
- 17.6 連立方程式の解法 ………………………… 151
- 17.7 1次変換と行列 …………………………… 153
- 17.8 図形の1次変換 …………………………… 155
- 17.9 固有値 ……………………………………… 156

### 18. ベクトル

- 18.1 ベクトルの定義 …………………………… 159
- 18.2 ベクトルの和・差とスカラー倍 ………… 160
- 18.3 ベクトルの成分・内積 …………………… 162
- 18.4 ベクトルの外積 …………………………… 164
- 18.5 直線のベクトル方程式 …………………… 166
- 18.6 円のベクトル方程式 ……………………… 167

## V. 数列・極限

**19. 数　列**
- 19.1 数列とその和 …………………… 170
- 19.2 等差数列 …………………………… 171
- 19.3 等比数列 …………………………… 173
- 19.4 いろいろな数列 …………………… 175
- 19.5 数学的帰納法 ……………………… 177
- 19.6 漸化式 ……………………………… 179

**20. 数列の極限**
- 20.1 数列の極限 ………………………… 182
- 20.2 無限級数 …………………………… 184
- 20.3 無限等比級数 ……………………… 186

## VI. 微分法

**21. 関数の連続と極限**
- 21.1 関数の極限 ………………………… 188
- 21.2 関数の連続性 ……………………… 190

**22. 微分法**
- 22.1 微分係数 …………………………… 193
- 22.2 導関数 ……………………………… 194
- 22.3 平均値の定理 ……………………… 197

**23. 微分法の応用**
- 23.1 接線・法線 ………………………… 199
- 23.2 関数の値の変化 …………………… 200
- 23.3 極大・極小 ………………………… 201
- 23.4 曲線の凹凸，変曲点 ……………… 202
- 23.5 漸近線 ……………………………… 204
- 23.6 関数のグラフ ……………………… 205
- 23.7 速度・加速度 ……………………… 206
- 23.8 近似式 ……………………………… 208

## VII. 積分法

**24. 不定積分**
- 24.1 不定積分 …… 210
- 24.2 置換積分法 …… 211
- 24.3 部分積分法 …… 213
- 24.4 有理関数の積分 …… 214
- 24.5 いろいろな関数の積分 …… 216

**25. 定積分**
- 25.1 定積分とその基本性質 …… 219
- 25.2 置換積分法 …… 220
- 25.3 部分積分法 …… 222
- 25.4 定積分のいろいろな公式 …… 222
- 25.5 定積分の近似値 …… 225

**26. 積分法の応用**
- 26.1 面積 …… 226
- 26.2 体積 …… 227
- 26.3 曲線の長さ・道のり …… 229
- 26.4 回転体の表面積 …… 231
- 26.5 微分方程式 …… 232

## VIII. 順列・組合せ

**27. 場合の数**
- 27.1 集合 …… 235
- 27.2 集合の要素の個数 …… 237
- 27.3 和・積の法則 …… 239
- 27.4 樹形図と直積 …… 240

**28. 順列・組合せ**
- 28.1 順列 …… 243
- 28.2 組合せ …… 245
- 28.3 二項定理 …… 247

## IX. 確率・統計

**29. 確 率**
- 29.1 確率の定義 ……………………………………249
- 29.2 確率の基本性質と加法定理 …………………250
- 29.3 条件付確率 ……………………………………251
- 29.4 事象の従属・独立 ……………………………253
- 29.5 期待値 …………………………………………255
- 29.6 試行の独立 ……………………………………256

**30. 度数分布・確率分布**
- 30.1 表とグラフ ……………………………………258
- 30.2 代表値 …………………………………………259
- 30.3 散布度 …………………………………………262
- 30.4 相関関係 ………………………………………264
- 30.5 相関係数 ………………………………………265
- 30.6 確率分布 ………………………………………266
- 30.7 離散的確率変数の平均値と標準偏差 ………267
- 30.8 二項分布 ………………………………………269
- 30.9 その他の離散的確率分布 ……………………270
- 30.10 連続変数の平均値と分散・標準偏差 ………271
- 30.11 一様分布 ………………………………………273
- 30.12 正規分布 ………………………………………274
- 30.13 その他の分布 …………………………………276
- 30.14 中心極限定理 …………………………………277

**31. 推定・検定**
- 31.1 標本調査 ………………………………………279
- 31.2 母平均の推定 …………………………………279
- 31.3 母比率の推定 …………………………………281
- 31.4 母平均の検定 …………………………………282
- 31.5 母比率の検定 …………………………………285

付 表 ……………………………………………………289
索 引 ……………………………………………………295

### 数学者のプロフィール

| | |
|---|---|
| ピタゴラス 9 | ユークリッド 14 |
| タルタリア 28 | デカルト 35 |
| フェルマ 42 | パスカル 53 |
| ニュートン 55 | 関 孝和 64 |
| ライプニッツ 83 | ラプラス 95 |
| ガウス 118 | コーシー 142 |
| アーベル，ガロア 192 | ボリヤイ 198 |
| ワイヤシュトラス 218 | ポアンカレ 242 |
| ヒルベルト 278 | 高木貞治 287 |
| ブルバキ 287 | |

# I. 代　　数

## 1. 整　　式

### 1.1 計算の法則

数の加法と乗法について，次の法則が成り立つ．

**交換法則**
$$a+b=b+a, \quad ab=ba$$

**結合法則**
$$(a+b)+c=a+(b+c), \quad (ab)c=a(bc)$$

**分配法則**
$$a(b+c)=ab+ac, \quad (a+b)c=ac+bc$$

$aa$ を $a^2$ と書き，$a$ の **2乗** または **平方** という．$aaa$ を $a^3$ と書き，$a$ の **3乗** または **立方** という．一般に，$a$ を $n$ 個掛けあわせたもの $\underbrace{aa\cdots a}_{n\text{個}}$ を $a^n$ と書き，$a$ の **$n$乗** という．

$a^1=a$ である．$a^1, a^2, a^3, a^4, \cdots, a^n$ を $a$ の **累乗** と総称し，累乗 $a^n$ に対して $n$ をその **指数** という．

[例] $a^2 a^3 = (aa)(aaa) = a^5 = a^{2+3}$
$(a^2)^3 = (aa)(aa)(aa) = a^6 = a^{2\times 3}$
$(ab)^3 = (ab)(ab)(ab)$
$\quad = (aaa)(bbb) = a^3 b^3$

これらの例から，一般に次の指数法則が成り立つ．

**指数法則**：正の整数 $m, n$ に対して
$$a^m a^n = a^{m+n}, \quad (a^m)^n = a^{mn}$$
$$(ab)^n = a^n b^n$$

---

**例題 1**

次の計算をせよ．
(1) $a^2 a^4$　(2) $(a^2 b^3)^2$　(3) $x^2 x^3 x^4$

[解答] (1) $a^2 a^4 = a^{2+4} = a^6$
(2) $(a^2 b^3)^2 = a^{2\times 2} b^{3\times 2} = a^4 b^6$
(3) $x^2 x^3 x^4 = x^{2+3+4} = x^9$

---

**例題 2**

次の計算をせよ．
$$(-2x^2 y)(3xy^2)^2$$

[解答] $(-2x^2 y)(3xy^2)^2$
$= (-2x^2 y) 3^2 x^2 (y^2)^2 = -18 x^4 y^5$

---

文字を含む式の計算も，数と同じ法則に従う．数や文字の積の形の式を **単項式** という．たとえば，$3x^2, 2x^2 y, (-8)x, b^3$ は単項式である．単項式において，掛けあわせた文字の個数をその単項式の **次数** といい，文字を除いた数の部分をその単項式の **係数** という．

### 1.2 整　　式

いくつかの文字や数の積として表される式を **単項式** という．たとえば
$$x, \quad -3x^2 y^3, \quad \frac{3}{5}xy^2 z$$
などは単項式である．

単項式において，掛けあわせた文字の個数をその**単項式の次数**といい，文字を除いた部分をその**単項式の係数**という．

―― 例題 1 ――
次の単項式の次数と係数をいえ．
(1) $4x^2$　(2) $3x^2y$　(3) $\frac{1}{2}a^3bc^2$

[解答]

|  | $4x^2$ | $3x^2y$ | $\frac{1}{2}a^3bc^2$ |
|---|---|---|---|
| 次数 | 2 | 2+1=3 | 3+1+2=6 |
| 係数 | 4 | 3 | $\frac{1}{2}$ |

単項式またはいくつかの単項式の和の形に書かれている式を，**整式**または**多項式**という．それぞれの単項式をその整式の**項**という．単項式は項が一つしかない整式である．一つの整式において，着目した文字の部分が同じである項を**同類項**という．同類項を含む整式は，次の例のように，同類項をそれぞれ一つにまとめて整理することができる．

[例] $3x^2+4x-2-x^2+2x-4$

$\qquad = 3x^2-x^2+4x+2x-2-4$
$\qquad = (3-1)x^2+(4+2)x+(-2-4)$
$\qquad = 2x^2+6x-6$

整式の同類項をまとめたのち，各項の次数のうちで最大のものをその**整式の次数**という．また，文字を含まない項を**定数項**という．

[例] $2x^2+6x-6$ の整式の次数は 2 であり，定数項は $-6$ である．

整式を整理するとき，ある文字に注目して同類項をまとめ，次数の高い項から低い項へと順に並べることを，**降べきの順に整理する**といい，これと逆に，次数の低い項から順に書くことを**昇べきの順に整理する**という．

―― 例題 2 ――
次の式を $x$ について降べきの順に整理し，その次数と定数項をいえ．
(1) $3ax+5ab+x^2-4bx$
(2) $2x^2y-4y+5x-x^2+2$
(3) $2y^3-3xy^2+x^2+2xy$

[解答]
(1) $x^2+(3a-4b)x+5ab$
　　次数 2，定数項 $5ab$
(2) $(2y-1)x^2+5x-4y+2$
　　次数 2，定数項 $-4y+2$
(3) $x^2+(-3y^2+2y)x+2y^3$
　　次数 2，定数項 $2y^3$

## 1.3　整式の加法・減法・乗法

■ **整式の加法・減法**

整式 $A$, $B$ の加法は，式 $A+B$ をつくり同類項をまとめて整理する．また $A$ から $B$ を引く減法では，$B$ の各項の符号を変えた式を $-B$ として，加法 $A+(-B)$ を行えばよい．すなわち

$\qquad A-B=A+(-B)$

―― 例題 1 ――
次の整式 $A$, $B$ の和 $A+B$，差 $A-B$ を計算せよ．
$\qquad A=x^3+4x^2y-2xy^2+5y^3$
$\qquad B=2x^3+5xy^2-3y^3$

[解答 1] 同類項ごとに係数をまとめる.
$$A+B=(1+2)x^3+4x^2y+(-2+5)xy^2$$
$$+(5-3)y^3$$
$$=3x^3+4x^2y+3xy^2+2y^3$$
$$A-B=(1-2)x^3+4x^2y+(-2-5)xy^2$$
$$+(5+3)y^3$$
$$=-x^3+4x^2y-7xy^2+8y^3$$

[解答 2]
$$
\begin{array}{r}
A+B \quad x^3+4x^2y-2xy^2+5y^3 \\
+)\ 2x^3 \qquad\quad +5xy^2-3y^3 \\
\hline
3x^3+4x^2y+3xy^2+2y^3
\end{array}
$$

$$
\begin{array}{r}
A-B \quad x^3+4x^2y-2xy^2+5y^3 \\
-)\ 2x^3 \qquad\quad +5xy^2-3y^3 \\
\hline
-x^3+4x^2y-7xy^2+8y^3
\end{array}
$$

■ **整式の乗法**

単項式の乗法では,次の**指数法則**が用いられる.多項式の乗法では,分配法則によって単項式の乗法に帰着する.

$m$, $n$ が正の整数であるとき
$$a^m a^n = a^{m+n}$$
$$(a^m)^n = a^{mn}$$
$$(ab)^n = a^n b^n$$

整式の乗法は,単項式の積の求め方に基づいて,やはり数と同じ計算法則に従って行う.

――― 例題 2 ―――
$A=x^3-3+4x$, $B=x^2+5x-1$
の積を計算せよ.

[解答 1]
$$AB=(x^3-3+4x)(x^2+5x-1)$$
$$=x^3(x^2+5x-1)-3(x^2+5x-1)$$
$$+4x(x^2+5x-1)$$
$$=x^5+5x^4-x^3-3x^2-15x+3$$
$$+4x^3+20x^2-4x$$
$$=x^5+5x^4+3x^3+17x^2-19x+3$$

[解答 2] 例題 2 の計算は,おのおのの式を降べき,または昇べきの順に整理してから,次のような形式で行うこともできる.

$$
\begin{array}{r}
x^3 \qquad +4x -3 \\
\times)\ x^2 \qquad +5x -1 \\
\hline
x^5 \qquad +4x^3 -3x^2 \\
5x^4 \qquad +20x^2 -15x \\
-x^3 \qquad -4x+3 \\
\hline
x^5+5x^4+3x^3+17x^2-19x+3
\end{array}
$$

一般に,$m$ 次式と $n$ 次式の積は,$(m+n)$ 次式である.

整式について,加法・乗法の演算を行うときには,次の法則が用いられる.

――― 基本法則 ―――
交換法則:$A+B=B+A$
$\qquad\qquad AB=BA$
結合法則:$(A+B)+C=A+(B+C)$
$\qquad\qquad (AB)C=A(BC)$
分配法則:$A(B+C)=AB+AC$
$\qquad\qquad (A+B)C=AC+BC$

■ **乗法公式**(展開公式ともいう)

乗法の計算により,整式の積の形の式を単項式の和の形に直すことを,もとの式を展開するという.展開するには次の式がよく用いられる.

――― 乗法公式 (1) ―――
I. $\begin{cases}(a+b)^2=a^2+2ab+b^2\\(a-b)^2=a^2-2ab+b^2\end{cases}$
II. $(a+b)(a-b)=a^2-b^2$
III. $(x+a)(x+b)=x^2+(a+b)x+ab$

4　I．代　数

$$\text{IV.} \;(ax+b)(cx+d)\\=acx^2+(ad+bc)x+bd$$

---- 例題 3 ----

次の式を展開せよ．
(1) $(2x-3)(4x+5)$
(2) $(a+b+c)^2$
(3) $(3x+8)^2$

[解答] (1) $(2x-3)(4x+5)$
$=2\cdot4x^2+(2\cdot5-3\cdot4)x-3\cdot5$
$=8x^2-2x-15$　（公式 IV）
(2) $(a+b+c)^2=\{(a+b)+c\}^2$
$=(a+b)^2+2(a+b)c+c^2$
$=a^2+2ab+b^2+2ac+2bc+c^2$
$=a^2+b^2+c^2+2ab+2ac+2bc$
(3) $(3x+8)^2=(3x)^2+2(3x)8+8^2$
$=9x^2+48x+64$

公式 I～IV のほか，次の公式も用いられる．

---- 乗法公式 (2) ----

$\text{V.} \;(a+b)^3=a^3+3a^2b+3ab^2+b^3$
$\phantom{\text{V.} \;}(a-b)^3=a^3-3a^2b+3ab^2-b^3$
$\text{VI.} \;(a+b)(a^2-ab+b^2)=a^3+b^3$
$\phantom{\text{VI.} \;}(a-b)(a^2+ab+b^2)=a^3-b^3$

---- 例題 4 ----

同じ材料でできた円柱 $A$ と円すい $B$ がある．$A$ の半径 $a$ cm，高さ $h$ cm，$B$ の半径 $2a$ cm，高さ $h$ cm とすると，$A$ の重さは $B$ の何倍か．

[解答] 材料は同じだから，重さは体積に比例する．

$A$ の体積は
　　$a^2\times\pi\times h=a^2\pi h$
$B$ の体積は
　　$\dfrac{1}{3}\times(2a)^2\times\pi\times h=\dfrac{4}{3}a^2\pi h$
ゆえに
　　$a^2\pi h\div\dfrac{4}{3}a^2\pi h=\dfrac{3}{4}$

## 1.4　乗法公式（展開公式）

整式の積の形の式に対し，乗法を行って単項式の和の形の式にすることを展開という．展開するには，次の公式がよく用いられる．

---- 乗法公式 ----

$\text{I.} \;(a+b)^2=a^2+2ab+b^2$
$\phantom{\text{I.} \;}(a-b)^2=a^2-2ab+b^2$
$\text{II.} \;(a+b)(a-b)=a^2-b^2$
$\text{III.} \;(x+a)(x+b)=x^2+(a+b)x+ab$
$\text{IV.} \;(ax+b)(cx+d)$
$\phantom{\text{IV.} \;}=acx^2+(ad+bc)x+bd$
$\text{V.} \;(a+b)^3=a^3+3a^2b+3ab^2+b^3$
$\phantom{\text{V.} \;}(a-b)^3=a^3-3a^2b+3ab^2-b^3$
$\text{VI.} \;(a+b)(a^2-ab+b^2)=a^3+b^3$
$\phantom{\text{VI.} \;}(a-b)(a^2+ab+b^2)=a^3-b^3$

上の公式 IV と V は，次のようにして導かれる．

$(ax+b)(cx+d)$
$=ax\cdot cx+ax\cdot d+b\cdot cx+b\cdot d$
$=acx^2+adx+bcx+bd$
$=acx^2+(ad+bc)x+bd$
$(a+b)^3=(a+b)^2(a+b)$

$$= (a^2+2ab+b^2)(a+b)$$
$$= (a^2+2ab+b^2)a+(a^2+2ab+b^2)b$$
$$= a^3+2a^2b+ab^2+a^2b+2ab^2+b^3$$
$$= a^3+3a^2b+3ab^2+b^3$$

---- 例題 1 ----

次の各式を展開せよ.
(1) $(a+b-1)^2$
(2) $(a+b+c)(a+b-c)$
(3) $(a-3)^3$
(4) $(a+b)^4$

----

［解答］(1)は公式の I を用いる.$a+b=m$ とおくと(1)の式は

$$(m-1)^2=m^2-2m+1$$

となる.$m$ をもとに戻すと

$$(a+b)^2-2(a+b)+1$$
$$=a^2+2ab+b^2-2a-2b+1$$

(2) $(a+b+c)(a+b-c)$
$$=\{(a+b)+c\}\{(a+b)-c\}$$
$$=(a+b)^2-c^2$$
$$=a^2+2ab+b^2-c^2$$

(3) $(a-3)^3=(a-3)^2(a-3)$
$$=(a^2-6a+9)(a-3)$$
$$=a^2(a-3)-6a(a-3)+9(a-3)$$
$$=a^3-3a^2-6a^2+18a+9a-27$$
$$=a^3-9a^2+27a-27$$

(4) $(a+b)^4=(a+b)^3(a+b)$
$$=(a^3+3a^2b+3ab^2+b^3)(a+b)$$
$$=a^4+3a^3b+3a^2b^2+ab^3+a^3b$$
$$\quad +3a^2b^2+3ab^3+b^4$$
$$=a^4+4a^3b+6a^2b^2+4ab^3+b^4$$

乗法公式 I,V,VI は,それぞれまとめて

$$(a\pm b)^2=a^2\pm 2ab+b^2$$
$$(a\pm b)^3=a^3\pm 3a^2b+3ab^2\pm b^3$$

1. 整　　　式　　　5

$$(a\pm b)(a^2\mp ab+b^2)=a^3\pm b^3$$

と書くことがある.記号 $\pm$,$\mp$ を**複号**,同じ順にとることを同順という.

---- 例題 2 ----

次の各式の □ と ○ の中にあてはまる数を入れよ.
(1) $(x-\square)^2=x^2-8x+\bigcirc$
(2) $(x+8)(x-\square)=x^2+5x-\bigcirc$
(3) $(x+\square)(2x-3)=2x^2+\bigcirc x-15$

----

［解答］(1) $-2\times 1\times \square=-8$ から $\square=4$.
したがって,○ は $\boxed{4}^2$ なので 16 となる.

(2) $x\times(-\square)+8x=5x$ から $\square=3$.
$8\times(-\boxed{3})=-\bigcirc$ から $\bigcirc=24$.

(3) $\square\times(-3)=-15$ から $\square=5$.
$x\times(-3)+\boxed{5}\times 2x=\bigcirc x$ から $\bigcirc=7$.

---- 例題 3 ----

$(a+b)^5$ を展開せよ.

----

［解答］$(a+b)^5=(a+b)^3(a+b)^2$
または
$$(a+b)^5=(a+b)^4(a+b)$$
として解く.前者で解くと
$$(a+b)^5=(a+b)^3(a+b)^2$$
$$=(a^3+3a^2b+3ab^2+b^3)(a^2+2ab+b^2)$$
$$=a^5+5a^4b+10a^3b^2+10a^2b^3+5ab^4+b^5$$

---- 例題 4 ----

乗法公式を用いて,次の値を求めよ.
(1) $203^2$　　(2) $398\times 403$

----

［解答］それぞれの数が $(a+b)$ または $(a-b)$ の形に書きかえられるので,その形に直して公式を用いる.

(1) $(203)^2=(200+3)^2$
$$=200^2+2\times 200\times 3+3^2$$

(2) $398 \times 403 = (400-2)(400+3)$
$= 400^2 + (-2+3) \times 400 + (-2) \times 3$
$= 160000 + 400 - 6$
$= 160394$

---
**例題 5**

下図のようなOを中心とする二つの円がある．半径が両円周で切りとられる部分の長さを $d$，AB の中点 C を通る円周の長さを $l$ とすると，二つの円ではさまれた部分の面積 $S$ は，$ld$ で表されることを説明せよ．

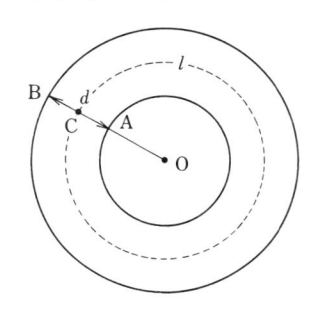

---

[解答] OA＝$a$，OB＝$b$ とすると
$S = \pi b^2 - \pi a^2 = \pi(b^2-a^2)$ ①
$OC = \dfrac{a+b}{2}, \quad d = b-a$

したがって
$l = 2 \times \pi \times \dfrac{a+b}{2} = \pi(a+b)$

ゆえに
$ld = \pi(a+b)(b-a) = \pi(b^2-a^2)$ ②

①，②から
$S = ld$

## 1.5 因数分解

$(2x+5)(x-4)$ を展開すれば，$2x^2 - 3x - 20$ となるから
$2x^2 - 3x - 20 = (2x+5)(x-4)$
である．したがって，整式 $2x^2-3x-20$ が与えられたとすれば，これは二つの整式 $2x+5$ と $x-4$ の積の形に表すことができる．このとき，$2x+5$，$x-4$ を $2x^2-3x-20$ の**因数**という．このように，整式をいくつかの整式の積の形にすることを**因数分解**するという．

因数分解するには，次のような公式が用いられる．

---
**因数分解の公式**

I．$ma + mb = m(a+b)$
$\quad ma - mb = m(a-b)$

II．$a^2 + 2ab + b^2 = (a+b)^2$
$\quad a^2 - 2ab + b^2 = (a-b)^2$

III．$a^2 - b^2 = (a+b)(a-b)$

IV．$x^2 + (a+b)x + ab$
$\quad = (x+a)(x+b)$

V．$acx^2 + (ad+bc)x + bd$
$\quad = (ax+b)(cx+d)$

VI．$a^3 + b^3 = (a+b)(a^2-ab+b^2)$
$\quad a^3 - b^3 = (a-b)(a^2+ab+b^2)$

---

因数分解は展開の逆の操作であるから，展開公式を逆向きに読めば，因数分解の公式をえる．

公式 I：$ma \pm mb = m(a \pm b)$ の形

---
**例題 1**

次の式を因数分解せよ．
(1) $2xy + x^2y^2$
(2) $(a-2)b - (a-2)c$

---

[解答] 共通因数をくくり出して因数分解

する．
(1) $2xy+x^2y^2=xy(2+xy)$
(2) $(a-2)b-(a-2)c=(a-2)(b-c)$

公式 II：$a^2\pm 2ab+b^2=(a\pm b)^2$ の形
この公式が使えるためには，第 1 項と第 3 項が完全平方の形 ($a^2$, $b^2$) になっていて，第 2 項が $2ab$ であればよい．

---- 例題 2 ----
次の各式を因数分解せよ．
(1) $x^2+8x+16$
(2) $4a^2-12ab+9b^2$
(3) $3x^3+6x^2y+3xy^2$

[解答] (1) $x^2+8x+16=x^2+2\times x\times 4+4^2$
$=(x+4)^2$
(2) $4a^2-12ab+9b^2$
$=(2a)^2-2\times 2a\times 3b+(3b)^2$
$=(2a-3b)^2$
(3) $3x^3+6x^2y+3xy^2$
$=3x(x^2+2xy+y^2)$
$=3x(x+y)^2$

公式 III：$a^2-b^2=(a+b)(a-b)$ の形

---- 例題 3 ----
次の各式を因数分解せよ．
(1) $4a^2-9$    (2) $81x^3y-49xy^3$

[解答] (1) $4a^2-9=(2a)^2-3^2$
$=(2a+3)(2a-3)$
(2) $81x^3y-49xy^3$
$=xy(81x^2-49y^2)$
$=xy(9x+7y)(9x-7y)$

公式 IV：$x^2+(a+b)x+ab=(x+a)(x+b)$ の形

---- 例題 4 ----
次の各式を因数分解せよ．
(1) $x^2-8x+12$
(2) $a^3+6a^2b-7ab^2$

$x^2+px+q=(x+a)(x+b)$
に因数分解できればよい．そのためには，$q$ を二つの因数 $a, b$ にわけたとき，その和 $a+b$ が $p$ になるような $a, b$ を，$p, q$ の符号もあわせて考えてきめるようにする．

[解答] (1) $a, b$ を $(-6)$, $(-2)$ ときめると
$(-6)\times (-2)=12$, $(-6)+(-2)=-8$
だから
$x^2-8x+12=(x-6)(x-2)$
(2) $a^3+6a^2b-7ab^2$
$=a(a^2+6ab-7b^2)$
$=a(a+7b)(a-b)$

公式 V：$acx^2+(ad+bc)x+bd$
$=(ax+b)(cx+d)$ の形

---- 例題 5 ----
次の各式を因数分解せよ．
(1) $2x^2-5x-3$
(2) $3x^2+4xy-15y^2$
(3) $6a^2+11ab+4b^2$

2 次式 $px^2+qx+r$ を公式 V を用いて
$px^2+qx+r=(ax+b)(cx+d)$
のように因数分解するには，$ac=p$, $bd=r$ であるような $a, c$ と $b, d$ の組のうちから，$ad+bc=q$ となるような $a, c$ と $b, d$ の組がみつかればよい．

$p=ac$,    $r=bd$

$$\begin{array}{c}a \diagdown b \cdots\cdots bc \\ c \diagup d \cdots\cdots ad \quad (+ \\ \hline q=ad+bc\end{array}$$

[解答] (1) $2x^2-5x-3$

$$\begin{array}{c}2 \diagdown 1 \cdots\cdots 1 \\ 1 \diagup -3 \cdots\cdots -6 \quad (+ \\ \hline -5\end{array}$$

よって
$$2x^2-5x-3=(2x+1)(x-3)$$

(2) $3x^2+4xy-15y^2$

$$\begin{array}{c}1 \diagdown 3y \cdots\cdots 9y \\ 3 \diagup -5y \cdots\cdots -5y \quad (+ \\ \hline 4y\end{array}$$

よって
$$3x^2+4xy-15y^2$$
$$=(x+3y)(3x-5y)$$

(3) $6a^2+11ab+4b^2$

$$\begin{array}{c}3 \diagdown 4b \cdots\cdots 8b \\ 2 \diagup b \cdots\cdots 3b \quad (+ \\ \hline 11b\end{array}$$

よって
$$6a^2+11ab+4b^2$$
$$=(3a+4b)(2a+b)$$

公式Ⅵ：$a^3 \pm b^3 = (a \pm b)(a^2 \mp ab + b^2)$
　　　　の形

―― 例題 6 ――
次の各式を因数分解せよ．
(1) $x^3+64$　　(2) $2a^3-16b^3$
(3) $8x^3+27y^3$　(4) $4x^4-5x^2+1$

[解答] (1) $x^3+64 = x^3+4^3$
$$= (x+4)(x^2 - x \cdot 4 + 4^2)$$
$$= (x+4)(x^2-4x+16)$$

(2) $2a^3-16b^3 = 2(a^3-8b^3)$
$$= 2\{a^3-(2b)^3\}$$
$$= 2(a-2b)\{a^2+a \cdot (2b)+(2b)^2\}$$
$$= 2(a-2b)(a^2+2ab+4b^2)$$

(3) $8x^3+27y^3 = (2x)^3+(3y)^3$
$$= (2x+3y)\{(2x)^2-(2x)(3y)+(3y)^2\}$$
$$= (2x+3y)(4x^2-6xy+9y^2)$$

(4) $4x^4-5x^2+1$
$$= 4(x^2)^2-5x^2+1$$
$$= (x^2-1)(4x^2-1)$$
$$= (x+1)(x-1)(2x+1)(2x-1)$$

■因数分解の応用

―― 例題 7 ――
次の式の値を求めよ．
(1) $x=2.85$, $y=1.15$ のとき，$x^2-y^2$ の値．
(2) $x=23$ のとき，$x^2+3x-28$ の値．

[解答] (1) $x^2-y^2 = (x+y)(x-y)$
$$x+y=4, \quad x-y=1.7$$
したがって
$$x^2-y^2 = 4 \times 1.7 = 6.8$$

(2) $x^2+3x-28 = (x+7)(x-4)$
$$x+7 = 23+7 = 30$$
$$x-4 = 23-4 = 19$$
したがって
$$x^2+3x-28 = 30 \times 19 = 570$$

―― 例題 8 ――
$x^2+7x+q$ の一つの因数が $x+2$ であるようにするには，$q$ の値をいくらにすればよいか．

[解答] $x^2+7x+q = (x+2)(x+m)$
から，$x$ の係数は左辺と右辺とで等しいので，
$7=2+m$．ゆえに $m=5$．したがって
$$q = 2m = 2 \times 5 = 10$$

## 例題 9

次の式の $x$ の値を求めよ．
(1) $x^3+2x^2-3x-6=0$
(2) $x^4-13x^2+36=0$
(3) $4x^4-5x^2+1=0$

［解答］(1)の式を因数分解して
$$x^3+2x^2-3x-6=(x+2)(x^2-3)$$
$$=(x+2)(x-\sqrt{3})(x+\sqrt{3})=0$$
したがって
$$x=-2,\quad x=\sqrt{3},\quad x=-\sqrt{3}$$

(2)の式を因数分解して
$$x^4-13x^2+36=(x^2-4)(x^2-9)$$
$$=(x+2)(x-2)(x+3)(x-3)=0$$
したがって
$$x=-2,\quad x=2,\quad x=-3,\quad x=3$$

(3)の式を因数分解すると
$$4x^4-5x^2+1=4(x^2)^2-5x^2+1$$
$$=(x^2-1)(4x^2-1)$$
$$=(x+1)(x-1)(2x+1)(2x-1)$$
したがって
$$4x^4-5x^2+1$$
$$=(x+1)(x-1)(2x+1)(2x-1)=0$$
ゆえに
$$x=-1,\quad x=1,\quad x=-\frac{1}{2},\quad x=\frac{1}{2}$$

---

▶ **ピタゴラス**（Pythagoras），BC 6 世紀頃，サモス島

幾何学・天文学者タレス（Thales, BC 624-546）の教えを受け，その後エジプトなどに留学した．帰国後，サモス島で学校を開いたが失敗し，南イタリアの都市クロトンに移り学校を開いた．ここで彼は，外国留学で学んだ数学，哲学，自然科学を教え，弟子とともに研究に励んだ．この学校では，弟子たちに研究の成果について口外することを固く禁じた．また，弟子たちが発見したことは，師ピタゴラスの発見とされた．したがって，これらの発見は，ピタゴラスの発見というよりも，ピタゴラス学派の発見と呼ぶ方が正しいようである．

ピタゴラスの哲学で重要なのは，「万物は数である，数が宇宙を支配する」という根本原理を主張したことである．彼のいう数というのは，今日のような抽象的概念でなく，単位1を表すある大きさのある点の配列によって成り立ち，幾何学的図形として存在するものであった．世界は，この数とその比によって成り立つ法則からなる調和のある存在と考えた．

ピタゴラス学派の業績は，数を，奇数と偶数に分類，3角数，4角数，完全数，調和数，ピタゴラス数，無理数，ピタゴラスの定理，黄金分割，ピタゴラス音階など，数論・幾何学，そして音楽にと幅広く多くの見事な仕事を残している．

なお，「数学」という言葉もこのピタゴラス学派が使い始めたものである．これは，ギリシャ語の学ぶ（$\mu\alpha\nu\theta\acute{\alpha}\nu\omega$）から出た「学ばるべきもの（$\mu\alpha\theta\epsilon\mu\alpha\tau o\nu$）」という意味である．

# 2. 整式の除法と分数式

## 2.1 整式の除法

### ■単項式の除法

単項式の除法では，次の**指数法則**が用いられる．

$m$, $n$ は正の整数で，$a \neq 0$ であるとすると

$m > n$ のとき $a^m \div a^n = a^{m-n}$

$m = n$ のとき $a^m \div a^n = 1$

$m < n$ のとき $a^m \div a^n = \dfrac{1}{a^{n-m}}$

---
**例題 1**

次の式を計算せよ．
(1) $6x^5 y^3 \div (-2xy^2)^2$
(2) $6m^2(-n)^3 \div (-2m)^3(-n)^2$

---

[解答] (1) $6x^5 y^3 \div (-2xy^2)^2$

$= 6x^5 y^3 \div 4x^2 y^4$

$= \dfrac{3x^3}{2y}$

(2) $6m^2(-n)^3 \div (-2m)^3(-n)^2$

$= -6m^2 n^3 \div (-8m^3 n^2)$

$= \dfrac{3n}{4m}$

### ■整式の除法

整式の除法は，それぞれの整式を降べきの順に整理して，次のように計算するとよい．

[例 1] $(3x^2 + 2x^3 - 6x + 2) \div (2x - 1)$

$3x^2 + 2x^3 - 6x + 2$ を降べきの順に直して計算する．

$$\begin{array}{r} x^2+2x-2 \\ 2x-1 \overline{\smash{\big)}\, 2x^3+3x^2-6x+2} \\ \underline{2x^3-\phantom{0}x^2\phantom{-6x+2}} \\ 4x^2-6x\phantom{+2} \\ \underline{4x^2-2x\phantom{+2}} \\ -4x+2 \\ \underline{-4x+2} \\ 0 \end{array}$$

したがって

$2x^3 + 3x^2 - 6x + 2 = (2x-1)(x^2 + 2x - 2)$

と書くことができる．

[例 2] $(2x^3 + 6x^2 - 7x + 2) \div (2x^2 + x - 4)$

$$\begin{array}{r} x+\dfrac{5}{2}\phantom{00000} \\ 2x^2+x-4 \overline{\smash{\big)}\, 2x^3+6x^2-7x+2} \\ \underline{2x^3+\phantom{0}x^2-4x\phantom{+2}} \\ 5x^2-3x+2 \\ \underline{5x^2+\dfrac{5}{2}x-10} \\ -\dfrac{11}{2}x+12 \end{array}$$

上式は，割る式が2次式であるから，整式の範囲ではさらに割り算を続けることはできない．したがって，この式は次のように書き表せる．

$2x^3 + 6x^2 - 7x + 2$

$= (2x^2 + x - 4)\left(x + \dfrac{5}{2}\right) - \dfrac{11}{2}x + 12$

二つの整式 $A$, $B$ について

$B \neq 0$ のとき $A = BQ$　　①

となる整式 $Q$ があるならば，$A$ は $B$ で割り切れるといい，$Q$ を $A$ を $B$ で割った**商**と

いう．また，$A$ が $B$ で割り切れないときは
$$A = BQ + R,$$
$$(R \text{ の次数}) < (B \text{ の次数}) \quad ②$$
となる整式 $Q, R$ がただ1組定まる．そのとき，$Q$ を $A$ を $B$ で割った**商**，$R$ を**余り**という．

① は，② で $R = 0$ の場合であるとみることができる．例1は，割り切れる場合で，商が $x^2 + 2x - 2$ であり，例2は，割り切れない場合で，商が $x + 5/2$，余りが $-(11/2)x + 12$ である．

---- **例題 2** ----
次の除法において，商と余りを求めよ．
(1) $(x^3 - 2x^2 - 4x + 6) \div (x + 2)$
(2) $(5a^2 - 6a^3 - 6a + 1) \div (3a - 2)$

〔解答〕(1)
$$\begin{array}{r}
x^2 - 4x + 4 \\
x+2 \overline{\smash{)}\ x^3 - 2x^2 - 4x + 6} \\
\underline{x^3 + 2x^2\phantom{-4x+6}} \\
-4x^2 - 4x\phantom{+6} \\
\underline{-4x^2 - 8x\phantom{+6}} \\
4x + 6 \\
\underline{4x + 8} \\
-2
\end{array}$$

(2)
$$\begin{array}{r}
-2a^2 + \frac{1}{3}a - \frac{16}{9} \\
3a-2 \overline{\smash{)}\ -6a^3 + 5a^2 - 6a + 1} \\
\underline{-6a^3 + 4a^2\phantom{-6a+1}} \\
a^2 - 6a\phantom{+1} \\
\underline{a^2 - \frac{2}{3}a\phantom{+1}} \\
-\frac{16}{3}a + 1 \\
\underline{-\frac{16}{3}a + \frac{32}{9}} \\
-\frac{23}{9}
\end{array}$$

2. 整式の除法と分数式　11

---- **例題 3** ----
$x$ の整式 $p$ を $x^2 + 2x + 4$ で割ったとき，商が $3x + 2$，余りが $2x - 5$ であった．$p$ を求めよ．

〔解答〕$p$ の値は次式でえられる．
$$(x^2 + 2x + 4)(3x + 2) + 2x - 5$$
$$= 3x^3 + 8x^2 + 18x + 3$$

---- **例題 4** ----
$2x^3 + x + 1$ を $x$ の整式 $B$ で割ったら，商が $x + \dfrac{1}{2}$，余りが $-\dfrac{3}{2}x - \dfrac{1}{2}$ であった．$B$ を求めよ．

〔解答〕$B$ は次の式から求められる．
$$2x^3 + x + 1 = (B)\left(x + \frac{1}{2}\right) - \frac{3}{2}x - \frac{1}{2}$$
したがって，$B$ は
$$\left(2x^3 + x + 1 + \frac{3}{2}x + \frac{1}{2}\right) \div \left(x + \frac{1}{2}\right)$$
$$= 2x^2 - x + 3$$

## 2.2　約数と倍数

整数の場合と同じように，整式 $A$ が整式 $B$ で割り切れるとき，すなわち
$$A = BQ$$
となる整式 $Q$ があるとき，$B$ を $A$ の**約数**，$A$ を $B$ の**倍数**という．

二つ以上の整式があるとき，それらのすべてに共通な約数を，それらの整式の**公約数**といい，公約数のうちで次数のもっとも高いものを**最大公約数**（G. C. D. と略記する）という．また，二つ以上の整式のすべてに共通な倍数をそれらの整式の**公倍数**といい，0 でない公

倍数のうちで次数のもっとも低いものを**最小公倍数**（L.C.M.と略記する）という．

---
**例題 1**

次の値を求めよ．
(1) 整数 6 の約数．
(2) 整式 $x^2-y^2$ の約数．
(3) 二つの整式
$$4x(x-1)^2, \quad 6x(x-1)(2x+1)$$
について，最大公約数と最小公倍数．

---

［解答］(1) $1, 2, 3, 6, -1, -2, -3, -6$．
(2) $1, x+y, x-y, x^2-y^2$ とこれらの 0 でない定数 $k$ 倍．
(3) 最大公約数 $2x(x-1)$，
最小公倍数 $12x(x-1)^2(2x+1)$．

［注意］(1) では，ふつう符号の違いを無視する．(2) では，ふつう定数 $k$ 倍の違いを無視する．(3) については，数の係数 4 と 6 の最大公約数 2 と，最小公倍数 12 を含めたが，数の係数を省いて，最大公約数は $x(x-1)$，最小公倍数は $x(x-1)^2(2x+1)$ であるということもある．

定数でない整式 $p$ が，定数倍を無視して $p$ と 1 以外に約数をもたないとき，$p$ は**既約**であるという．整数の素因数分解と同様に，整式の因数分解も因数が既約になるまで行えば，最大公約数，最小公倍数が求められる．最大公約数が定数となるような二つの整式は，**互いに素**であるという．

---
**例題 2**

次の三つの整式の最大公約数と最小公倍数を求めよ．
$$A=12x^3-24x^2, \quad B=6x^3-24x$$
$$C=3x^3+3x^2-18x$$

---

［解答］既約な整式の積に因数分解して
$$A=12x \cdot x(x-2)$$
$$B=6x(x-2)(x+2)$$
$$C=3x(x-2)(x+3)$$
共通の因数をすべてとって，最大公約数は $x(x-2)$，どれかに現れる因数をすべてとって，最小公倍数は $x^2(x-2)(x+2)(x+3)$．
上記の解答は，数の係数を考えに入れない場合である．

---

## 2.3 分数式の加法・減法

二つの整式 $A, B$ を用いて $A/B$ という形に表される式を**分数式**といい，$A$ を**分子**，$B$ を**分母**という．$\dfrac{1}{x+1}, \dfrac{2x^2+1}{x^2+x}$ などは，$x$ についての分数式である．整式と分数式をあわせて**有理式**という．

分数式については，分数と同じように**約分**や**通分**を考えることができる．約分できない分数式を既約分数式という．

$$\frac{2x^2+5x-12}{x^2+3x-4}=\frac{(2x-3)(x+4)}{(x+4)(x-1)}=\frac{2x-3}{x-1}$$

ここで $\dfrac{2x-3}{x-1}$ は既約分数式である．

---

分数式の計算は，分数の計算と同じように行うことができる．分母が等しい場合：$C \neq 0$ のとき次式が成り立つ．
$$\frac{A}{C}+\frac{B}{C}=\frac{A+B}{C}, \quad \frac{A}{C}-\frac{B}{C}=\frac{A-B}{C}$$
分母が異なる場合：分母が等しくなるように通分してから上の方法による．分母の最小公倍数を共通の分母にするとよい．

## 2. 整式の除法と分数式

---
**例題 1**

次の式を計算せよ．

(1) $\dfrac{4x^2}{x^2+x} - \dfrac{2x^2+1}{x^2+x} + \dfrac{x^2+3}{x^2+x}$

(2) $\dfrac{3x-1}{x^2-1} - \dfrac{2}{x+1}$

---

[解答] (1) $\dfrac{4x^2}{x^2+x} - \dfrac{2x^2+1}{x^2+x} + \dfrac{x^2+3}{x^2+x}$

$= \dfrac{4x^2-2x^2-1+x^2+3}{x^2+x} = \dfrac{3x^2+2}{x^2+x}$

(2) $\dfrac{3x-1}{x^2-1} - \dfrac{2}{x+1}$

$= \dfrac{3x-1}{(x-1)(x+1)} - \dfrac{2(x-1)}{(x-1)(x+1)}$

$= \dfrac{3x-1-2x+2}{(x-1)(x+1)} = \dfrac{x+1}{(x-1)(x+1)}$

$= \dfrac{1}{x-1}$

---
**例題 2**

電気抵抗がそれぞれ $a$ オーム，$2a$ オーム，$5a$ オームの 3 本の導線を並列につないだときの全抵抗 $R$ を求めよ．

---

[解答] 全抵抗を $R$ オームとすると，次の関係がある．

$\dfrac{1}{R} = \dfrac{1}{a} + \dfrac{1}{2a} + \dfrac{1}{5a} = \dfrac{10+5+2}{10a} = \dfrac{17}{10a}$

したがって，$R = 10a/17$（オーム）．

## 2.4 分数式の乗法・除法

分数式の乗法・除法も分数の計算と同じように行うことができる．すなわち，$A, B, C, D$ を整式とするとき

$\dfrac{A}{B} \times \dfrac{C}{D} = \dfrac{AC}{BD}$

$\dfrac{A}{B} \div \dfrac{C}{D} = \dfrac{A}{B} \times \dfrac{D}{C} = \dfrac{AD}{BC}$

分数式 $\dfrac{D}{C}$ を $\dfrac{C}{D}$ の**逆数**という．整式 $A$ の逆数は $\dfrac{1}{A}$ である．分数式 $\dfrac{C}{D}$ で割ることは，その逆数 $\dfrac{D}{C}$ を掛けることである．

---
**例題 1**

次の計算をせよ．

(1) $\dfrac{b}{3a} \times \dfrac{2a^2}{3b}$  (2) $\dfrac{2y}{3x} \div \dfrac{5y}{4x}$

(3) $\dfrac{3y^3}{2x^2} \times \dfrac{4z}{5y} \div \dfrac{4y^2}{10xz}$

---

[解答] (1) $\dfrac{b}{3a} \times \dfrac{2a^2}{3b} = \dfrac{2a^2b}{9ab} = \dfrac{2}{9}a$

(2) $\dfrac{2y}{3x} \div \dfrac{5y}{4x} = \dfrac{2y}{3x} \times \dfrac{4x}{5y} = \dfrac{8xy}{15xy} = \dfrac{8}{15}$

(3) $\dfrac{3y^3}{2x^2} \times \dfrac{4z}{5y} \div \dfrac{4y^2}{10xz}$

$= \dfrac{3y^3}{2x^2} \times \dfrac{4z}{5y} \times \dfrac{10xz}{4y^2} = \dfrac{3z^2}{x}$

---
**例題 2**

次の計算をせよ．

$\dfrac{2x^2-18}{x^2-x-12} \div \dfrac{4x+20}{4-x}$

---

[解答] $\dfrac{2x^2-18}{x^2-x-12} \div \dfrac{4x+20}{4-x}$

$= \dfrac{2x^2-18}{x^2-x-12} \times \dfrac{4-x}{4x+20}$

$= \dfrac{2(x+3)(x-3)}{(x+3)(x-4)} \times \dfrac{-(x-4)}{4(x+5)}$

$= \dfrac{-(x-3)}{2(x+5)}$

―― 例題 3 ――
次の計算をせよ．
$$1-\frac{1}{x-1/x}$$

[解答] $1-\dfrac{1}{x-1/x}=1-\dfrac{1}{(x^2-1)/x}$
$=1-\dfrac{x}{x^2-1}=\dfrac{x^2-1-x}{x^2-1}=\dfrac{x^2-x-1}{x^2-1}$

---

**▶ユークリッド（Euclid），BC 3 世紀頃，ギリシャ**

　アレキサンドリア時代のギリシャの数学者．いわゆる，ユークリッド幾何の創始者で，『原本（Elemments）』の著者である．この『原本』13 巻を書いたのは BC 330〜320 年の間であろうと考えられているが，その生涯についてはほとんど知られていない．ただ彼は，プトレマイオス 1 世（BC 323-283）の時代に，アレキサンドリアの大学で数学を教えていたと伝えられる．王がもっと簡単に幾何学を理解できないかとたずねたときに，「幾何学には王者の道（royal road）はありません」と答えたという伝説がある．

　透視図法や音楽理論などの著書もあるが，上に述べた『幾何学原本』が最も有名で重要である．内容的にも狭い意味の「ユークリッド幾何」ではない．その構成は，第 1 巻：2 等辺三角形，ピタゴラスの定理，第 2 巻：幾何的代数，第 3 巻：円，第 4 巻：正多角形，第 5 巻：比例論，第 6 巻：ユークリッド互除法，第 7 巻：約数と倍数の理論，第 8 巻：等比数列，第 9 巻：素数の存在，第 10 巻：アルキメデスの公理，第 11 巻：立体，第 12 巻：円柱や球の体積比，第 13 巻：5 種の正多面体と幅広い．『原本』は幾何学的内容も多いが，数論に関する内容もあり，当時のギリシャ数学の成果を集大成し，かつ，体系化したものである．

　この『原本』の体系化があまりにも完全なため（もちろん現代の立場からみれば不備があるが），数学以外のすべての学問の規範とされ，「聖書につぐベストセラー」などといわれていた．

# 3. 数と集合

## 3.1 実数

■ **実数の分類**

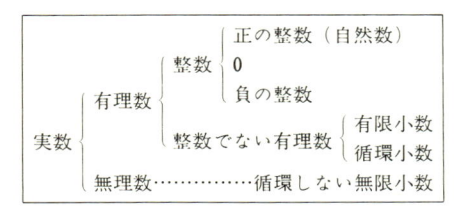

$$\text{実数}\begin{cases}\text{有理数}\begin{cases}\text{整数}\begin{cases}\text{正の整数（自然数）}\\0\\\text{負の整数}\end{cases}\\\text{整数でない有理数}\begin{cases}\text{有限小数}\\\text{循環小数}\end{cases}\end{cases}\\\text{無理数}\cdots\cdots\cdots\text{循環しない無限小数}\end{cases}$$

ものを数えたり，ものに順序をつけたりするときに用いる $1, 2, 3, 4, \cdots$ のような数を**正の整数**，または**自然数**という．正の整数と負の整数 $-1, -2, -3, \cdots$ と $0$ をあわせたものを**整数**という．

整数 $m, n$ を用いて $m/n$ のような分数の形に表される数を**有理数**という．整数 $m$ は $m/1$ とも表せるから，整数は有理数の特別な場合とみられる．

1辺の長さが 1 である正方形の対角線の長さ $x$ は，$x^2 = 2$ から $\sqrt{2}$ となる．

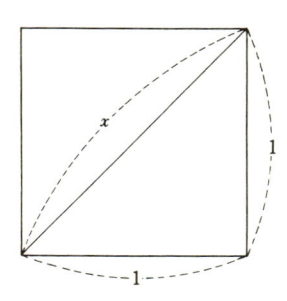

一般に正の数 $a$ が有理数の 2 乗でないときは，$\sqrt{a}$ は有理数ではない．$\sqrt{2}$ は有理数ではなく，**無理数**である．円周率 $\pi$ も無理数である．有理数と無理数をまとめて**実数**という．

分数は，すべて小数で表すことができる．分数を小数に直すと，たとえば

$$\frac{5}{20} = 0.25, \quad \frac{13}{8} = 1.625$$

のような**有限小数**か，または

$$\frac{5}{3} = 1.6666\cdots, \quad \frac{4}{11} = 0.363636\cdots$$

のように循環する**無限小数**になる．このような循環する小数を**循環小数**という．

無理数を小数に直すと

$$\sqrt{2} = 1.4142135\cdots$$
$$\sqrt{3} = 1.7320508\cdots$$
$$\pi = 3.1415926\cdots$$

のように循環しない無限小数になる．

---
**例題 1**

次の数は有理数か，無理数か．

(1) $\sqrt{\dfrac{1}{9}}$ (2) $\dfrac{\sqrt{2}}{3}$ (3) $\sqrt{0.25}$

(4) $\dfrac{\sqrt{3}}{2}$ (5) $5+\sqrt{3}$ (6) $3+\sqrt{2}$

---

[解答] (1) $\sqrt{1/9} = 1/3$ なので有理数である．

(2) $\sqrt{2}/3$ は無理数．

（証明）$\sqrt{2}/3$ を有理数と仮定して $r$ とする．$\sqrt{2}/3 = r$ から，$\sqrt{2} = 3r$．右辺の $3r$ は有理数であり，左辺の $\sqrt{2}$ は無理数であるから，これは不合理である．したがって，$\sqrt{2}/3$ は無理数である．

(3) $\sqrt{0.25} = \sqrt{\dfrac{25}{100}} = \dfrac{5}{10} = 0.5$

したがって，$\sqrt{0.25}$ は有理数．

(4) $\sqrt{3}/2$ は無理数（証明は (2) 参照）．

(5) $5+\sqrt{3}$ は無理数.
（証明）$5+\sqrt{3}$ が有理数であると仮定して，これを $r$ とする．$5+\sqrt{3}=r$ ならば，$\sqrt{3}=r-5$ である．ところが，5 は有理数であるから $r-5$ も有理数であり，$\sqrt{3}$ は無理数であるから，これは不合理である．したがって，$5+\sqrt{3}$ は無理数である．

(6) $3+\sqrt{2}$ は無理数（証明は(5)参照）．

二つの実数の和，差，積，商はすべて実数である．ただし，0 による除法は考えない．

■ 数直線の実数の大小

実数は，下図のようにして直線上の点で表すことができる．

上図のように，直線 $l$ 上に異なる 2 点 O，E を定め，O を原点，E を単位点とよぶ．また，OE と同じ向きを正，反対の向きを負とよぶ．

直線 $l$ 上に原点 O と単位点 E を定める．そのとき，$l$ 上の任意の点 P に対して，線分 OP の長さと向きを考え，OP を表す実数 $x$ が定まる．OP$=x$.

この実数 $x$ が点 P の位置を表している．$x$ を点 P の**座標**という．このようにして，$l$ 上のすべての点とすべての実数とを 1 対 1 に対応させたとき，$l$ を**数直線**という．

$a, b$ が二つの実数であれば，それらの差 $a-b$ は実数であるから

$a-b>0$, $a-b=0$, $a-b<0$

のうちどれか一つだけが成り立つ．ここで，$a-b=0$ となるのは $a=b$ のときに限るから，$a\ne b$ のとき

$a-b>0$ ならば $a>b$
$a-b<0$ ならば $a<b$

と定めると，二つの実数 $a, b$ については

$a>b$, $a=b$, $a<b$

のどれか一つだけが成り立つ．

また，$a>b$ または $a=b$ であることを $a\geqq b$ で表し，$a<b$ または $a=b$ であることを $a\leqq b$ で表す．

---- **例題 1** ----
下図で点 A, B, C の座標を求めよ．

［解答］A は $-1/2$，B は $-2$，C は $3/2$.

---- **例題 2** ----
次の数を小さいものから順にならべよ．
$-2, \dfrac{3}{2}, \sqrt{3}, -\sqrt{2}, -\dfrac{1}{2}, 3, \sqrt{5}$

［解答］$-2, -\sqrt{2}, -\dfrac{1}{2}, \dfrac{3}{2}, \sqrt{3}, \sqrt{5}, 3$

■ 絶対値

実数 $a$ の絶対値を記号 $|a|$ で表す．したがって

$a>0$ のとき $|a|=a$
$a=0$ のとき $|a|=a$
$a<0$ のとき $|a|=-a$

である．絶対値は 0 または正の数である．たとえば

$|2|=2$, $|-3|=3$, $|0|=0$, $\left|\dfrac{3}{2}\right|=\dfrac{3}{2}$

## 例題 3
次の絶対値を求めよ．
(1) $|3-5|$　(2) $|-(-3)|$　(3) $\left|-\dfrac{5}{2}\right|$

[解答] (1) 2　(2) 3　(3) $\dfrac{5}{2}$

## 例題 4
次の式が成り立つことを確かめよ．
$$|a|=|-a|$$

[解答] 点 $a$ と点 $-a$ は，原点 O に関して対称の位置にある．よって $a$ の正負にかかわらず，$|a|=|-a|$ の式が成り立つ．

## 例題 5
絶対値が 5 より小さい整数を，小さいものから順に並べよ．

[解答]

上図において，矢印の範囲にはいる整数を考えるとよい．
$$-4,\ -3,\ -2,\ -1,\ 0,\ 1,\ 2,\ 3,\ 4$$

## 例題 6
次の文章の意味を，不等号と絶対値の記号 | | を用いて表せ．
(1) $a$ は正の数で，その絶対値は 10 より小さい．
(2) $x$ は負の数で，その絶対値は 5 より大きい．

[解答] (1) 不等号では
$$0<a<10$$
絶対値の記号を用いると
$$a>0,\ |a|<10$$
(2) 不等号では
$$x<-5$$
絶対値の記号を用いると
$$x<0,\ |x|>5$$

## 3.2 平方根

平方して $a$ となる数，すなわち $x$ の 2 次方程式 $x^2=a$ の解を $a$ の**平方根**という．$x$ が正の数ならば，その平方根は正負一つずつあり，それらは絶対値が等しく符号だけが異なる．正の平方根を $\sqrt{a}$ と書き，負の平方根は $-\sqrt{a}$ と書く．$a$ が 0 ならば，その平方根は 0 だけであって，$\sqrt{0}=0$ と定める．$a$ が負の数ならば，その平方根は実数の範囲には存在しない．

## 例題 1
次の数の値を求めよ．ただし，$x$ は正の数とする．
(1) $\sqrt{81}$　　(2) $-\sqrt{\dfrac{49}{64}}$
(3) $(-\sqrt{25})^2$　(4) $(\sqrt{x})^2$
(5) $-\sqrt{1}$　　(6) $\sqrt{0.09}$

[解答] (1) 9　(2) $-\dfrac{7}{8}$　(3) 25
(4) $x$　(5) $-1$　(6) 0.3

## 例題 2
次の各組の数を小さい数から，大きい数の順に並べよ．
(1) $2,\ \sqrt{3},\ 1.6$
(2) $-3,\ -\sqrt{12},\ -4$

[解答]
(1) $2^2=4$, $(\sqrt{3})^2=3$, $1.6^2=2.56$
であるから
$$1.6^2<(\sqrt{3})^2<2^2$$
したがって
$$1.6<\sqrt{3}<2$$
(2) $(\sqrt{12})^2=12$
であるから
$$3^2<(\sqrt{12})^2<4^2$$
したがって
$$3<\sqrt{12}<4$$
ゆえに
$$-3>-\sqrt{12}>-4$$

---
**積と商の平方根**

$a>0$, $b>0$, $k>0$ のとき
(1) $\sqrt{ab}=\sqrt{a}\sqrt{b}$  (1)' $\sqrt{k^2a}=k\sqrt{a}$
(2) $\sqrt{\dfrac{a}{b}}=\dfrac{\sqrt{a}}{\sqrt{b}}$  (2)' $\sqrt{\dfrac{a}{k^2}}=\dfrac{\sqrt{a}}{k}$

---

**── 例題 3 ──**
次の式を簡単にせよ．
(1) $\sqrt{45}$ (2) $\sqrt{32}$ (3) $\sqrt{14}\sqrt{21}$
(4) $\sqrt{0.07}$ (5) $\sqrt{\dfrac{8}{25}}$ (6) $2\sqrt{\dfrac{1}{2}}$

[解答] (1) $\sqrt{45}=\sqrt{9\times5}=\sqrt{3^2\times5}=3\sqrt{5}$
(2) $\sqrt{32}=\sqrt{16\times2}=\sqrt{4^2\times2}=4\sqrt{2}$
(3) $\sqrt{14}\sqrt{21}=\sqrt{7\times2}\sqrt{7\times3}=\sqrt{7^2\times6}$
$=7\sqrt{6}$
(4) $\sqrt{0.07}=\sqrt{\dfrac{7}{100}}=\dfrac{\sqrt{7}}{10}$
(5) $\sqrt{\dfrac{8}{25}}=\sqrt{\dfrac{4\times2}{5^2}}=\sqrt{\dfrac{2^2\times2}{5^2}}=\dfrac{2\sqrt{2}}{5}$
(6) $2\sqrt{\dfrac{1}{2}}=\sqrt{2^2\times\dfrac{1}{2}}=\sqrt{2}$

**── 例題 4 ──**
次の式を簡単にせよ．
(1) $\sqrt{27}-\sqrt{3}$
(2) $\sqrt{20}-\sqrt{45}-2\sqrt{5}$
(3) $(\sqrt{3}+\sqrt{2})(3\sqrt{2}-2\sqrt{3})$

[解答] (1) $\sqrt{9\times3}-\sqrt{3}=\sqrt{3^2\times3}-\sqrt{3}$
$=3\sqrt{3}-\sqrt{3}=\sqrt{3}(3-1)=2\sqrt{3}$
(2) $\sqrt{5\times4}-\sqrt{9\times5}-2\sqrt{5}$
$=2\sqrt{5}-3\sqrt{5}-2\sqrt{5}=-3\sqrt{5}$
(3) $3\sqrt{2}\sqrt{3}-2\sqrt{3}\sqrt{3}+3\sqrt{2}\sqrt{2}-2\sqrt{3}\sqrt{2}$
$=3\sqrt{6}-2\sqrt{3^2}+3\sqrt{2^2}-2\sqrt{6}$
$=3\sqrt{6}-6+6-2\sqrt{6}=\sqrt{6}$

■**分母の有理化**

分母に平方根を含む式は，有理数を分母とする形に変形する．これを分母の**有理化**という．

**── 例題 5 ──**
次の各式の分母を有理化し，できるだけ簡単な形にせよ．
(1) $\dfrac{1}{\sqrt{28}}$ (2) $\dfrac{3\sqrt{3}}{2-\sqrt{3}}$
(3) $\dfrac{\sqrt{3}-2}{4-\sqrt{3}}$ (4) $\dfrac{\sqrt{3}}{\sqrt{2}}+\dfrac{\sqrt{2}}{\sqrt{3}}-\dfrac{2}{\sqrt{6}}$

[解答] (1) 分母と同じ平方根数を分母，分子に掛けて計算する．
$$\dfrac{1}{\sqrt{28}}=\dfrac{1}{\sqrt{4\times7}}=\dfrac{1}{2\sqrt{7}}=\dfrac{\sqrt{7}}{2\sqrt{7}\sqrt{7}}=\dfrac{\sqrt{7}}{14}$$
(2) 分母と分子に同じ式を掛けて，分母を平方の差 $a^2-b^2$ の形にする．一般には次の公式を用いる．
$$(\sqrt{a}+\sqrt{b})(\sqrt{a}-\sqrt{b})$$
$$=\sqrt{a^2}-\sqrt{b^2}=a-b$$
$$\dfrac{3\sqrt{3}}{2-\sqrt{3}}=\dfrac{3\sqrt{3}(2+\sqrt{3})}{(2-\sqrt{3})(2+\sqrt{3})}$$

3. 数 と 集 合    19

$$=\frac{6\sqrt{3}+3(\sqrt{3})^2}{2^2-(\sqrt{3})^2}=6\sqrt{3}+9$$

(3) $\dfrac{\sqrt{3}-2}{4-\sqrt{3}}=\dfrac{(\sqrt{3}-2)(4+\sqrt{3})}{(4-\sqrt{3})(4+\sqrt{3})}$

$$=\frac{4\sqrt{3}+3-8-2\sqrt{3}}{16-3}=\frac{2\sqrt{3}-5}{13}$$

(4) $\dfrac{\sqrt{3}}{\sqrt{2}}+\dfrac{\sqrt{2}}{\sqrt{3}}-\dfrac{2}{\sqrt{6}}$

$$=\frac{\sqrt{3}\sqrt{2}}{\sqrt{2}\sqrt{2}}+\frac{\sqrt{2}\sqrt{3}}{\sqrt{3}\sqrt{3}}-\frac{2\sqrt{6}}{\sqrt{6}\sqrt{6}}$$

$$=\frac{\sqrt{6}}{2}+\frac{\sqrt{6}}{3}-\frac{2\sqrt{6}}{6}$$

$$=\frac{3\sqrt{6}+2\sqrt{6}-2\sqrt{6}}{6}=\frac{3\sqrt{6}}{6}=\frac{\sqrt{6}}{2}$$

―― 例題 6 ――

三角形の3辺の長さを $a$, $b$, $c$ とするとき,面積 $A$ は次の公式で求められる.

$$A=\sqrt{s(s-a)(s-b)(s-c)}$$

ただし, $2s=a+b+c$ である. $a$, $b$, $c$ が 5 cm, 6 cm, 9 cm のとき面積 $A$ を求めよ.

[解答] $2s=5+6+9=20$
であるから, $s=10$ である.
$$A=\sqrt{10(10-5)(10-6)(10-9)}$$
$$=\sqrt{10\times5\times4\times1}$$
$$=\sqrt{200}=10\sqrt{2}\ (\text{cm}^2)$$

[参考] 三角形の3辺の長さがわかっているとき,面積 $A$ は
$$A=\sqrt{s(s-a)(s-b)(s-c)}$$
の公式から求められる.これを**ヘロンの公式**という.

## 3.3 数の集合

■集合の意味と表し方

数学で集合というときは,その集まりの性質(条件)がはっきりしていなければならない.たとえば,12の約数の集合は

 1, 2, 3, 4, 6, 12

であり,3の倍数の集合は

 3, 6, 9, 12, 15, …

であり,これは無数にある.

このように,ある条件をみたすものの集まりを**集合**といい,集合をつくっているおのおののものを,その集合の**要素**または**元**という.要素の数に限りのあるものを有限集合といい,無数にあるものを無限集合という.

集合はふつうアルファベットの大文字で,要素は小文字を使って表す.一般に, $a$ が集合 $S$ の要素であることを $a\in S$ と書き, $a$ は $S$ に属する,または, $S$ は $a$ を含むと読む.また,あるもの $a$ が集合 $S$ の要素でないとき, $a\notin S$ と書き, $a$ は $S$ に属さない,または, $S$ は $a$ を含まないと読む.

―― 例題 1 ――

次の(1),(2)について,記号 $\in$ または $\notin$ を使って表せ.

(1) 6 は 24 の約数の集合 $A$ の要素である.

(2) 8 はさいころの目の集合 $M$ には属さない.

[解答] (1) $6\in A$   (2) $8\notin M$

記号 $\in$ は, Element (要素) のかしら文字

からつくられたものである．

集合の表し方には，次の2通りの方法がある．

① 要素で示す方法 $\{a, b, c, \cdots\}$
② 条件で示す方法 $\{x|x$ のみたす条件$\}$

──── 例題 2 ────
次の(1)～(4)は要素で示す方法に，(5)～(7)は条件で示す方法に書き直せ．
(1) $\{x|x$ は 1 から 10 までの偶数$\}$
(2) $\{x|x$ は 4 けたの数 □285 の □ にあてはまる数の集合$\}$
(3) $\{x|4 \leq x < 10$ である整数 $x$ の集合$\}$
(4) $\{x|x = 4n, n = 1, 2, 3, 4\}$
(5) $\{1, 2, 3, 4, 6, 12\}$
(6) $\{5, 10, 15, 20, 25, \cdots\}$
(7) $\{$二等辺三角形，正三角形，不等辺三角形$\}$

[解答] (1) $\{2, 4, 6, 8, 10\}$
(2) $\{1, 2, 3, 4, 5, 6, 7, 8, 9\}$
(3) $\{4, 5, 6, 7, 8, 9\}$
(4) $\{4, 8, 12, 16\}$
(5) $\{x|x$ は 12 の約数$\}$
(6) $\{x|x$ は 5 の倍数，$x > 0\}$，または，$\{x|x = 5n, n = 1, 2, 3, \cdots\}$
(7) $\{x|x$ は辺でわけた三角形$\}$

■部分集合と補集合

二つの集合の間の関係は，次の3通りにわけられる．

(1) $A = \{1, 3, 5, 7, 9, 11\}$
   $B = \{2, 3, 5, 7, 11, 13\}$

のように，共通な要素もあるが共通でない要素もある．

(2) $A = \{x|x$ は 6 の約数$\}$
   $B = \{x|x$ は 3 の約数$\}$

のように，一方の集合の要素は，すべて他方の集合の要素と共通である．

(3) $A = \{x|x$ は偶数$\}$
   $B = \{x|x$ は奇数$\}$

のように，共通な要素がない．

とくに(2)の場合，たとえば集合 $B$ のすべての要素が集合 $A$ の要素になっていることを，$B \subseteqq A$ または $A \supseteqq B$ と書き，$A$ は $B$ を含む，$B$ は $A$ に含まれるという．

このとき集合 $B$ は集合 $A$ の**部分集合**であるという．

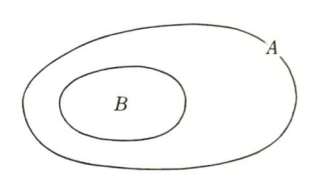

──── 例題 3 ────
次の集合 $A, B$ の関係をのべよ．
(1) $A = \{1, 3, 5, 7, 9\}$
   $B = \{x|1 \leq x \leq 10, x$ は奇数$\}$
(2) $A = \{x|x$ は 24 の約数$\}$
   $B = \{x|x$ は 12 の約数$\}$

[解答] (1) $A = B$　　(2) $A \supset B$

(1)の場合は，二つの集合 $A$ と $B$ の要素は全く同じであり，$A = B$ と書く．(2)の場合は，集合 $B$ の要素はすべて集合 $A$ に含まれ，しかも $A$ の要素のなかには $B$ の要素でないものがある．つまり $B$ は $A$ の部分集合であるが，$A \neq B$ である．このとき $B$ は $A$ の真部分集合といい，$A \supset B$ または $B \subset A$ と書く．

──── 例題 4 ────
次の集合の部分集合をすべてあげよ．
   $\{a, b, c\}$

[解答] $\{\ \}, \{a\}, \{b\}, \{c\}, \{a,b\}, \{a,c\},$
$\{b,c\}, \{a,b,c\}$

数学では，なにもないものに 0 という数をきめたように，要素を一つももたないものも一つの集合と考え，$\{\ \}$ または $\phi$ と表し，これを**空集合**という．たとえば，奇数であって，しかも偶数である数の集合は空集合である．

---- 例題 5 ----
次の (1), (2) について，$U$ を全体集合とするとき，補集合 $\overline{A}$ を求めよ．
(1) $U = \{1, 3, 5, 7, 9, 11\}$
   $A = \{1, 3, 9\}$
(2) $U = \{x \mid x \text{ は有理数}\}$
   $A = \{x \mid x \text{ は負の数}\}$

[解答] (1) $\overline{A} = \{5, 7, 11\}$
(2) $\overline{A} = \{x \mid x \text{ は 0 と正の数}\}$

ある集合で部分集合 $A$ があるとき，もとの集合を**全体集合**といい，その残りの部分の集合を**補集合**という．ふつう全体集合は $U$ で表し，補集合は，部分集合が $A$ ならば $\overline{A}$ で表す．

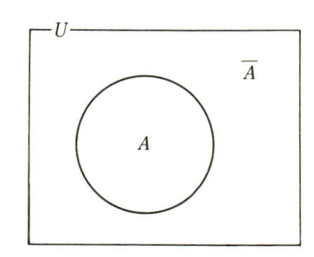

■**集合の交わりと結び**

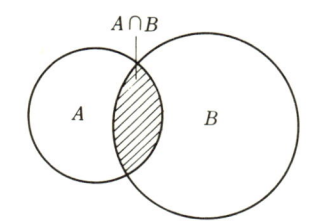

集合 $A$, $B$ の両方に属する要素全体を，$A$, $B$ の**交わり**または共通部分といい，$A \cap B$ で表し，$A$ 交わり $B$，または $A$ キャップ $B$ と読む．$\cap$ は cap (帽子) に似ていることからきている．

---- 例題 6 ----
$A = \{1, 2, 3, 4\}$, $B = \{2, 4, 6, 8\}$
$C = \{1, 2, 4, 8\}$
のとき，次のものを求めよ．
(1) $A \cap B$ (2) $B \cap C$ (3) $A \cap B \cap C$

[解答] (1) $A \cap B = \{2, 4\}$
(2) $B \cap C = \{2, 4, 8\}$
(3) $A \cap B \cap C = \{2, 4\}$

二つの集合 $A$ と $B$ があるとき，$A$ の要素と $B$ の要素を全部集めてできる集合を，$A$ と $B$ の**結び**または**和集合**といい，$A \cup B$ と表す．これは $A$ 結び $B$，または $A$ カップ $B$ と読む．$\cup$ は cup (茶わん) に似ていることからきている．

---- 例題 7 ----
次の各組で，$A \cup B$ を求めよ．
(1) $A = \{5, 6, 9, 10\}$
   $B = \{3, 4, 5, 9, 10\}$
(2) $A = \{x \mid x \text{ は 24 の約数}\}$
   $B = \{x \mid x \text{ は 12 の約数}\}$

[解答] (1) $A \cup B = \{3, 4, 5, 6, 9, 10\}$
(2) $A \cup B = \{1, 2, 3, 4, 6, 8, 12, 24\} = A$

---- 例題 8 ----
あるクラスの生徒 45 人が，通学に利用する乗物は右の表のとおりである．このクラスで電車もバスも利用していない生徒は何人いるか．

| 電車 | 24 人 |
| バス | 28 人 |
| 電車とバス | 15 人 |

[解答] 電車, バスそれぞれの利用者全員の集合を $A$, $B$ で表すと, 電車とバスの両方を利用している生徒の集合は, $A \cap B$ で表される.

$$n(A)=24, \quad n(B)=28, \quad n(A \cap B)=15$$

また, 電車かバスを利用している生徒の集合は, $A \cup B$ で表される.

$$n(A \cup B)=n(A)+n(B)-n(A \cap B)$$
$$=24+28-15=37$$

したがって, 電車もバスも利用していない生徒の数は

$$45-37=8 \text{(人)}$$

[注] $n(A)$ は, 集合 $A$ に属する要素の個数を表す.

## 3.4 複素数の加減乗除

2次方程式 $x^2=9/4$ は, 有理数の範囲で解 $x=\pm 3/2$ をもつ.

複素数 $\begin{cases} 実数 \begin{cases} 有理数 \\ 無理数 \end{cases} \\ 虚数 \end{cases}$ (3.1節参照)

2次方程式 $x^2=2$ は, 有理数の範囲では解をもたないが, 有理数の範囲をこえれば, 実数の範囲で無理数の解 $\pm\sqrt{2}$ をもつ.

2次方程式 $x^2=-4$ は, 実数の範囲では解をもたない. そこで実数の範囲をこえて, 2乗すると負になる数を考え, どんな実数も平方根をもつようにしたい. そのために, まず2乗すると $-1$ になる新しい数を考え, それを文字 $i$ で表すことにする. すなわち

$$i^2=-1, \quad i=\sqrt{-1}$$

この $i$ を**虚数単位**という.

実数 $a$, $b$ を用いて, $a+bi$ という形に表される数を**複素数**という. 複素数 $a+bi$ において, $b=0$ のとき, それは実数 $a$ にほかならない. したがって, 実数は複素数に含まれている. また, $b \neq 0$ であるような複素数 $a+bi$ を**虚数**という.

二つの複素数

$$a+bi, \quad c+di$$

が等しい, すなわち

$$a+bi=c+di$$

となるのは

$$a=c \quad かつ \quad b=d$$

のときである. とくに

$$a+bi=0$$

となるのは

$$a=0 \quad かつ \quad b=0$$

のときである.

---
**例題 1**

次の数を求めよ.

(1) $i^3$, $i^4$, $i^5$

(2) $(2i)^3(-i^3)^2$

---

[解答] (1) $i^3=i^2 i=(-1)i=-i$
$i^4=i^2 i^2=(-1)(-1)=1$
$i^5=i^2 i^3=i^2 i^2 i=(-1)(-1)i=i$

(2) $(2i)^3(-i^3)^2=8i^3(-i^3)^2$
$=-8ii^2=-8i(-1)=8i$

複素数の計算では, ふつうの式と同じように計算を進め, $i^2$ が現れたら, それを $-1$ でおきかえればよい.

---
**例題 2**

次の数を虚数単位 $i$ を使って表せ.

(1) $\sqrt{-3}$  (2) $\sqrt{-4}$  (3) $\sqrt{-8}$

(4) $-\sqrt{-16}$  (5) $\sqrt{-0.01}$

---

[解答] (1) $\sqrt{-3} = \sqrt{3}\,i$
(2) $\sqrt{-4} = \sqrt{4}\,i = 2i$
(3) $\sqrt{-8} = \sqrt{8}\,i = \sqrt{4}\sqrt{2}\,i = 2\sqrt{2}\,i$
(4) $-\sqrt{-16} = -\sqrt{16}\,i = -4i$
(5) $\sqrt{-0.01} = \sqrt{0.01}\,i = 0.1i$

(1) 加法：$(a+bi)+(c+di)$
    $= (a+c)+(b+d)i$
(2) 減法：$(a+bi)-(c+di)$
    $= (a-c)+(b-d)i$
(3) 乗法：$(a+bi)(c+di)$
    $= (ac-bd)+(ad+bc)i$
(4) 除法：$\dfrac{a+bi}{c+di} = \dfrac{(a+bi)(c-di)}{(c+di)(c-di)}$
    $= \dfrac{ac+bd}{c^2+d^2} + \dfrac{bc-ad}{c^2+d^2}i$
(5) $i$ の計算：$i = \sqrt{-1},\ i^2 = -1$
    $i^3 = -i,\ i^4 = 1$
    $(+i)(+i) = -1$
    $(+i)(-i) = 1$
    $(-i)(-i) = -1$

複素数 $\alpha = a+bi$ に対して，$a-bi$ を $\alpha$ に**共役な複素数**という．

---- 例題 3 ----
次の計算をせよ．
(1) $(3+2i)+(4-3i)$
(2) $(5-3i)+(-4+4i)$
(3) $(3+2i)-(2+3i)$
(4) $(-4+4i)-(-3+3i)$

[解答] (1) $(3+4)+(2-3)i = 7-i$
(2) $(5-4)+(-3+4)i = 1+i$
(3) $(3-2)+(2-3)i = 1-i$
(4) $(-4+3)+(4-3)i = -1+i$

---- 例題 4 ----
次の計算をせよ．
(1) $(1+i)(-2+3i)$
(2) $(a+bi)(a-bi)$
(3) $2i(1-4i)$
(4) $(1-\sqrt{2}\,i)^2$

[解答] (1) $(1+i)(-2+3i)$
    $= -2+(3-2)i+3i^2$
    $= -2+i-3 = -5+i$
(2) $(a+bi)(a-bi)$
    $= a^2+(-ab+ab)i-b^2i^2 = a^2+b^2$
(3) $2i(1-4i) = 2i-8i^2 = 2i+8$
(4) $(1-\sqrt{2}\,i)^2 = 1-2\sqrt{2}\,i+(\sqrt{2}\,i)^2$
    $= -1-2\sqrt{2}\,i$

---- 例題 5 ----
次の計算をせよ．
(1) $\dfrac{2+3i}{3+4i}$  (2) $\dfrac{2i}{3+i}$

[解答] (1) $\dfrac{2+3i}{3+4i} = \dfrac{(2+3i)(3-4i)}{(3+4i)(3-4i)}$
    $= \dfrac{6+(-8+9)i-12i^2}{9+16} = \dfrac{18+i}{25}$
(2) $\dfrac{2i}{3+i} = \dfrac{2i(3-i)}{(3+i)(3-i)}$
    $= \dfrac{6i+2}{10} = \dfrac{1+3i}{5}$

# 4. 2次方程式

## 4.1 2次方程式の解法

$$5x-4y=2, \quad x^2-x-5=0$$

のように，文字 $x$ や $y$ を含む等式において，$x$ や $y$ がある特定の値をとるときに限って成り立つものが方程式であり，このとき $x$ や $y$ を未知数とよぶ．
$a \neq 0$ のとき，方程式

$$ax^2+bx+c=0$$

を $x$ の **2次方程式**という．方程式をみたす未知数の値を方程式の**解**または**根**といい，解を求めることを方程式を解くという．上の式において，とくに断らない限り $a, b, c$ は実数，$a \neq 0$ とする．

■**因数分解による解法**

―― 例題 1 ――
次の 2 次方程式を解け．
(1) $2x^2+5x-3=0$
(2) $3x^2+7x-10=0$

［解答］(1) 左辺を因数分解して
$$(2x-1)(x+3)=0$$
ゆえに
$$2x-1=0 \quad \text{または} \quad x+3=0$$
したがって
$$x=\frac{1}{2} \quad \text{または} \quad x=-3$$

(2) 左辺を因数分解して
$$(3x+10)(x-1)=0$$
ゆえに
$$3x+10=0 \quad \text{または} \quad x-1=0$$

したがって
$$x=-\frac{10}{3} \quad \text{または} \quad x=1$$

■**2次方程式の解の公式**

2次式は簡単に因数分解できるとは限らない．そこで，一般の 2 次方程式

$$ax^2+bx+c=0$$

の解を与える公式を導いてみる．

> **2次方程式の解の公式 (1)**
> $ax^2+bx+c=0$ の解は
> $$x=\frac{-b \pm \sqrt{b^2-4ac}}{2a}$$

［証明］
$$\begin{aligned}ax^2+bx+c &= a\left(x^2+\frac{b}{a}x\right)+c \\ &= a\left(x+\frac{b}{2a}\right)^2-\frac{b^2}{4a}+c \\ &= a\left(x+\frac{b}{2a}\right)^2-\frac{b^2-4ac}{4a}\end{aligned}$$

と変形されるので，$ax^2+bx+c=0$ は，次のように書きかえられる．

$$a\left(x+\frac{b}{2a}\right)^2-\frac{b^2-4ac}{4a}=0$$

$$\left(x+\frac{b}{2a}\right)^2=\frac{b^2-4ac}{4a^2}$$

これから

$$x+\frac{b}{2a}=\pm\frac{\sqrt{b^2-4ac}}{2a}$$

したがって，$ax^2+bx+c=0$ の解は

$$x=\frac{-b \pm \sqrt{b^2-4ac}}{2a}$$

## 2次方程式の解の公式 (2)
$ax^2 + 2b'x + c = 0$ の解は
$$x = \frac{-b' \pm \sqrt{b'^2 - ac}}{a}$$

[証明] $ax^2 + bx + c = 0$ の $x$ の係数 $b$ が $2b'$，つまり $b$ の絶対値が2の倍数の場合である．したがって，公式(1)の $b$ に $2b'$ を代入して変形すればよい．

$$x = \frac{-b \pm \sqrt{b^2 - 4ac}}{2a}$$

において，$b = 2b'$ とすると

$$x = \frac{-2b' \pm \sqrt{(2b')^2 - 4ac}}{2a}$$
$$= \frac{-2b' \pm 2\sqrt{b'^2 - ac}}{2a}$$
$$= \frac{-b' \pm \sqrt{b'^2 - ac}}{a}$$

$x$ の係数が2の倍数である2次方程式では，公式(2)を用いる方が簡単に解くことができる．

―― 例題 2 ――
次の2次方程式を解け．
$$x^2 - 8x + 28 = 0$$

[解答] 公式(1)を用いると
$$x = \frac{-(-8) \pm \sqrt{(-8)^2 - 4 \times 1 \times 28}}{2}$$
$$= \frac{8 \pm \sqrt{-48}}{2}$$
$$= 4 \pm 2\sqrt{3}\,i$$

公式(2)を用いると
$$x = -(-4) \pm \sqrt{(-4)^2 - 1 \times 28}$$
$$= 4 \pm \sqrt{-12}$$
$$= 4 \pm 2\sqrt{3}\,i$$

―― 例題 3 ――
花子は毎分 60 m の速さで真東に向かった．同じ地点を 7 分後に太郎は毎分 80 m の速さで真北に向かって出発した．太郎と花子の距離が 1.2 km になるのは，太郎が出発してから何分後か．

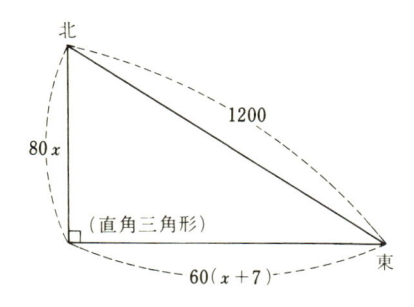

[解答] 太郎が出発してから $x$ 分後に，2人の距離が 1.2 km になるとすると，題意より
$$(80x)^2 + \{60(x+7)\}^2 = 1200^2$$
両辺を 400 で割って整理すると
$$25x^2 + 126x - 3159 = 0$$
公式より
$$x = \frac{-63 \pm \sqrt{63^2 + 78975}}{25} = \frac{-63 \pm 288}{25}$$
$$= \frac{-63 + 288}{25} = 9$$
負の数は題意に不適当．

## 4.2 2次方程式の解と判別式

2次方程式 $ax^2 + bx + c = 0$ の解は
$$x = \frac{-b \pm \sqrt{b^2 - 4ac}}{2a}$$
である．$D = b^2 - 4ac$ とすると
$$x = \frac{-b + \sqrt{D}}{2a} \quad \text{または} \quad x = \frac{-b - \sqrt{D}}{2a}$$
となる．

(1) $D>0$ のとき，二つの解は実数である．実数である解を，**実数解**または**実根**という．
(2) $D=0$ のときは，二つとも $-b/2a$ となる．この場合は二つの解が重なったとみて，**重複解**（重解）または**重根**という．
(3) $D<0$ のとき，二つの解は虚数であり，互いに共役（3.4節参照）である．虚数である解を**虚数解**または**虚根**という．

以上のように，2次方程式の解の性質は，$D=b^2-4ac$ によって判別される．そこで $b^2-4ac$ を2次方程式 $ax^2+bx+c$ の**判別式**という．

---
**2次方程式の解の判別**

2次方程式 $ax^2+bx+c=0$ の判別式を $D=b^2-4ac$ とすると，解は下表のように判別される．

| $D>0$ | $D=0$ | $D<0$ |
|---|---|---|
| 異なる二つの実数解をもつ | 重複解をもつ | 異なる二つの虚数解をもつ |

---

**― 例題 1 ―**

次の2次方程式の解を判別せよ．
(1) $x^2-5x+6=0$
(2) $3x^2-2x+\dfrac{1}{3}=0$
(3) $x^2+10x+26=0$

[解答] 判別式を $D$ とすると，
(1) $D=(-5)^2-4\times1\times6=1>0$
ゆえに，異なる二つの実数解をもつ．
(2) $D=(-2)^2-4\times3\times\dfrac{1}{3}=0$
ゆえに，重複解をもつ．
(3) $D=10^2-4\times1\times26=-4<0$
ゆえに，異なる二つの虚数解をもつ．

**― 例題 2 ―**

$4x^2+(p-1)x+(p+4)=0$
が重複解をもつように，実数 $p$ の値を定めよ．

[解答] 判別式は
$$D=(p-1)^2-4\times4\times(p+4)$$
$$=p^2-18p-63=(p+3)(p-21)$$
重複解をもつのは $D=0$ のときであるから
$$(p+3)(p-21)=0$$
ゆえに
$$p=-3 \quad \text{または} \quad p=21$$

## 4.3 解と係数の関係

■ 2次方程式の解と係数の関係

2次方程式 $ax^2+bx+c=0$ の二つの解は，$D=b^2-4ac$ とすると
$$\alpha=\frac{-b+\sqrt{D}}{2a}, \quad \beta=\frac{-b-\sqrt{D}}{2a}$$
である．これらの和と積を求めると
$$\alpha+\beta=\frac{-b+\sqrt{D}}{2a}+\frac{-b-\sqrt{D}}{2a}=-\frac{b}{a}$$
$$\alpha\beta=\left(\frac{-b+\sqrt{D}}{2a}\right)\left(\frac{-b-\sqrt{D}}{2a}\right)$$
$$=\frac{(-b)^2-D}{4a^2}=\frac{b^2-(b^2-4ac)}{4a^2}$$
$$=\frac{4ac}{4a^2}=\frac{c}{a}$$

---
**2次方程式の解と係数の関係**

2次方程式 $ax^2+bx+c=0$ の解を $\alpha$, $\beta$ とすると
$$\alpha+\beta=-\frac{b}{a}, \quad \alpha\beta=\frac{c}{a}$$

この関係は，重複解や虚数解の場合にも成り立つ．

---- 例題 1 ----
次の 2 次方程式の解の和と積を求めよ．
(1) $2x^2+5x+8=0$
(2) $-x^2+x+7=0$

［解答］方程式の解を $\alpha, \beta$ とする．
(1) $a=2, \quad b=5, \quad c=8$
$$\alpha+\beta=-\frac{b}{a}=-\frac{5}{2}$$
$$\alpha\beta=\frac{c}{a}=\frac{8}{2}=4$$
(2) $a=-1, \quad b=1, \quad c=7$
$$\alpha+\beta=-\frac{b}{a}=-\frac{1}{-1}=1$$
$$\alpha\beta=\frac{c}{a}=\frac{7}{-1}=-7$$

---- 例題 2 ----
2 次方程式 $2x^2-6x+10=0$ の解を $\alpha, \beta$ とするとき，次の式の値を求めよ．
(1) $\dfrac{1}{\alpha}+\dfrac{1}{\beta}$  (2) $\alpha^2+\beta^2$

［解答］2 次方程式の解と係数の関係から
$$\alpha+\beta=3, \quad \alpha\beta=5$$
(1) $\dfrac{1}{\alpha}+\dfrac{1}{\beta}=\dfrac{\alpha+\beta}{\alpha\beta}=\dfrac{3}{5}$
(2) $\alpha^2+\beta^2=(\alpha+\beta)^2-2\alpha\beta$
$\qquad =3^2-2\times 5=-1$

■与えられた 2 数を解とする方程式

2 次方程式を解くのとは逆に，二つの数 $\alpha, \beta$ から出発して，これらを解とする 2 次方程式をつくってみる．
たとえば，2 次方程式
$$(x-\alpha)(x-\beta)=0$$
すなわち
$$x^2-(\alpha+\beta)x+\alpha\beta=0$$
は $\alpha, \beta$ を解とする．したがって
$$\alpha+\beta=m, \quad \alpha\beta=n$$
とおけば
$$x^2-mx+n=0$$
は，二つの数 $\alpha, \beta$ を解とする 2 次方程式である．

---- 例題 3 ----
二つの数 3/2 と 2/3 を解とする 2 次方程式をつくれ．

［解答］$\alpha=\dfrac{3}{2}, \quad \beta=\dfrac{2}{3}$
とおくと
$$\alpha+\beta=\frac{3}{2}+\frac{2}{3}=\frac{13}{6}$$
$$\alpha\beta=\frac{3}{2}\times\frac{2}{3}=1$$
したがって，求める 2 次方程式は
$$x^2-\frac{13}{6}x+1=0$$
係数を簡単にするため，両辺に 6 を掛ければ
$$6x^2-13x+6=0$$

■2 次式の因数分解

2 次方程式 $ax^2+bx+c=0$ の解を $\alpha, \beta$ とすれば，解と係数の関係
$$\alpha+\beta=-\frac{b}{a}, \quad \alpha\beta=\frac{c}{a}$$
から，方程式の左辺は次のように因数分解される．
$$ax^2+bx+c=a\left(x^2+\frac{b}{a}x+\frac{c}{a}\right)$$
$$=a\{x^2-(\alpha+\beta)x+\alpha\beta\}$$
$$=a(x-\alpha)(x-\beta)$$

## 2次式の因数分解

2次方程式 $ax^2+bx+c=0$ の解を $\alpha$, $\beta$ とすれば
$$ax^2+bx+c=a(x-\alpha)(x-\beta)$$

### 例題 4

2次方程式の解を用いて，次の式を因数分解せよ．
(1) $x^2+2x-4$
(2) $35x^2+18x-5$

[解答] (1) $x^2+2x-4=0$ を解の公式を用いて解くと
$$x=\frac{-2\pm\sqrt{4+16}}{2}=-1\pm\sqrt{5}$$

ゆえに
$$\alpha=-1+\sqrt{5}, \quad \beta=-1-\sqrt{5}$$

したがって
$$x^2+2x-4=(x+1-\sqrt{5})(x+1+\sqrt{5})$$

(2) $35x^2+18x-5=0$ を解の公式を用いて解くと
$$x=\frac{-9\pm\sqrt{9^2+35\times 5}}{35}=\frac{-9\pm 16}{35}$$

ゆえに
$$\alpha=\frac{1}{5}, \quad \beta=-\frac{5}{7}$$

したがって
$$\begin{aligned}35x^2+18x-5 &=35\left(x-\frac{1}{5}\right)\left(x+\frac{5}{7}\right)\\&=5\left(x-\frac{1}{5}\right)7\left(x+\frac{5}{7}\right)\\&=(5x-1)(7x+5)\end{aligned}$$

---

▶ **タルタリア**（Tartaglia (Nicolo Fontana))，1506?-1557，イタリア

2次方程式の解法は，12世紀頃インドで知られ，アラビアを経て，ヨーロッパに伝えられたといわれる．2次方程式は $(x+a)^2=b$ の形に変形することにより，結局，1次方程式の解法に帰着できる．これをヒントに，3次方程式も $(x+a)^3=b$ の形に直すことから解こうとしたが，この努力はすべて失敗した．

16世紀のイタリアでは，数学の難問を提出，解答しあう試合のようなものが流行した．タルタリアとフロリダスの間で行われた試合（互いに 30 問を提出，50 日を期限とする）で，タルタリアはわずか2時間で全問を正解したが，フロリダスは1問も解けなかったといわれる．フロリダスの出題が $x^3+px=q$ の形であったのに対し，タルタリアは $x^3+px^2=q$ の形の出題だったからで，これは $x=1/y$ の置き換えで，$y^3+p'y=q'$ となるものであった．タルタリアが1歩先んじていたといえる．

この後，タルタリアはさらに研究を深め，1541年3次方程式の解法が完成した．ところが，カルダノ（Gerolamo Cardano, 1501-1576）は，この成果をタルタリアとの約束を破り自分の名によって出版し，以後，カルダノの解法と称した．この間の事情については，霧につつまれた部分もあり，真偽決しがたいところもある．個人の功名というよりは，時代の育てた成果というべきであろう．なお，4次方程式の一般解は，カルダノの弟子フェラーリ（Ludovico Ferrari, 1522-1565）によって得られた．

# 5. 高次方程式

整式は $A$, $B$ などの文字で表す場合もあるが, $x$ の整式として $f(x)$, $F(x)$ などの記号で表し, $f(x)$ の $x$ に特定の値, たとえば 3 を代入したときの値を $f(3)$ と書くこともある.

--- 例題 1 ---
$$f(x)=2x^2-4x+1$$
で示される整式の $x$ に, 0 と $-2$ を代入して得られる式と, その値を示せ.

[解答] $f(0)=2\cdot 0^2-4\cdot 0+1=1$
$f(-2)=2\cdot(-2)^2-4\cdot(-2)+1$
$=8+8+1=17$

■**因数定理, 剰余の定理**

整式 $f(x)=2x^2+5x-3$ を因数分解すると
$$f(x)=2x^2+5x-3=(2x-1)(x+3)$$
となる. したがって, $x=1/2$ または $x=-3$ のとき, $f(x)$ の値は 0 となる. すなわち
$$f\left(\frac{1}{2}\right)=0, \quad f(-3)=0$$
である. 一般に次の定理が成り立つ.

> **因数定理**：整式 $f(x)$ において, $f(\alpha)=0$ ならば $x-\alpha$ は $f(x)$ の因数であり, $x-\alpha$ が $f(x)$ の因数ならば $f(\alpha)=0$ である.

[証明] $f(x)$ を 1 次式 $x-\alpha$ で割ったときの商を $Q(x)$, 余りを $R$ とすれば
$$f(x)=(x-\alpha)Q(x)+R$$
と表される. ここで $R$ は定数である. 文字 $x$ に数 $\alpha$ を代入すれば

$f(\alpha)=(\alpha-\alpha)Q(\alpha)+R$
$=0\cdot Q(\alpha)+R=R$ ①

$f(\alpha)=0$ ならば, ① によって $R=0$ となるから
$$f(x)=(x-\alpha)Q(x) \qquad ②$$
すなわち, $x-\alpha$ は $f(x)$ の因数である. 逆に, $x-\alpha$ が $f(x)$ の因数ならば, ② の形の式が成り立ち, $x=\alpha$ とおけば, $f(\alpha)=0$ となる.

--- 例題 2 ---
$$f(x)=x^3+4x^2+x-6$$
における因数を求めよ.

[解答]
$f(-1)=(-1)^3+4\cdot(-1)^2+(-1)-6$
$=-4 \neq 0$
$f(-2)=(-2)^3+4\cdot(-2)^2+(-2)-6$
$=0$

因数定理により, $f(\alpha)=0$ になるものが因数である. したがって, $x+1$ は $f(x)$ の因数ではないが, $x+2$ は $f(x)$ の因数である.

> **剰余の定理**：整式 $f(x)$ を $x-\alpha$ で割ったときの余りを $R$ とすれば
> $$R=f(\alpha)$$

--- 例題 3 ---
$f(x)=x^3-x^2+4x+6$ について次の (1), (2) の余りを求めよ.
(1) $f(x)$ を $x-3$ で割ったとき.
(2) $f(x)$ を $x+2$ で割ったとき.

[解答] (1) $f(3)=3^3-3^2+4\cdot3+6=36$
(2) $f(-2)=(-2)^3-(-2)^2+4\cdot(-2)+6$
$\qquad =-14$

---- 例題 4 ----
$x^3-19x+30$ を因数分解せよ．

[解答] $f(x)=x^3-19x+30$ とおくと
$$f(2)=2^3-19\times2+30=0$$
因数定理により，$x-2$ は $f(x)$ の因数である．$f(x)$ を $x-2$ で割れば
$$f(x)=(x-2)(x^2+2x-15)$$
さらに右辺の2次式を因数分解して
$$x^3-19x+30=(x-2)(x-3)(x+5)$$

```
            x² + 2x - 15
x - 2 ) x³       - 19x + 30
        x³ - 2x²
        ─────────
             2x² - 19x
             2x² -  4x
             ─────────
                  -15x + 30
                  -15x + 30
                  ─────────
                           0
```

## ■3次方程式・4次方程式

$f(x)$ が3次または4次の整式のとき，これを0と等号で結んだ式 $f(x)=0$ を $x$ の3次方程式，または4次方程式という．3次以上の方程式を解くことは一般にはむずかしいが，因数分解によって解けることもある．

---- 例題 5 ----
次の方程式を解け．
(1) $x^3-15x-4=0$
(2) $x^4-13x^2+36=0$

[解答] (1) $f(x)=x^3-15x-4$ とおく．
$$f(4)=4^3-15\times4-4=0$$
したがって，$f(x)$ は $x-4$ で割り切れ，方程式は次のように変形される．
$$(x-4)(x^2+4x+1)=0$$
ゆえに
$$x-4=0 \quad\text{または}\quad x^2+4x+1=0$$
ゆえに
$$x=4 \quad\text{または}\quad x=-2\pm\sqrt{3}$$

```
            x² + 4x + 1
x - 4 ) x³       - 15x - 4
        x³ - 4x²
        ─────────
             4x² - 15x
             4x² - 16x
             ─────────
                    x - 4
                    x - 4
                    ─────
                        0
```

(2) 左辺を因数分解すると
$$(x^2-4)(x^2-9)=0$$
$$(x+2)(x-2)(x+3)(x-3)=0$$
ゆえに
$$x=-3,\ -2,\ 2,\ 3$$

3乗すると $a$ になる数，すなわち，方程式 $x^3=a$ の解を，$a$ の**立方根**または**3乗根**という．
$$x^3-1=(x-1)(x^2+x+1)$$
であるから，1の立方根は
$$1,\ \frac{-1+\sqrt{3}\,i}{2},\ \frac{-1-\sqrt{3}\,i}{2}$$

# 6. 連立方程式

## 6.1 連立2元1次方程式

二つの未知数 $x$, $y$ に関する方程式を二つ並べたものを連立2元1次方程式という．

### ■加減法による解き方

加減法とは，一方の未知数の係数（絶対値）を等しくしておいて，2式を加えたり引いたりして，その未知数を消去する方法である．

---
**例題 1**

次の連立方程式を加減法で解け．

$$\begin{cases} 5x+3y+10=0 & \text{①} \\ 2x-4y+17=0 & \text{②} \end{cases}$$

---

[解答] ①の両辺を4倍したものと，②の両辺を3倍したものを加えると，$y$の項を消去できる．

$$\begin{array}{r} ①×4 \quad 20x+12y+40=0 \\ +)\; ②×3 \quad 6x-12y+51=0 \\ \hline 26x \quad\quad +91=0 \end{array}$$

ゆえに，$26x=-91$. $x=-3.5$.
$x=-3.5$ を①に代入すると
$\quad 3y=7.5$　ゆえに　$y=2.5$

### ■代入法による解き方

代入法とは，一方の未知数を他方の未知数で表して，これを他の方程式に代入して未知数の一つを消去する方法である．

---
**例題 2**

次の連立方程式を代入法で解け．

$$\begin{cases} -6x+y+3=0 & \text{①} \\ 2x+4y-40=0 & \text{②} \end{cases}$$

---

[解答] ①を変形すると
$\quad y=6x-3 \quad\quad\quad\quad\quad$ ③
この $y$ の値を②に代入する．
$\quad 2x+4(6x-3)-40=0$
これを整理して
$\quad 26x=52$　ゆえに　$x=2$
この $x$ の値を③に代入すると
$\quad y=12-3$　ゆえに　$y=9$

### ■等置法による解き方

等置法とは，同じ未知数について解いた二つの方程式を，等号で結んで未知数の一つを消去する方法である．これは代入法の一種でもある．

---
**例題 3**

次の連立方程式を等置法で解け．

$$\begin{cases} y=\phantom{-}4x-2 & \text{①} \\ y=-5x+7 & \text{②} \end{cases}$$

---

[解答] ①，②の左辺が同じものであるから，右辺どうしは等しい．したがって
$\quad 4x-2=-5x+7$
これを整理して
$\quad 9x=9$　ゆえに　$x=1$
$x=1$ を①に代入すると
$\quad y=4×1-2=2$

[注意] 連立方程式の解き方には，上記のようにいろいろな方法があるが，問題によって最も適した方法で解けばよい．与えられた方程式の一方が $y=ax+b$，または $x=ay+b$ の形であれば代入法を用いるのが一般的である．

#### 例題 4

ある高等学校の今年の入学志願者数は 520 人で，昨年に比べると男子は 15 % 増加し，女子は 10 % 減少している．また，昨年の志願者数は，男子の方が女子より 60 人多かったという．今年の男子，女子の志願者数を求めよ．

[解答] 昨年の男子志願者数を $x$ 人，女子志願者数を $y$ 人とすると，次の方程式が成り立つ．

$$\begin{cases} 1.15x + 0.9y = 520 & ① \\ x = y + 60 & ② \end{cases}$$

① を整理すると

$23x + 18y = 10400$

これに ② を代入して

$23(y + 60) + 18y = 10400$
$23y + 18y = 10400 - 1380$
$41y = 9020$　ゆえに　$y = 220$

これを ② に代入して，$x = 280$．したがって，今年の男子志願者数は

$280 \times 1.15 = 322$（人）

女子は

$220 \times 0.9 = 198$（人）

これらは題意に適する．

#### 例題 5

A 君は自宅から学校まで行くのに，バスと電車を乗りつがなければならない．バス賃と電車賃はあわせて 360 円であるが，今度バス賃が 2 割，電車賃が 1 割値上がりするので，48 円多くかかるという．今度のバス賃と電車賃はそれぞれいくらになるか．

[解答] 現在のバス賃を $x$ 円，電車賃を $y$ 円とすると，次の方程式が成立する．

$$\begin{cases} x + y = 360 & ① \\ 1.2x + 1.1y = 408 & ② \end{cases}$$

加減法により解くのが適しているので，①×1.2－② として整理すると

$0.1y = 432 - 408$

ゆえに，$y = 240$．

これを ① に代入すると，$x = 120$．したがって，今度のバス賃は

$120 \times 1.2 = 144$（円）

電車賃は

$240 \times 1.1 = 264$（円）

### 6.2　連立 3 元 1 次方程式

三つの文字の 1 次式を等号で結んだ式を 3 元 1 次式という．文字 $x$, $y$, $z$ の 3 元 1 次式は，$a$, $b$, $c$, $d$ を数として

$ax + by + cz + d = 0$

の形に整理され，このようなものを三つ並べたのが，連立 3 元 1 次方程式である．この方程式の解を求めるには，$x$, $y$, $z$ のいずれかを消去するようにして，2 元の連立方程式を導き出して行う．

#### 例題 1

次の連立 3 元 1 次方程式を解け．

$$\begin{cases} x + y + z - 1 = 0 & ① \\ 3x + 5y + 4z + 1 = 0 & ② \\ 2x + 6y + 3z - 2 = 0 & ③ \end{cases}$$

[解答] ① と ② から $z$ を消去する．
①×4－② を計算して

$x - y - 5 = 0$　　　　　　　　　④

① と ③ から $z$ を消去する．①×3－③ を

計算して
$$x-3y-1=0 \quad ⑤$$
を得る．求める解は④，⑤を同時にみたす必要がある．したがって，④，⑤を並べた連立2元1次方程式を解くことで解を求める．加減法で求めると

④−⑤  $2y=4$  ゆえに  $y=2$

となる．$y=2$ を④に代入すると
$$x-2-5=0 \quad \text{ゆえに} \quad x=7$$
$x=7$，$y=2$ の値を①に代入して
$$7+2+z-1=0 \quad \text{ゆえに} \quad z=-8$$

---- 例題 2 ----
次の連立方程式を解け．
$$\begin{cases} x+y+z=4 & ① \\ 2x+3y-z=14 & ② \\ 3x-2y+z=-1 & ③ \end{cases}$$

[解答] ①と②から $z$ を消去する．①+②を計算して
$$3x+4y=18 \quad ④$$
②と③から $z$ を消去する．②+③を計算して
$$5x+y=13 \quad ⑤$$
加減法により④，⑤から $x$ と $y$ を求める．⑤×4−④を計算すると
$$17x=34 \quad \text{ゆえに} \quad x=2$$
$x=2$ を④に代入すると
$$6+4y=18 \quad \text{ゆえに} \quad y=3$$
$x=2$，$y=3$ を①に代入すると
$$2+3+z=4 \quad \text{ゆえに} \quad z=-1$$

---- 例題 3 ----
次の等式が $x$ についての恒等式となるように $a$, $b$, $c$ の値を定めよ．
$$a(x-1)(x-2)+b(x-2)(x-3)+c(x-3)(x-1)=2$$

[解答] 式の左辺を展開して整理すれば
$$(a+b+c)x^2+(-3a-5b-4c)x+2a+6b+3c=2$$
となる．これが恒等式となるには，両辺が文字式として等しければよいから，係数を比べて
$$\begin{cases} a+b+c=0 & ① \\ -3a-5b-4c=0 & ② \\ 2a+6b+3c=2 & ③ \end{cases}$$
の連立3元1次方程式を解いて，$a$, $b$, $c$ の値を求める．

①×3+②  $-2b-c=0$  ④
①×2−③  $-4b-c=-2$  ⑤
④−⑤  $2b=2$  ゆえに  $b=1$

これを④に代入すると
$$-2-c=0 \quad \text{ゆえに} \quad c=-2$$
$b=1$，$c=-2$ を①に代入すると
$$a+1-2=0 \quad \text{ゆえに} \quad a=1$$

---- 例題 4 ----
下図の回路において，各枝路の電流 $I_1$, $I_2$, $I_3$ は何アンペアか．ただし，$E_1=2$ V, $E_2=5$ V, $R_1=2\,\Omega$, $R_2=3\,\Omega$, $R_3=10\,\Omega$ とする．

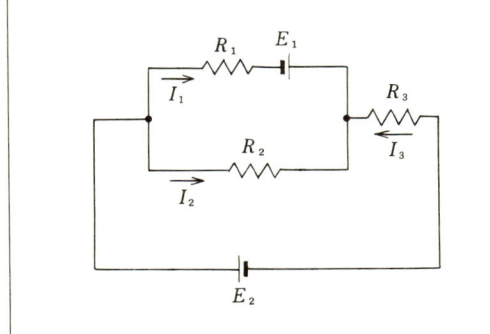

[解答] $I_1$, $I_2$, $I_3$ の向きを図のように定める．キルヒホッフの第1法則，第2法則から次の式がえられる．
$$\begin{cases} I_1+I_2+I_3=0 & ① \end{cases}$$

$$\begin{cases} R_1 I_1 - R_2 I_2 = E_1 & \text{②} \\ R_2 I_2 - R_3 I_3 = E_2 & \text{③} \end{cases}$$

②, ③に電圧値と抵抗値を代入すると

$$2I_1 - 3I_2 = 2 \qquad ④$$
$$3I_2 - 10I_3 = 5 \qquad ⑤$$

①, ④, ⑤は連立3元1次方程式であり,この解を求めればよい.

④+⑤ $\quad 2I_1 - 10I_3 = 7 \qquad ⑥$
①×3+④ $\quad 5I_1 + 3I_3 = 2 \qquad ⑦$
⑥×5−⑦×2 $\quad -56I_3 = 31$

ゆえに $\quad I_3 = -\dfrac{31}{56}$

これを⑥に代入すると, $I_1 = 41/56$. $I_1$ と $I_3$ の値を①に代入すると, $I_2 = -5/28$.

[注意] $I_2$ と $I_3$ にマイナス符号がついているのは,最初定めた電流の向きと逆向きであることを意味している.

---- 例題 5 ----
A, B, C 3人の年齢の和は62歳で,AはBより3歳,BはCより4歳多い.A, B, C 3人の年齢を求めよ.

[解答] A, B, C の年齢をそれぞれ $x$ 歳,$y$ 歳,$z$ 歳とすると方程式は

$$\begin{cases} x + y + z = 62 \\ x - y = 3 \\ y - z = 4 \end{cases}$$

これを解いて

$$x = 24, \quad y = 21, \quad z = 17$$

これらは題意に適する.

## 6.3 1次式と2次式の連立方程式

二つの未知数についての2次方程式と,1次方程式を組みあわせた連立方程式は,1次方程式を利用して一方の未知数を消去することによって解くことができる.

---- 例題 1 ----
次の連立方程式を解け.

$$\begin{cases} -3x + y = 5 & \text{①} \\ 6x^2 + y^2 = 25 & \text{②} \end{cases}$$

[解答] ①から

$$y = 3x + 5 \qquad ③$$

③を②に代入すると

$$6x^2 + (3x+5)^2 = 25 \qquad ④$$

④を整理して

$$x^2 + 2x = 0 \quad \text{すなわち} \quad x(x+2) = 0$$

ゆえに

$$x = 0 \quad \text{または} \quad x = -2$$

$x=0$ を③に代入して,$y=5$.
$x=-2$ を③に代入して,$y=-1$.

---- 例題 2 ----
次の連立方程式を解け.

$$\begin{cases} y = 2x - 1 & \text{①} \\ y - 2 = (x+1)^2 & \text{②} \end{cases}$$

[解答] ①を②に代入して

$$(2x-1) - 2 = (x+1)^2$$

整理して

$$x^2 + 4 = 0$$

ゆえに

$$x = \dfrac{\pm\sqrt{-16}}{2} = \pm 2\sqrt{-1}$$
$$= 2i \quad \text{または} \quad -2i$$

$x$ の値を①に代入する.

$\quad x = 2i$ のとき $\quad y = 4i - 1$
$\quad x = -2i$ のとき $\quad y = -4i - 1$

## 例題 3

長方形の土地があり，その対角線の長さは 50 m である．この土地の縦を 4 m 増し，横を 8 m 減らした長方形をつくるとすれば，面積は 48 m² 増すという．もとの長方形の縦と横の長さを求めよ．

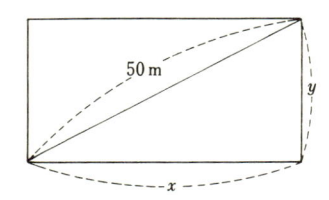

[解答] 長方形の横の長さを $x$ m，縦の長さを $y$ m とすると，題意により次の方程式が成立する．

$$\begin{cases} x^2 + y^2 = 50^2 & \text{①} \\ (x-8)(y+4) = xy + 48 & \text{②} \end{cases}$$

② を整理して
$$x = 2y + 20 \qquad ③$$
これを ① に代入して整理すると
$$y^2 + 16y - 420 = 0$$
変形すると
$$(y+30)(y-14) = 0$$
ゆえに
$$y = -30 \quad \text{または} \quad y = 14$$
$y = -30$ は，負の数なので題意に適さない．
したがって，$y = 14$ を ③ に代入すると
$$x = 2 \times 14 + 20 = 48$$
となり，横 48 m，縦 14 m である．

---

▶ **デカルト** (René Descartes), 1596-1650, フランス

フランスの哲学者，数学者，物理学者であり，解析幾何学の発見者の1人として有名．フランス中部のトゥーレヌ，ラ・エの貴族の家に生まれ，ポアチエ大学で学んだ．

貴族としての生活を好まず，1619年，オランダのオレンジ公の軍隊に入り，1630年戦役にも従軍した．そのとき，ドナウ河畔ウルムで露営中，解析幾何学に対する最初の着想を得るとともに，学問に関する一種の思想的転換を経験した．その後，1629年から1640年までオランダで哲学の研究に没頭した．彼は，自然科学の真理探究の方法が，客観的でないのに不満をもち，人間の理性の合理性を信じて，「我思う，故に我あり (cogito ergo sum)」の下に，数学の解析の方法を一般化し，すべての学問を統一すべきであると考えた．そして 1637 年，自己の着想を『方法叙説』として発表した．この著書の最後の「幾何学」の部分に，彼の数学への貢献が述べられている．

数学における功績は，負の数の概念の確立であり，座標の考えを導入して，直線上に，正の数，零，負の数を幾何学的に表現したことである．また，平面上，空間内にも，座標の考え方を導入し，幾何学的関係や条件を数値間の関係で表し，方程式にまで帰着させて問題を解くべきであると主張したことである．これこそが，まさに現在の解析幾何学の原理であり，彼はその創設者である．

# 7. 不等式

## 7.1 1変数の1次不等式

記号 <, >, ≦, ≧ などを用いて，二つの数や式の大小関係を表したものを不等式という．

[例] $2x+1>x$, $1-2x\geqq x+7$

[注意] 虚数については大小を考えない．不等式に含まれる文字はすべて実数を表すものとする．

■**不等式の性質**

---
**不等式の基本的性質**

Ⅰ． $a>0$, $b>0$ ならば
$a+b>0$
$a<0$, $b<0$ ならば
$a+b<0$

Ⅱ． $a$, $b$ が同符号ならば
$ab>0$, $\dfrac{a}{b}>0$
$a$, $b$ が異符号ならば
$ab<0$, $\dfrac{a}{b}<0$

---

また，これらを用いて次のことが導かれる．

---
Ⅲ． $a>b$, $b>c$ ならば
$a>c$

Ⅳ． $a>b$ ならば
$a+c>b+c$, $a-c>b-c$

Ⅴ． $a>b$, $c>0$ ならば
$ac>bc$, $\dfrac{a}{c}>\dfrac{b}{c}$

Ⅵ． $a>b$, $c<0$ ならば
$ac<bc$, $\dfrac{a}{c}<\dfrac{b}{c}$

---

[説明] 基本的性質 Ⅳ，Ⅴ，Ⅵ は次のようにいい表すことができる．

Ⅳ．不等式の両辺に同じ数を加えたり，両辺から同じ数を引いたりしても，不等号の向きはかわらない．

これは，不等式においても移項ができることである．たとえば，$x-a>b$ の両辺に $a$ を加えれば，$x>a+b$ となり，$x>a+b$ の両辺から $a$ を引けば，$x-a>b$ となる．

Ⅴ．不等式の両辺に同じ正の数を掛けたり，両辺を同じ正の数で割ったりしても，不等号の向きはかわらない．

Ⅵ．不等式の両辺に同じ負の数を掛けたり，両辺を同じ負の数で割ったりすると，不等号の向きがかわる．

---
**例題 1**

$a>b$, $c>0$ なら
$ac>bc$, $\dfrac{a}{c}>\dfrac{b}{c}$
であることを証明せよ．

---

[解答] $a>b$ より，$a-b>0$.
また，$c>0$ であるから，基本的性質 Ⅱ を用いて，$ac-bc>0$. 移項して，$ac>bc$. また，
$$\dfrac{a}{c}-\dfrac{b}{c}=\dfrac{a-b}{c}>0$$
ゆえに
$$\dfrac{a}{c}>\dfrac{b}{c}$$

## ■1次不等式

変数 $x$ に関する不等式が与えられたとき，その不等式をみたす $x$ の値をその不等式の**解**といい，すべての解の集合を求めることを，その不等式を**解く**という．不等式を解くには，実数の大小に関する性質が用いられる．

---
**例題 3**

次の不等式を解け．
$$\frac{3}{4}x - \frac{2x-11}{6} \geq 1$$

---

［解答］両辺に 12 を掛けて
$$9x - 2(2x-11) \geq 12$$
整理すると
$$5x \geq -10 \quad \text{ゆえに} \quad x \geq -2$$

---
**例題 4**

次の①，②を同時にみたす $x$ の値の範囲を求めよ．
$$2x - 3 > x - 1 \qquad ①$$
$$x + 5 \geq 3(x-1) \qquad ②$$

---

［解答］①を解くと，$x > 2$．②を解くと，$-2x \geq -8$ より $x \leq 4$．①，②を同時にみたす $x$ の値の集合は，①，②をそれぞれみたす $x$ の値の集合の交わり，すなわち共通部分である．これらを数直線上に表して，共通部分を求めればよいから，$2 < x \leq 4$．

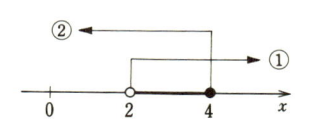

一般に，二つ以上の不等式を並べたものを**連立不等式**といい，それらの不等式を同時にみたす変数の値の範囲を求めることを，その連立不等式を解くという．

---
**例題 5**

$2x - 1 < 0$ を 1 次関数のグラフで示せ．

---

［解答］$y = 2x - 1$ のグラフを書き，$y < 0$ となる部分，すなわち $x < 1/2$ の範囲である．

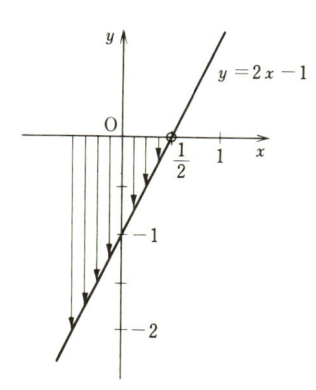

---
**例題 6**

1 の位が 5 の 2 けたの整数がある．数字の順序を逆にすると，もとの数の 2 倍より大きくなるという．この整数を求めよ．

---

［解答］10 の位の数を変数 $x$ とすると，$x$ の変域は
$$U = \{x \mid 1 \leq x \leq 9, \ x は整数\}$$
不等式は
$$50 + x > 2(10x + 5)$$
これより
$$x < \frac{40}{19} = 2.1$$
したがって，解の集合は $\{1, 2\}$．ゆえに，整数は 15, 25．

## 7.2 1変数の2次不等式

**■2次不等式の解**

$a>0$ のとき，二つの2次不等式
$$ax^2+bx+c>0, \quad ax^2+bx+c<0$$
の解について，次の三つの場合にわけて考えてみる．

2次方程式 $ax^2+bx+c=0$ の判別式を $D$ で表す．すなわち
$$D=b^2-4ac$$

(1) $D>0$ の場合

方程式 $ax^2+bx+c=0$ が二つの実数解 $\alpha$, $\beta$ をもてば
$$ax^2+bx+c=a(x-\alpha)(x-\beta)$$
と因数分解される．$\alpha$, $\beta$ は異なる実数であるから，$\alpha<\beta$ とする．$x-\alpha$, $x-\beta$, $(x-\alpha)(x-\beta)$ の符号を調べると，下表のようになる．

| $x$ の範囲 | $x<\alpha$ | $x=\alpha$ | $\alpha<x<\beta$ | $x=\beta$ | $\beta<x$ |
|---|---|---|---|---|---|
| $x-\alpha$ | − | 0 | + | + | + |
| $x-\beta$ | − | − | − | 0 | + |
| $(x-\alpha)(x-\beta)$ | + | 0 | − | 0 | + |

したがって，$ax^2+bx+c>0$ の解は，$(x-\alpha)(x-\beta)$ が + になる場合である．よって
$$x<\alpha, \quad x>\beta$$
$ax^2+bx+c<0$ の解は $(x-\alpha)(x-\beta)$ が − になる場合である．よって
$$\alpha<x<\beta$$

(2) $D=0$ の場合

$D=b^2-4ac$ なので，実数解 $\alpha$, $\beta$ は
$$\alpha=\beta=-\frac{b}{2a}$$
である．したがって，$ax^2+bx+c>0$ は
$$a(x-\alpha)^2>0$$
となり，$ax^2+bx+c<0$ は
$$a(x-\alpha)^2<0$$
となる．実数の平方は負にならないから，$ax^2+bx+c>0$ の解は $x\neq\alpha$, すなわち $\alpha$ 以外のすべての実数である．$ax^2+bx+c<0$ の解はない．

(3) $D<0$ の場合

$$ax^2+bx+c=a\left(x+\frac{b}{2a}\right)^2-\frac{b^2-4ac}{4a}$$
と変形できる．この右辺は
$$a\left(x+\frac{b}{2a}\right)^2\geqq 0$$
$$-\frac{b^2-4ac}{4a}=\frac{-D}{4a}>0 \quad (D<0)$$
であるから，つねに
$$ax^2+bx+c>0$$
である．したがって
$$ax^2+bx+c>0$$
の解はすべて実数であり
$$ax^2+bx+c<0$$
の解はない．

$a>0$ のとき，以上をまとめると，次の表のようになる．ただし，$\alpha<\beta$ とする．

| | $D>0$ | $D=0$ | $D<0$ |
|---|---|---|---|
| $a>0$ のとき $y=ax^2+bx+c$ のグラフ | $x$ 軸と交わる | $x$ 軸に上から接する $\alpha=\beta=-\dfrac{b}{2a}$ | $x$ 軸の上側にある |
| $ax^2+bx+c=0$ の解 | 2つの実数解 $\alpha$, $\beta$ | 重解 $\alpha$ | 虚数解 |
| $ax^2+bx+c>0$ の解 | $x<\alpha,\ x>\beta$ | $x\neq -\dfrac{b}{2a}$ | 実数全体 |
| $ax^2+bx+c<0$ の解 | $\alpha<x<\beta$ | 解はない | 解はない |

## 例題 1

次の2次不等式を解け．
(1) $2x^2 - 3x + 1 > 0$
(2) $2x^2 - 3x + 1 \leqq 0$

［解答］左辺を因数分解すると
$$(2x-1)(x-1)$$
となる．各因数の符号の変化は，下表に示すとおりである．

| $x$ | $x < \frac{1}{2}$ | $\frac{1}{2}$ | $\frac{1}{2} < x < 1$ | $1$ | $1 < x$ |
|---|---|---|---|---|---|
| $2x-1$ | $-$ | $0$ | $+$ | $+$ | $+$ |
| $x-1$ | $-$ | $-$ | $-$ | $0$ | $+$ |
| $(2x-1)(x-1)$ | $+$ | $0$ | $-$ | $0$ | $+$ |

したがって，与えられた不等式の解は，次のようになる．

(1) $x < \frac{1}{2}$ または $x > 1$

(2) $\frac{1}{2} \leqq x \leqq 1$

## 例題 2

次の2次不等式を解け．
$$-x^2 + 2x + 2 < 0$$

［解答］$-x^2 + 2x + 2 < 0$
両辺に $-1$ を掛けて
$$x^2 - 2x - 2 > 0$$
方程式 $x^2 - 2x - 2 = 0$ の解は 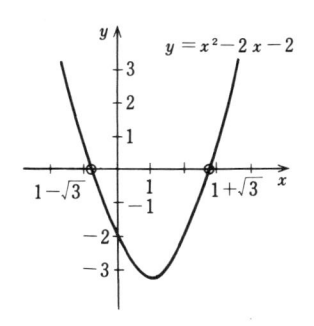
$$x = 1 \pm \sqrt{3}$$
関数 $y = x^2 - 2x - 2$ のグラフは，上図のとおりで，したがって，不等式の解は
$$x < 1 - \sqrt{3} \quad \text{または} \quad x > 1 + \sqrt{3}$$

## 例題 3

次の不等式を解け．
(1) $x^2 - 2x + 1 > 0$
(2) $x^2 - 2x + 1 \leqq 0$

［解答］2次方程式
$$x^2 - 2x + 1 = 0$$
は重複解 $x = 1$ をもつ．関数
$$y = x^2 - 2x + 1 = (x-1)^2$$
のグラフは，$x$軸と点 $(1, 0)$ だけを共有し，それ以外では $x$ 軸の上側にある．したがって，与えられた不等式の解は
(1) $x \neq 1$ (2) $x = 1$

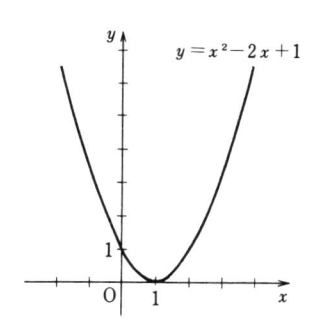

## 例題 4

次の2次不等式を解け．
$$x^2 - 8x + 4 \leqq 0$$

［解答］2次方程式 $x^2 - 8x + 4 = 0$ の解は
$$x = 4 \pm 2\sqrt{3}$$
ゆえに，求める解は
$$4 - 2\sqrt{3} \leqq x \leqq 4 + 2\sqrt{3}$$

## 7.3　2変数の不等式

**■1次不等式**

二つの変数 $x$, $y$ を含む不等式を2変数の不等式，または，2元1次不等式という．

---
**例題 1**

次の2変数の不等式が表す図形を図示せよ．
(1) $x-2y+4<0$
(2) $x-2y+4\leqq 0$

---

［解答］(1) 式を変形すると，$y>(1/2)x+2$ となる．直線 $y=(1/2)x+2$ は，平面を二つの部分にわける．したがって，不等式(1)が表す図形は，直線 $(1/2)x+2$ の上側の部分，すなわち，下図の斜線で示される部分である．

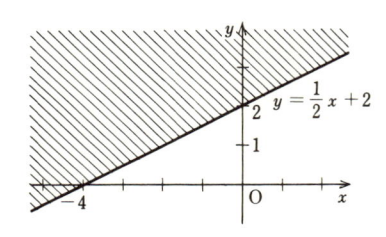

(2) 式が表す図形は上記の斜線部分に境界を含めたものである．なお，直線 $(1/2)x+2$ の下側にある部分は，$x-2y+4>0$ の不等式で表される．

一般に，平面上の直線は，平面を二つの部分にわける．これらを**半平面**という．また，不等式が表す図形を，不等式が表す**領域**ともいう．

---
**1次不等式と半平面**

直線 $ax+by+c=0$ は，平面を二つの半平面にわける．これらの半平面は，それぞれ次の不等式で表される．
$$ax+by+c>0, \quad ax+by+c<0$$

---

2変数の1次不等式の解の集合のグラフを書くには，①不等号を等号にかえた境界の直線のグラフを書く．②不等式の一つの解を求め，その点が境界の直線のどちら側にくるかをみて，その点のくる方の半平面をグラフとする．

---
**例題 2**

次の連立不等式が表す領域を図示せよ．
(1) $\begin{cases} y\geqq x+1 \\ x+y\geqq 3 \end{cases}$
(2) $\begin{cases} 2x+y\geqq 4 \\ 3y-9<x \end{cases}$

---

［解答］連立2元1次不等式の場合も，それぞれの不等式の解の集合のグラフを書いて，共通な範囲を示せばよい．境界の実線は含み，破線は含まない．

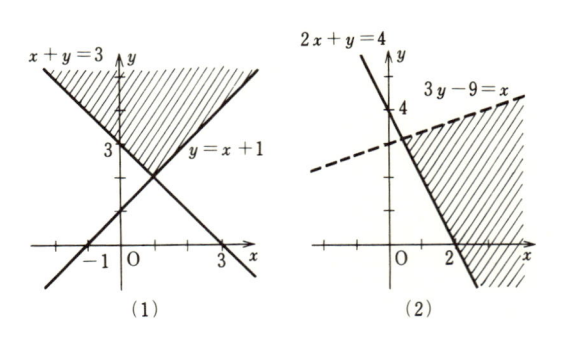

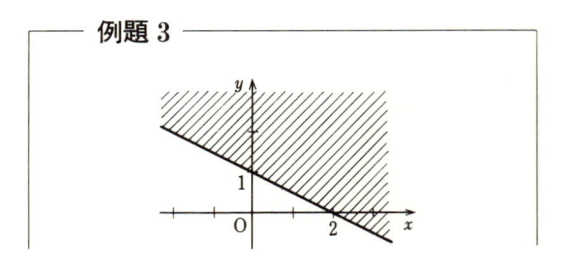

---
**例題 3**

---

上図の境界を含まない斜線部分を，式で表せ．

[解答] $y=ax+b$ から求めると
$$y=-\frac{1}{2}x+1$$
が得られる．したがって，境界を含まない斜線部分は
$$y>-\frac{1}{2}x+1$$

■2次不等式

── 例題 4 ──
不等式 $(x-1)^2+(y-2)^2<5$ が示す領域を図示せよ．

[解答] 式は，点 $A(1,2)$ と点 $B(x,y)$ の距離が $\sqrt{5}$ より小さいことを意味する．したがって，上の不等式は，A を中心とする半径 $\sqrt{5}$ の円の内部を表す（境界は含まない）．

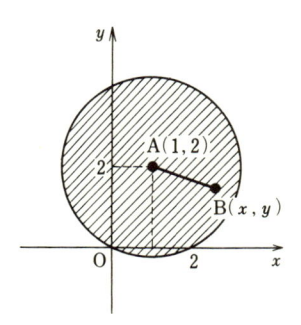

### 円の内部と外部
円は平面を二つの部分にわける．中心 $(a,b)$，半径 $r$ の円の内部は
$$(x-a)^2+(y-b)^2<r^2$$
外部は
$$(x-a)^2+(y-b)^2>r^2$$
で示される．

── 例題 5 ──
次の不等式が表す領域を図示せよ．
$$(x-y+1)(x+y-2)>0$$

[解答] 与えられた不等式は，$x-y+1$，$x+y-2$ が同符号であるとき成り立つことを意味している．すなわち
$$x-y+1>0, \quad x+y-2>0 \qquad ①$$
または
$$x-y+1<0, \quad x+y-2<0 \qquad ②$$
したがって，①が表す領域 $P$ と，②が表す領域 $Q$ の結び，$P\cup Q$ が求める領域である．これは下図の斜線の部分で，境界は含まない．

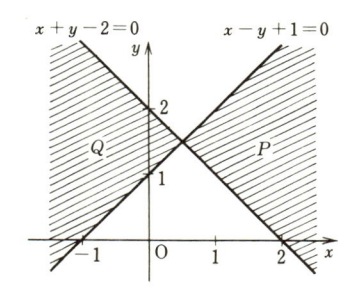

── 例題 6 ──
下図において，境界を含まない斜線部分を式で表せ．

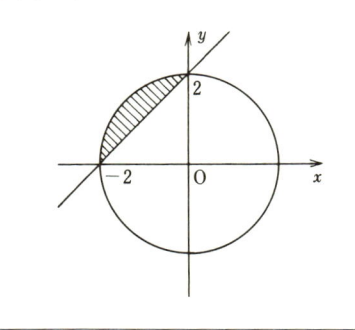

[解答] 直線は，$y=ax+b$ から，$y=x+2$．したがって，斜線部分は，$y>x+2$ で示される．また，半径 2 で原点を通る円は，$x^2$

$+y^2=4$ で示され，円の内部は，$x^2+y^2<4$ である．したがって斜線部分は

$x^2+y^2<4$, $y>x+2$ で表される．

---

▶**フェルマ**（Pierre De Fermat），1601-1665，フランス

　フランスのツールーズ市近郊の商家に生まれ，法律を修め，30 歳のとき市会議員になり，忙しい議員生活の余暇に数学の研究を楽しんだといわれている．

　彼は，自分の研究の成果を，愛読したディオファントスの『算術書』などの書物の余白に書きこんだり，手紙にまとめて人に伝えたりし，1 冊の本にまとめることはしなかった．当時，彼の手紙は，今日の学術書のような役割を果していたようである．

　『算術書』の余白に，広くフェルマの問題として知られている命題「$x^n+y^n=z^n$ は，$n>2$ のとき整数解 $(x, y, z)$ をもたない」が，「はっきりした証明を見つけているが，余白が僅少であるのでここに書かない」と断って書かれている．その後，この命題の証明は，多くの数学者が試みたが，オイラーらによって，$n=4, 5, 11$ について証明され，近年，かなり大きな $n$ まで証明されているが，いまだ未解決のままである．

　フェルマの数学上の成果の一つに，1629 年友人ローベルウァルに手紙で伝えた「極大と極小を求める方法」がある．これは，今日の微分法とほとんど変りなく，微分法の芽ばえというよりも微分法そのものと考えられるものである．

　その他に，パスカルとかわした手紙に確率論に関するものがある．それが確率論の始まりと見られている．また，デカルトとは別個に，点の座標の方法を考え，アポロニウスの「円錐曲線論」をくわしく研究し，今日の解析幾何学の基礎を確立した．

　これらの驚異的な業績で，デカルトやパスカルなどと並んで，17 世紀フランスの世界的数学者といわれている．

# II. 関 数

## 8. 2次関数

### 8.1 関数とグラフ

二つの変数 $x$, $y$ があって，$x$ の値を定めるごとに，それに対応して $y$ の値が一つずつ定まるという関係があるとき，$y$ は $x$ の**関数**であるという．このとき，$x$ のとりうる値の集合を $x$ の**変域**あるいはこの関数の**定義域**といい，$x$ がその変域を動くとき，それに対応して定まる $y$ の値の集合をこの関数の**値域**という．

関数を表すには，整式のときと同様に，$f$, $g$, $F$, $G$ などの文字がよく用いられる．たとえば

　　関数 $f(x)$，　関数 $y=f(x)$

などと書く．このとき，$x$ の値 $a$ に対応する $y$ の値を $f(a)$ で表し，これを $x=a$ における $f(x)$ の値という．

---- 例題 1 ----

長さ 20 cm の糸で下図のような長方形をつくり，1辺の長さを $x$ cm，面積を $y$ cm² とするとき，関数 $y$ を表す式を書け．

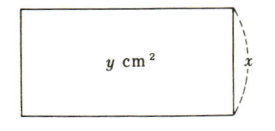

[解答] 長方形の1辺を $x$ cm とするとき，他の1辺は $(10-x)$ cm となる．したがって，面積 $y$ cm² は

$$y=x(10-x)$$

である．ただし，$0<x<10$．

---- 例題 2 ----

$$f(x)=2x^2-3x+2$$

であるとき，$f(0)$, $f(-3)$, $f(a+1)$ を求めよ．

[解答] $f(0)=2(0)^2-3(0)+2=2$
　　$f(-3)=2(-3)^2-3(-3)+2=29$
　　$f(a+1)=2(a+1)^2-3(a+1)+2$
　　　　　$=2a^2+a+1$

---- 例題 3 ----

$x$ が $-3$ から $3$ まで変化するとき，次の式の $y$ の値の変化について述べよ．
(1) $y=2x$　　(2) $y=-2x$
(3) $y=2x^2$　　(4) $y=-2x^2$

[解答] (1)は一定の割合で増加し，(2)は一定の割合で減少する．(3)は，$x<0$ の範囲では減少し，$x>0$ の範囲では増加する．(4)は，$x<0$ の範囲では増加し，$x>0$ の範囲

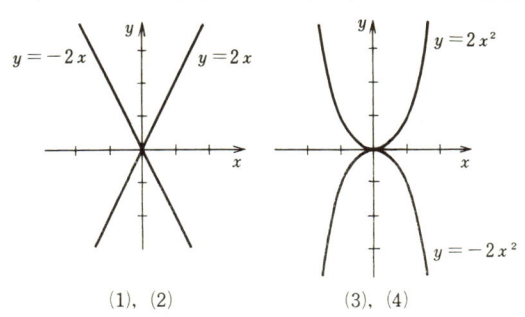

では減少する.

$x$ のある値をさかいとして, $y$ の値が増加から減少, または, 減少から増加と変わるのが2次関数の特徴である.

## 8.2　2次関数のグラフ

$x$ の2次式で表される関数を $x$ の **2次関数** という. $x$ の2次関数 $y$ は, $a$, $b$, $c$ を定数, $a \neq 0$ として, 次の形の式で表される.

$$y = ax^2 + bx + c$$

■ **関数 $y = ax^2$ のグラフ**

関数 $y = ax^2$ において, $a$ のいろいろな値について, $y = ax^2$ のグラフを書くと下図のようになる.

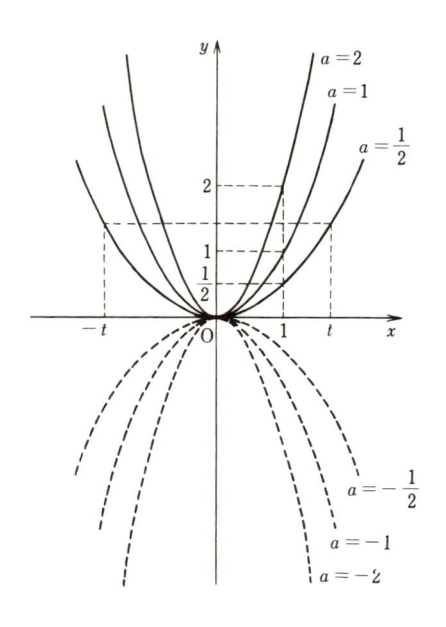

$a$ の値にかかわらず, 任意の実数 $t$ に対して, $x = t$ と, $x = -t$ における関数の値は等しいから, グラフは $y$ 軸に関して **対称** である. 2次関数のグラフとしてえられるこれらの曲線を **放物線** といい, その対称軸を **軸**,

放物線と軸との交点を **頂点** という.

$y = ax^2$ のグラフの放物線では, 原点 $(0, 0)$ が頂点, 直線 $x = 0$ すなわち $y$ 軸が軸である. そして, これらの放物線は

　$a > 0$ のとき下に凸

　$a < 0$ のとき上に凸

であるという.

――― 例題1 ―――
2次関数 $y = ax^2$ の性質について述べよ.

[解答] $a > 0$ のとき

| $x$ | $x < 0$ | $x = 0$ | $x > 0$ |
|---|---|---|---|
| $y$ | 減少↘ | 0 | 増加↗ |

$a < 0$ のとき

| $x$ | $x < 0$ | $x = 0$ | $x > 0$ |
|---|---|---|---|
| $y$ | 増加↗ | 0 | 減少↘ |

$a > 0$ のとき下に凸, $a < 0$ のとき上に凸であるという. このように $x$ のある値をさかいとして, $y$ の値が増加から減少, または減少から増加と変わるのが2次関数の特徴である.

■ **関数 $y = ax^2 + b$ のグラフ**

――― 例題2 ―――
$y = (1/4)x^2$ のグラフをもとにして, 次の関数のグラフを書け.

(1) $y = \dfrac{1}{4}x^2 + 2$　(2) $y = \dfrac{1}{4}x^2 - 3$

[解答] 下図において, グラフ (a) は $y = (1/4)x^2$ である. (a) のグラフ上の各点の $y$ 座標より2だけ大きい各点をとって結ぶと (1) のグラフが書ける. また, 3だけ小さい各

点をとって結ぶと，(2)のグラフが書ける．

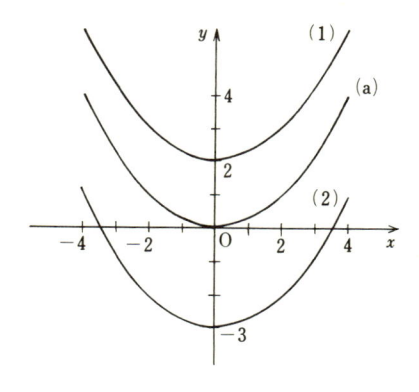

### ■ $y=a(x-p)^2+q$ のグラフ

―― 例題 3 ――――――

次の三つの 2 次関数のグラフを書き比較せよ．
(1) $y=2x^2$  (2) $y=2(x-1)^2$
(3) $y=2(x-1)^2+3$

［解答］(1)のグラフは，$y=2x^2$．(2)のグラフは，$y=2x^2$ のグラフを $x$ 軸にそって右へ 1 だけ平行移動したもの．(3)のグラフは，$y=2x^2$ のグラフを $x$ 軸にそって右へ 1 だけ平行移動し，次に $y$ 軸にそって上へ 3 だけ平行移動させたものである．

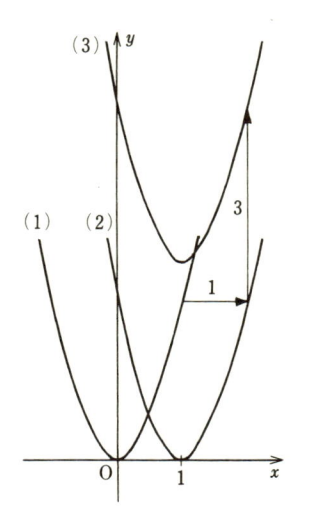

### 2 次関数 $y=a(x-p)^2+q$ のグラフ

2 次関数 $y=a(x-p)^2+q$ のグラフは，放物線 $y=ax^2$ を $x$ 軸の正の向きに $p$，$y$ 軸の正の向きに $q$ だけ平行移動したもので，軸の方程式は $x=p$，頂点の座標は $(p, q)$ である．

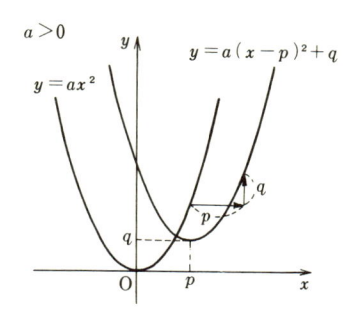

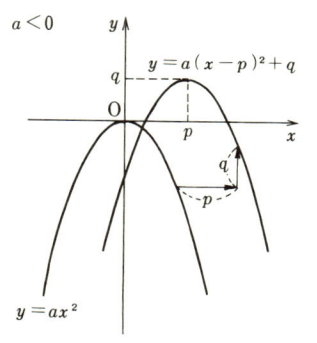

逆に，$(p, q)$ を頂点とし，直線 $x=p$ を軸とする放物線は
$$y=a(x-p)^2+q$$
の形で表される．

### ■ $y=ax^2+bx+c$ のグラフ

$y=ax^2+bx+c$ のグラフは，$y=a(x-p)^2+q$ の形に変形して求めるとよい．

―― 例題 4 ――――――

関数
$$y=-\frac{1}{2}x^2+3x-\frac{1}{2}$$
のグラフを書け．

[解答] 右辺を変形すると

$$y = -\frac{1}{2}x^2 + 3x - \frac{1}{2}$$
$$= -\frac{1}{2}(x^2 - 6x) - \frac{1}{2}$$
$$= -\frac{1}{2}\{(x-3)^2 - 9\} - \frac{1}{2}$$
$$= -\frac{1}{2}(x-3)^2 + 4$$

ゆえに，グラフは下図のように，直線 $x=3$ を軸とし，点 $(3, 4)$ を頂点とする上に凸の放物線である．

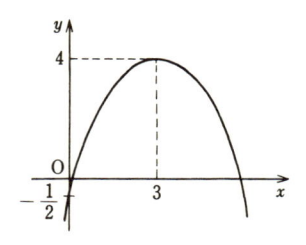

### $y = ax^2 + bx + c$ のグラフ

$y = ax^2 + bx + c$ は

$$y = a\left(x + \frac{b}{2a}\right)^2 - \frac{b^2 - 4ac}{4a}$$

と変形できるので，そのグラフは次の性質をもつ．

(1) 放物線 $y = ax^2$ を平行移動してえられる放物線である．

(2) 軸の方程式は

$$x = -\frac{b}{2a}$$

頂点の座標は

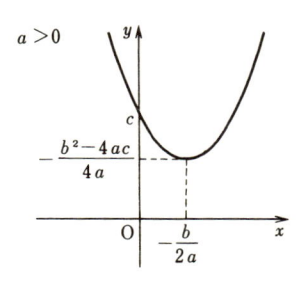

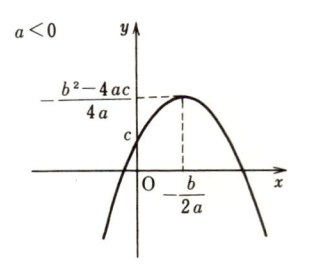

$$\left(-\frac{b}{2a},\ -\frac{b^2 - 4ac}{4a}\right)$$

(3) $a > 0$ ならば下に凸，$a < 0$ ならば上に凸である．

---

**例題 5**

次の各式を，$y = a(x-p)^2 + q$ の形に変形し，頂点の座標を求めて，それぞれのグラフを書け．

(1) $y = x^2 + 2x - 2$

(2) $y = -\frac{1}{2}x^2 + 2x + 2$

[解答] それぞれ式を変形すると，

(1) $y = x^2 + 2x - 2 = (x+1)^2 - 3$

頂点の座標は $(-1, -3)$ で，この点を原点のように考えて，$y = x^2$ のグラフを書く．

(2) $y = -\frac{1}{2}x^2 + 2x + 2$

$$= -\frac{1}{2}(x^2 - 4x - 4)$$
$$= -\frac{1}{2}\{(x-2)^2 - 8\}$$

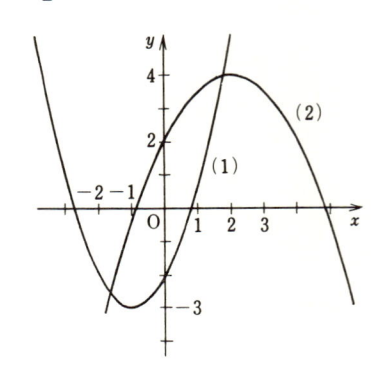

$$= -\frac{1}{2}(x-2)^2 + 4$$

頂点の座標は $(2, 4)$ で，この点を原点のように考えてグラフを書く．

--- 例題 6 ---

次の2次関数のグラフは，$y = (1/4)x^2$ のグラフをどのように移動したものか．

(1) $y = -\frac{1}{4}x^2$  (2) $y = \frac{1}{4}x^2 + 3$

(3) $y = \frac{1}{4}(x-1)^2 - 2$

(4) $y = \frac{1}{4}x^2 + 2x + 1$

[解答] (1) $x$ 軸に対称に移動．

(2) $y$ 軸の正の向きに 3，平行移動．

(3) $x$ 軸の正の向きに 1，$y$ 軸の正の向きに $-2$，平行移動．

(4) $y = \frac{1}{4}x^2 + 2x + 1$

$$= \frac{1}{4}(x^2 + 8x + 4)$$

$$= \frac{1}{4}\{(x+4)^2 - 12\}$$

$$= \frac{1}{4}(x+4)^2 - 3$$

したがって，$x$ 軸の正の向きに $-4$，$y$ 軸の正の向きに $-3$，平行移動．

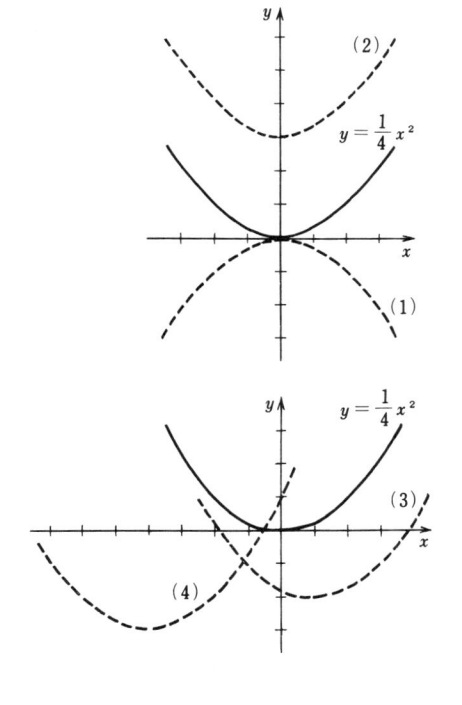

## 8.3　2次関数の最大・最小

--- 例題 1 ---

次の関数の最大値または最小値を求めよ．

(1) $y = 2x^2 - 8x + 5$

(2) $y = -x^2 - 2x + 3$

[解答] (1) $y = 2x^2 - 8x + 5 = 2(x-2)^2 - 3$

と変形できるので，下図のようなグラフになる．最大値はない．

| $x$ | $x < 2$ | $x = 2$ | $x > 2$ |
|---|---|---|---|
| $y$ | 減少 ↘ | 最小値 $-3$ | 増加 ↗ |

(2) $y = -x^2 - 2x + 3 = -(x+1)^2 + 4$

と変形できるので，下図のようなグラフに

| $x$ | $x < -1$ | $x = -1$ | $x > -1$ |
|---|---|---|---|
| $y$ | 増加 ↗ | 最大値 4 | 減少 ↘ |

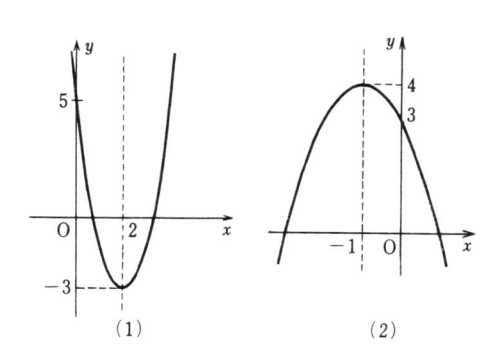

なる．最小値はない．

---

$y = ax^2 + bx + c$ の最大・最小

$y = ax^2 + bx + c$
$= a\left(x + \dfrac{b}{2a}\right)^2 - \dfrac{b^2 - 4ac}{4a}$

(1) $a > 0$ ならば，$x = -\dfrac{b}{2a}$ のとき最小となり，最小値は $-\dfrac{b^2 - 4ac}{4a}$ である．最大値はない．

(2) $a < 0$ ならば，$x = -\dfrac{b}{2a}$ のとき最大となり，最大値は $-\dfrac{b^2 - 4ac}{4a}$ である．最小値はない．

---

**例題 2**

2 次関数 $y = x^2 - 4x + 6$ の変域 $-1 \leqq x \leqq 4$ における最大値と最小値を求めよ．そのときの $x$ の値はいくらか．

[解答] $y = x^2 - 4x + 6 = (x - 2)^2 + 2$
変域 $-1 \leqq x \leqq 4$ におけるこの関数のグラフは，頂点が $(2, 2)$ にある下に凸の放物線上で，2 点 $(-1, 11)$，$(4, 6)$ とそれらの間の部分である．下図の放物線の実線の部分がそれである．ゆえに，与えられた関数は，

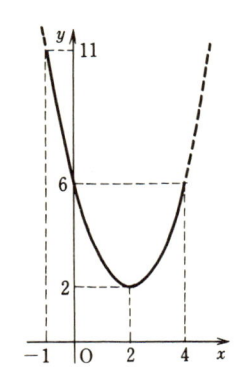

$x = -1$ のとき，最大値 11．$x = 2$ のとき，最小値 2．

---

**例題 3**

二つの正の整数がある．和が 16 で積が最大になるのは，この二つの数がいくらのときか．

[解答] 一方の正の整数を $x$ とすると，他方は $16 - x$ であるから，積を $y$ とすると
$y = x(16 - x) = 16x - x^2$
$= -(x - 8)^2 + 64$
これをグラフに書くと下図のようになる．したがって，$x = 8$ のとき $y$ は最大になり，その値は 64 であるから，8 と 8 になる．

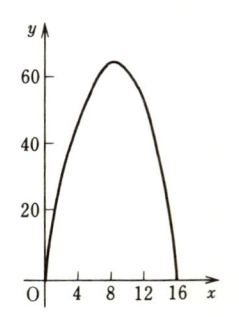

---

**例題 4**

幅 20 cm のブリキ板を下図のように折り曲げて，切り口が長方形のといを作りたい．といの断面積を最大にするには，折り曲げる部分の長さをいくらにすればよいか．また，そのときの断面積を求めよ．

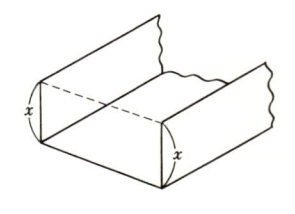

[解答] 折り曲げる部分の長さを $x$ cm とす

れば，長方形の他の 1 辺の長さは $(20-2x)$ cm である．長方形の面積を $y\,\mathrm{cm}^2$ とすると

$$y = x(20-2x)$$
$$= -2(x-5)^2 + 50$$

ここで，

$$x > 0 \quad かつ \quad 20 - 2x > 0$$

であるから

$$0 < x < 10$$

$x=5$ のとき，$y$ の値は最大となり，この $x$ の値は，$0<x<10$ の範囲に入っている．ゆえに，求める長さは 5 cm，断面積は 50 cm$^2$．

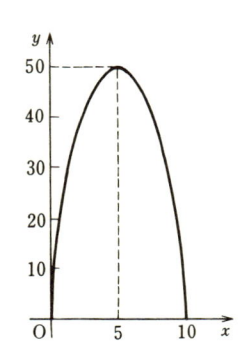

―― 例題 5 ――

地上からの高さが 40 m の地点から，毎秒 30 m の速さで真上にボールを投げ上げるとき，$x$ 秒後におけるボールの高さを地上から $y$ m とすれば，その関係はだいたい次のようである．

$$y = -5x^2 + 30x + 40$$

(1) 高さが 65 m になるときの，投げ上げてからの時間を求めよ．

(2) 高さが最高になるまでの，投げ上げてからの時間と，そのときの地上からの高さを求めよ．

[解答] $y = -5x^2 + 30x + 40$
$= -5(x^2 - 6x - 8) = -5(x-3)^2 + 85$

グラフは下図のように書ける．この図から読みとると，

(1) 1 秒後と 5 秒後．

(2) 3 秒後で高さは 85 m，この値は $y = -5(x-3)^2 + 85$ からも求められる．

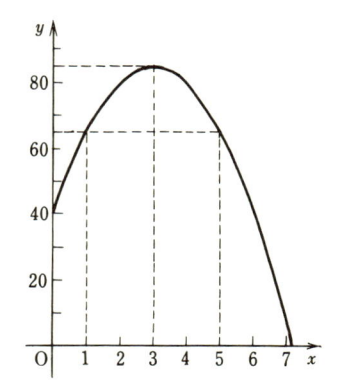

# 9. 分数関数

## 9.1 分数関数

$$y=\frac{2}{x}, \quad y=\frac{2x+5}{x-1}, \quad y=\frac{2x}{x^2+1}$$

などのように，$x$ の分数式で表される関数を $x$ の**分数関数**という．

■ $y=a/x$ のグラフ

**例題 1**

$y=2/x$ のグラフを書き，その性質を述べよ．

[解答] 関数 $y=2/x$ について，$x, y$ の値の対応は下表のようになる．これをもとにグラフを書くと，下図のような曲線となる．

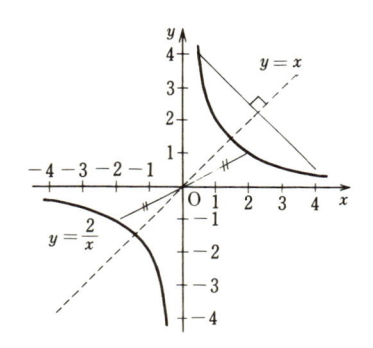

| $x$ | $\cdots, -3, -2, -1, -\frac{2}{3}, -\frac{1}{2}, -\frac{1}{3}, \cdots, 0, \cdots, \frac{1}{3}, \frac{1}{2}, \frac{2}{3}, 1, \cdots$ |
|---|---|
| $y$ | $\cdots, -\frac{2}{3}, -1, -2, -3, -4, \phantom{xx} -6, \cdots, \infty, \cdots, 6, 4, 3, 2, \cdots$ |

(1) 座標軸と交わらない．
(2) 原点に関して対称である．

$y=2/x$ のグラフを $x$ 軸または $y$ 軸に関して対称移動すれば，関数は $y=-2/x$ となる．

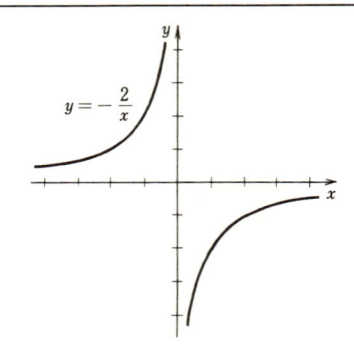

$a \neq 0$ のとき，$y=a/x$ は反比例の関係を表す関数である．$a/x$ は分母が 0 でない限りつねに意味をもつので，その定義域は 0 以外のすべての実数の集合である．

$a$ のいろいろな値について，この関数のグラフを書くと，下図のような曲線がえられる．

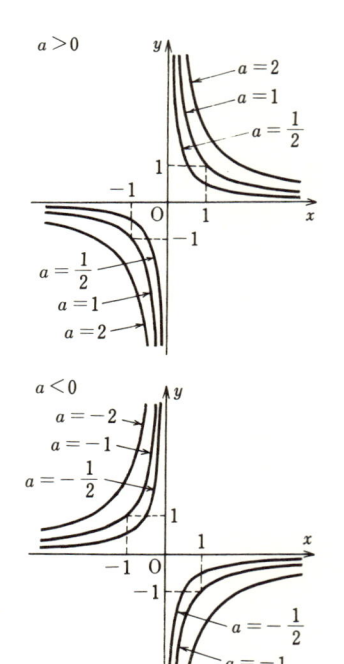

関数 $y=a/x$ において

　　定義域は $x \neq 0$，　値域は $y \neq 0$

この関数は
(1) $a>0$ のとき，グラフが第1, 第3象限にあり，$x<0$ で減少し，$x>0$ でも減少する．
(2) $a<0$ のとき，グラフが第2, 第4象限にあり，$x<0$ で増加し，$x>0$ でも増加する．

$a \neq 0$ のとき，$y=a/x$ のグラフを**直角双曲線**といい，$x$軸と$y$軸をこの関数の曲線の**漸近線**という．

---

関数 $y=\dfrac{k}{x-p}+q$ のグラフ

$k \neq 0$ のとき，関数 $y=\dfrac{k}{x-p}+q$ のグラフは，関数 $y=k/x$ のグラフを $x$ 軸の正の向きに $p$，$y$ 軸の正の向きに $q$ だけ平行移動してえられる直角双曲線であり，その漸近線は2直線 $x=p$，$y=q$ である．

---

── 例題 2 ──
$y=\dfrac{x-1}{x-3}$ のグラフを書き，グラフと座標軸との交点を求めよ．

[解答] $y=\dfrac{x-1}{x-3}=\dfrac{(x-3)+2}{x-3}$

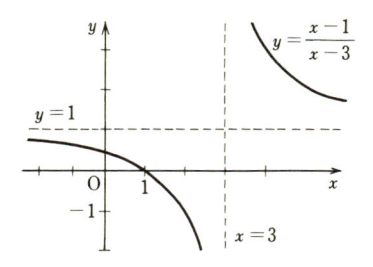

$\qquad =\dfrac{2}{x-3}+1$

漸近線は $x=3$，$y=1$．$y$ 軸との交点の $y$ 座標は

$$y=\dfrac{0-1}{0-3}=\dfrac{1}{3}$$

$x$ 軸との交点の $x$ 座標は

$$0=\dfrac{x-1}{x-3} \quad より \quad x=1$$

── 例題 3 ──
関数 $y=\dfrac{2x-1}{x-1}$ のグラフを書け．また，漸近線の方程式を求めよ．

[解答] $y=\dfrac{2x-1}{x-1}=\dfrac{2(x-1)+1}{x-1}$

$\qquad =\dfrac{1}{x-1}+2$

ゆえに，この関数のグラフは，直角双曲線 $y=1/x$ を $x$ 軸の正の向きに 1，$y$ 軸の正の向きに 2 だけ平行移動してえられる直角双曲線である．その漸近線は，2直線 $x=1$，$y=2$ である．

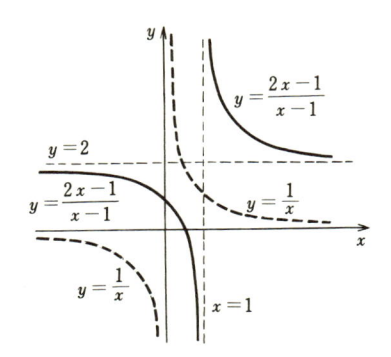

## 例題 4

次の文の □ の中に，適切な数字を記入せよ．

関数 $y=\dfrac{3}{x-2}+1$ のグラフは，関数 $y=$ ① のグラフを $x$ 軸，$y$ 軸の正の向きに，それぞれ ②，③ だけ平行移動したものである．よって，このグラフは 2 直線 $x=$ ④，$y=$ ⑤ を漸近線とする直角双曲線である．

[解答] (1) $3/x$  (2) 2  (3) 1  (4) 2  (5) 1

## 9.2 逆関数

関数 $y=f(x)$ において，その値域に含まれる $y$ のおのおのの値に対して，$y=f(x)$ をみたす $x$ の値が一つずつ定まるならば，対応の向きを逆にすることによって，$y$ にこの $x$ を対応させる関数が定まる．この関数を $f$ の**逆関数**といい，$f^{-1}$ で表す．

逆関数を求めるには，関数を表す式 $y=f(x)$ を $x$ について解いたものを $x=f^{-1}(y)$ とし，ここで文字 $x$ と $y$ を入れかえて $y=f^{-1}(x)$ とすればよい．

### 例題 1

$$y=5x+30 \quad (0\leq x\leq 10)$$

で示される関数がある．この関数の逆関数を求めよ．

[解答] 式について，その値域を考えれば，逆関数は

$$x=\dfrac{1}{5}y-6 \quad (30\leq y\leq 80)$$

と表される．なお，関数の独立変数に文字 $x$，従属変数に文字 $y$ を使うことが多いので，上の逆関数を書きかえれば

$$y=\dfrac{1}{5}x-6 \quad (30\leq x\leq 80)$$

■ 逆関数のグラフ

### 例題 2

関数 $y=2x-4$ とその逆関数のグラフを書け．

[解答] 関数 $y=2x-4$ より

$$x=\dfrac{1}{2}y+2$$

逆関数は

$$y=\dfrac{1}{2}x+2$$

で表される．そのグラフは下図のように直線 $y=x$ に関して対称となる．

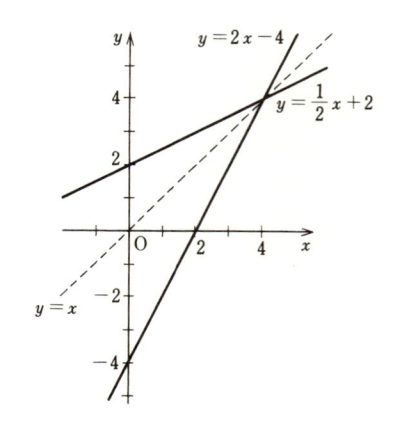

### 逆関数のグラフ

関数 $y=f(x)$ のグラフとその逆関数 $y=f^{-1}(x)$ のグラフは，直線 $y=x$ に関して対称である．

## 9. 分数関数

---
**例題 3**

関数
$$y = x^2 - 2 \quad (x \geq 0)$$
の逆関数を求め，そのグラフを書け．

---

[解答] $y = x^2 - 2$ を $x$ について解けば，
$$x = \pm\sqrt{y+2}, \quad x \geq 0$$
なので
$$x = \sqrt{y+2}$$
したがって，逆関数は，この式で $x$ と $y$ を入れかえてえられる関数
$$y = \sqrt{x+2}$$
である．そのグラフは，直線 $y = x$ に関して $y = x^2 - 2$ $(x \geq 0)$ のグラフと対称になる．

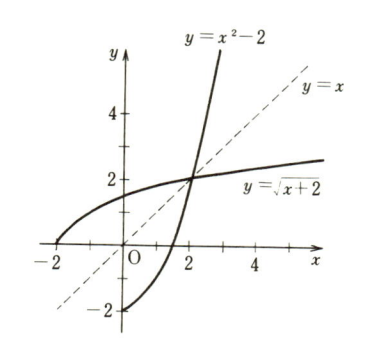

---

▶ **パスカル** (Blaisse Pascal), 1623-1662, フランス

南フランスのクレモン市生まれの数学者，科学者そして宗教思想家．早く母を失い，父の手で育てられ教育されたが，数学についての専門的な教育はなに一つされなかった．

ところがある日，少年パスカルは父に「幾何学とはどんな学問か」とたずね，幾何学の手ほどきを受けた．その後，彼は，ユークリッド幾何学の公理や定理のいくつかを自己流で見い出したと伝えられている．彼は，早熟な天才で，父の友人デザルグの影響を受け，16 歳のときに「円錐曲線論」を書き，射影幾何学におけるパスカルの定理「それに内接する任意の六辺形の相対する 3 組の対辺の交点三つは，同一直線上にある」を発見し，デカルトを驚嘆させた．

1642 年，手まわしの計算器を発明，1644 年には，流体力学の圧力伝達に関するパスカルの定理を発見した．さらには，1654 年 7 月 29 日，フェルマへの手紙の中で，賭博師シュベルエ・ド・メレの有名な問題「2 人の賭ごと師が，勝負に勝つためには，ある点数以上を取らなければならないが，勝負を途中でやめたとき，賭金をどのように分配したらよいか」について解答を書き送った．この書簡が，「確率論の始まり」といわれている．

その他に，サイクロイド曲線に関する面積，回転体の体積などは微分積分学への先駆をなしている．このように彼は，数学の多くの分野に貢献している．また，宗教思想家としても有名で，遺書『パンセ (Pensées)』や『田舎人の手紙』などがある．

## 10. 無理関数

$y=\sqrt{x}$, $y=\sqrt{x-4}$ などのように，根号内に $x$ を含む式で表される関数を $x$ の**無理関数**という．

---
**例題 1**

次の関数のグラフを書け．
(1) $y=\sqrt{x}$  (2) $y=\sqrt{2x+6}$

---

[解答] (1) $y=\sqrt{x}$

| $x$ | 0 | $\frac{1}{16}$ | $\frac{1}{9}$ | $\frac{1}{4}$ | 1 | 2 | 3 | 4 |
|---|---|---|---|---|---|---|---|---|
| $y$ | 0 | $\frac{1}{4}$ | $\frac{1}{3}$ | $\frac{1}{2}$ | 1 | 1.41 | 1.73 | 2 |

$y$ が実数であるためには，$x≧0$ でなければならない．このとき，$y≧0$ である．関数 $y$ の定義域，値域はともに負でない実数の全体の集合である．したがって，下図の実線の部分が $y≧0$ である．破線の部分は関数 $y=-\sqrt{x}$ を示す．

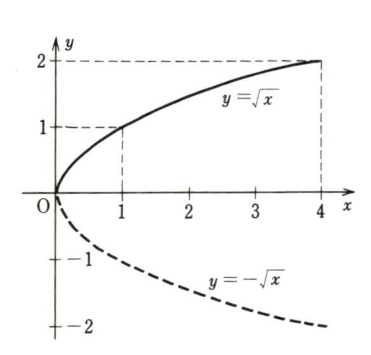

(2) $y=\sqrt{2x+6}$ の定義域は $x≧-3$，値域は $y≧0$ である．$y=\sqrt{2x+6}$ を $x$ について解くと

$$x=\frac{1}{2}y^2-3$$

$x$ と $y$ を入れかえると

$$y=\frac{1}{2}x^2-3 \quad (x≧0)$$

$y=\sqrt{2x+6}$ は，この関数の逆関数であるから，この関数を直線 $y=x$ に関して対称移動すればよい．

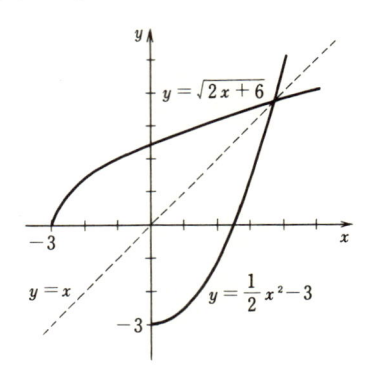

---
**例題 2**

次の関数のグラフを書き，その定義域および値域を求めよ．
(1) $y=\sqrt{2x+1}$  (2) $y=-\sqrt{2x-4}$

---

[解答] (1) グラフは下図のようになる．定義域は $\{x|x≧-\frac{1}{2}\}$，値域は $\{y|y≧0\}$．

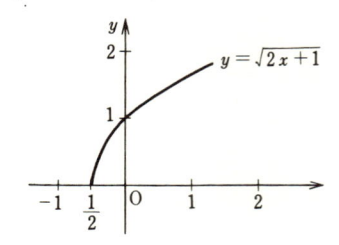

(2) グラフは下図のようになる．定義域は

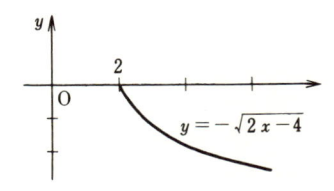

$\{x|x\geq 2\}$, 値域は $\{y|y\leq 0\}$.

---
**例題 3**

次の関数の逆関数を式で表し,そのグラフを書け.
$$y=\sqrt{2x}$$

---

〔解答〕 $y=\sqrt{2x}$ を $x$ について解くと
$$x=\frac{1}{2}y^2$$
$x$ と $y$ を入れかえれば
$$y=\frac{1}{2}x^2 \quad (x\geq 0)$$

## 10. 無理関数 55

これがもとの関数 $y=\sqrt{2x}$ の逆関数を表す.このグラフを,直線 $y=x$ に関して対称移動すれば,もとの関数 $y=\sqrt{2x}$ のグラフになる.

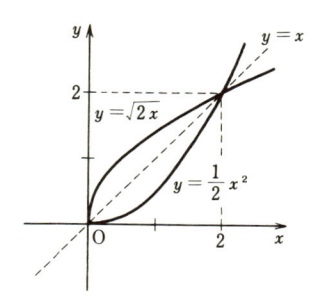

---

▶**ニュートン**(Isaac Newton)1642-1708,イギリス

　イギリスのウールストルプ村の自作農の子として生まれた.1661年ケンブリッジ大学に入学,卒業した年大流行したペストから逃れるため故郷に帰り,そこで引力,光学,微積分の研究に没頭した.1665年に二項定理を発見し,同年万有引力の法則,微積分学を発見またはその糸口を見つけている.「リンゴが木から落ちるのを見て,万有引力の法則を発見した」という話はこの時期のことである.

　1669年,彼の師である数学者バロウは教授の職を退き,その後任としてニュートンを指名した.バロウが彼の天才を認めてのことであったといわれている.その後,反射望遠鏡を発明し,それが認められて王立協会会員に選出された.30歳のときである.

　彼の不滅の名著『プリンキピア』が世に出たのは1687年である.この本で有名な運動の3法則が述べられ,力学の基本原理が築かれ,万有引力の法則からケプラーの3法則が導かれている.このとき,すでに微積分法を発見しており,『プリンキピア』を書くとき,それを用いたと思われる.しかし,微積分法について発表したのは,ずっと後のことである.

　『プリンキピア』発表の後は学者生活から離れ,造幣局監督官となり,1699年にはその長官となった.彼は著書の中で次のように述べている.「私は海辺で遊んでいる子供のようなものだった.私の前には真理の大海が発見されずに広がっているのに,きれいな小石や貝を見つけては喜んでいたのである」.

## 11. 指数関数・対数関数

### 11.1 累乗根とその性質

■累乗根

2乗して $a$ になる数を $a$ の**平方根**（2乗根），3乗して $a$ になる数を $a$ の**立方根**（3乗根），一般に，$n$ 乗して $a$ になる数を $a$ の **$n$ 乗根**という．$a$ の平方根，立方根，4乗根，…を総称して，$a$ の**累乗根**という．

──── 例題 1 ────
次の累乗根のうちで，実数のものを求めよ．
(1) 4 の平方根　　(2) 1 の立方根
(3) $-8$ の立方根　(4) 81 の 4 乗根

[解答] (1) $\pm 2$　(2) 1　(3) $-2$　(4) $\pm 3$
[注] 複素数の範囲で考えると，1 の立方根は $x^3 = 1$ の解であるから
$$(x-1)(x^2+x+1)=0$$
これを解いて
$$x=1, \quad \frac{-1\pm\sqrt{3}i}{2}$$
同様に，$-8$ の立方根は $x^3 = -8$ を解いて
$$x=-2, \quad 1\pm\sqrt{3}i$$
81 の 4 乗根は $x^4 = 81$ を解いて
$$x=\pm 3, \quad \pm 3i$$

これからは，実数 $a$ の $n$ 乗根のうちで実数であるものだけを考えることにする．実数 $a$ の $n$ 乗根のうちで実数のものは次のようになる．

■ $a$ の $n$ 乗根（実数）の個数
(1) $n$ が偶数のとき，

$a > 0$ ならば，2 個（絶対値が等しくて符号が反対）．
$a = 0$ ならば，1 個（0 のみ）．
$a < 0$ ならば，0 個．
(2) $n$ が奇数のとき，1 個．

■ $n$ 乗根の記号

$n$ が偶数で $a > 0$ のとき，$a$ の $n$ 乗根のうち正の方を $\sqrt[n]{a}$，負の方を $-\sqrt[n]{a}$ で表す．0 の $n$ 乗根は 0 であるから $\sqrt[n]{0}=0$ と定める．$n$ が奇数のとき，$a$ の $n$ 乗根を $\sqrt[n]{a}$ で表す．$a$ の $n$ 乗根はグラフで考えると，$y = x^n$ と $y = a$ のグラフの交点の $x$ 座標であるから，下図のようになる．

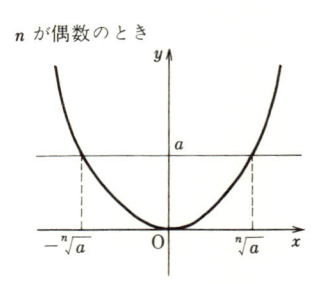

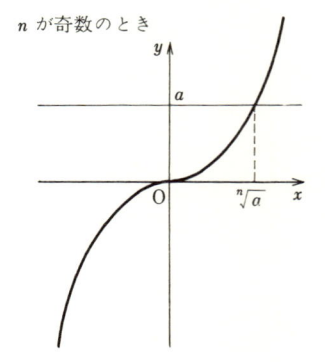

──── 例題 2 ────
次の累乗根を求めよ．
(1) 3 の平方根　(2) $-5$ の立方根
(3) 6 の 4 乗根　(4) 9 の 5 乗根

11. 指数関数・対数関数　57

[解答] (1) $\pm\sqrt{3}$　　(2) $\sqrt[3]{-5}$
(3) $\pm\sqrt[4]{6}$　　(4) $\sqrt[5]{9}$

[注] $(-\sqrt[3]{5})^3=-5$ となるから，$-\sqrt[3]{5}=\sqrt[3]{-5}$ である．

―― 例題 3 ――
次の値を求めよ．
(1) $\sqrt{16}$　　(2) $\sqrt[3]{-27}$
(3) $\sqrt[4]{16}$　　(4) $\sqrt[5]{0.00032}$

[解答] (1) 4　　(2) $-3$　　(3) 2　　(4) 0.2

―― 累乗根の性質 ――
$a>0,\ b>0,\ m,\ n$ が正の整数のとき
(1) $\sqrt[n]{a}\sqrt[n]{b}=\sqrt[n]{ab}$
(2) $\dfrac{\sqrt[n]{a}}{\sqrt[n]{b}}=\sqrt[n]{\dfrac{a}{b}}$
(3) $(\sqrt[n]{a})^m=\sqrt[n]{a^m}$
(4) $\sqrt[m]{\sqrt[n]{a}}=\sqrt[mn]{a}$

―― 例題 4 ――
次の式を簡単にせよ．
(1) $\sqrt[3]{2}\sqrt[3]{4}$　　(2) $(\sqrt[4]{9})^2$
(3) $\dfrac{\sqrt[3]{16}}{\sqrt[3]{2}}$　　(4) $\sqrt[3]{\sqrt{64}}$

[解答] (1) $\sqrt[3]{2}\sqrt[3]{4}=\sqrt[3]{8}=2$
(2) $(\sqrt[4]{9})^2=\sqrt[4]{9^2}=\sqrt[4]{81}=3$
(3) $\dfrac{\sqrt[3]{16}}{\sqrt[3]{2}}=\sqrt[3]{\dfrac{16}{2}}=\sqrt[3]{8}=2$
(4) $\sqrt[3]{\sqrt{64}}=\sqrt[3\times 2]{64}=\sqrt[6]{64}=2$

―― 例題 5 ――
次の式を簡単にせよ．
(1) $\sqrt{2}\times\sqrt[3]{3}$
(2) $(\sqrt[6]{9}+\sqrt[6]{4})(\sqrt[3]{9}-\sqrt[3]{6}+\sqrt[3]{4})$

[解答] (1) $\sqrt{2}\times\sqrt[3]{3}=\sqrt[2\times 3]{2^3}\times\sqrt[3\times 2]{3^2}$
$=\sqrt[6]{8}\times\sqrt[6]{9}=\sqrt[6]{72}$
(2) $(\sqrt[6]{9}+\sqrt[6]{4})(\sqrt[3]{9}-\sqrt[3]{6}+\sqrt[3]{4})$
$=(\sqrt[3\times 2]{3^2}+\sqrt[3\times 2]{2^2})(\sqrt[3]{3^2}-\sqrt[3]{3\cdot 2}+\sqrt[3]{2^2})=(\sqrt[3]{3}+\sqrt[3]{2})\{(\sqrt[3]{3})^2-\sqrt[3]{3}\sqrt[3]{2}+(\sqrt[3]{2})^2\}$
$=(\sqrt[3]{3})^3+(\sqrt[3]{2})^3=3+2=5$

## 11.2　指数の拡張と指数法則

―― 0，負の指数 ――
$a\neq 0,\ n$ が正の整数のとき
$$a^0=1,\quad a^{-n}=\dfrac{1}{a^n}$$

―― 例題 1 ――
次の値を求めよ．
(1) $(-2)^0$　　(2) $\left(\dfrac{3}{5}\right)^0$　　(3) $4^{-3}$
(4) $\left(\dfrac{1}{3}\right)^{-2}$

[解答] (1) $a^0=1$ であるから，1．
(2) 1　　(3) $4^{-3}=\dfrac{1}{4^3}=\dfrac{1}{64}$
(4) $\left(\dfrac{1}{3}\right)^{-2}=\dfrac{1}{(1/3)^2}=\dfrac{1}{1/9}=9$

―― 有理数の指数 ――
$a>0,\ m,\ n$ が整数で $n>0$ のとき
$$a^{m/n}=\sqrt[n]{a^m}$$

―― 例題 2 ――
$a>0$ のとき，次の式を根号を用いて表せ．
(1) $a^{2/5}$　　(2) $a^{-1/3}$　　(3) $a^{0.25}$

[解答] (1) $a^{2/5}=\sqrt[5]{a^2}$
(2) $a^{-1/3}=\sqrt[3]{a^{-1}}=\sqrt[3]{1/a}$
(3) $a^{0.25}=a^{1/4}=\sqrt[4]{a}$

──── 例題 3 ────
次の値を求めよ．
(1) $8^{2/3}$  (2) $4^{-1/2}$  (3) $32^{0.2}$

[解答] (1) $8^{2/3}=\sqrt[3]{8^2}=\sqrt[3]{64}=4$
(2) $4^{-1/2}=\sqrt{4^{-1}}=\sqrt{\dfrac{1}{4}}=\dfrac{1}{2}$
(3) $32^{0.2}=32^{1/5}=\sqrt[5]{32}=2$

──── 指数法則 ────
$a>0,\ b>0,\ r,\ s$ が有理数のとき
(1) $a^r\cdot a^s=a^{r+s}$
(2) $a^r\div a^s=a^{r-s}$
(3) $(a^r)^s=a^{rs}$
(4) $(ab)^r=a^r b^r$

[注] (1)～(4) は $r,\ s$ が任意の実数のときも成り立つ．

──── 例題 4 ────
$a>0$ のとき，次の式を $a^r$ の形で表せ．
(1) $\sqrt{a}\sqrt[3]{a}$  (2) $\sqrt[3]{\sqrt{a}}$

[解答] (1) $\sqrt{a}\sqrt[3]{a}=a^{1/2}\cdot a^{1/3}=a^{1/2+1/3}$
$=a^{5/6}$
(2) $\sqrt[3]{\sqrt{a}}=\sqrt[3]{a^{1/2}}=(a^{1/2})^{1/3}=a^{1/2\times 1/3}=a^{1/6}$

──── 例題 5 ────
次の値を求めよ．
(1) $8^{3/4}\times 8^{-1/12}$  (2) $(64^{1/4})^{2/3}$

[解答] (1) $8^{3/4}\times 8^{-1/12}=8^{3/4-1/12}=8^{2/3}$
$=(2^3)^{2/3}=2^{3\times 2/3}=2^2=4$
(2) $(64^{1/4})^{2/3}=\{(2^6)^{1/4}\}^{2/3}=(2^{6\times 1/4})^{2/3}$
$=(2^{3/2})^{2/3}=2^{3/2\times 2/3}=2$

──── 例題 6 ────
$a>0$ のとき，次の式を簡単にせよ．
(1) $\sqrt[3]{a}\times\sqrt[4]{a^3}\div\sqrt[6]{a^5}$
(2) $\sqrt[3]{\sqrt{a}}\times\dfrac{1}{\sqrt[3]{a}}$
(3) $(a^{1/3}-a^{-1/3})(a^{2/3}+1+a^{-2/3})$
(4) $\dfrac{1-\dfrac{a^2+a^{-2}}{(a+a^{-1})^2}}{1-\dfrac{a^3+a^{-3}}{(a+a^{-1})^3}}$

[解答] (1) $a^{1/3+3/4-5/6}=a^{1/4}=\sqrt[4]{a}$
(2) $(a^{1/2}\times a^{-1/3})^{1/3}=(a^{1/6})^{1/3}=a^{1/6\times 1/3}$
$=a^{1/18}=\sqrt[18]{a}$
(3) $(a^{1/3}-a^{-1/3})\{(a^{1/3})^2+a^{1/3}\cdot a^{-1/3}$
$+(a^{-1/3})^2\}=(a^{1/3})^3-(a^{-1/3})^3$
$=a^{1/3\times 3}-a^{-1/3\times 3}=a-a^{-1}$
(4) (分子)$=\dfrac{(a+a^{-1})^2-a^2-a^{-2}}{(a+a^{-1})^2}$
$=\dfrac{a^2+2+a^{-2}-a^2-a^{-2}}{(a+a^{-1})^2}=\dfrac{2}{(a+a^{-1})^2}$

(分母)$=\dfrac{(a+a^{-1})^3-a^3-a^{-3}}{(a+a^{-1})^3}$
$=\dfrac{a^3+3a+3a^{-1}+a^{-3}-a^3-a^{-3}}{(a+a^{-1})^3}$
$=\dfrac{3(a+a^{-1})}{(a+a^{-1})^3}=\dfrac{3}{(a+a^{-1})^2}$

ゆえに
(与式)$=\dfrac{2}{3}$

## 11.3 指数関数とグラフ

$a$ を 1 でない正の定数とするとき，$x$ の関数 $y=a^x$ を $a$ を底とする**指数関数**という．

指数関数 $y=a^x$ は次の性質をもつ．
(1) 定義域は実数全体で，つねに $y>0$．
(2) グラフは点 $(0,1)$，$(1,a)$ を通り，$x$ 軸を漸近線とする．
(3) $a>1$ のとき，$x$ が増加すれば，$y$ も増加する．$0<a<1$ のとき，$x$ が増加すれば，$y$ は減少する．

以上の性質をもとに，$y=a^x$ のグラフを書くと，下図のようになる．

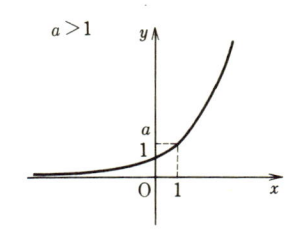

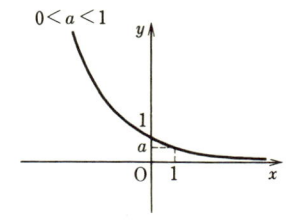

─── 例題 1 ───
次の関数のグラフを，同じ座標軸を使って書け．
(1) $y=2^x$ (2) $y=\left(\dfrac{1}{2}\right)^x$

[解答] $y=\left(\dfrac{1}{2}\right)^x=2^{-x}$ となるから，(2) のグラフは (1) のグラフと $y$ 軸に関して対称になる．グラフは下図のようになる．

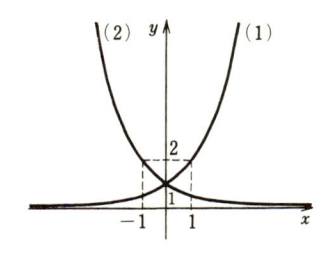

─── 例題 2 ───
次の数を大小の順に並べよ．
$\sqrt{2}$, $(0.5)^2$, $\dfrac{1}{\sqrt[3]{2}}$, $8^{0.2}$, $4^{-1/3}$

[解答] $\sqrt{2}=2^{1/2}$, $(0.5)^2=\left(\dfrac{1}{2}\right)^2=2^{-2}$

$\dfrac{1}{\sqrt[3]{2}}=\dfrac{1}{2^{1/3}}=2^{-1/3}$, $8^{0.2}=(2^3)^{0.2}=2^{0.6}$

$4^{-1/3}=(2^2)^{-1/3}=2^{-2/3}$

$2^{-2}<2^{-2/3}<2^{-1/3}<2^{1/2}<2^{0.6}$

だから

$(0.5)^2<4^{-1/3}<\dfrac{1}{\sqrt[3]{2}}<\sqrt{2}<8^{0.2}$

## 11.4 対数の基本性質

$a$ を 1 でない正の定数とするとき，任意の正の数 $N$ に対して

$a^x=N$ ①

をみたす定数 $x$ がただ一つ定まる．この $x$ を，$a$ を底とする $N$ の**対数**といい

$x=\log_a N$ ②

と表す．したがって①と②は同じ式である．$N$ を対数 $x$ の**真数**という．

$a^0=1$, $a^1=a$

であるから

$\log_a 1=0$, $\log_a a=1$

─── 例題 1 ───
次の等式を $x=\log_a N$ の形で表せ．
(1) $2^3=8$ (2) $(\sqrt{2})^4=4$
(3) $3^{-2}=1/9$ (4) $25^{1/2}=5$

[解答] (1) $3=\log_2 8$ (2) $4=\log_{\sqrt{2}} 4$

(3) $-2=\log_3 \dfrac{1}{9}$ (4) $\dfrac{1}{2}=\log_{25} 5$

## 例題 2

次の等式を $a^x = N$ の形で表せ.

(1) $2 = \log_3 9$     (2) $-1 = \log_{10} 0.1$

(3) $\dfrac{1}{2} = \log_5 \sqrt{5}$     (4) $-2 = \log_{1/2} 4$

[解答] (1) $3^2 = 9$     (2) $10^{-1} = 0.1$

(3) $5^{1/2} = \sqrt{5}$     (4) $\left(\dfrac{1}{2}\right)^{-2} = 4$

## 例題 3

次の対数の値を求めよ.

(1) $\log_2 16$     (2) $\log_{\sqrt{3}} 27$

(3) $\log_{1/2} 8$     (4) $\log_5 \dfrac{1}{25}$

[解答] (1) $\log_2 16 = x$ とおくと $2^x = 16$. ゆえに, $2^x = 2^4$. これより $x = 4$.

(2) $\log_{\sqrt{3}} 27 = x$ とおくと $\sqrt{3}^x = 27$. $3^{x/2} = 3^3$ であるから $x/2 = 3$. ゆえに, $x = 6$.

(3) $\log_{1/2} 8 = x$ とおくと $(1/2)^x = 8$. $2^{-x} = 2^3$ であるから $x = -3$.

(4) $\log_5(1/25) = x$ とおくと $5^x = 1/25$. $5^x = 5^{-2}$ であるから $x = -2$.

---

**対数の性質**

$a > 0$, $a \neq 1$ で $M > 0$, $N > 0$ であるとき

(1) $\log_a MN = \log_a M + \log_a N$

(2) $\log_a \dfrac{M}{N} = \log_a M - \log_a N$

(3) $r$ を実数とすると
$\log_a M^r = r \log_a M$

(4) $b > 0$, $b \neq 1$ ならば
$\log_a M = \dfrac{\log_b M}{\log_b a}$

---

## 例題 3

次の式を簡単にせよ.

(1) $\log_{\sqrt{2}} 8$

(2) $\log_2 12 - \log_2 9 + \log_2 6$

(3) $\log_3 2 + \dfrac{1}{2} \log_3 6 - \dfrac{3}{2} \log_3 2$

[解答] (1) $\log_{\sqrt{2}} 8 = \log_{\sqrt{2}} (\sqrt{2})^6$
$= 6 \log_{\sqrt{2}} \sqrt{2} = 6$

(2) (与式) $= \log_2 \dfrac{12 \times 6}{9} = \log_2 2^3$
$= 3 \log_2 2 = 3$

(3) (与式) $= \dfrac{1}{2}(2\log_3 2 + \log_3 6 - 3\log_3 2)$
$= \dfrac{1}{2}(\log_3 2^2 + \log_3 6 - \log_3 2^3)$
$= \dfrac{1}{2} \log_3 \dfrac{2^2 \times 6}{2^3} = \dfrac{1}{2} \log_3 3 = \dfrac{1}{2}$

## 例題 4

次の式を簡単にせよ.

(1) $\log_2 3 \cdot \log_3 5 \cdot \log_5 8$

(2) $(\log_2 3 + \log_4 9)(\log_3 2 + \log_9 2)$

[解答] $a > 0$, $a \neq 1$ とする.

(1) (与式) $= \dfrac{\log_a 3}{\log_a 2} \cdot \dfrac{\log_a 5}{\log_a 3} \cdot \dfrac{\log_a 8}{\log_a 5}$
$= \dfrac{\log_a 8}{\log_a 2} = \dfrac{3 \log_a 2}{\log_a 2} = 3$

(2) (与式)
$= \left(\dfrac{\log_a 3}{\log_a 2} + \dfrac{\log_a 9}{\log_a 4}\right)\left(\dfrac{\log_a 2}{\log_a 3} + \dfrac{\log_a 2}{\log_a 9}\right)$
$= \left(\dfrac{\log_a 3}{\log_a 2} + \dfrac{2 \log_a 3}{2 \log_a 2}\right)\left(\dfrac{\log_a 2}{\log_a 3} + \dfrac{\log_a 2}{2 \log_a 3}\right)$
$= \left(2 \cdot \dfrac{\log_a 3}{\log_a 2}\right) \times \left(\dfrac{3}{2} \cdot \dfrac{\log_a 2}{\log_a 3}\right)$
$= 2 \times \dfrac{3}{2} \times \dfrac{\log_a 3}{\log_a 2} \times \dfrac{\log_a 2}{\log_a 3} = 3$

---
**例題 5**

$\log_{10} 2 = 0.3010$, $\log_{10} 3 = 0.4771$ として，次の値を小数第4位まで計算せよ．

(1) $\log_{10} 5$   (2) $\log_2 3$

---

[解答] (1) $\log_{10} 5 = \log_{10} \dfrac{10}{2}$

$= 1 - \log_{10} 2 = 0.6990$

(2) $\log_2 3 = \dfrac{\log_{10} 3}{\log_{10} 2} = \dfrac{0.4771}{0.3010}$

$= 1.585049\cdots \fallingdotseq 1.5850$

## 11.5 対数関数とグラフ

指数関数
$$y = a^x \quad (a > 0,\ a \neq 1)$$
の逆関数を，$a$ を**底**とする**対数関数**といい
$$y = \log_a x$$
で表す．
$$y = \log_a x \iff a^y = x$$
である．

■**対数関数の性質**

(1) 定義域は正の実数全体，値域は実数全体である．

(2) グラフは点 $(1, 0)$，$(a, 1)$ を通り，$y$ 軸を漸近線とする．

(3) $a > 1$ のとき，$x$ が増加すれば，$y$ も増加する．$0 < a < 1$ のとき，$x$ が増加すれば，$y$ は減少する．

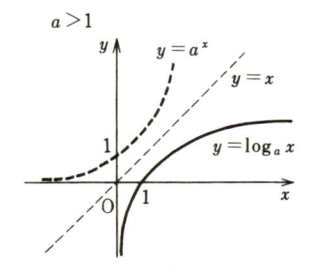

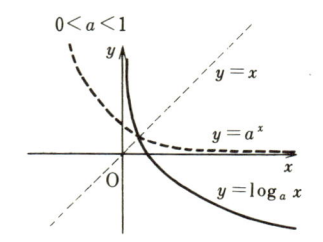

この性質をもとに対数関数のグラフを書くと，上図のようになる．

---
**例題 1**

次の関数のグラフを，同じ座標軸を使って書け．

(1) $y = \log_2 x$   (2) $y = \log_{1/2} x$

(3) $y = \log_2(-x)$

---

[解答] $\log_{1/2} x = \dfrac{\log_a x}{\log_a \dfrac{1}{2}} = \dfrac{\log_a x}{-\log_a 2}$

$= -\log_2 x \quad (a > 0,\ a \neq 1)$

であるから，(2) のグラフは (1) のグラフと $x$ 軸に関して対称である．また，(3) のグラフは (1) のグラフと $y$ 軸に関して対称であるから，(1)～(3) のグラフは下図のようになる．

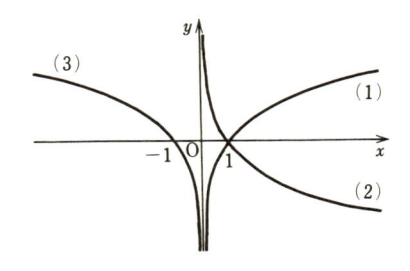

## 11.6 指数・対数方程式, 不等式

指数・対数方程式を解くとき，基本となる

のは，次の式である．

> $a>0$, $a \neq 1$ のとき
> (1) $a^{f(x)} = a^{g(x)} \Leftrightarrow f(x) = g(x)$
> (2) $\log_a f(x) = \log_a g(x)$
>    $\Leftrightarrow f(x) = g(x)$
>    (ただし，$f(x)>0$, $g(x)>0$)

---- 例題 1 ----
次の指数方程式を解け．
(1) $9^x = \dfrac{1}{27}$
(2) $4^x - 2^x - 6 = 0$

[解答] (1) $(3^2)^x = 3^{-3}$, $3^{2x} = 3^{-3}$
であるから，$2x = -3$. ゆえに，$x = -3/2$.
(2) $4^x = (2^2)^x = (2^x)^2$
となるから
$$(2^x)^2 - 2^x - 6 = 0$$
左辺を因数分解すると
$$(2^x + 2)(2^x - 3) = 0$$
$2^x + 2 > 0$ であるから，$2^x - 3 = 0$ すなわち $2^x = 3$. ゆえに，$x = \log_2 3$.

---- 例題 2 ----
次の対数方程式を解け．
(1) $\log_2 x + \log_2 (x-2) = 3$
(2) $\log_2 x - \log_x 4 = 1$

[解答] (1) 左辺を変形すると
$$\log_2 x(x-2) = 3$$
ゆえに
$$x(x-2) = 2^3$$
$$x^2 - 2x - 8 = 0$$
を因数分解すると
$$(x+2)(x-4) = 0$$

ゆえに，$x = -2, 4$. $x = -2$ は真数を負にするから不適．よって，求める解は $x = 4$.
(2) $\log_x 4 = \dfrac{\log_2 4}{\log_2 x} = \dfrac{2}{\log_2 x}$
であるから，与式は
$$\log_2 x - \dfrac{2}{\log_2 x} = 1$$
両辺に $\log_2 x$ をかけて変形すると
$$(\log_2 x)^2 - \log_2 x - 2 = 0$$
ゆえに
$$(\log_2 x - 2)(\log_2 x + 1) = 0$$
$$\log_2 x = 2, \quad \log_2 x = -1$$
これを解いて，$x = 2^2, 2^{-1}$. ゆえに，$x = 4, 1/2$.

指数・対数不等式を解くとき，基本となるのは次の式である．

> (1) $a > 1$ のとき
>    $a^{f(x)} > a^{g(x)} \Leftrightarrow f(x) > g(x)$
>    $0 < a < 1$ のとき
>    $a^{f(x)} > a^{g(x)} \Leftrightarrow f(x) < g(x)$
> (2) $a > 1$ のとき
>    $\log_a f(x) > \log_a g(x)$
>    $\Leftrightarrow f(x) > g(x) > 0$
>    $0 < a < 1$ のとき
>    $\log_a f(x) > \log_a g(x)$
>    $\Leftrightarrow 0 < f(x) < g(x)$

---- 例題 3 ----
次の指数不等式を解け．
(1) $\left(\dfrac{1}{2}\right)^x > \dfrac{1}{4}$
(2) $4^x + 3 \cdot 2^x - 4 > 0$

[解答] (1) $\left(\dfrac{1}{2}\right)^x > \left(\dfrac{1}{2}\right)^2$

$0 < \dfrac{1}{2} < 1$ であるから, $x < 2$.

(2) $(2^x)^2 + 3 \cdot 2^x - 4 > 0$

左辺を因数分解すると

$(2^x + 4)(2^x - 1) > 0$

$2^x + 4 > 0$ であるから, $2^x - 1 > 0$. $2^x > 1$ すなわち $2^x > 2^0$. ゆえに, $x > 0$.

---
**例題 4**

次の対数不等式を解け.
(1) $\log_{1/3}(x-1) \geqq -2$
(2) $\log_3 x + \log_3(2x+5) < 1$

---

[解答] (1) 真数は正であるから

$x - 1 > 0$

すなわち

$x > 1$ ①

$-2 = -2\log_{1/3}\dfrac{1}{3} = \log_{1/3}\left(\dfrac{1}{3}\right)^{-2}$

$= \log_{1/3} 9$

であるから

$\log_{1/3}(x-1) \geqq \log_{1/3} 9$

ゆえに, $x - 1 \leqq 9$ となるから

$x \leqq 10$ ②

①, ② より, 求める解は, $1 < x \leqq 10$.

(2) 真数は正であるから

$x > 0, \quad 2x + 5 > 0$

ゆえに

$x > 0$ ①

与式を変形すると

$\log_3 x(2x+5) < \log_3 3$

ゆえに

$x(2x+5) < 3$

$2x^2 + 5x - 3 < 0$

左辺を因数分解すると

$(2x-1)(x+3) < 0$

ゆえに

$-3 < x < \dfrac{1}{2}$ ②

①, ② より求める解は, $0 < x < 1/2$.

---

## 11.7 常用対数

10 を底とする対数 $\log_{10} N$ を $N$ の**常用対数**という. 常用対数は底を省略して $\log N$ と書くことが多い.

---
**例題 1**

次の対数の値を求めよ.
(1) $\log 100$  (2) $\log 100000$
(3) $\log 0.1$  (4) $\log 0.001$

---

[解答] $\log 10 = \log_{10} 10 = 1$

であることを用いる.

(1) $\log 100 = \log 10^2 = 2\log 10 = 2$
(2) $\log 100000 = \log 10^5 = 5\log 10 = 5$
(3) $\log 0.1 = \log 10^{-1} = -\log 10 = -1$
(4) $\log 0.001 = \log 10^{-3} = -3\log 10 = -3$

正の数 $N$ は

$N = a \times 10^n \quad (1 \leqq a < 10,\ n\text{ は整数})$

と表すことができるから

$\log N = n + \log a$ ①

したがって

$\log a \quad (1 \leqq a < 10)$

の値がわかっていれば, すべての正の数 $N$ の対数を求めることができる.

[注] ① の $n$ を $\log N$ の指標, $\log a$ を $\log N$ の仮数という.

―― 例題 2 ――
$\log 3 = 0.4771$ として，次の対数の値を求めよ．
(1) $\log 300$   (2) $\log 0.003$

[解答] (1) $\log 300 = \log(3 \times 10^2)$
$= \log 3 + \log 10^2 = 2 + \log 3 = 2.4771$
(2) $\log 0.003 = \log(3 \times 10^{-3})$
$= \log 3 + \log 10^{-3} = -3 + 0.4771$
$(= -2.5229)$

[注] 対数計算では $-3 + 0.4771 = \bar{3}.4771$ と表し，このままで計算するのがふつうである．

―― 例題 3 ――
$\log 2 = 0.3010$ として，次の問に答えよ．
(1) $2^{30}$ の桁数を求めよ．
(2) $(0.2)^{20}$ は小数第何位にはじめて 0 でない数字が現れるか．

[解答] (1) $\log 2^{30} = 30 \log 2 = 9.0300$
であるから
$9 < \log 2^{30} < 10$
これより
$10^9 < 2^{30} < 10^{10}$
ゆえに $2^{30}$ は 10 桁の数である．
(2) $\log(0.2)^{20} = 20 \log 0.2$
$= 20(-1 + \log 2) = -14 + 0.0200$
だから
$-14 < \log(0.2)^{20} < -13$
ゆえに
$10^{-14} < (0.2)^{20} < 10^{-13}$
よって，$(0.2)^{20}$ は小数第 14 位にはじめて 0 でない数字が現れる．

[注] $\log N$ を例題 1 の ① で表したとき，$n \geqq 0$ ならば，$N$ の整数部分は $n+1$ 桁となる．$n < 0$ ならば，$N$ は小数第 $n$ 位にはじめて 0 でない数字が現れる．

▶ 関 孝和，1642?-1708，日本

生年は明らかでない．群馬県藤岡で生まれ，毛利重能の高弟高原吉種に学んだとも，師はなく独力で大成したともいわれている．和算に多くの業績を残し，算聖と呼ばれた．

最初の著書は『発微算法』(1674) であり，これは沢口一之著『古今算法記』(1671) に出ている問題の解答書である．彼はこれまでの算書を研究し，その問題の独自の解法を考案したが，『発微算法』には彼の考え出した演段術，傍書法が使われている．しかし，『発微算法』には結果のみが記してあるため，これが他の和算家に理解できるようになったのは，11 年後，門人の建部賢弘の解説書が公刊されてからである．

傍書法とは縦線の傍に文字を書き記号とする方法で，たとえば，|甲|乙は甲+乙，甲乙は甲×乙を表している．これにより算木を用いていた計算が筆算でできるようになり，和算に大きな進歩をもたらした．

彼はライプニッツが行列式を考えついたときよりも 10 年も前に行列式を使っている．没後その稿本を門人荒木村英が集めて刊行した『括要算法』4 巻 (1712) には，ベルヌイ数およびニュートンの補間法に相当する考察が含まれ，円理を始め彼の業績の主なものが収められている．

中国より伝来した数学を摂取することに専念した時代を経て，関孝和により，日本独自の数学和算の基礎が確立した．しかし，和算家はその成果を秘伝という形で伝授する方法をとり，公表することがほとんどなかったため，やがてその発展は遅滞し，明治になってより優れた西欧の数学が一般に学習されるようになった．

# 12. 三角関数

## 12.1 正弦・余弦

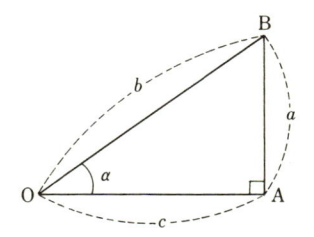

直角三角形 OAB において，∠AOB の大きさ $\alpha$ が定まると，辺の比の値

$$\frac{AB}{OB}, \quad \frac{OA}{OB}$$

はそれぞれ △OAB の大きさに関係なく一定である．

比の値 AB/OB を $\alpha$ の**正弦**または**サイン**といい，$\sin \alpha$ と表す．また，比の値 OA/OB を $\alpha$ の**余弦**または**コサイン**といい，$\cos \alpha$ と表す．

[注意] 記号 cos, sin はそれぞれ，cosine, sine の略であり，コサイン，サインと読む．

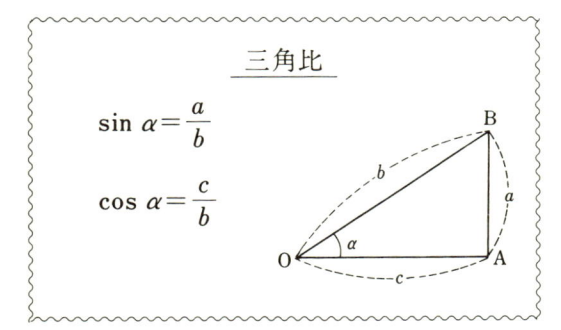

---

**三角比**

$$\sin \alpha = \frac{a}{b}$$

$$\cos \alpha = \frac{c}{b}$$

---

三角定規で表すことができる直角三角形の辺の長さの比は，次図のとおりであり，これを参照して $\cos \alpha°$, $\sin \alpha°$ を求めると，次表のようになる．

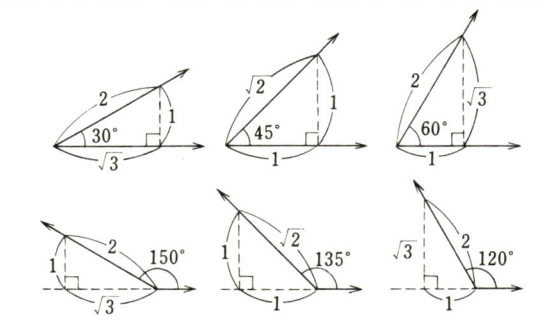

| $\alpha°$ | 0 | 30 | 45 | 60 | 90 | 120 | 135 | 150 | 180 |
|---|---|---|---|---|---|---|---|---|---|
| $\cos \alpha°$ | 1 | $\frac{\sqrt{3}}{2}$ | $\frac{1}{\sqrt{2}}$ | $\frac{1}{2}$ | 0 | $-\frac{1}{2}$ | $-\frac{1}{\sqrt{2}}$ | $-\frac{\sqrt{3}}{2}$ | $-1$ |
| $\sin \alpha°$ | 0 | $\frac{1}{2}$ | $\frac{1}{\sqrt{2}}$ | $\frac{\sqrt{3}}{2}$ | 1 | $\frac{\sqrt{3}}{2}$ | $\frac{1}{\sqrt{2}}$ | $\frac{1}{2}$ | 0 |

[注意] 0°から 90°までのそれぞれの角に対する三角比の値は，三角関数表（三角比表）から求める（巻末参照）．

---

**例題 1**

水平線と 8°の角をなす道路を，時速 30 km の自動車で登った．20 分間に走った水平距離とその高さを求めよ．

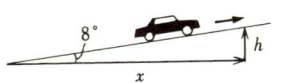

---

[解答] 水平距離 $x$ は

$$x = 30 \times \frac{20}{60} \cos 8° = 10 \times 0.9903$$

$$= 9.903 \ (km)$$

高さは

$$h = 30 \times \frac{20}{60} \sin 8° = 10 \times 0.1392$$

$$= 1.392 \ (km) \quad （三角比表より）$$

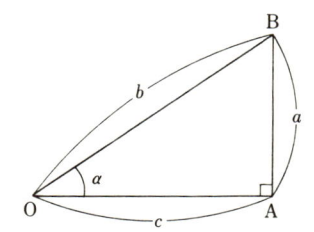

## 12.2 正　　接

∠A が直角である直角三角形 OAB において，∠α の大きさが定まると，直角をはさむ 2 辺の比 OA：AB の値 AB/OA は，△ABC の大きさに関係なく一定である．この比の値を α の**正接**または**タンジェント**（tangent）といい，**tan α** で表す．図で OA $=c$，AB$=a$ とすると

$$\tan \alpha = \frac{a}{c}, \quad a = c \tan \alpha$$

の式が成り立つ．

---
**例題 1**

次の値を求めよ．
　　$\tan 30°$，$\tan 45°$，$\tan 60°$，$\tan 0°$，$\tan 90°$

---

[解答] $\alpha$ が 30°, 45° の直角三角形の各辺の長さの比は，下図に示すとおりである．

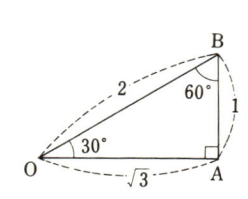

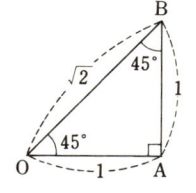

図から

$$\tan 30° = \frac{1}{\sqrt{3}} = 0.5774$$

$$\tan 45° = \frac{1}{1} = 1, \quad \tan 60° = \frac{\sqrt{3}}{1} = 1.7320$$

$\tan 0°$ は，図の三角形の辺 AB$=0$ となったものとみて，$\tan 0° = 0$．$\tan 90°$ の値は考えられない．

[注意] 0°から 90°までのそれぞれの角に対する三角比の値は，三角関数表（三角比表）から求められる（巻末参照）．

---
**例題 2**

次の値を三角比表を用いて求めよ．(3), (4) は角度 $\alpha_1$, $\alpha_2$ を求める．

(1) $\tan 25°$　　(2) $\tan 82°$

(3) $\tan \alpha_1° = 0.7002$

(4) $\tan \alpha_2° = 4.0108$

---

[解答] (1) $\tan 25° = 0.4663$

(2) $\tan 82° = 7.1154$

(3) $\tan 35° = 0.7002$ より $\alpha_1 = 35°$

(4) $\tan 76° = 4.0108$ より $\alpha_2 = 76°$

---
**例題 3**

下図のように，平地にある立木の根元から 30 m 離れた地点で木の先端を見たときの仰角は 28°であった．目の高さを 1.6 m とするとき，この木の高さはいくらか．

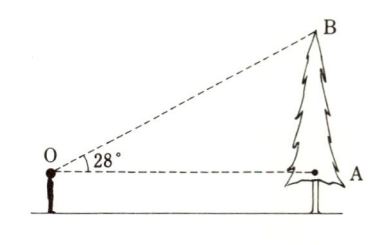

---

[解答] 下図において

$$\tan 28° = \frac{AB}{OA}$$

であるから

　　$AB = OA \tan 28°$

となる．三角比表から，$\tan 28° = 0.5317$ で

あるから
AB = 30 × 0.5317 = 15.951
したがって，地上からの高さは
15.951 + 1.6 = 17.551 (m)

## 12.3 三角比の性質

正弦，余弦，正接を総称して**三角比**という．

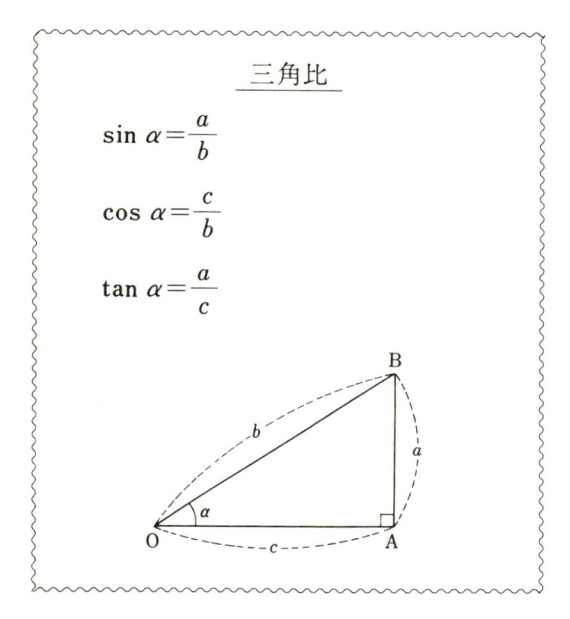

---
**三角比**

$$\sin \alpha = \frac{a}{b}$$

$$\cos \alpha = \frac{c}{b}$$

$$\tan \alpha = \frac{a}{c}$$

---

**$90°-\alpha$ の三角比**

$$\sin(90°-\alpha) = \cos \alpha$$
$$\cos(90°-\alpha) = \sin \alpha$$
$$\tan(90°-\alpha) = \frac{1}{\tan \alpha}$$

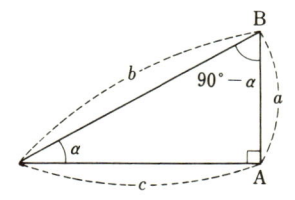

---

[説明] 上図の直角三角形で，一つの鋭角の大きさを $\alpha$ とすれば，他の鋭角の大きさは $90°-\alpha$ となる．したがって

$$\cos \alpha = \frac{c}{b}, \quad \sin(90°-\alpha) = \frac{c}{b}$$

ゆえに

$$\sin(90°-\alpha) = \cos \alpha$$

$$\sin \alpha = \frac{a}{b}, \quad \cos(90°-\alpha) = \frac{a}{b}$$

ゆえに

$$\cos(90°-\alpha) = \sin \alpha$$

$$\frac{1}{\tan \alpha} = \frac{c}{a}, \quad \tan(90°-\alpha) = \frac{c}{a}$$

ゆえに

$$\tan(90°-\alpha) = \frac{1}{\tan \alpha}$$

---
**例題 1**

次の三角比を $0°$ から $45°$ までの角の三角比で表せ．
(1) $\sin 55°$ (2) $\cos 72°$ (3) $\tan 62°$

---

[解答] (1) $\sin 55° = \cos(90°-55°) = \cos 35°$
$(= 0.8192)$

(2) $\cos 72° = \sin(90°-72°) = \sin 18°$
$(= 0.3090)$

(3) $\tan 62° = \dfrac{1}{\tan(90°-62°)} = \dfrac{1}{\tan 28°}$
$(= 1.8807)$

---
**鈍角の三角比**

$$\sin \alpha = \sin(180°-\alpha)$$
$$\cos \alpha = -\cos(180°-\alpha)$$
$$\tan \alpha = -\tan(180°-\alpha)$$

---

[説明] 角 $\alpha$ が $0° < \alpha < 90°$ のとき**鋭角**といい，$90° < \alpha < 180°$ のとき**鈍角**という．次図において，$\alpha$ が鈍角であれば，△OAB

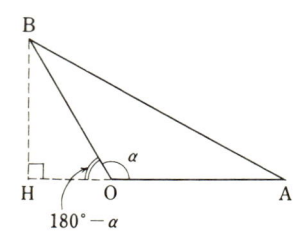

の頂点 B から直線 OA の延長におろした垂線の足 H は，OA に対して反対側，すなわち O を基点に考えると，数直線上の点の負側にくることになる．したがって，$\alpha$ が鈍角の場合の余弦は

$$\cos \alpha = \frac{-\mathrm{OH}}{\mathrm{OB}} = -\cos(180°-\alpha)$$

となる．鈍角の正弦については，鋭角の場合と同じく

$$\sin \alpha = \frac{\mathrm{HB}}{\mathrm{OB}} = \sin(180°-\alpha)$$

となる．鈍角の正接については，余弦のときと同様に考えて

$$\tan \alpha = \frac{\mathrm{HB}}{-\mathrm{OH}} = -\tan(180°-\alpha)$$

となる．

$\alpha$ が $180°$ のときも，鈍角の三角比の公式を用いて定めることができる．すなわち

$$\sin 180° = 0, \quad \cos 180° = -1$$
$$\tan 180° = 0$$

――― 例題 2 ―――
次の三角比を $0°$ から $90°$ までの鋭角の三角比で表し，その値を求めよ．
(1) $\sin 140°$ (2) $\cos 145°$ (3) $\tan 120°$

［解答］(1) $\sin 140° = \sin(180°-140°)$
$= \sin 40° = 0.6428$
(2) $\cos 145° = -\cos(180°-145°)$
$= -\cos 35° = -0.8192$
(3) $\tan 120° = -\tan(180°-120°)$
$= -\tan 60° = -1.7321$

―――― 三角比の相互関係 ――――
$$\tan \alpha = \frac{\sin \alpha}{\cos \alpha}$$
$$\sin^2 \alpha + \cos^2 \alpha = 1$$

［説明］$(\sin \alpha)^2$ を $\sin^2 \alpha$, $(\cos \alpha)^2$ を $\cos^2 \alpha$ とも書く．

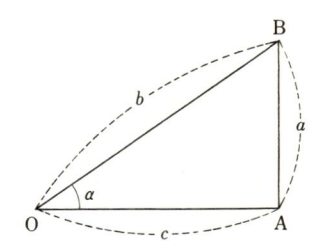

上図において

$$\sin \alpha = \frac{a}{b}, \quad \cos \alpha = \frac{c}{b}$$

したがって

$$\frac{\sin \alpha}{\cos \alpha} = \frac{\frac{a}{b}}{\frac{c}{b}} = \frac{a}{c} = \tan \alpha$$

また

$$\sin^2 \alpha + \cos^2 \alpha = \left(\frac{a}{b}\right)^2 + \left(\frac{c}{b}\right)^2$$
$$= \frac{a^2+c^2}{b^2} = \frac{b^2}{b^2} = 1$$

――― 例題 3 ―――
海面上 120 m の高さの燈台から，こちらに向かってまっすぐに一定の速さで進んでくる船が見えた．俯角は $20°$ であった．5 分後に再び俯角を測ったところ，$35°$ であった．この船の速さは毎分何 m か．

［解答］最初に見た船の位置を C，5 分後の

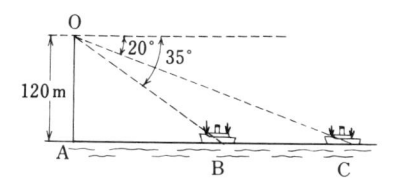

位置を B とすると

$$\frac{AC}{OA} = \tan(90° - 20°)$$

から

$$AC = OA \tan 70° = 120 \times 2.7475 = 329.7$$

$$\frac{AB}{OA} = \tan(90° - 35°)$$

から

$$AB = OA \tan 55° = 120 \times 1.4281 = 171.4$$

$$(329.7 - 171.4) \div 5 = 31.66 \ (m/分)$$

## 12.4 正弦定理

△ABC において，∠A, ∠B, ∠C の大きさをそれぞれ $A, B, C$ で表し，対辺 BC, CA, AB の長さをそれぞれ $a, b, c$ で表す．

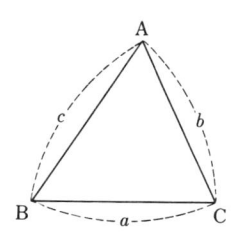

△ABC の三つの頂点を通る円を，この三角形の外接円といい，その半径を $R$ で表すと

$$\frac{a}{\sin A} = 2R$$

が成り立つ．

---

**正弦定理**

$$\frac{a}{\sin A} = \frac{b}{\sin B} = \frac{c}{\sin C} = 2R$$

ここで，$R$ は △ABC の外接円の半径である．

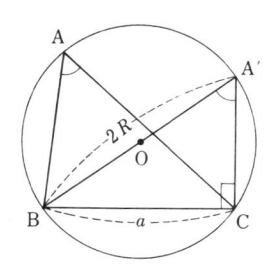

---

[説明] △ABC の外接円と，B を通る直径との交点を A′ とする．A′ と C を結ぶとき，△A′BC において，A′B は外接円の直径であるから，∠A′CB = ∠R．∠A，∠A′ は $\widehat{BC}$ 上の円周角であるから，∠A = ∠A′．直角三角形 A′BC において

$$\sin A = \sin A' = \frac{BC}{A'B} = \frac{a}{2R}$$

したがって

$$\frac{a}{\sin A} = 2R$$

以上は，∠A が鋭角の場合についての説明であるが，∠A = 90°, ∠A > 90° の場合にも，同様に定理は成立する．

---

**例題 1**

下図において，$b$ を求めよ．ただし

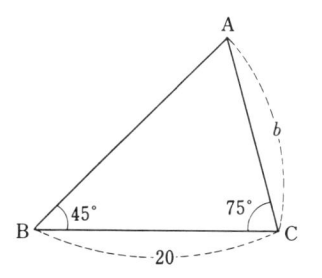

∠B=45°,　∠C=75°
とする.

[解答] ∠A=180°−(45°+75°)=60°

正弦定理により

$$\frac{b}{\sin 45°} = \frac{20}{\sin 60°}$$

ゆえに

$$b = 20 \times \frac{\sin 45°}{\sin 60°} = 20 \times \frac{1/\sqrt{2}}{\sqrt{3}/2}$$
$$= 20 \times \frac{1}{\sqrt{2}} \times \frac{2}{\sqrt{3}} = \frac{20}{3}\sqrt{6}$$

―― 例題 2 ――
$\sin^2 A + \sin^2 B = \sin^2 C$
となる △ABC は,どんな三角形か.

[解答] $\dfrac{a}{\sin A} = \dfrac{b}{\sin B} = \dfrac{c}{\sin C} = 2R$

したがって

$$\sin A = \frac{a}{2R},\quad \sin B = \frac{b}{2R}$$
$$\sin C = \frac{c}{2R}$$

ゆえに

$$\left(\frac{a}{2R}\right)^2 + \left(\frac{b}{2R}\right)^2 = \left(\frac{c}{2R}\right)^2$$

ゆえに
$$a^2 + b^2 = c^2$$

したがって, △ABC は直角三角形である.


## 12.5　余弦定理

―― 例題 1 ――
次図の △ABC の頂点 A, B, C に対する辺の長さを a, b, c とする.頂点 C から対辺 AB におろした垂線の足を H とすると

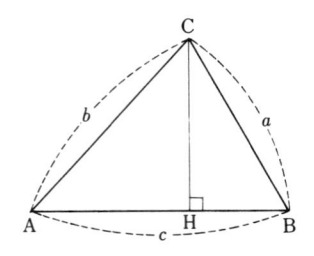

$$CH = b \sin A$$
$$AH = b \cos A$$

である.この関係式を使って,次の式が成り立つことを証明せよ.
$$a^2 = b^2 + c^2 - 2bc \cos A$$

[解答]　$CH = b \sin A$
$\quad AH = b \cos A,\quad AB = c$

であるから
$$BH = c - b \cos A$$

△BHC は, ∠BHC が直角の直角三角形であるから
$$BC^2 = CH^2 + BH^2$$

ゆえに
$$a^2 = (b \sin A)^2 + (c - b \cos A)^2$$
$$= b^2 \sin^2 A + c^2 - 2bc \cos A + b^2 \cos^2 A$$
$$= b^2(\sin^2 A + \cos^2 A) - 2bc \cos A + c^2$$
$$= b^2 - 2bc \cos A + c^2$$

ゆえに
$$a^2 = b^2 + c^2 - 2bc \cos A$$

―― 余弦定理 ――
△ABC において
$$a^2 = b^2 + c^2 - 2bc \cos A$$
$$b^2 = c^2 + a^2 - 2ca \cos B$$
$$c^2 = a^2 + b^2 - 2ab \cos C$$

### 例題 2

下図において，二つの地点 BC 間の距離はいくらか．

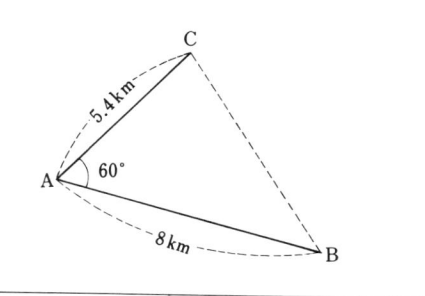

[解答] 余弦定理より
$$a^2 = b^2 + c^2 - 2bc \cos A$$
ここで
$$b = 5.4, \quad c = 8, \quad \cos A = 1/2$$
よって
$$a^2 = 5.4^2 + 8^2 - 2 \times 5.4 \times 8 \times \frac{1}{2}$$
$$= 49.96$$
ゆえに，$a \fallingdotseq 7.07$ (km).

### 例題 3

地点 A から北 48°東の方向 ($\sqrt{3}-1$) km の地点に B があり，B から北 12°西の方向 2 km の地点に C がある．C は A からどの方向にどれだけの距離にあるか．

[解答] 題意により ∠B は 120°．余弦の定理から
$$b^2 = (\sqrt{3}-1)^2 + 2^2 - 2 \times (\sqrt{3}-1) \times 2 \cos 120°$$
$$= 6$$
よって，$b = \sqrt{6}$．
正弦の定理
$$\frac{b}{\sin B} = \frac{a}{\sin A}$$
から

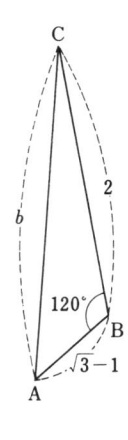

$$\frac{\sqrt{6}}{\sin 120°} = \frac{2}{\sin A}$$
$$\sin A = \frac{1}{\sqrt{2}}$$

よって，∠A = 45°．48° − 45° = 3°．C は A から北 3°東の方向に $\sqrt{6}$ km．

## 12.6 三角形の面積

△ABC において，2 辺の長さと，それらにはさまれる角の大きさがわかると，その面積を求めることができる．

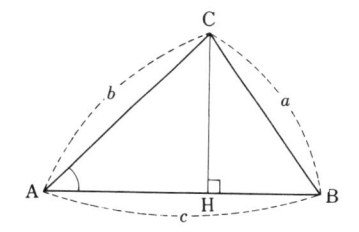

△ABC の面積を $S$ とすると
$$S = \frac{1}{2} \text{AB} \cdot \text{HC} = \frac{1}{2} cb \sin A$$
同様にして
$$S = \frac{1}{2} ca \sin B = \frac{1}{2} ab \sin C$$

---
**三角形の面積**

△ABC の面積を $S$ とすると
$$S = \frac{1}{2} cb \sin A = \frac{1}{2} ca \sin B$$
$$= \frac{1}{2} ab \sin C$$

---

すなわち，三角形の面積は，2 辺の長さとそれらのはさむ角の正弦の積の半分である．

## 例題 1

下図の三角形の面積を求めよ.

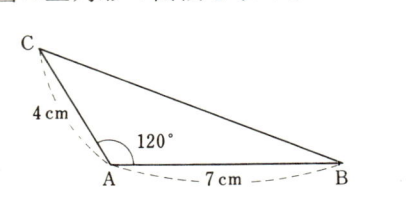

[解答] $S = \dfrac{1}{2} \times 7 \times 4 \times \sin 120°$

$= \dfrac{1}{2} \times 7 \times 4 \times \dfrac{\sqrt{3}}{2} = 7\sqrt{3}$ (cm²)

## 例題 2

下図の三角形の面積を求めよ.

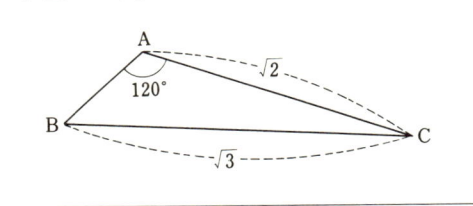

[解答] 正弦定理を用いて

$$\dfrac{a}{\sin A} = \dfrac{b}{\sin B}$$

これから

$\sin B = \dfrac{b}{a} \sin A = \dfrac{\sqrt{2}}{\sqrt{3}} \sin 120°$

$= \dfrac{\sqrt{2}}{\sqrt{3}} \times \dfrac{\sqrt{3}}{2} = \dfrac{1}{\sqrt{2}}$

したがって, $B = 45°$. ゆえに

$C = 180° - (120° + 45°) = 15°$

面積 $S$ は

$S = \dfrac{1}{2} ab \sin C = \dfrac{1}{2} \times \sqrt{3} \times \sqrt{2} \times \sin 15$

$= \dfrac{1}{2} \times \sqrt{3} \times \sqrt{2} \times 0.2588 ≒ 0.317$

## 例題 3

次の三角形の面積を求めよ.

$b = 7$ cm, $c = 4$ cm, $A = 135°$

[解答] $S = \dfrac{1}{2} bc \sin A$

に与えられた数値を代入すると

$S = \dfrac{1}{2} \times 7 \times 4 \sin 135°$

$= \dfrac{1}{2} \times 7 \times 4 \times \dfrac{1}{\sqrt{2}}$

$≒ 9.9$ (cm²)

## 12.7 一般角と弧度法

角 XOP は，平面上で半直線 OP が OX の位置から点 O の周りを OP の位置まで回転することにより作られたと考える. このとき，OX を **始線**，OP を **動径** という.

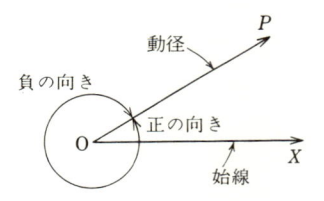

点 O の周りの回転には二つの向きがある. 時計の針と逆の回転方向を **正の向き**，時計の針と同じ回転方向を **負の向き** といい，正の向きに測った角を **正の角**，負の向きに測った角を **負の角** という. 正，負の角はそれぞれ 60°, −45° のように表す. 動径 OP の回転数により角 XOP の絶対値はいくらでも大きくなるが，この回転の大きさを表した角を **一般角** という.

## 例題 1

次の角の動径の位置を図示せよ.

(1) 120°　(2) −320°　(3) 550°

[解答]

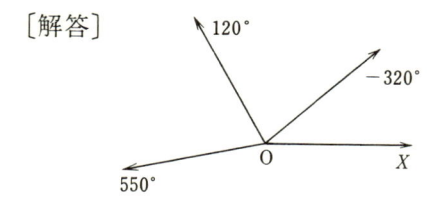

始線を OX，角 XOP の大きさを $\alpha$ とするとき，OP を**角 $\alpha$ の動径**という．

$\theta = \alpha + 360° \times n \quad (n = 0, \pm 1, \pm 2, \cdots)$

の角の動径は，すべて角 $\alpha$ の動径 OP と一致するので，この $\theta$ を**動径 OP の表す一般角**という．

── 例題 2 ──
下図の動径 OP の表す一般角を求めよ．

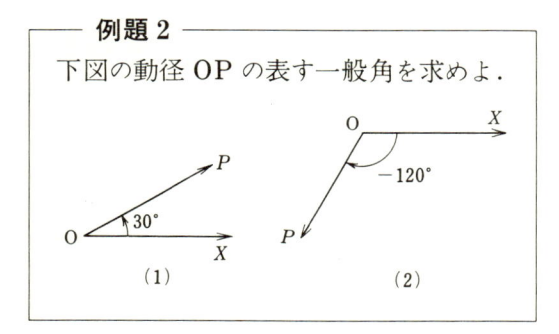

[解答] (1) $30° + 360° \times n$
$(n = 0, \pm 1, \pm 2, \cdots)$

(2) $-120° + 360° \times n$
$(n = 0, \pm 1, \pm 2, \cdots)$

$x$ 軸の正の部分を始線とするとき，角 $\theta$ の動径 OP が第 1〜4 象限にあるならば，角 $\theta$ をそれぞれ，**第 1〜4 象限の角**という．$-30°$ は第 4 象限の角，$150°$ は第 2 象限の角である．

── 例題 3 ──
次の角は第何象限の角か．
(1) $400°$　(2) $-530°$　(3) $700°$

[解答] (1) 第 1 象限の角
(2) 第 3 象限の角　(3) 第 4 象限の角

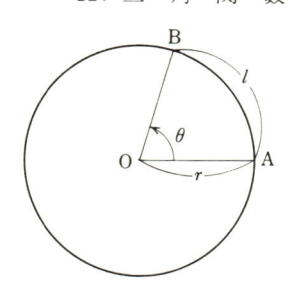

半径 $r$ の円 O において，長さ $l$ の弧 AB に対する中心角 $\theta$ の大きさを

$$\theta = \frac{l}{r}$$

で表す．このようにして角 $\theta$ の大きさを表す方法を**弧度法**といい，この表し方の単位を**ラジアン**という．1 ラジアンは半径 $r$ の円の長さ $r$ の弧に対する中心角である．

弧度法では，角の大きさを表すのに単位をつけず，数だけで表すのがふつうである．全円周に対する中心角 $360°$ は弧度法で

$$\frac{2\pi r}{r} = 2\pi \quad （ラジアン）$$

であるから

$$1° = \frac{\pi}{180} \quad （ラジアン）$$

── 例題 4 ──
次の角を弧度法で表せ．
(1) $45°$　(2) $120°$　(3) $-450°$

[解答] (1) $45° = 45 \times \dfrac{\pi}{180} = \dfrac{\pi}{4}$

(2) $120° = 120 \times \dfrac{\pi}{180} = \dfrac{2\pi}{3}$

(3) $-450° = -450 \times \dfrac{\pi}{180} = -\dfrac{5\pi}{2}$

── 例題 5 ──
次の角を 60 分法で表せ．
(1) $\dfrac{\pi}{3}$　(2) $-\dfrac{7\pi}{6}$　(3) $2$

[解答] (1) $\dfrac{180°}{3}=60°$

(2) $-\dfrac{7\times 180°}{6}=-210°$

(3) $2\times\dfrac{180°}{\pi}=\dfrac{360°}{\pi}$

例題2の一般角を弧度法で表すと

(1) $\dfrac{\pi}{6}+2n\pi$ $(n=0,\ \pm 1,\ \pm 2,\ \cdots)$

(2) $-\dfrac{2\pi}{3}+2n\pi$ $(n=0,\ \pm 1,\ \pm 2,\ \cdots)$

---

**おうぎ形の弧の長さと面積**

半径 $r$, 中心角 $\theta$ (ただし, $0<\theta<2\pi$) のおうぎ形の弧の長さを $l$, 面積を $S$ とすると

$$l=r\theta,\quad S=\dfrac{1}{2}r^2\theta=\dfrac{1}{2}rl$$

---

**── 例題 6 ──**
半径 8 cm, 中心角 135° のおうぎ形の弧の長さと面積を求めよ.

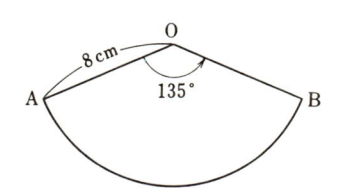

[解答] $135°=3\pi/4$ であるから, 弧の長さは

$$8\times\dfrac{3\pi}{4}=6\pi\ (\text{cm})$$

面積は

$$\dfrac{1}{2}\times 8^2\times\dfrac{3\pi}{4}=24\pi\ (\text{cm}^2)$$

## 12.8　三角関数の定義

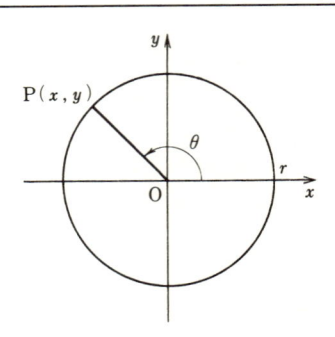

O を原点とする座標平面上で, $x$ 軸の正の部分を始線とするとき, 角 $\theta$ の動径と, 原点を中心とする半径 $r$ の円との交点を P とする. 点 P の座標を $(x, y)$ とすると

$$\dfrac{y}{r},\ \dfrac{x}{r},\ \dfrac{y}{x},\ \dfrac{x}{y},\ \dfrac{r}{x},\ \dfrac{r}{y}$$

の値は $r$ に無関係な $\theta$ の関数である. これらを $\theta$ の三角関数といい, 次の記号で表す.

$\sin\theta=\dfrac{y}{r}$ ($\theta$ の正弦関数)

$\cos\theta=\dfrac{x}{r}$ ($\theta$ の余弦関数)

$\tan\theta=\dfrac{y}{x}$ ($\theta$ の正接関数)

$\cot\theta=\dfrac{x}{y}$ ($\theta$ の余接関数)

$\sec\theta=\dfrac{r}{x}$ ($\theta$ の正割関数)

$\operatorname{cosec}\theta=\dfrac{r}{y}$ ($\theta$ の余割関数)

**── 例題 1 ──**
$-150°$ の正弦, 余弦, 正接の値を求めよ.

[解答] $-150°$ の動径と原点を中心とする半径 2 の円との交点を P とする. P$(-\sqrt{3},$

−1) であるから

$$\sin(-150°) = -\frac{1}{2}$$
$$\cos(-150°) = -\frac{\sqrt{3}}{2}$$
$$\tan(-150°) = \frac{1}{\sqrt{3}}$$

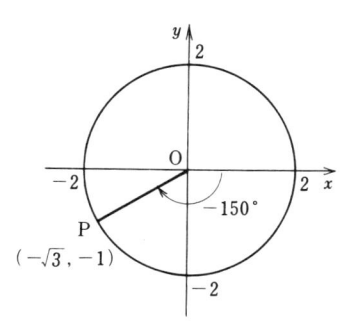

[注] $\cot(-150°) = \sqrt{3}$
$\sec(-150°) = -\dfrac{2}{\sqrt{3}}$
$\operatorname{cosec}(-150°) = -2$

三角関数の符号とその値の範囲は次のようになる．

sin θ, cosec θ

$|\sin \theta| \leqq 1$
$|\operatorname{cosec} \theta| \geqq 1$

cos θ, sec θ

$|\cos \theta| \leqq 1$
$|\sec \theta| \geqq 1$

tan θ, cot θ

$\tan \theta$, $\cot \theta$ は $\theta$ の値によって任意の実数値をとることができる．

## 12.9 三角関数の性質

**三角関数の性質**

(1) $\tan \theta = \dfrac{\sin \theta}{\cos \theta}$

(2) $\sin^2 \theta + \cos^2 \theta = 1$

(3) $1 + \tan^2 \theta = \dfrac{1}{\cos^2 \theta} = \sec^2 \theta$

(4) $\begin{cases} \sin(\theta + 2n\pi) = \sin \theta \\ \cos(\theta + 2n\pi) = \cos \theta \\ \tan(\theta + n\pi) = \tan \theta \end{cases}$
 $(n = 0, \pm 1, \pm 2, \cdots)$

(5) $\begin{cases} \sin(-\theta) = -\sin \theta \\ \cos(-\theta) = \cos \theta \\ \tan(-\theta) = -\tan \theta \end{cases}$

(6) $\begin{cases} \sin(\pi + \theta) = -\sin \theta \\ \cos(\pi + \theta) = -\cos \theta \\ \tan(\pi + \theta) = \tan \theta \end{cases}$

(7) $\begin{cases} \sin(\pi - \theta) = \sin \theta \\ \cos(\pi - \theta) = -\cos \theta \\ \tan(\pi - \theta) = -\tan \theta \end{cases}$

(8) $\begin{cases} \sin\left(\dfrac{\pi}{2} + \theta\right) = \cos \theta \\ \cos\left(\dfrac{\pi}{2} + \theta\right) = -\sin \theta \\ \tan\left(\dfrac{\pi}{2} + \theta\right) = -\cot \theta \end{cases}$

(9) $\begin{cases} \sin\left(\dfrac{\pi}{2} - \theta\right) = \cos \theta \\ \cos\left(\dfrac{\pi}{2} - \theta\right) = \sin \theta \\ \tan\left(\dfrac{\pi}{2} - \theta\right) = \cot \theta \end{cases}$

## 例題 1
$\theta$ が第 4 象限の角で $\cos\theta=3/5$ のとき，$\sin\theta$, $\tan\theta$ の値を求めよ．

[解答] $\sin^2\theta+\cos^2\theta=1$
であるから
$$\sin^2\theta=1-\cos^2\theta=1-\left(\frac{3}{5}\right)^2=\left(\frac{4}{5}\right)^2$$
$\theta$ が第 4 象限の角であるから
$$\sin\theta<0 \quad \text{ゆえに} \quad \sin\theta=-\frac{4}{5}$$
$$\tan\theta=\frac{\sin\theta}{\cos\theta}=-\frac{4}{5}\cdot\frac{5}{3}=-\frac{4}{3}$$

## 例題 2
次の式を簡単にせよ．
(1) $(\sin\theta+\cos\theta)^2+(\sin\theta-\cos\theta)^2$
(2) $\dfrac{\cos\theta}{1+\sin\theta}+\dfrac{\cos\theta}{1-\sin\theta}$

[解答] (1) (与式)$=(\sin^2\theta+2\sin\theta\cos\theta+\cos^2\theta)+(\sin^2\theta-2\sin\theta\cos\theta+\cos^2\theta)=2(\sin^2\theta+\cos^2\theta)=2$

(2) (与式)$=\dfrac{\cos\theta(1-\sin\theta)}{1-\sin^2\theta}+\dfrac{\cos\theta(1+\sin\theta)}{1-\sin^2\theta}=\dfrac{2\cos\theta}{1-\sin^2\theta}$
$=\dfrac{2\cos\theta}{\cos^2\theta}=\dfrac{2}{\cos\theta}$

## 例題 3
次の三角関数の値を求めよ．
(1) $\sin\dfrac{5\pi}{4}$　　(2) $\cos\dfrac{11\pi}{3}$
(3) $\tan\left(-\dfrac{7\pi}{6}\right)$

[解答] (1) $\sin\dfrac{5\pi}{4}=\sin\left(\pi+\dfrac{\pi}{4}\right)$
$=-\sin\dfrac{\pi}{4}=-\dfrac{1}{\sqrt{2}}$

(2) $\cos\dfrac{11\pi}{3}=\cos\left(4\pi-\dfrac{\pi}{3}\right)=\cos\left(-\dfrac{\pi}{3}\right)$
$=\cos\dfrac{\pi}{3}=\dfrac{1}{2}$

(3) $\tan\left(-\dfrac{7\pi}{6}\right)=-\tan\dfrac{7\pi}{6}=-\tan\left(\pi+\dfrac{\pi}{6}\right)$
$=-\tan\dfrac{\pi}{6}=-\dfrac{1}{\sqrt{3}}$

## 例題 4
次の角の正弦，余弦，正接を鋭角の正弦，余弦，正接で表せ．
(1) $1000°$　　(2) $-500°$

(1) $1000°=-80°+360°\times 3$
だから
$$\sin 1000°=\sin(-80°)=-\sin 80°$$
$$\cos 1000°=\cos(-80°)=\cos 80°$$
$$\tan 1000°=\tan(-80°)=-\tan 80°$$

(2) $-500°=220°+360°\times(-2)$
だから
$$\sin(-500°)=\sin 220°=\sin(180°+40°)$$
$$=-\sin 40°$$
$$\cos(-500°)=\cos 220°=\cos(180°+40°)$$
$$=-\cos 40°$$
$$\tan(-500°)=\tan\{40°+180°\times(-3)\}$$
$$=\tan 40°$$

## 例題 5
次の等式を簡単にせよ．
(1) $\sin(3\pi+\theta)\cos\left(\dfrac{\pi}{2}+\theta\right)$
　　$-\cos(3\pi-\theta)\sin\left(\dfrac{\pi}{2}-\theta\right)$
(2) $\sin\left(\dfrac{\pi}{4}-\theta\right)-\cos\left(\dfrac{\pi}{4}+\theta\right)$

[解答] (1) $\sin(3\pi+\theta)=\sin(\pi+\theta)$
$=-\sin\theta$
$\cos\left(\dfrac{\pi}{2}+\theta\right)=-\sin\theta$
$\cos(3\pi-\theta)=\cos(\pi-\theta)=-\cos\theta$
$\sin\left(\dfrac{\pi}{2}-\theta\right)=\cos\theta$

であるから
(与式)$=-\sin\theta(-\sin\theta)-(-\cos\theta)$
$\times\cos\theta=\sin^2\theta+\cos^2\theta=1$

(2) $\sin\left(\dfrac{\pi}{4}-\theta\right)=\sin\left\{\dfrac{\pi}{2}-\left(\dfrac{\pi}{4}+\theta\right)\right\}$
$=\cos\left(\dfrac{\pi}{4}+\theta\right)$

であるから
$\sin\left(\dfrac{\pi}{4}-\theta\right)-\cos\left(\dfrac{\pi}{4}+\theta\right)=0$

## 12.10 三角関数のグラフ

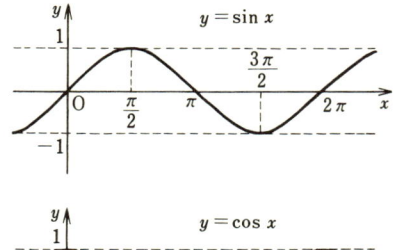

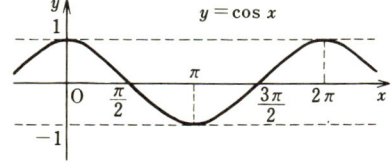

関数 $f(x)$ において
$$f(x+p)=f(x) \quad (p\neq 0) \qquad ①$$
が成り立つとき, $f(x)$ を $p$ を周期とする**周期関数**という. ①をみたす $p$ のうち, 正で最小のものを $f(x)$ の周期というのがふつうである.

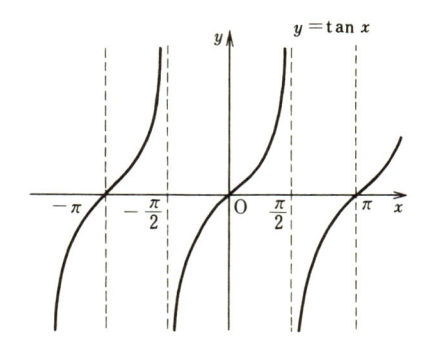

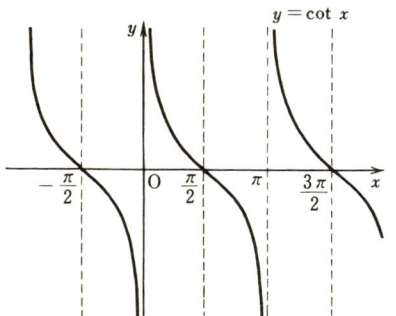

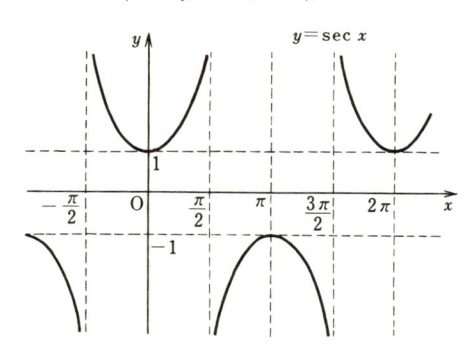

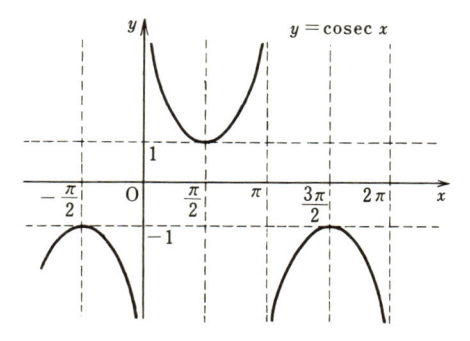

$f(x)=\sin 2x$
とすると
$f(x+p)=\sin 2(x+p)=\sin(2x+2p)$
$\sin(2x+2p)=\sin 2x$

をみたす $2p$ の正の最小値は $2\pi$ であるから，$p$ の正の最小値は $\pi$. したがって，$f(x)$ の周期は $\pi$ である．

三角関数の周期は次表のようになる．

| 関　数 | 周　期 |
|---|---|
| $\sin kx$, $\operatorname{cosec} kx$<br>$\cos kx$, $\sec kx$ | $\dfrac{2\pi}{\|k\|}$ |
| $\tan kx$, $\cot kx$ | $\dfrac{\pi}{\|k\|}$ |

--- 例題 1 ---
次の三角関数の周期を求めよ．
(1) $\sin \dfrac{1}{2}x$ 　　(2) $\tan 3x$

[解答]　(1) $\dfrac{2\pi}{1/2}=4\pi$ 　　(2) $\dfrac{\pi}{3}$

--- 例題 2 ---
$y=3\sin 2x$ のグラフを書け．

[解答] 周期は $2\pi/2=\pi$ である．また $|\sin x|\leqq 1$ であるから，$|3\sin 2x|\leqq 3$ となる．これをもとにして $y=3\sin 2x$ のグラフを書くと，下図のようになる．破線は $y=\sin x$ のグラフである．

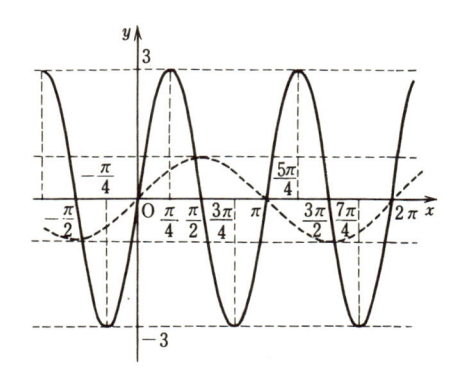

--- 例題 3 ---
$y=\cos^2 x$ のグラフを書け．

[解答]　$y=\cos^2 x=\dfrac{1+\cos 2x}{2}$

$=\dfrac{1}{2}+\dfrac{1}{2}\cos 2x$

ゆえに，$y=\cos^2 x$ のグラフは $y=(1/2)\cos 2x$ のグラフを $y$ 軸の方向に $1/2$ だけ平行移動したグラフになる．

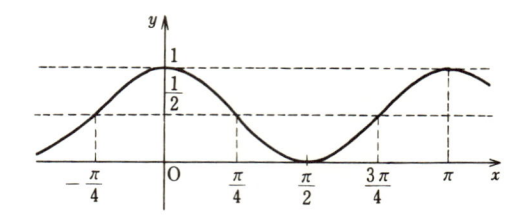

## 12.11　加　法　定　理

**加法定理**

$\sin(\alpha\pm\beta)=\sin\alpha\cos\beta\pm\cos\alpha\sin\beta$

$\cos(\alpha\pm\beta)=\cos\alpha\cos\beta\mp\sin\alpha\sin\beta$

$\tan(\alpha\pm\beta)=\dfrac{\tan\alpha\pm\tan\beta}{1\mp\tan\alpha\tan\beta}$

（複号同順）

--- 例題 1 ---
次の三角関数の値を求めよ．
(1) $\sin 75°$ 　　(2) $\tan 15°$

[解答]　(1) $\sin 75°=\sin(30°+45°)$
$=\sin 30°\cos 45°+\cos 30°\sin 45°$
$=\dfrac{1}{2}\cdot\dfrac{1}{\sqrt{2}}+\dfrac{\sqrt{3}}{2}\cdot\dfrac{1}{\sqrt{2}}=\dfrac{\sqrt{2}+\sqrt{6}}{4}$

(2) $\tan 15°=\tan(45°-30°)$
$=\dfrac{\tan 45°-\tan 30°}{1+\tan 45°\tan 30°}=\dfrac{1-1/\sqrt{3}}{1+1/\sqrt{3}}$
$=\dfrac{\sqrt{3}-1}{\sqrt{3}+1}=2-\sqrt{3}$

## 12. 三角関数

### 倍角の公式

$$\sin 2\alpha = 2\sin\alpha \cos\alpha$$
$$\cos 2\alpha = \cos^2\alpha - \sin^2\alpha$$
$$= 1 - 2\sin^2\alpha = 2\cos^2\alpha - 1$$
$$\tan 2\alpha = \frac{2\tan\alpha}{1-\tan^2\alpha}$$
$$\sin 3\alpha = 3\sin\alpha - 4\sin^3\alpha$$
$$\cos 3\alpha = 4\cos^3\alpha - 3\cos\alpha$$
$$\tan 3\alpha = \frac{3\tan\alpha - \tan^3\alpha}{1-3\tan^2\alpha}$$

### 半角の公式

$$\sin^2\frac{\alpha}{2} = \frac{1-\cos\alpha}{2}$$
$$\cos^2\frac{\alpha}{2} = \frac{1+\cos\alpha}{2}$$
$$\tan^2\frac{\alpha}{2} = \frac{1-\cos\alpha}{1+\cos\alpha}$$

### 積を和,差に直す公式

$$\sin\alpha\cos\beta = \frac{1}{2}\{\sin(\alpha+\beta) + \sin(\alpha-\beta)\}$$
$$\cos\alpha\sin\beta = \frac{1}{2}\{\sin(\alpha+\beta) - \sin(\alpha-\beta)\}$$
$$\cos\alpha\cos\beta = \frac{1}{2}\{\cos(\alpha+\beta) + \cos(\alpha-\beta)\}$$
$$\sin\alpha\sin\beta = \frac{1}{2}\{-\cos(\alpha+\beta) + \cos(\alpha-\beta)\}$$

---

**例題 2**

$\sin\dfrac{\pi}{8}$, $\cos\dfrac{\pi}{8}$ の値を求めよ.

[解答] 半角の公式を用いて

$$\sin^2\frac{\pi}{8} = \frac{1}{2}\left(1-\cos\frac{\pi}{4}\right)$$
$$= \frac{1}{2}\left(1-\frac{1}{\sqrt{2}}\right) = \frac{2-\sqrt{2}}{4}$$

$\sin(\pi/8) > 0$ であるから

$$\sin\frac{\pi}{8} = \frac{\sqrt{2-\sqrt{2}}}{2}$$
$$\cos^2\frac{\pi}{8} = \frac{1}{2}\left(1+\cos\frac{\pi}{4}\right) = \frac{2+\sqrt{2}}{4}$$
$$\cos\frac{\pi}{8} > 0$$

より

$$\cos\frac{\pi}{8} = \frac{\sqrt{2+\sqrt{2}}}{2}$$

---

**例題 3**

次の式を三角関数の和の形に直せ.
(1) $2\sin 4\theta\cos 3\theta$ (2) $2\cos 5\theta\cos\theta$

[解答] (1) (与式) $= \sin(4\theta+3\theta) + \sin(4\theta-3\theta) = \sin 7\theta + \sin\theta$

(2) (与式) $= \cos(5\theta+\theta) + \cos(5\theta-\theta)$
$= \cos 6\theta + \cos 4\theta$

---

**例題 4**

$\sin 20°\sin 40°\sin 80°$ の値を求めよ.

[解答] $\sin 20°\sin 40°$
$= \dfrac{1}{2}\{-\cos(20°+40°) + \cos(20°-40°)\}$
$= -\dfrac{1}{4} + \dfrac{1}{2}\cos 20°$

となるから

$\sin 20°\sin 40°\sin 80°$
$= \left(-\dfrac{1}{4} + \dfrac{1}{2}\cos 20°\right)\sin 80°$
$= -\dfrac{1}{4}\sin 80° + \dfrac{1}{2}\sin 80°\cos 20°$

$$= -\frac{1}{4}\sin 80° + \frac{1}{4}\{\sin(80°+20°)$$
$$+ \sin(80°-20°)\}$$
$$= -\frac{1}{4}\sin 80° + \frac{1}{4}\sin 100° + \frac{1}{4}\cdot\frac{\sqrt{3}}{2}$$
$$= -\frac{1}{4}\sin 80° + \frac{1}{4}\sin 80° + \frac{\sqrt{3}}{8} = \frac{\sqrt{3}}{8}$$

---

**和, 差を積に直す公式**

$$\sin A + \sin B = 2\sin\frac{A+B}{2}\cos\frac{A-B}{2}$$

$$\sin A - \sin B = 2\cos\frac{A+B}{2}\sin\frac{A-B}{2}$$

$$\cos A + \cos B = 2\cos\frac{A+B}{2}\cos\frac{A-B}{2}$$

$$\cos A - \cos B = -2\sin\frac{A+B}{2}\sin\frac{A-B}{2}$$

---

[注] 積を和, 差に直す公式で, $\alpha+\beta=A$, $\alpha-\beta=B$ とおくと和, 差を積に直す公式が得られる.

---
**例題 5**

次の式を三角関数の積の形に直せ.
(1) $\sin 3\theta + \sin 7\theta$
(2) $\cos 3\theta - \cos 2\theta$
(3) $\sin\theta + \sin 2\theta + \sin 3\theta + \sin 4\theta$

---

[解答] (1) (与式) $= 2\sin\dfrac{3\theta+7\theta}{2}$
$$\times \cos\frac{3\theta-7\theta}{2} = 2\sin 5\theta \cos 2\theta$$

(2) (与式) $= -2\sin\dfrac{3\theta+2\theta}{2}$
$$\times \sin\frac{3\theta-2\theta}{2} = -2\sin\frac{5\theta}{2}\sin\frac{\theta}{2}$$

(3) (与式) $= \sin\theta + \sin 3\theta + \sin 2\theta + \sin 4\theta$
$$= 2\sin\frac{\theta+3\theta}{2}\cos\frac{\theta-3\theta}{2}$$
$$+ 2\sin\frac{2\theta+4\theta}{2}\cos\frac{2\theta-4\theta}{2}$$
$$= 2\sin 2\theta \cos\theta + 2\sin 3\theta \cos\theta$$
$$= 2\cos\theta(\sin 2\theta + \sin 3\theta)$$
$$= 2\cos\theta \times 2\sin\frac{2\theta+3\theta}{2}\cos\frac{2\theta-3\theta}{2}$$
$$= 4\cos\theta \cos\frac{\theta}{2}\sin\frac{5\theta}{2}$$

---
**例題 6**

次の式を簡単にせよ.
(1) $\sin 15° + \sin 75°$
(2) $\cos 10° - \cos 50° - \cos 70°$

---

[解答] (1) $2\sin 45° \cos 30°$
$$= 2\cdot\frac{1}{\sqrt{2}}\cdot\frac{\sqrt{3}}{2} = \frac{\sqrt{3}}{\sqrt{2}} = \frac{\sqrt{6}}{2}$$

(2) $-2\sin 30° \sin(-20°) - \cos 70°$
$$= \sin 20° - \cos 70°$$
$$= \sin 20° - \sin 20° = 0$$

---

**$a\sin\theta + b\cos\theta$ の変形**

$$a\sin\theta + b\cos\theta = \sqrt{a^2+b^2}\sin(\theta+\alpha)$$

ただし, $\alpha$ は $O(0, 0)$, $P(a, b)$ とするとき, $OP$ を動径とする角である.

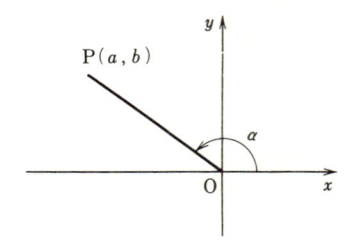

## 例題 7

$\sqrt{3}\sin\theta + \cos\theta$ を，$r\sin(\theta+\alpha)$ の形に変形せよ．

[解答] 上の公式で $P(\sqrt{3}, 1)$ であるから，OP を動径とする角の一つは $30°$ である．ゆえに

$\sqrt{3}\sin\theta + \cos\theta = \sqrt{3+1}\sin(\theta+30°)$
$= 2\sin(\theta+30°)$

### 12.12 三角方程式・不等式

---
**三角方程式の解**

$\sin x = a$ $(-1 \leq a \leq 1)$ の解
$$x = (-1)^n \alpha + n\pi$$
$\cos x = a$ $(-1 \leq a \leq 1)$ の解
$$x = \pm\alpha + 2n\pi$$
$\tan x = a$ の解
$$x = \alpha + n\pi$$
$(n = 0, \pm1, \pm2, \cdots)$

ただし，$\alpha$ は与えられた方程式の一つの解である．

---

## 例題 1

方程式 $\sin x = 1/2$ を解け．

[解答] $x = \pi/6$ が方程式の一つの解であるから，求める解は

$$x = (-1)^n \frac{\pi}{6} + n\pi$$
$(n = 0, \pm1, \pm2, \cdots)$

[注] 三角方程式の一つ一つの解を**特殊解**，解のすべてを表す式を**一般解**という．例題 1 では，$\pi/6$，$5\pi/6$ などが特殊解，$(-1)^n \times (\pi/6) + n\pi$ が一般解である．例題 1 の解を

$$x = (-1)^n \frac{5\pi}{6} + n\pi$$

としてもよい．

## 例題 2

$2\sin^2 x - \cos x - 1 = 0$ を解け．

[解答] $\sin^2 x = 1 - \cos^2 x$ であるから

$2(1-\cos^2 x) - \cos x - 1 = 0$

変形すると

$2\cos^2 x + \cos x - 1 = 0$
$(2\cos x - 1)(\cos x + 1) = 0$

ゆえに，$\cos x = 1/2$，$-1$．$\cos x = 1/2$ の解は

$$x = \pm\frac{\pi}{3} + 2n\pi$$

$\cos x = -1$ の解は

$$x = \pm\pi + 2m\pi \quad (m = 0, \pm1, \pm2, \cdots)$$

これは，$x = (2n-1)\pi$ と書けるから，求める解は

$$x = \pm\frac{\pi}{3} + 2n\pi, \quad (2n-1)\pi$$
$(n = 0, \pm1, \pm2, \cdots)$

## 例題 3

$\sin 2x = \cos 3x$ を解け．

[解答] $m$，$n$ を任意の整数とする．

$$\cos 3x = \sin\left(\frac{\pi}{2} - 3x\right)$$

であるから

$$2x = (-1)^m \left(\frac{\pi}{2} - 3x\right) + m\pi$$

$m = 2n$ のとき

$$2x = \frac{\pi}{2} - 3x + 2n\pi$$

これを解いて
$$x = \frac{\pi}{10} + \frac{2n\pi}{5}$$
$m = 2n-1$ のとき
$$2x = -\left(\frac{\pi}{2} - 3x\right) + (2n-1)\pi$$
これを解いて
$$x = \frac{3\pi}{2} - 2n\pi$$
以上より，求める解は
$$x = \frac{\pi}{10} + \frac{2n\pi}{5}, \quad \frac{3\pi}{2} - 2n\pi$$

―― 三角不等式の解 ――

(1) $\sin x > a$ $(0 < a < 1)$ の解

角 $x$ の動径が下図の斜線の部分にあればよいから

$$\alpha + 2n\pi < x < \pi - \alpha + 2n\pi$$
($n$ は任意の整数)

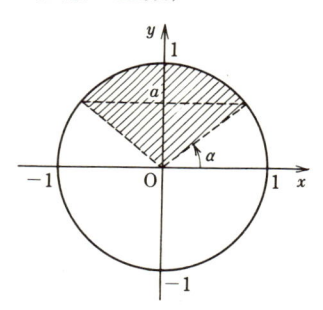

(2) $\cos x > a$ $(0 < a < 1)$ の解

角 $x$ の動径が下図の斜線の部分にあればよいから

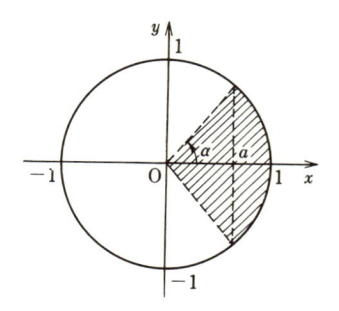

$$-\alpha + 2n\pi < x < \alpha + 2n\pi$$
($n$ は任意の整数)

(3) $\tan x > a$ $(a > 0)$ の解

角 $x$ の動径が下図の斜線の部分にあればよいから

$$\alpha + n\pi < x < \frac{\pi}{2} + n\pi$$
($n$ は任意の整数)

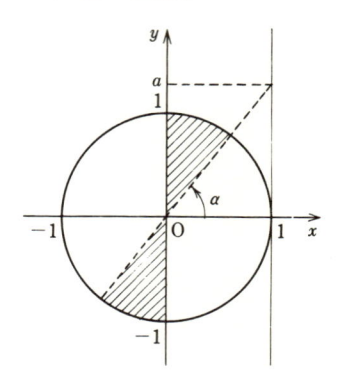

―― 例題 4 ――
$\cos x > 1/2$ を解け．

[解答] 公式の $\alpha = \pi/3$ であるから，求める解は

$$-\frac{\pi}{3} + 2n\pi < x < \frac{\pi}{3} + 2n\pi$$
($n = 0, \pm 1, \pm 2, \cdots$)

―― 例題 5 ――
$0 \leq x \leq 2\pi$ のとき，$-\frac{1}{2} < \sin x < \sqrt{3}/2$ を解け．

[解答] 角 $x$ の動径が次図の斜線の部分にあればよいから，求める解は

$$0 \leq x < \frac{\pi}{3}, \quad \frac{2\pi}{3} < x < \frac{7\pi}{6}$$
$$\frac{11\pi}{6} < x \leq 2\pi$$

## 12. 三 角 関 数

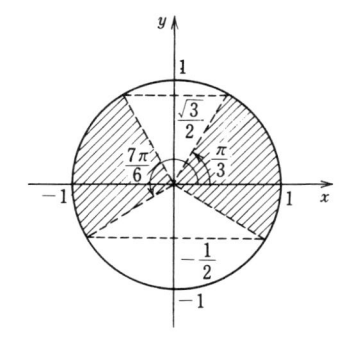

▶ **ライプニッツ**（Gottfried Wilhelm Leibniz），1646-1716，ドイツ

　ドイツのライプツィヒで倫理学の大学教授の息子として生まれた．8歳でラテン語を独習し，12歳でそれを自由に読んだと伝えられている．大学では法律の学位を取得した．法律，論理学，歴史学，経済学，政治学，宗教学などのあらゆる分野でその才能を発揮し，記号論理学，計算機などの着想は後世に実を結んだ．

　彼は数学記号の偉大な発見者であり，多くの記号，図式を導入した．乗法を $a \times b$ のかわりに $a \cdot b$ で表し，小数点，等号を考案した．$2 \times 2 \times 2$ を $2^3$ と表すことを考えたのも彼である．また現在使われている微積分の記号の大部分は彼が作ったものである．

　1672年から1676年のパリ滞在中に微積分の基本定理を発見し，微積分学の基礎を築いたといわれる．その微分法に関する最初の論文は1684年に発表されたが，それには $dx$, $dy$ など現在の記号が使われている．1686年には積分法に関する論文が発表された．彼の微積分学はその優れた記号とともにたちまちヨーロッパ大陸に広まり，ベルヌイ兄弟らの優れた後継者を得てますます発展した．

　微積分法の発見はニュートンが先であったが，発表したのはライプニッツが早かった．両者の間で発見の優先権争いが起ったのは残念なことである．後にイギリスの数学者ド・モルガン（1806-1871）は，2人が独立に微積分学を発見したことを明らかにしている．

　1676年以降ハノーバー侯に仕えて家史の編集などに従事したが，晩年は宗教上の問題で孤独となり寂しく世を去った．

# III. 平面図形・空間図形

## 13. 図形と式

### 13.1 平面上の座標

■2点の距離

**平面上の2点間の距離**

2点 $A(x_1, y_1)$, $B(x_2, y_2)$ の距離は
$$AB = \sqrt{(x_2-x_1)^2 + (y_2-y_1)^2}$$
とくに，原点 O と $P(x, y)$ の間の距離は
$$OP = \sqrt{x^2 + y^2}$$

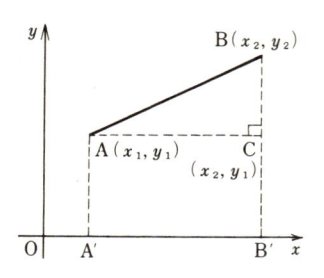

[説明] 直線 AB が $x$ 軸，$y$ 軸のいずれにも平行でない場合には，B から $x$ 軸に垂線 BB′ を引き，A から直線 BB′ に垂線 AC を引くと，△ABC は直角三角形となる．三平方の定理によって

$$AB^2 = AC^2 + CB^2 = (x_2-x_1)^2 + (y_2-y_1)^2$$

したがって
$$AB = \sqrt{(x_2-x_1)^2 + (y_2-y_1)^2}$$

---

**例題 1**

次の2点間の距離を求めよ．
(1) $(3, 1)$, $(7, 4)$
(2) $(-3, 4)$, $(-1, -4)$
(3) $(0, 0)$, $(2, -3)$
(4) $(a, b)$, $(b, -a)$

[解答] (1) $AB = \sqrt{(7-3)^2 + (4-1)^2}$
$= \sqrt{25} = 5$

(2) $AB = \sqrt{\{-1-(-3)\}^2 + (-4-4)^2}$
$= \sqrt{2^2 + (-8)^2} = \sqrt{68} = 2\sqrt{17}$

(3) $AB = \sqrt{2^2 + 3^2} = \sqrt{13}$

(4) $AB = \sqrt{(b-a)^2 + (-a-b)^2}$
$= \sqrt{2(a^2+b^2)}$

■象　限

座標平面は，座標軸によって四つの部分にわけられる．それらの各部分を象限とよび，下図のように番号をつける．座標軸上の点は，どの象限にも入れない．

| 第2象限 | 第1象限 |
|---|---|
| $x<0, y>0$ | $x>0, y>0$ |
| 第3象限 | 第4象限 |
| $x<0, y<0$ | $x>0, y<0$ |

---

**例題 2**

次の点は第何象限にあるか．
(1) $(2, -2)$　　(2) $(-3, 1)$
(3) $(-2, -3)$

[解答] (1) 第4象限  (2) 第2象限
(3) 第3象限

---- 例題3 ----
点 (2, 3) の $x$ 軸, $y$ 軸, 原点に関する対称点を求めよ.

[解答] (2, −3), (−2, 3), (−2, −3)

## 13.2 内分・外分

線分 AB 上に点 P があって
   AP : PB = $m : n$  （$m, n$ は正の数）
であるとき, P は AB を $m : n$ の比に**内分する**といい, P を AB の**内分点**という.
線分 AB の延長上に点 Q があって
   AQ : QB = $m : n$
であるとき, Q は AB を $m : n$ の比に**外分する**といい, Q を AB の**外分点**という. ただし, 外分の場合は, $m \neq n$ とする.

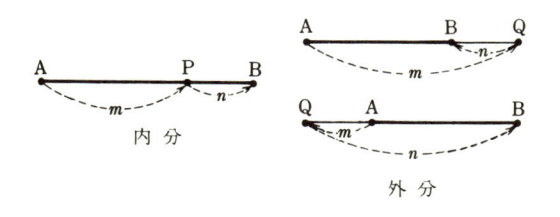

内分 / 外分 (図)

---- 例題1 ----
線分 AB を, 次の比にわける点を下図に書き入れよ.
(1) 3 : 1 に内分    (2) 3 : 1 に外分
(3) 1 : 3 に外分

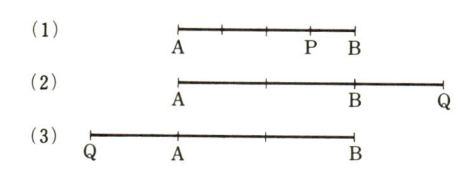

[解答]
(1) A — P — B (図)
(2) A — B — Q (図)
(3) Q — A — B (図)

~~~~ 内分点・外分点の座標 ~~~~
2点 A$(x_1, y_1)$, B$(x_2, y_2)$ を結ぶ線分 AB を $m : n$ の比に内分する点の座標は
$$\left( \frac{mx_2 + nx_1}{m+n}, \ \frac{my_2 + ny_1}{m+n} \right)$$
外分する点の座標は
$$\left( \frac{mx_2 - nx_1}{m-n}, \ \frac{my_2 - ny_1}{m-n} \right)$$
ただし, 外分の場合には $m \neq n$ とする. $m = n$ のとき外分点はない. とくに, AB の中点の座標は
$$\left( \frac{x_1 + x_2}{2}, \ \frac{y_1 + y_2}{2} \right)$$

[説明] 数直線上の2点 A$(x_1)$, B$(x_2)$ に対して, 線分 AB を $m : n$ の比にわける内分点と外分点の座標を求める.

(1) 点 P$(x)$ が線分 AB を $m : n$ に内分するとき, AP, PB の向きが同じだから, AP $= x - x_1$, PB $= x_2 - x$ は同符号である.
$$\left| \frac{\mathrm{AP}}{\mathrm{PB}} \right| = \frac{m}{n} = \frac{x - x_1}{x_2 - x}$$
ゆえに
$$m(x_2 - x) = n(x - x_1)$$
$$x = \frac{nx_1 + mx_2}{m + n}$$

(2) 点 Q($x$) が線分 AB を $m:n$ に外分するとき，AQ，QB の向きが反対だから，$x-x_1$，$x_2-x$ は異符号である．

$$\left|\frac{AQ}{QB}\right| = \frac{m}{n} = -\frac{x-x_1}{x_2-x}$$

ゆえに

$$m(x_2-x) = -n(x-x_1)$$

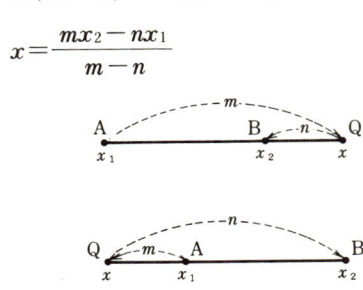

$$x = \frac{mx_2 - nx_1}{m-n}$$

(3) 平面上の 2 点 A($x_1$, $y_1$)，B($x_2$, $y_2$) に対して，線分 AB を $m:n$ の比に内分する点 P の座標 ($x$, $y$) を求める．

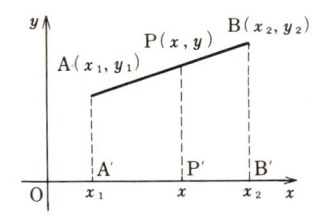

上図のように，A，B，P から $x$ 軸に垂線を引き，交点を A′，B′，P′ とすれば，P′ は線分 A′B′ を $m:n$ の比に内分する点である．したがって

$$x = \frac{nx_1 + mx_2}{m+n}$$

同様にして $y$ 軸に垂線を引いて求めると

$$y = \frac{ny_1 + my_2}{m+n}$$

線分 AB を外分する点についても，同様に考えることができる．

── 例題 1 ──
数直線上の 2 点 A($-2$)，B($4$) に対して，次の座標を求めよ．
(1) 線分 AB の中点．
(2) 線分 AB を $2:1$ に内分する点．
(3) 線分 BA を $2:1$ に内分する点．
(4) 線分 AB を $2:1$ に外分する点．

[解答] (1) $\dfrac{x_1+x_2}{2}$ より $\dfrac{-2+4}{2} = 1$

(2) $\dfrac{nx_1+mx_2}{m+n}$ より $\dfrac{1\times(-2)+2\times 4}{2+1} = 2$

(3) $\dfrac{nx_1+mx_2}{m+n}$ より $\dfrac{1\times 4+2\times(-2)}{2+1} = 0$

(4) $\dfrac{-nx_1+mx_2}{m-n}$ より

$$\dfrac{-1\times(-2)+2\times 4}{2-1} = 10$$

── 例題 2 ──
3 点 A($x_1$, $y_1$)，B($x_2$, $y_2$)，C($x_3$, $y_3$) を頂点とする △ABC の重心 G の座標を求めよ．

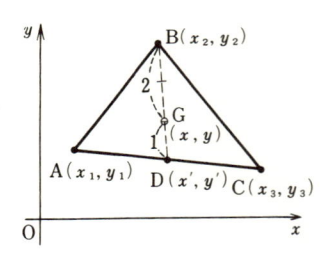

[解答] 辺 AC の中点を D($x'$, $y'$) とすると

$$x' = \frac{x_1+x_3}{2}, \quad y' = \frac{y_1+y_3}{2}$$

である．重心 G($x$, $y$) は線分 BD を $2:1$ に内分するので

$$x = \frac{x_2+2x'}{2+1} = \frac{x_1+x_2+x_3}{3}$$

$$y = \frac{y_2 + 2y'}{2+1} = \frac{y_1 + y_2 + y_3}{3}$$

したがって，重心 G の座標は

$$\left(\frac{x_1+x_2+x_3}{3},\ \frac{y_1+y_2+y_3}{3}\right)$$

---
**例題 3**

A$(-4, 2)$, B$(0, 4)$ に対して，線分 AB を $2:1$ に内分する点を C, $2:1$ に外分する点を D とするとき，線分 CD の長さを求めよ．

---

[解答] C の座標は $(-4/3, 10/3)$, D の座標は $(4, 6)$ である．したがって，線分 CD は

$$|CD| = \sqrt{\left\{4-\left(-\frac{4}{3}\right)\right\}^2 + \left(6-\frac{10}{3}\right)^2}$$
$$= \sqrt{\frac{320}{3^2}} = \frac{8}{3}\sqrt{5}$$

## 13.3 軌　跡

一般に，動点 P に関する条件が与えられたとき，その条件をみたす点 P 全体の集合を，その条件をみたす点 P の**軌跡**という．たとえば，点 O を中心とする半径 $r$ の円は，条件 $|OP|=r$ をみたす点 P の軌跡である．

---
**例題 1**

$a>0$ のとき，2 点 A$(-a, 0)$, B$(a, 0)$ に対して，PA : PB $= 2:1$ である点の軌跡を求めよ．

---

[解答] 条件をみたす任意の点を，P$(x, y)$ とすると

PA : PB $= 2:1$

であるから

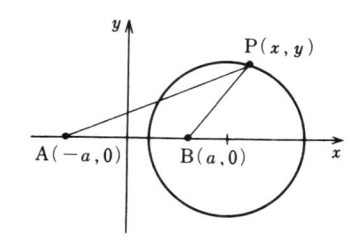

$$\sqrt{(x+a)^2+y^2} : \sqrt{(x-a)^2+y^2} = 2:1$$

ゆえに

$$2\sqrt{(x-a)^2+y^2} = \sqrt{(x+a)^2+y^2}$$

両辺を 2 乗して整理すると

$$3x^2 + 3y^2 - 10ax + 3a^2 = 0$$

よって

$$\left(x-\frac{5}{3}a\right)^2 + y^2 = \left(\frac{4}{3}a\right)^2$$

したがって，求める軌跡は点 $((5/3)a, 0)$ を中心とする半径 $(4/3)a$ の円である．

---
**例題 2**

2 点 A$(2, -1)$, B$(3, 2)$ から等距離にある点 P の軌跡を求めよ．

---

[解答] 点 P$(x, y)$ が 2 点 A, B から等距離にあるための必要十分条件は

$$PA = PB, \quad PA = \sqrt{(x-2)^2 + (y+1)^2}$$
$$PB = \sqrt{(x-3)^2 + (y-2)^2}$$

したがって

$$\sqrt{(x-2)^2 + (y+1)^2} = \sqrt{(x-3)^2 + (y-2)^2} \quad \text{①}$$

両辺を平方して整理すると

$$x + 3y - 4 = 0 \quad \text{②}$$

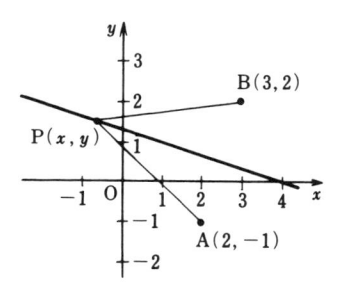

よってPは直線②の上にある．また，直線②の上の任意の点$P(x, y)$をとると，①が成り立つ．したがって，求める点Pの軌跡は直線②である．

---
**例題3**

中心が$(2, 0)$，半径が4の円上の点Pと原点Oを結ぶ線分の中点Qの軌跡を求めよ．

---

[解答] 原点Oと，円上の点$P(x, y)$を結ぶ線分の中点を$Q(x', y')$とすれば，
$$x = 2x', \quad y = 2y'$$
これを円の方程式
$$(x-2)^2 + y^2 = 4^2$$
に代入すると
$$(2x'-2)^2 + (2y')^2 = 4^2$$
整理して
$$(x'-1)^2 + y'^2 = 2^2$$
これは$Q(x', y')$のみたす条件である．したがって，求める中点の軌跡は，中心が$(1, 0)$，半径が2の円である．

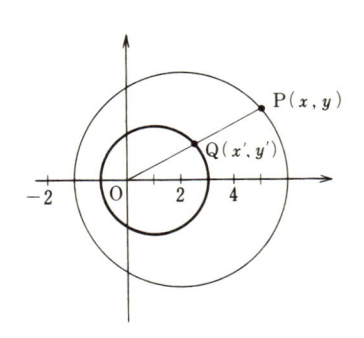

## 13.4 図形の平行移動・対称移動

■図形の平行移動

図形の平行移動によって，その図形上の点はすべて同じ向きに同じ距離だけ移動する．平行移動によって，Pの位置にある点がQの位置に移動することを，その平行移動によって点Pが点Qに移るといい，P→Qと書き表す．

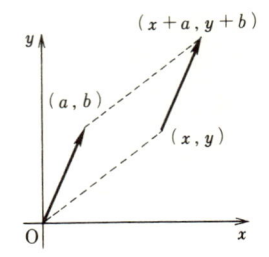

原点Oが点$(a, b)$に移るような平行移動によって，任意の点$(x, y)$が点$(x+a, y+b)$に移ることを，次のように表す．

---
**平行移動の表示**

$$(x, y) \to (x+a, y+b)$$

---

**例題1**

原点Oを点$(2, 4)$に移す平行移動によって，次の点はそれぞれどんな点に移るか．
$$P(3, -1), \quad Q(-3, 2)$$
$$R(-2, -3)$$

---

[解答] $P(5, 3)$, $Q(-1, 6)$, $R(0, 1)$

---
**例題2**

$x^2 + y^2 = 2^2$の円Cを次のように平行移動したときの図形$C'$の方程式を求めよ．
$$(x, y) \to (x+2, y+4)$$

---

[解答] $C'$上の点$Q(x', y')$は，C上の点$P(x, y)$によって

$x'=x+2, \quad y'=y+4$

と表される．これらを変形すると

$x=x'-2, \quad y=y'-4$

これを円の式に代入して

$(x'-2)^2+(y'-4)^2=2^2$

これが $C'$ 上の点 $Q(x', y')$ がみたす条件だから，文字 $x', y'$ を文字 $x, y$ にあらためて，$C'$ の方程式は

$(x-2)^2+(y-4)^2=2^2$

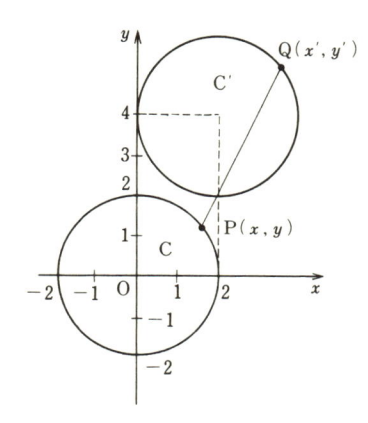

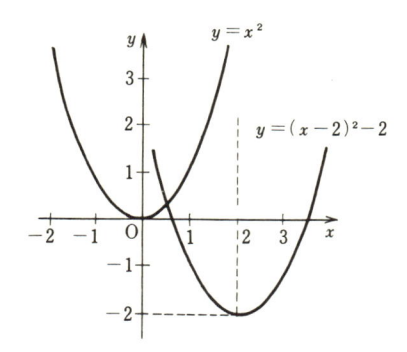

ゆえに

$y=(x-2)^2-2$

―― 図形の平行移動 ――
図形 C を平行移動
 $(x, y) \to (x+a, y+b)$
で移動した図形 $C'$ の方程式は，C の方程式において，$x$ を $(x-a)$ に，$y$ を $(y-b)$ に，それぞれおきかえて得られる．

■図形の対称移動

平面上の任意の点 P を，直線 $l$ に関して対称に移すことを，直線 $l$ に関する対称移動（線対称移動）という．

―― 線対称移動 ――
$x$ 軸に関する対称移動は
 $(x, y) \to (x, -y)$
$y$ 軸に関する対称移動は
 $(x, y) \to (-x, y)$
と表される．

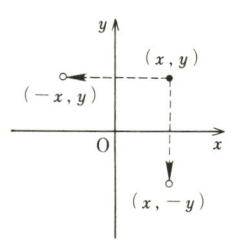

―― 例題 3 ――
方程式 $y=x^2$ のグラフを平行移動
 $(x, y) \to (x+2, y-2)$
で移動したときの方程式を求めよ．

[解答] $y=x^2$ を平行移動したときの方程式は

$y-(-2)=(x-2)^2$

―― 例題 4 ――
(1) $x$ 軸に関する対称移動により，次の点はどこに移るか．
 $P(3, 4), \quad Q(-2, 3), \quad R(4, 0)$
(2) $y$ 軸に関する対称移動ではどこに移るか．

[解答] (1) P′(3, −4), Q′(−2, −3), R′(4, 0)
(2) P′(−3, 4), Q′(2, 3), R′(−4, 0)

直線 $y=x$ に関する対称移動は
$$(x, y) \to (y, x)$$
と表される.

───── 例題 5 ─────
次の問に答えよ.
(1) P(3, −2) の直線 $y=x$ に関する対称移動で移る点 P′ を求めよ.
(2) 直線 $y=x$ に関する対称移動で, 点 $(a, 3)$ が点 $(b, 6)$ に移るという. $a, b$ を求めよ.

[解答] (1) P′=(−2, 3) (2) $a=6, b=3$

───── 例題 6 ─────
$$(x-1)^2+(y-2)^2=1$$
で表される円 C を, $x$ 軸に関する対称移動によって移した図形 C′ の方程式を求めよ.

[解答] $(x-1)^2+(y+2)^2=1$

■ 点対称移動

平面上の任意の点 P を, 点 A に関して対称に移すことを, 点 A に関する対称移動(点対称移動)という.

原点に関する対称移動は
$$(x, y) \to (-x, -y)$$
と表される.

───── 例題 7 ─────
次の点または図形を原点に関して対称移動せよ.
(1) (−4, 3) (2) (3, 0)
(3) $3x+2y-4=0$

[解答] (1) (4, −3) (2) (−3, 0)
(3) $-3x-2y-4=0$

## 13.5 斜交座標

平面上の一点 O で交わる 2 直線 $xx'$, $yy'$ をとり, $Ox$ および $Oy$ を正の半直線と考え, O を原点とし単位の長さを定める. この平面上の任意の点 P から, $xx'$ および $yy'$ に平行線を引き, それらの $xx'$, $yy'$ との交点を M, N とする. M, N の $xx'$, $yy'$ 上での座標をそれぞれ $x, y$ とすれば, 点 P に対して実数の組 $(x, y)$ がただ一つだけ必ず定まる. $(x, y)$ を点 P の座標といい P$(x, y)$ で表す. そして $x$ を点 P の $x$ 座標, $y$ を点 P の $y$ 座標という. また, $xx'$ を $x$ 軸, $yy'$ を $y$ 軸という.
$\angle yOx=\angle R$ のとき**直交座標**, $\angle yOx \neq \angle R$ のとき**斜交座標**という.
点を実数の組で表す方法はこの他にもあるが, この方法をデカルトにちなんで, カー

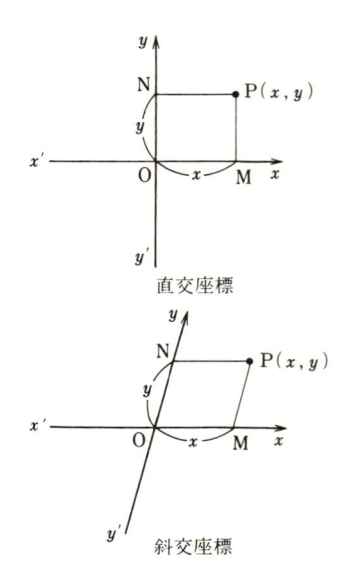

直交座標

斜交座標

テシアン座標あるいは平行座標という．
$(x, y)$ を直交座標，$(X, Y)$ を斜交座標とする．

■**斜交軸への変換 (1)**

直交軸 $xOy$ と斜交軸 $XOY$ で，原点および $x$ 軸を共有し，$\angle XOY = \omega$ である場合．

$$\begin{cases} x = X + Y\cos\omega \\ y = Y\sin\omega \end{cases}$$

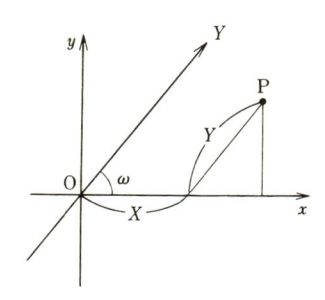

■**斜交軸への変換 (2)**

直交軸 $xOy$ と斜交軸 $XOY$ で，原点を共有し，$Ox$, $OX$ のなす角が $\theta$, $\angle XOY$ のなす角が $\omega$ である場合．

$$\begin{cases} x = X\cos\theta + Y\cos(\omega+\theta) \\ y = X\sin\theta + Y\sin(\omega+\theta) \end{cases}$$

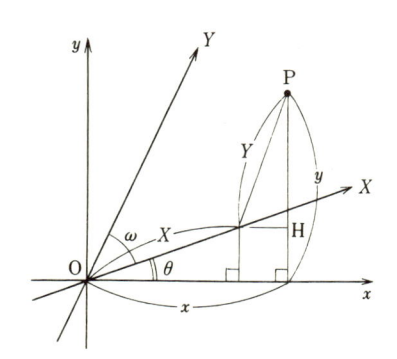

■**2 点間の距離**

2 軸のなす角を $\omega$, 2 点 $P(x_1, y_1)$, $Q(x_2, y_2)$ 間の距離を $d$ とする．

$$d = \sqrt{(x_1-x_2)^2 + (y_1-y_2)^2 + 2(x_1-x_2)(y_1-y_2)\cos\omega}$$

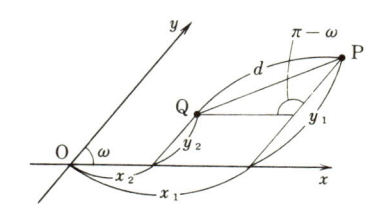

---- 例題 ----

両軸のなす角が $60°$ である斜交軸に関して
$$3x' + 2y' - 6 = 0$$
がある．次の各問に答えよ．

(1) $x'$ 軸，$y'$ 軸との交点を A, B とするとき，その交点の座標を求めよ．

(2) グラフを書け．

(3) (1) の A, B について，直交軸での座標を求めよ．ただし，直交軸の $x$ 軸は $x'$ 軸と共有し，$y$ 軸と $y'$ 軸とのなす角は $30°$ であるとする．

(4) (1) の 2 点 A, B 間の距離を求めよ．

(5) (1) の 2 点 A, B と原点でできる三角形の面積を求めよ．

[解答] (1) $y' = 0$ より $x' = 2$, $x' = 0$ より $y' = 3$. したがって A(2, 0), B(0, 3) である．

(2)

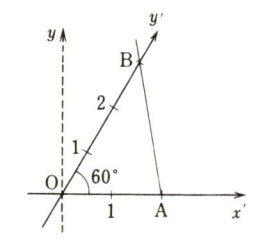

(3) A の座標は，
$$x = 2 + 0\cdot\cos 60° = 2, \quad y = 0\cdot\cos 60° = 0$$
ゆえに A(2, 0). B の座標は
$$x = 0 + 3\cdot\cos 60° = \frac{3}{2}$$

$y = 3\sin 60° = \dfrac{3\sqrt{3}}{2}$

ゆえに B$(3/2,\ 3\sqrt{3}/2)$.

(4) $d = \sqrt{3^2 + 2^2 + 2\cdot 2(-3)\cos 60°} = \sqrt{7}$

(5) 面積を $S$ とすれば

$S = \dfrac{1}{2}\cdot 3\cdot 2 \sin 60° = \dfrac{3\sqrt{3}}{2}$

## 13.6 極座標

$O$ を定点, これを通る一つの有向半直線を $OX$ とする. 平面上の任意の点 $P$ に対して線分 $OP$ の長さ $r$ と $OX$ を $OP$ に重ねる回転角 $\theta$ とが定まる. 点 $P$ に $(r, \theta)$ を対応させ, これを点 $P$ の **極座標** といい, $r$ を **動径**, $\theta$ を **偏角**, $O$ を **極**, $OX$ を **原線** または **基線** という.

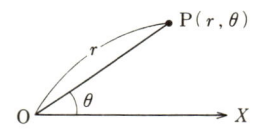

### ■2 点間の距離

2 点を $P(r_1, \theta_1)$, $Q(r_2, \theta_2)$ とすると

$PQ = \sqrt{r_1^2 + r_2^2 - 2r_1 r_2 \cos(\theta_1 - \theta_2)}$

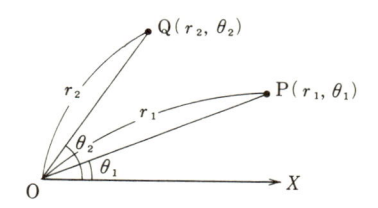

### ■直交座標と極座標の関係

直交座標の原点を極, $Ox$ を原線とし, $P$ の座標を $(r, \theta)$, $(x, y)$ とすると

$x = r\cos\theta,\quad y = r\sin\theta$

$r^2 = x^2 + y^2,\quad \tan\theta = \dfrac{y}{x}$

### ■直線の極方程式

(1) 極を通り基線と角 $\alpha$ をなす直線

$\theta = \alpha$

(2) 極を通らない直線

$\dfrac{1}{r} = a\cos\theta + b\sin\theta$

(3) 極からの距離 $P$, その垂線が基線と角 $\alpha$ をなす直線

$r\cos(\theta - \alpha) = P$

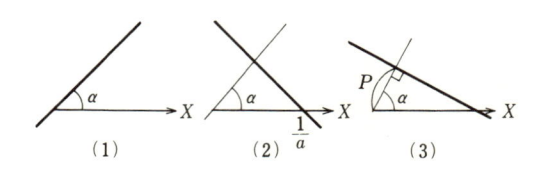

### ■円の極方程式

(1) 極を中心として半径 $a$ の円

$r = a$

(2) 極を通り中心が基線上にある円

$r = 2a\cos\theta$

(3) 中心 $(r_1, \theta_1)$, 半径 $a$ である円

$r^2 - 2r_1 r\cos(\theta - \theta_1) + r_1^2 - a^2 = 0$

(4) 一般の円の方程式

$r^2 + (a\cos\theta + b\sin\theta)r + c = 0$

### ■楕円の極方程式

(1) 極を中心とする.

$r^2 = \dfrac{a^2 b^2}{a^2 \sin^2\theta + b^2 \cos^2\theta} = \dfrac{b^2}{1 - e^2 \cos^2\theta}$

$\left(\text{ただし},\ e = \sqrt{\dfrac{a^2 - b^2}{a^2}}\right)$

(2) 左の焦点を極とする.

$r = \dfrac{l}{1 - e\cos\theta}\quad \left(\text{ただし},\ l = \dfrac{b^2}{a}\right)$

(3) 右の焦点を極とする.

$r = \dfrac{l}{1 + e\cos\theta}$

### ■双曲線の極方程式

(1) 極を中心とする.

$$r^2 = \frac{a^2 b^2}{b^2 \cos^2 \theta - a^2 \sin^2 \theta}$$
$$= \frac{b^2}{e^2 \cos^2 \theta - 1}$$
$$\left(\text{ただし}, \ e = \sqrt{\frac{a^2 + b^2}{a^2}}\right)$$

(2) 左の焦点を極とする.
$$r = \frac{l}{1 + e \cos \theta} \quad \left(\text{ただし}, \ l = \frac{b^2}{a}\right)$$

(3) 右の焦点を極とする.
$$r = \frac{l}{1 - e \cos \theta}$$

■放物線の極方程式

焦点を極とすると
$$r = \frac{l}{1 - \cos \theta} = p \operatorname{cosec}^2 \frac{\theta}{2}$$
(ただし, $l = 2p$)

[注] $\cos \theta = \cos^2 \dfrac{\theta}{2} - \sin^2 \dfrac{\theta}{2}$

であるから
$$1 - \cos \theta = 2 \sin^2 \frac{\theta}{2}$$

となる. また
$$\frac{1}{\sin \theta} = \operatorname{cosec} \theta$$

――― 例題 ―――

次の極座標 $(r, \theta)$ で表された方程式を直交座標 $(x, y)$ に,また直交座標で表された方程式を極座標の方程式に直せ.

(1) $\dfrac{1}{r} = 2 \cos \theta + 3 \sin \theta$

(2) $r \cos \left(\theta - \dfrac{\pi}{6}\right) = 2$

(3) $r = 2 \cos \theta$

(4) $x^2 + 2x + y^2 - 2y = 0$

(5) $y^2 = 4x$

[解答] (1) $1 = 2r \cos \theta + 3r \sin \theta$
$\quad x = r \cos \theta, \quad y = r \sin \theta$

であるから
$\quad 1 = 2x + 3y$

(2) $r \cos \theta \cos \dfrac{\pi}{6} + r \sin \theta \sin \dfrac{\pi}{6} = 2$

より
$$\frac{\sqrt{3}}{2} x + \frac{1}{2} y = 2$$

ゆえに
$\quad \sqrt{3} x + y = 4$

(3) $r^2 = 2r \cos \theta$

であるから
$\quad x^2 + y^2 = 2x$

(4) $r^2 + 2r \cos \theta - 2r \sin \theta = 0$
$\quad r + 2\sqrt{2} \cos \left(\theta - \dfrac{\pi}{4}\right) = 0$
($r = 0$ はこれに含まれる)

(5) $r \sin^2 \theta = 4 \cos \theta$

## 13.7 座標変換

■平行移動

平面上に一つの座標軸が定められているとし,その原点を O,両軸を $x$ 軸,$y$ 軸とする.このとき,座標が $(x_0, y_0)$ である点 A を新しい原点にとって,新しい座標軸を定め,それを $X$ 軸,$Y$ 軸にする.$X$ 軸は $x$ 軸に,$Y$ 軸は $y$ 軸にそれぞれ平行であるものとする.

この新座標軸は旧座標軸を平行に原点を移したものである.点 P の旧座標による座標を $(x, y)$,新座標による座標を $(X, Y)$ とする.

すなわち,座標軸を平行に移動して原点を

O'($x_0$, $y_0$) に移す場合

$$x = X + x_0, \quad y = Y + y_0$$

または

$$X = x - x_0, \quad Y = y - y_0$$

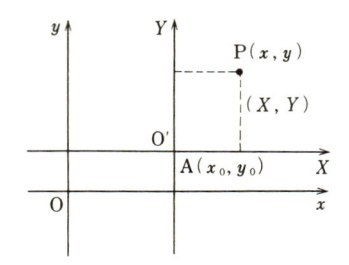

## ■回転移動

平面上に一つの座標軸が定められているとし，それを原点のまわりに，角 $\theta$ だけ回転した位置に新しい座標軸を定めるものとする．原点を O とし，旧座標軸を $x$ 軸，$y$ 軸，新座標軸を $X$ 軸，$Y$ 軸とする．
新座標軸 OX，OY の旧座標についての方向角は，それぞれ $\theta$ および $\theta + 90°$ である．
点 P の旧座標による座標を $(x, y)$，新座標による座標を $(X, Y)$ とする．
すなわち，座標軸を $\theta$ だけ原点のまわりに回転する場合

$$\begin{cases} x = X \cos \theta - Y \sin \theta \\ y = X \sin \theta + Y \cos \theta \end{cases}$$

または

$$\begin{cases} X = x \cos \theta + y \sin \theta \\ Y = -x \sin \theta + y \cos \theta \end{cases}$$

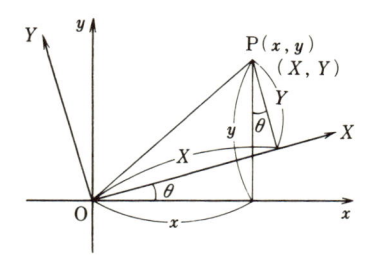

―― 例題 1 ――

点 $(2, 2)$ が原点となるように座標軸を平行に移動するとき，次の各問に答えよ．

(1) 初めの座標軸で
$\quad$ A$(0, 0)$，B$(2, -1)$，C$(5, 2)$
は新しい座標軸では何となるか．

(2) 方程式
$\quad x^2 + y^2 - 4x - 4y - 1 = 0$
はどんな形となるか．

[解答] (1) $X = x - 2, \quad Y = y - 2$
であるから，A$(0, 0)$ は
$\quad X = 0 - 2 = -2, \quad Y = 0 - 2 = -2$
ゆえに $(-2, -2)$．B$(2, -1)$ は $(0, -3)$，C$(5, 2)$ は $(3, 0)$ となる．

(2) $x = X + 2, \quad y = Y + 2$
であるから
$$(X+2)^2 + (Y+2)^2 - 4(X+2) - 4(Y+2) - 1 = 0$$
より
$$X^2 + Y^2 = 3^2$$

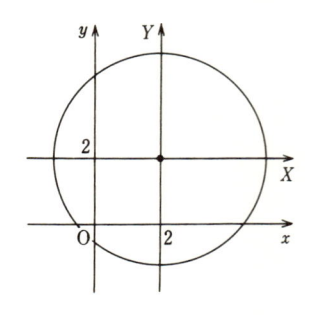

―― 例題 2 ――

次の各問に答えよ．
(1) 座標軸を原点の周りに $45°$ 回転すると，$xy = 1$ はどんな方程式になるか．
(2) 座標軸を適当に回転すると
$\quad ax^2 + 2hxy + ay^2 + b = 0$

から $xy$ の項を消去できることを示せ.

[解答] (1)
$$x = X\cos 45° - Y\sin 45° = \frac{X-Y}{\sqrt{2}}$$
$$y = X\sin 45° + Y\cos 45° = \frac{X+Y}{\sqrt{2}}$$

であるから
$$\left(\frac{X-Y}{\sqrt{2}}\right)\cdot\left(\frac{X+Y}{\sqrt{2}}\right) = 1$$

ゆえに
$$X^2 - Y^2 = 2$$

(2) 座標軸を $\theta$ だけ回転すると

$$a(X\cos\theta - Y\sin\theta)^2 + 2h(X\cos\theta - Y\sin\theta)\times(X\sin\theta + Y\cos\theta) + a(X\sin\theta + Y\cos\theta)^2 + b = 0$$

これを展開して整理すれば
$$(a + b\sin 2\theta)X^2 + (a - b\sin 2\theta)Y^2 + 2hXY\cos 2\theta + b = 0$$

$\cos 2\theta = 0$ のとき $XY$ の項が消去できる. すなわち, 座標軸を 45° 回転すると, $XY$ の項は消去される.

[注] 同様に考えると一般の 2 次式から $XY$ の項を消去することができる.

---

## ▶ラプラス (Pierre Simon Laplace), 1749-1827, フランス

フランスの数学者, 天文学者. ノルマンディーの貧農の子として生まれた. 幼少の頃から成績がよく, 財産家の世話で勉強をし, 陸軍士官学校に入学した. 特に, 小さいときから数学に関心をもち, 18歳のときパリに遊学した. そこで, ダランベールに, 若くて豊かな才能を認められ, パリの士官学校の数学の教授になった. やがて, 若きナポレオンと出会って彼の指導教授となり, その後, ナポレオンの内務大臣を務めた. しかし, 王政復古後, ルイ 18 世に忠節をつくし, 貴族院議員になった.

研究の分野でも, 数学を始め, 天文力学や物理学においても輝かしい業績をあげた. 当時の隆盛を誇ったフランス数学会にあって最も偉大な指導者の 1 人である. ラプラスの積分として知られる解析学に, 「同様に確からしい」をもとにして作られた確率論 (1812) に, 線型偏微分方程式論のカスケート法の発見に, その他, 最小 2 乗法, 行列式論, ポテンシャル論など, あらゆる方面にわたって成果をあげた. 天文学, 物理学では, 太陽系が不安定な存在でないことの論証を, 回転する流体の平衡形状や音響学にと大きな業績を残している.

# 14. 平面図形

## 14.1 直線の方程式

---
**直線の方程式 (1)**

$x$ 軸の正の向きとなす角が $\theta$, すなわち傾きが $m=\tan\theta$ で, $y$ 軸上の切片が $b$ である直線の方程式は
$$y = mx + b$$
$y$ 軸に平行であって $x$ 軸上の切片が $a$ である直線の方程式は
$$x = a$$
---

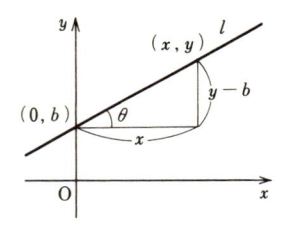

$y=mx+b$ が表す図形は, 傾きが $m$, 切片が $b$ の直線である. 切片とは $y$ 軸との交点の $y$ 座標であって, $y$ 切片ともいう. また $x$ 軸との交点の $x$ 座標を $x$ 切片という. 傾き $m$ は, 上図において
$$m = \frac{y-b}{x} = \tan\theta \quad (0°\leq\theta<180°)$$
と表される.

---
**例題 1**

次の方程式の傾き, および $y$ 切片, $x$ 切片を求めよ.
(1) $y=2x-4$ (2) $y=-x+3$

---

[解答] (1) 傾き 2, $y$ 切片 $-4$, $x$ 切片 2.
(2) 傾き $-1$, $y$ 切片 3, $x$ 切片 3.

---
**例題 2**

次の直線の式を求めよ.
(1) 点 $(3, -4)$ を通り, 傾きが $-2$ の直線.
(2) 点 $(-4, 2)$ を通り, $y=x$ に平行な直線.

---

[解答] (1) 直線の式を $y=mx+b$ とすると, 傾き $m$ は $-2$ であるから, $y=-2x+b$. この直線は点 $(3, -4)$ を通るので, $x=3$, $y=-4$. これを $y=-2x+b$ に代入すると, $-4=-2\times 3+b$. ゆえに, $b=2$. したがって, $y=-2x+2$.
(2) 傾きは 1 だから, $y=x+b$. $x=-4$, $y=2$ を代入して, $b=6$. したがって, $y=x+6$.

---
**直線の方程式 (2)**

(1) 点 $(x_1, y_1)$ を通り, 傾きが $m$ の直線の方程式は
$$y - y_1 = m(x - x_1)$$
(2) $x_1 \neq x_2$ のとき, 2 点 $(x_1, y_1)$, $(x_2, y_2)$ を通る直線の方程式は
$$y - y_1 = \frac{y_2 - y_1}{x_2 - x_1}(x - x_1)$$
$x_1 = x_2$ のとき $x = x_1$

---

[説明] (1) 直線 $l$ が $y$ 軸に平行でないとし, $l$ 上に 1 点 $P(x_1, y_1)$ をとる. このとき, $l$ 上の点 P 以外のどんな点をとっても, 比 $\dfrac{y-y_1}{x-x_1}$ は一定である. この値を $m$ とすれ

ば，$m = \dfrac{y-y_1}{x-x_1}$．

ゆえに
$$y - y_1 = m(x - x_1)$$
一定値 $m$ は $l$ の傾きであって，点 $P(x_1, y_1)$ を $l$ 上のどこにとってもかわらない．

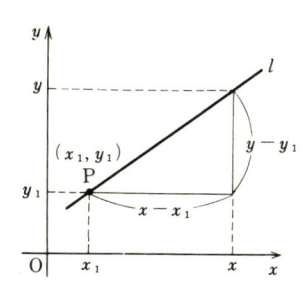

(2) 2点 $(x_1, y_1)$，$(x_2, y_2)$ を通る直線の傾きは，$x_1 \neq x_2$ のとき，$m = \dfrac{y_2-y_1}{x_2-x_1}$ である．よって次の式が成り立つ．
$$y - y_1 = \dfrac{y_2-y_1}{x_2-x_1}(x-x_1)$$

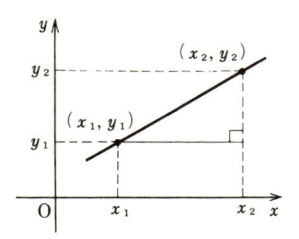

─── 例題 3 ───
次の2点を通る直線の式を求めよ．
(1) 原点と $(2, 8)$
(2) $(-1, 3)$，$(4, -2)$

[解答] (1) 傾きは，$m = 8/2 = 4$ だから
$$y = 4x$$
(2) 求める直線を $y = mx + b$ とする．
点 $(-1, 3)$ を通るから，$x = -1$，$y = 3$ を代入すると
$$3 = -m + b \qquad ①$$

また，点 $(4, -2)$ を通るから
$$-2 = 4m + b \qquad ②$$
①，② を解いて，$m = -1$，$b = 2$．したがって，$y = -x + 2$．

─── 例題 4 ───
次の直線の式を求めよ．
(1) $x$ 軸，$y$ 軸との交点の座標が $(3, 0)$，$(0, 4)$ である直線．
(2) $x$ 切片が 2 で，$y$ 切片が $-4$ である直線．

[解答] (1) 求める直線を $y = mx + b$ とすると，2点 $(3, 0)$，$(0, 4)$ を通るので，次の式が成り立つ．
$$0 = 3m + b, \quad 4 = b$$
これから，$m = -4/3$．
したがって
$$y = -\dfrac{4}{3}x + 4$$

(2) 求める直線を $y = mx + b$ とすると，2点 $(2, 0)$，$(0, -4)$ を通るから
$$0 = 2m + b, \quad -4 = b$$
これから，$m = 2$．
したがって
$$y = 2x - 4$$

─── 例題 5 ───
次の式を求めよ：点 $(2, -3)$ を通り，$y$ 軸に平行な直線と，$x$ 軸に平行な直線．

[解答] $y$ 軸に平行な直線は $x = 2$，$x$ 軸に平行な直線は $y = -3$．

## 14.2 2直線の平行・垂直・交点

**平行条件・一致条件**

2直線
$$y = mx + b, \quad y = m'x + b'$$
について

平行条件 $m = m'$

一致条件 $m = m'$, $b = b'$

[説明] 2直線の傾き $m$ と $m'$ が等しいことは，平行であるための必要十分条件である．また，一致するための必要十分条件は，傾き $m$ と $m'$ が等しく，切片 $b$ と $b'$ が等しいことである．なお，一致は平行の特別な場合とみなす．

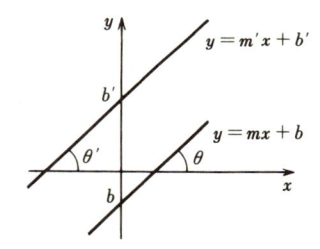

**例題 1**

次の直線のうちで，互いに平行なものと一致するものを求めよ．
(1) $y = 2x - 3$
(2) $y = -3x + 2$
(3) $3x - y + 2 = 0$
(4) $-2x + y + 3 = 0$
(5) $3x + y + 2 = 0$
(6) $y = 3x - 2$

[解答] (1), (4) は一致，(2), (5) は平行，(3), (6) は平行．

**垂直条件**

2直線
$$y = mx + b, \quad y = m'x + b'$$
について

垂直条件 $mm' = -1$

[説明] 2直線が垂直ならば
$$\theta' = \theta + 90° \quad \text{または} \quad \theta = \theta' + 90°$$
が成り立つ．$\theta' = \theta + 90°$ のときには
$$\tan \theta' = \tan(\theta + 90°) = -\frac{1}{\tan \theta}$$
であるから $m' = -1/m$．ゆえに，$mm' = -1$.
$\theta = \theta' + 90°$ のときには，同様にして，$m = -1/m'$ となり，$mm' = -1$ が成り立つ．

**例題 2**

次の直線のうち，$2x - 3y = 6$ と垂直なものはどちらか．
(1) $4x - 6y = 3$   (2) $6x + 4y = -3$

[解答] $2x - 3y = 6$ より $y = (2/3)x - 2$.
垂直条件 $mm' = -1$ から，$(2/3)m' = -1$.
ゆえに，$m' = -3/2$.
(1) より
$$y = \frac{2}{3}x - \frac{1}{2}$$
(2) より
$$y = -\frac{3}{2}x - \frac{3}{4}$$
したがって，(2) が求める直線である．

**例題 3**

点 $(2, 1)$ を通り，直線 $3x + 2y - 1 = 0$ に平行な直線および垂直な直線の方程式を求めよ．

[解答] 与えられた直線の方程式を変形して
$$y=-\frac{3}{2}x+\frac{1}{2} \qquad ①$$
点 $(2, 1)$ を通り，①と同じ傾きの直線の方程式を求める．$x=2$, $y=1$ を
$$y=-\frac{3}{2}x+b$$
に代入して $b=4$．ゆえに，平行な直線の方程式は
$$y=-\frac{3}{2}x+4$$
次に，①に垂直な直線の傾きを $m$ とすると
$$-\frac{3}{2}m=-1$$
すなわち，$m=2/3$．
点 $(2, 1)$ を通り，傾き $2/3$ の直線の方程式を求める．
$$y=\frac{2}{3}x+b$$
に $x=2$, $y=1$ を代入して，$b=-1/3$．したがって，垂直な直線の方程式は
$$y=\frac{2}{3}x-\frac{1}{3}$$

■2直線の交点

── 例題 4 ──
2直線
$$2x-y-1=0, \quad x+y-2=0$$
の交点を求めよ．

[解答] 2直線の共有点の座標は，連立方程式
$$2x-y-1=0, \quad x+y-2=0$$
の解である．

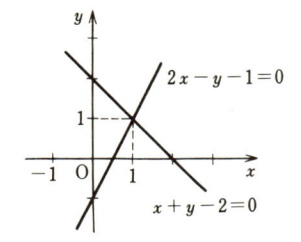

── 例題 5 ──
点 $(2, 4)$ を通り，次の条件をみたす直線の方程式を求めよ．
(1) $x$ 軸の正の向きとなす角が $60°$．
(2) (1)の方程式と垂直に交わる．
(3) $y$ 軸上の切片が $-2$．
(4) 点 $(-2, -4)$ を通る．
(5) (4)の直線と $y=-x+2$ の交点．

[解答] (1) 傾き $m=\tan\theta=\tan 60°=\sqrt{3}$．
傾きが $\sqrt{3}$ で点 $(2, 4)$ を通る直線の方程式は，$y=\sqrt{3}x+b$ に $x=2$, $y=4$ を代入し，$b=4-2\sqrt{3}$ を求めて得られる．すなわち
$$y=\sqrt{3}(x-2)+4$$
(2) 垂直条件 $mm'=-1$ から
$$\sqrt{3}m=-1 \quad\text{ゆえに}\quad m=-\frac{1}{\sqrt{3}}$$
求める方程式は
$$y=-\frac{1}{\sqrt{3}}(x-2)+4$$
(3) 傾き $m$ は $6/2=3$．$x=2$, $y=4$ を，$y=3x+b$ に代入して，$b=-2$ を得る．したがって，$y=3x-2$．
(4) 直線の方程式より
$$y-y_1=\frac{y_2-y_1}{x_2-x_1}(x-x_1)$$
$$y-(-4)=\frac{4-(-4)}{2-(-2)}\{x-(-2)\}$$
ゆえに
$$y+4=2(x+2)$$
したがって，$y=2x$．
(5) $y=2x, \quad y=-x+2$
の連立方程式を解くと，$x=2/3, \quad y=4/3$．

## 14.3 円の方程式

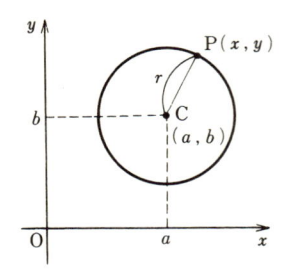

座標が $(a, b)$ である点 C を中心とする半径 $r$ の円上にある任意の点を $P(x, y)$ とすると，$CP = r$. したがって
$$\sqrt{(x-a)^2 + (y-b)^2} = r$$
両辺を平方すると
$$(x-a)^2 + (y-b)^2 = r^2$$
逆に，点 P の座標 $(x, y)$ がこの式をみたすならば，$CP = r$ となり，P は C を中心とする半径 $r$ の円上にある．

---
**円の方程式**

点 $(a, b)$ を中心とする半径 $r$ の円の方程式は
$$(x-a)^2 + (y-b)^2 = r^2$$
とくに，原点 O を中心とする半径 $r$ の円の方程式は
$$x^2 + y^2 = r^2$$

---

**例題 1**
次の方程式はどのような図形を表すか．
$$x^2 + y^2 - 4x - 2y - 4 = 0$$

［解答］与えられた方程式を変形すると
$$(x^2 - 4x + 4) + (y^2 - 2y + 1) = 9$$
$$(x-2)^2 + (y-1)^2 = 3^2$$

これは点 $(2, 1)$ を中心とする半径 3 の円の方程式である．

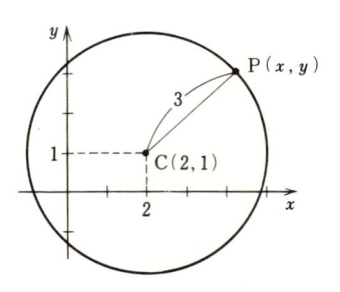

**例題 2**
次の円の方程式を求めよ．
(1) 中心が原点，半径が 3 の円．
(2) 中心が $(3, -2)$，半径が 2 の円．
(3) 中心が $(2, -3)$，原点を通る円．
(4) 2 点 $(0, -2)$, $(4, 8)$ を直径の両端とする円．

［解答］(1) $x^2 + y^2 = 3^2$
(2) $(x-3)^2 + (y+2)^2 = 2^2$
(3) $(x-2)^2 + (y+3)^2 = 13$
(4) 円の中心は $(2, 3)$. 半径 $r$ は，$\sqrt{4^2 + 10^2}/2$. したがって
$$(x-2)^2 + (y-3)^2 = 29$$

**例題 3**
円 $x^2 + y^2 - 2x + 4y - 4 = 0$ の中心と同じ中心をもち，かつ原点を通る円の方程式を求めよ．

［解答］与えられた方程式より
$$(x-1)^2 + (y+2)^2 = 3^2$$

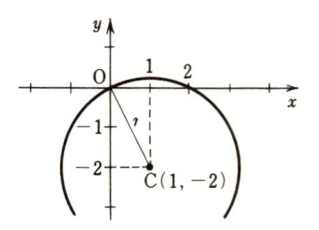

この円の中心は，(1, -2) で半径は 3 である．いま，同じ中心で原点を通る円の半径 $r$ は，$r^2=5$．求める円の方程式は
$$(x-1)^2+(y+2)^2=5$$

## 14.4 直線と円

直線と円との位置関係には，次の三つの場合がある．
(1) 交わる：2 点を共有する．
(2) 接する：1 点だけを共有する．
(3) 出合わない：共有点がない．
この三つについては，直線の方程式と円の方程式を連立させ，その連立方程式の実数の解について調べればわかる．

— 例題 1 —
直線 $x+2y=3$ と円 $x^2+y^2=5$ の共有点の座標を求めよ．

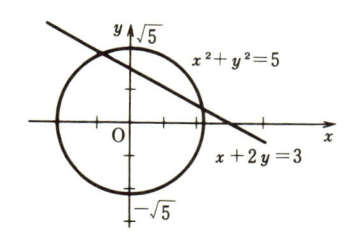

[解答] 連立方程式
$$x+2y=3, \quad x^2+y^2=5$$
を解けば
$$\begin{cases} x=-1 \\ y=2 \end{cases} \quad \begin{cases} x=\dfrac{11}{5} \\ y=\dfrac{2}{5} \end{cases}$$
よって，直線と円の共有点は
$$(-1, 2), \left(\dfrac{11}{5}, \dfrac{2}{5}\right)$$

~~~
円の接線の方程式
円 $x^2+y^2=r^2$ 上の点 $P(x_1, y_1)$ における接線の方程式は
$$x_1 x + y_1 y = r^2$$
~~~

— 例題 2 —
次の点における円 $x^2+y^2=25$ の接線の方程式を求めよ
(1) (4, 3)　(2) (-4, 3)　(3) (5, 0)

[解答] (1) $4x+3y=25$
(2) $-4x+3y=25$　(3) $x=5$

— 例題 3 —
点 (4, -2) を通り，円 $x^2+y^2=4$ に接する直線の方程式を求めよ．

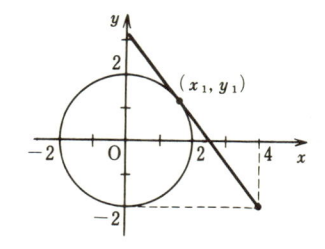

[解答] 求める直線と円 $x^2+y^2=4$ との接点を $(x_1, y_1)$ とすれば
$$x_1^2+y_1^2=4 \quad ①$$
となる．点 $(x_1, y_1)$ における円 $x^2+y^2=4$ の接線 $x_1 x + y_1 y = 4$ は点 (4, -2) を通るから
$$4x_1-2y_1=4$$
変形して
$$y_1=2x_1-2 \quad ②$$
となる．② を ① に代入して
$$x_1^2+(2x_1-2)^2=4$$
これを整理すると

$x_1(5x_1-8)=0$

ゆえに

$$x_1=0 \quad \text{または} \quad x_1=\frac{8}{5}$$

②により，接点は $(0, -2)$, $(8/5, 6/5)$. したがって，求める直線の方程式は，円 $x^2+y^2=4$ の点 $(0, -2)$ および $(8/5, 6/5)$ における接線の方程式

$$y=-2 \quad \text{および} \quad \frac{8}{5}x+\frac{6}{5}y=4$$

すなわち

$$4x+3y=10$$

## 14.5 放物線の方程式

平面上で，定点 F とこの点を通らない定直線 $g$ からの距離が等しい点の軌跡を放物線といい，この定点 F を**焦点**，定直線を**準線**という．焦点を F, 準線を $g$ とし，F から $g$ に垂線 FK を下し，直線 FK を $x$ 軸，線分 FK の垂直二等分線を $y$ 軸にとる．F の座標を $(p, 0)$ とすると，放物線の方程式は

$$y^2=4px$$

となる．これを**放物線の方程式の標準形**という．

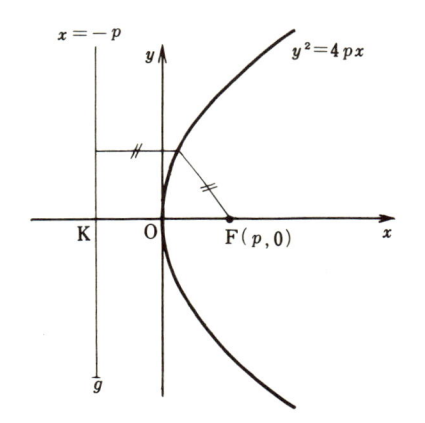

(1) 焦点の座標は $F(p, 0)$ である．
(2) 準線の方程式は $x=-p$ である．
(3) 離心率は $e=1$ である．
(4) 放物線 $y^2=4px$ は，$x$ 軸に関して対称である．
(5) $p>0$, $p<0$ に従って，第1, 4象現，第2, 3象現に現れる．

■**放物線**

$y^2=4px$ は $x$ 軸と原点 $(0, 0)$ で交わる．これは，焦点 F を通り準線 $g$ に垂直な直線と放物線との交点とも考えられる．この点を**頂点**という．頂点と焦点を結んだ直線を放物線の軸または主軸という．また，頂点と焦点との距離を**焦点距離**という．

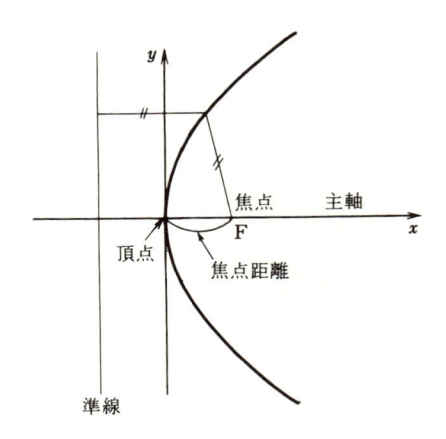

軸が $y$ 軸に平行な放物線

$$y=ax^2+2bx+c \quad (a \neq 0)$$

では

主軸：$x=-\dfrac{b}{a}$

頂点：$\left(-\dfrac{b}{a}, -\dfrac{b^2-ac}{a}\right)$

焦点距離：$\dfrac{1}{4|a|}$

焦点：$\left(-\dfrac{b}{a}, \dfrac{1-4(b^2-ac)}{4a}\right)$

準線：$y = -\dfrac{4(b^2-ac)+1}{4a}$

---
**例題**

放物線 $y^2 = 6x$ について次の問に答えよ．

(1) 焦点の座標と準線の方程式を求めよ．
(2) 主軸の方程式と頂点の座標を求めよ．
(3) 焦点距離を求めよ．
(4) 離心率が1であることを示せ．
(5) この放物線のグラフを書け．

---

[解答] (1) $y^2 = 4 \times \dfrac{3}{2} x$

であるから，$p = 3/2$．したがって，焦点 $(3/2, 0)$．

準線の方程式は $x = -3/2$．

(2) 主軸は，焦点 $(3/2, 0)$ を通り，$x = -3/2$ に垂直な直線であるから，$y = 0$．主軸と放物線との交点が頂点であるから，$y = 0$ と $y^2 = 6x$ との交点を求めて，$x = 0$, $y = 0$．
ゆえに，頂点は原点 $(0, 0)$．

(3) 焦点 $(3/2, 0)$，頂点 $(0, 0)$ であるから焦点距離は $3/2$．

(4) 放物線上の任意の点 $P(x_0, y_0)$ とする．P から準線までの距離を $l_1$ とすれば

$$l_1 = x_0 - \left(-\dfrac{3}{2}\right) = x_0 + \dfrac{3}{2}$$

焦点と P との距離を $l_2$ とすれば

$$l_2 = \sqrt{\left(x_0 - \dfrac{3}{2}\right)^2 + y_0^2}$$

ところで，$P(x_0, y_0)$ は，$y^2 = 6x$ 上にあるから $y_0^2 = 6x_0$．したがって

$$l_2 = \sqrt{\left(x_0 - \dfrac{3}{2}\right)^2 + 6x_0}$$

$$= \sqrt{x_0^2 + 3x_0 + \dfrac{9}{4}} = \sqrt{\left(x_0 + \dfrac{3}{2}\right)^2}$$

また，$x_0 \geqq 0$ であるから

$$x_0 + \dfrac{3}{2} > 0$$

ゆえに

$$l_2 = x_0 + \dfrac{3}{2}$$

これは $l_1 = l_2$ を示し，離心率が1であることを示している．

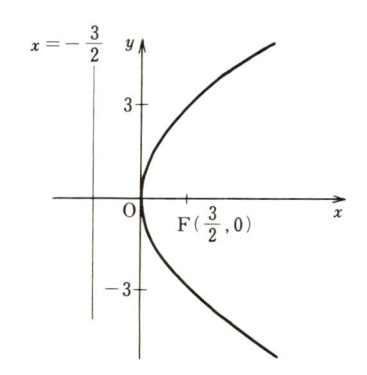

---

## 14.6 放物線の弦・接線・法線の方程式

■ **弦の方程式**

放物線 $y^2 = 4px$ 上の異なる2点 $A(x_1, y_1)$, $B(x_2, y_2)$ を通る弦の方程式は

$$(y_1 + y_2) y = 4px + y_1 y_2$$

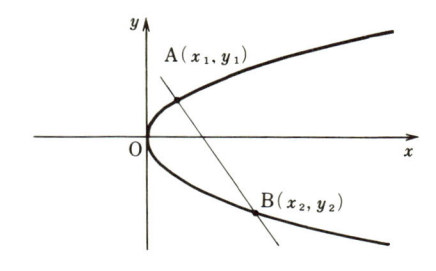

放物線の，直線 $y = mx$ に平行な弦の中点の軌跡は直線 $y = 2p/m$ で，これとはじめの直

線とを互いに**共役径**であるという.

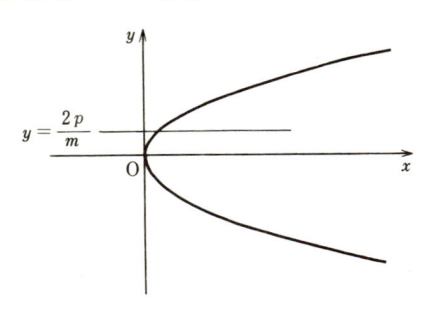

[注] 平行弦の中点の軌跡を直径ということがある.

■**接線の方程式**

(1) 放物線 $y^2=4px$ 上の点 $P(x_1, y_1)$ における接線の方程式は
$$y_1 y = 2p(x+x_1)$$

(2) 傾きが $m$ の接線の方程式は
$$y = mx + \frac{p}{m}$$

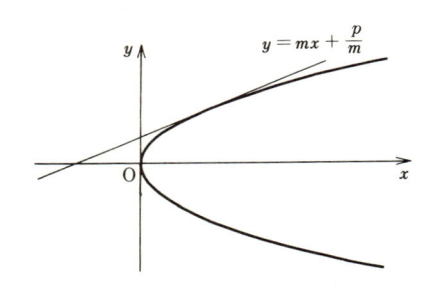

■**法線の方程式**

(1) 放物線 $y^2=4px$ 上の点 $P(x_1, y_1)$ における法線の方程式は
$$y - y_1 = -\frac{y_1}{2p}(x-x_1)$$

(2) 傾きが $m$ の法線の方程式は

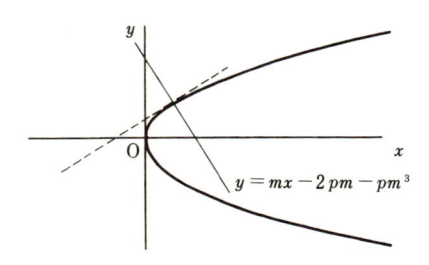

$$y = mx - 2pm - pm^3$$

---
**例題 1**

放物線 $y^2=8x$ について，次の問に答えよ．

(1) $y=4$ における接線および法線の方程式を求めよ．

(2) 傾きが 3 である接線および法線の方程式を求めよ．

---

[解答] (1) $y=4$ のとき $x=2$ であるから，点 $(2, 4)$ における接線および法線の方程式を求める．

接線の方程式：
$$p=2, \quad x_1=2, \quad y_1=4$$
より
$$4y = 2 \times 2(x+2)$$
すなわち
$$y = x+2$$

法線の方程式：接線と同様に
$$y-4 = -\frac{4}{2\times 2}(x-2)$$
すなわち
$$y = -x+6$$

(2) $m=3, p=2$ であるから

接線の方程式
$$y = 3x + \frac{2}{3}$$

法線の方程式
$$y = 3x - 2\cdot 2\cdot 3 - 2\cdot 3^3$$
ゆえに

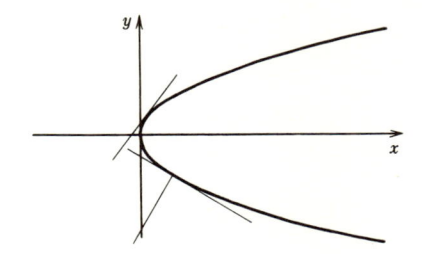

$y = 3x - 66$

---
**例題 2**

放物線 $y^2 = 4px$ 上の点 $P_1(x_1, y_1)$, $P_2(x_2, y_2)$ における接線の交点 $P$ と弦 $P_1P_2$ の中点 $Q$ を通る直線は $x$ 軸と平行であることを示せ.

---

[解答] $P_1$, $P_2$ における接線の方程式は
$$y_1 y = 2p(x + x_1), \quad y_2 y = 2p(x + x_2)$$
であるから, $P$ の $y$ 座標は辺々減じて
$$(y_1 - y_2) y = 2p(x_1 - x_2)$$
ところで, $P_1$, $P_2$ は放物線上にあるから
$$y_1^2 = 4px_1, \quad y_2^2 = 4px_2$$
よって
$$(y_1 - y_2)(y_1 + y_2) = 4p(x_1 - x_2)$$
ゆえに
$$(y_1 - y_2)(y_1 + y_2) = 2y(y_1 - y_2)$$
$$y = \frac{y_1 + y_2}{2}$$

これは, $P_1P_2$ の中点 $Q$ の $y$ 座標に等しいので $PQ$ は $x$ 軸に平行である.

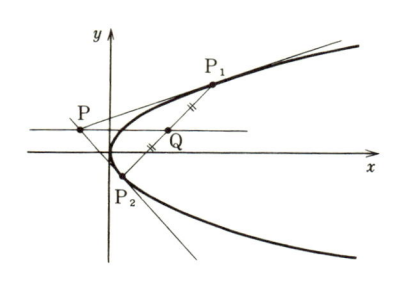

## 14.7 放物線の主な性質

放物線 $y^2 = 4px$ には, 次の性質がある.

(1) 放物線上の任意の点を $P(x_1, y_1)$ とし, $P$ における接線と $x$ 軸との交点を $T$ とすると $T(-x_1, 0)$ と書ける. すなわち, $P$ から $x$ 軸に下した垂線の足を $H$ とすれば, $TO = OH$ となる.

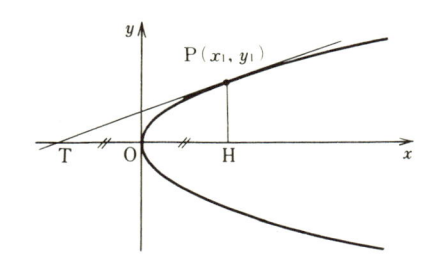

(2) 放物線上の任意の点を $P(x_1, y_1)$ とし, $P$ における接線と $x$ 軸との交点を $T$, $y$ 軸との交点を $R$ とすれば $R\left(0, \dfrac{y_1}{2}\right)$ と書ける. すなわち, $TR = RP$ となる.

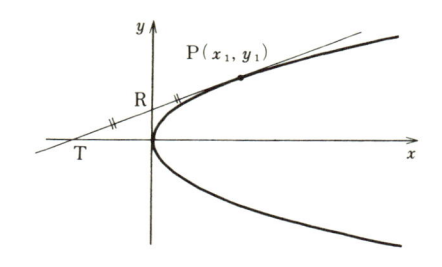

(3) 放物線の焦点を $F(p, 0)$, 放物線上の任意の点を $P(x_1, y_1)$ とする. $P$ における接線に, $F$ から下した垂線の足を $M$ とすると, $M(0, y_1/2)$ と書ける. すなわち焦点 $F$ から, 任意の接線に下した垂線の足は, 頂点における接線の上にある.

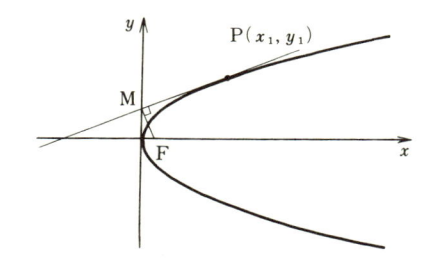

(4) 放物線上の任意の点を $P(x_1, y_1)$ とし, 焦点を $F(p, 0)$, 準線 $g$ を $x = -p$ とする. $P$ から準線に下した垂線の足を $T$ とする

と，PT＝PF となる．

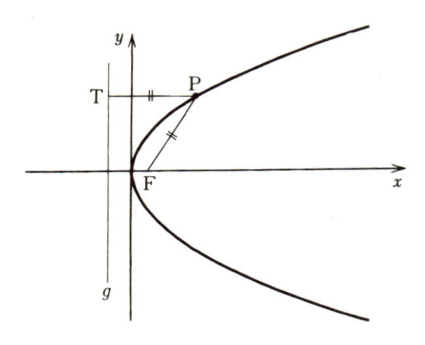

#### 例題

放物線 $y^2=4ax$ について次の問に答えよ（$a>0$）．

(1) 放物線上の任意の点 $P(x_1, y_1)$ における接線と $x$ 軸との交点を T とし，焦点を F とする．$TF=a+x_1$ であることを示せ．

(2) 放物線上の任意の点 $P(x_1, y_1)$ における接線を $l$ とし，$l$ と $x$ 軸との交点を T，焦点を F とする．P を通って，$x$ 軸に平行な直線 PQ を引くと，FP と PQ は，点 P で接線 $l$ と等しい角で交わっていることを示せ．

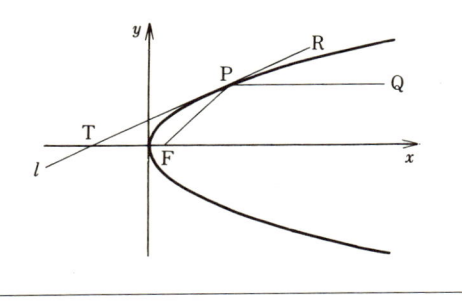

[解答] (1) 放物線上の点 $P(x_1, y_1)$ における接線の方程式は
$$yy_1=2p(x+x_1)$$
である．この接線の $x$ 軸との交点は，$y=0$ とおいて，$x=-x_1$．したがって，$T(-x_1, 0)$ となる．$y^2=4ax$ の焦点の座標は，$F(a, 0)$ であるから
$$TF=a-(-x_1)=a+x_1$$

(2) (1) より $TF=a+x_1$．ところで，$P(x_1, y_1)$，$F(a, 0)$ であるから
$$PF=\sqrt{(x_1-a)^2+y_1^2}$$
$$=\sqrt{(x_1-a)^2+4ax_1}=\sqrt{x_1^2+2ax_1+a^2}$$
$$=\sqrt{(x_1+a)^2}$$

$x_1\geq 0$，$a>0$ であるから，$x_1+a>0$．ゆえに，$PF=x_1+a$．したがって，$PF=TF$．これは，$\triangle TFP$ が二等辺三角形であることを示す．よって
$$\angle PTF=\angle TPF \qquad ①$$
ところで $PQ /\!/ TF$．ゆえに
$$\angle PTF=\angle RPQ \qquad ②$$
①，② より
$$\angle RPQ=\angle TPF$$
これは，FP と PQ が点 P で接線 $l$ と等しい角で交わっていることを示している．

[注] (2) は F から出る光線が放物線で反射して，その主軸に平行な方向に進むことを意味する．逆に，主軸に平行に入った光線は，焦点に集まることを示す．

### 14.8 楕円の方程式

平面上で，2 定点 F，F' からの距離の和が一定である点の軌跡を**楕円**といい，定点 F，F' をその**焦点**という．焦点 F，F' を通る直線を $x$ 軸，線分 $FF'$ の垂直 2 等分線を $y$ 軸にとる．また，焦点 F，F' の座標をそれぞれ，$(c, 0)$，$(-c, 0)$．一定な距離の和を $2a$ とすると，楕円の方程式は
$$\frac{x^2}{a^2}+\frac{y^2}{b^2}=1 \quad \text{ただし} \quad c=\sqrt{a^2-b^2}$$

となる。これを**楕円の方程式の標準形**という。

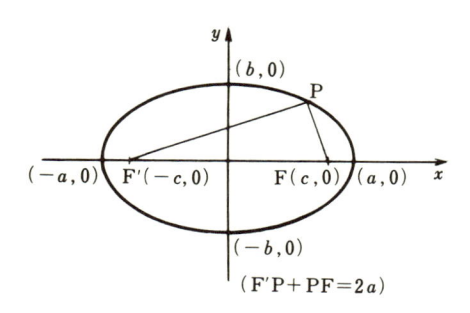

(1) $c>0$ とするとき焦点間の距離は $2c$ であり、$a>c$ である。

(2) $e=\dfrac{\sqrt{a^2-b^2}}{a}$

を**離心率**といい、1 より小さい。

(3) 離心率を用いると、焦点は

$\quad$ F$(ae, 0)$、$\quad$ F$'(-ae, 0)$

(4) 楕円の面積は $\pi ab$。

楕円

$$\dfrac{x^2}{a^2}+\dfrac{y^2}{b^2}=1 \quad (a>b>0)$$

が、$x$ 軸と交わる点 A$(a, 0)$、A$'(-a, 0)$ および $y$ 軸と交わる点 B$(0, b)$、B$'(0, -b)$ をこの楕円の**頂点**という。また、線分 AA$'$、線分 BB$'$ をこの楕円の**長軸**、**短軸**といい、あわせて**主軸**という。両軸の交点をこの**楕円の中心**という。

また、$x=a/e$、$x=-a/e$ を焦点 F、F$'$ に対する**準線**、$x^2+y^2=a^2$ を**補助円**という。

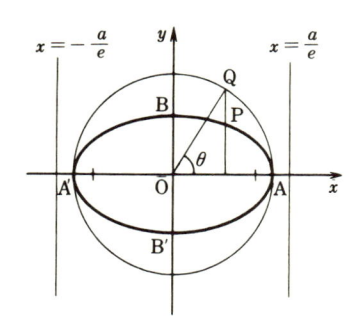

楕円上の 1 点 P$(x, y)$ から AA$'$ に垂線を下し、これが補助円と交わる 2 点のうち、AA$'$ に対して P と同じ側にある点を Q とし、Q と中心 O を結び、$\angle$AOQ を $\theta$ とする。この $\theta$ を P の**離心角**という。$\theta$ を用いると楕円は

$\quad x=a\cos\theta, \quad y=b\sin\theta$

と表せる。

---

**─── 例題 ───**

楕円

$$\dfrac{x^2}{16}+\dfrac{y^2}{9}=1$$

について、次の問に答えよ。

(1) 長軸、短軸の長さを求めよ。

(2) 焦点の座標を求めよ。

(3) 2 焦点から、楕円上の任意の点までの距離の和が一定であることを示せ。

(4) この楕円のグラフを書け。

---

[解答] (1) 長軸 $\sqrt{16}=4$、$4\times 2=8$
$\quad\quad\quad$ 短軸 $\sqrt{9}=3$、$3\times 2=6$

(2) 焦点は長軸上にある。$c=\sqrt{16-9}=\sqrt{7}$。
ゆえに、F$(\sqrt{7}, 0)$、F$'(-\sqrt{7}, 0)$。

(3) 楕円

$$\dfrac{x^2}{16}+\dfrac{y^2}{9}=1$$

上の任意の点を P$(x_0, y_0)$ とする。

P$(x_0, y_0)$ は、楕円上にあるから

$$\dfrac{x_0^2}{16}+\dfrac{y_0^2}{9}=1$$

したがって

$$y_0^2=9-\dfrac{9}{16}x_0^2 \quad\quad\quad ①$$

ところで

$\quad$ PF$+$PF$'$

$$= \sqrt{(x_0-\sqrt{7})^2+y_0^2}+\sqrt{(x_0+\sqrt{7})^2+y_0^2}$$

① を代入して

$$= \sqrt{(x_0-\sqrt{7})^2+9-\frac{9}{16}x_0^2}$$
$$+ \sqrt{(x_0+\sqrt{7})^2+9-\frac{9}{16}x_0^2}$$
$$= \sqrt{\frac{1}{16}(7x_0^2-32\sqrt{7}x_0+16^2)}$$
$$+ \sqrt{\frac{1}{16}(7x_0^2+32\sqrt{7}x_0+16^2)}$$
$$= \frac{1}{4}(\sqrt{(16-\sqrt{7}x_0)^2}+\sqrt{(16+\sqrt{7}x_0)^2})$$

ところで，$-4 \leq x_0 \leq 4$ であるから

$$16-\sqrt{7}x_0 > 0, \quad 16+\sqrt{7}x_0 > 0$$

ゆえに

$$PF+PF'$$
$$= \frac{1}{4}\{(16-\sqrt{7}x_0)+(16+\sqrt{7}x_0)\}$$
$$= \frac{1}{4} \times 32 = 8 \quad (\text{一定})$$

(4)

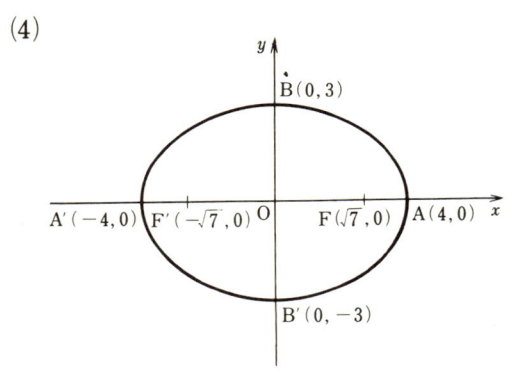

[注] 上記(3)によって，楕円上の任意の点をPとすれば，$F'P+FP+FF'=8+2\sqrt{7}$ である．したがって，この楕円を書くには，焦点に2本のピンを立て，それに，長さ $8+2\sqrt{7}$ の糸の輪をかけて，糸がたるまないように，鉛筆で引っ張りながら書くとよい．

## 14.9 楕円の弦・接線・法線の方程式

■弦の方程式

楕円

$$\frac{x^2}{a^2}+\frac{y^2}{b^2}=1 \qquad ①$$

上の異なる2点 $A(x_1, y_1)$, $B(x_2, y_2)$ を通る弦の方程式は

$$\frac{(x_1+x_2)}{a^2}x+\frac{(y_1+y_2)}{b^2}y$$
$$= 1+\frac{x_1x_2}{a^2}+\frac{y_1y_2}{b^2} \qquad ②$$

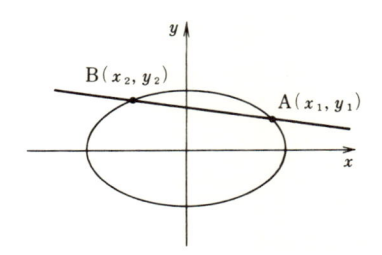

直線 $y=mx$ に平行な弦の中点の軌跡は $y=-\frac{b^2}{a^2m}x$ となり，この二つの直線を互いに共役径という．なお，共役径を座標軸にとり，その長さを $2a'$, $2b'$ とすると

$$\frac{x'^2}{a'^2}+\frac{y'^2}{b'^2}=1$$

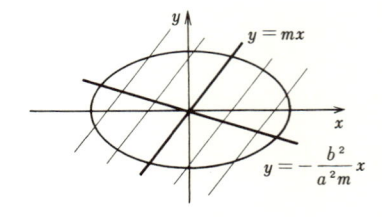

■接線の方程式

(1) 楕円① 上の点 $P(x_1, y_1)$ における接線の方程式

$$\frac{xx_1}{a^2} + \frac{yy_1}{b^2} = 1$$

(②で，点Aと点Bが一致したと考える)．

(2) 傾きが $m$ の接線の方程式
$$y = mx \pm \sqrt{a^2m^2 + b^2}$$

(3) 離心角が $\theta$ である点における接線の方程式
$$\frac{x}{a}\cos\theta + \frac{y}{b}\sin\theta = 1$$

($x_1 = a\cos\theta$, $y_1 = b\sin\theta$ と考える)．

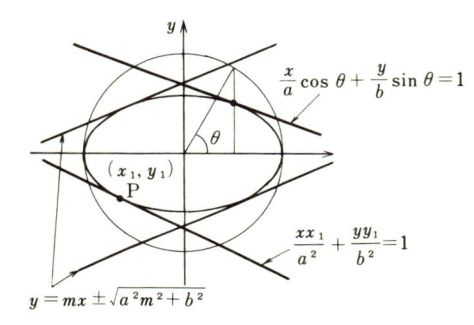

■ **法線の方程式**

(1) 楕円① 上の点 $P(x_1, y_1)$ における法線の方程式
$$y - y_1 = \frac{a^2 y_1}{b^2 x_1}(x - x_1)$$

または
$$\frac{a^2 x}{x_1} - \frac{b^2 y}{y_1} = a^2 - b^2$$

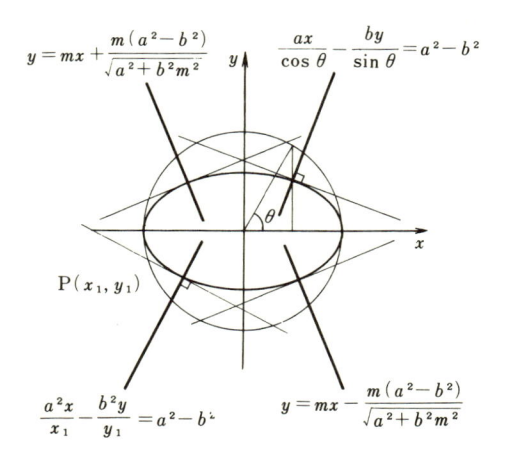

(2) 傾き $m$ の法線
$$y = mx \pm \frac{m(a^2 - b^2)}{\sqrt{a^2 + b^2 m^2}}$$

(3) 離心角が $\theta$ である点における法線
$$\frac{ax}{\cos\theta} - \frac{by}{\sin\theta} = a^2 - b^2$$

同一点における接線と法線とは直交するので，それぞれの傾きを $m$, $m'$ とすれば，$m \cdot m' = -1$ の関係がある．

---
**── 例題 ──**

楕円
$$\frac{x^2}{9} + \frac{y^2}{16} = 1$$

について，次の問に答えよ．

(1) $x = 1$ における接線および法線の方程式を求めよ．ただし，$y > 0$ とする．

(2) 傾きが2である接線，および法線の方程式を求めよ．

---

[解答] (1) $x = 1$ のとき $y = \pm 8\sqrt{2}/3$．$y > 0$ より点 $(1, 8\sqrt{2}/3)$ における接線および法線の方程式を求める．

接線の方程式：$a^2 = 9$, $b^2 = 16$ であるから
$$\frac{x}{9} + \frac{1}{16} \times \frac{8\sqrt{2}}{3} y = 1$$

すなわち
$$\frac{x}{9} + \frac{\sqrt{2}\,y}{6} = 1$$

法線の方程式：
$$\frac{9x}{1} - \frac{16y}{8\sqrt{2}/3} = 9 - 16$$

ゆえに
$$9x - 3\sqrt{2}\,y = -7$$

(2) 接線の方程式：
$$y = 2x \pm \sqrt{9 \cdot 2^2 + 16}$$

ゆえに

$y = 2x \pm 2\sqrt{13}$

法線の方程式：

$y = 2x \mp \dfrac{14}{\sqrt{73}}$

## 14.10　楕円の主な性質

楕円

$$\dfrac{x^2}{a^2} + \dfrac{y^2}{b^2} = 1 \quad (a > b > 0)$$

には次の性質がある．

(1) 楕円上の任意の点を $P(x_1, y_1)$ とすると
$PF' = a + ex_1, \quad PF = a - ex_1$
$PF' + PF = 2a$

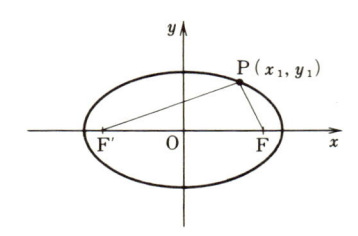

(2) 焦点から楕円上の任意の点における接線に下した垂線 $FH$, $F'H'$ について
$FH \cdot F'H' = b^2$

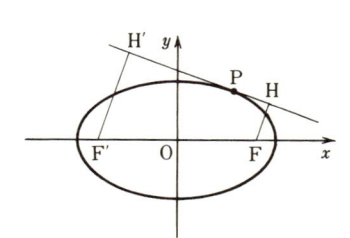

(3) 楕円上の1点から焦点に至る距離と準線に至る距離との比は $e = \sqrt{a^2 - b^2}/a$ であり，1より小さい．

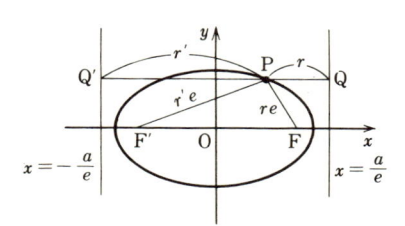

(4) 焦点から接線に下した垂線の足の軌跡は補助円である．

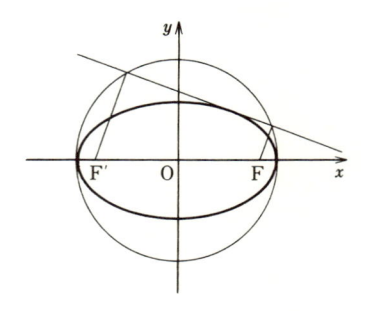

(5) 楕円上の任意の点と焦点を結ぶ直線を直径とする円は，補助円に接する．

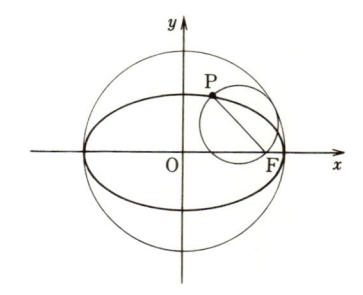

(6) 補助円上の各点の縦座標を一定の比に縮小すると楕円をえる．

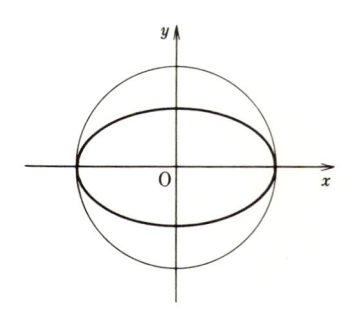

---

**例題**

楕円

$$\dfrac{x^2}{a^2} + \dfrac{y^2}{b^2} = 1$$

について，次の問に答えよ．

(1) この楕円の補助円の方程式を求めよ．

(2) この楕円は，補助円を一定の方向に一定の割合で縮小したものと考えられる．方向と割合を求めよ．

(3) 楕円上の任意の点 P における接線は，PF, PF' と等角をなすことを示せ．ただし，F, F' は楕円の焦点とする．

[解答] (1) 長径を直径とする円の方程式を求めればよいので

$a > b$ のとき $x^2 + y^2 = a^2$

$b > a$ のとき $x^2 + y^2 = b^2$

($a = b$ のときは円となる)

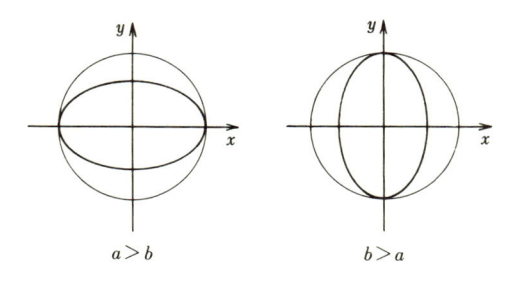

(2) $a > b$ のとき

$$y = \pm \frac{b}{a}\sqrt{a^2 - x^2}$$

となるので，$y$ 軸方向に $b/a$ 倍したものである．

$b > a$ のとき

$$x = \pm \frac{a}{b}\sqrt{b^2 - y^2}$$

となるので，$x$ 軸方向に $a/b$ 倍したものである．

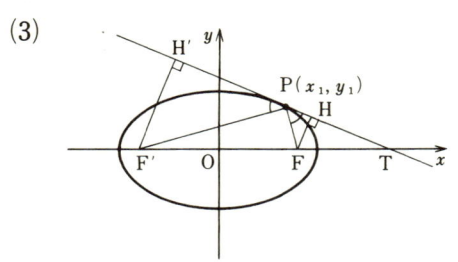

(3)

点 $P(x_1, y_1)$ における接線の方程式は

$$\frac{x_1 x}{a^2} + \frac{y_1 y}{b^2} = 1$$

この接線と $x$ 軸との交点 T の $x$ 座標は $a^2/x_1$ であるから

$$\overline{\text{FT}} : \overline{\text{F'T}} = \frac{a^2}{x_1} - ea : \frac{a^2}{x_1} + ea$$

$$= a - ex_1 : a + ex_1$$

また

$$\overline{\text{FT}} : \overline{\text{F'T}} = \overline{\text{FH}} : \overline{\text{F'H'}}$$

であり

$$\overline{\text{FP}} = a - ex_1, \quad \overline{\text{F'P}} = a + ex_1$$

ゆえに

$$\overline{\text{FH}} : \overline{\text{F'H'}} = \overline{\text{FP}} : \overline{\text{F'P}}$$

これは $\triangle \text{F'PH'} \infty \triangle \text{FPH}$ を示す．ゆえに

$$\angle \text{F'PH'} = \angle \text{FPH}$$

[注] (3) は F から出る光は曲線で反射して F' に集まることを示している．

## 14.11 双曲線の方程式

平面上で，2定点 F, F' からの距離の差が一定である点の軌跡を双曲線といい，定点 F, F' をその**焦点**という．焦点 F, F' を通る直線を $x$ 軸，線分 FF' の垂直二等分線を $y$ 軸にとる．また，焦点 F, F' の座標をそれぞれ $(c, 0)$, $(-c, 0)$，一定な距離の差を $2a$ とすると，双曲線の方程式は

$$\frac{x^2}{a^2} - \frac{y^2}{b^2} = 1 \quad \text{ただし} \quad b = \sqrt{c^2 - a^2}$$

となる．これを**双曲線の方程式の標準形**という．

(1) $c > 0$ とするとき焦点間の距離は $2c$ であり，$c > a$ である．

III. 平面図形・空間図形

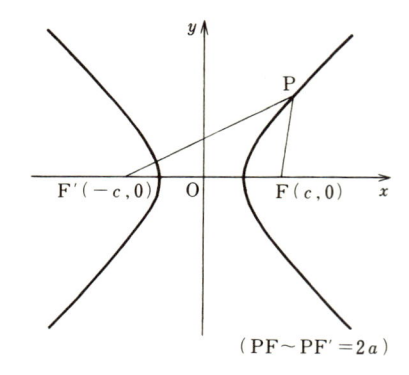

(2) $e = \sqrt{\dfrac{a^2+b^2}{a^2}}$

を離心率といい，1 より大きい．

(3) 離心率を用いると，焦点は $F(ae, 0)$, $F'(-ae, 0)$.

双曲線 $\dfrac{x^2}{a^2} - \dfrac{y^2}{b^2} = 1$ が $x$ 軸と交わる点 $A(a, 0)$, $A'(-a, 0)$ を**頂点**，線分 $AA'$ を**主軸**，主軸の中点を**中心**という．

また，$x=a/e$, $x=-a/e$ を焦点 $F$, $F'$ に対する準線，

$$y = \dfrac{b}{a}x, \quad y = -\dfrac{b}{a}x$$

を漸近線という．さらに，$x^2+y^2=a^2$ を補助円という．

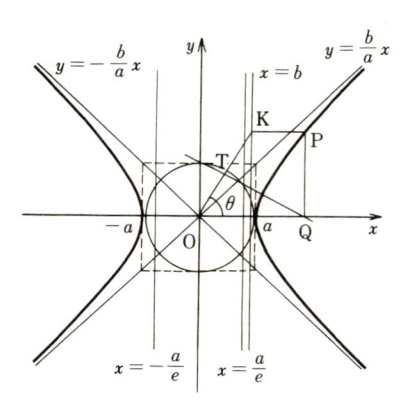

補助円上に点 $T$ をとり，$OT$ またはその延長が直線 $x=b$ または $x=-b$ と交わる点を $K$ とし，$K$ から $x$ 軸に平行に直線 $KP$ を引く．$\angle TOQ = \theta$ とおくとき，この $\theta$ を離心角という．$T$ に $P$ を対応させると，$\theta$ を用いて双曲線は

$$x = a\sec\theta, \quad y = b\tan\theta$$

と表せる．

---
**例題**

双曲線

$$\dfrac{x^2}{16} - \dfrac{y^2}{9} = 1$$

について，次の問に答えよ．
(1) 頂点の座標と主軸の長さを求めよ．
(2) 離心率を求めよ．
(3) 焦点の座標と準線の方程式を求めよ．
(4) 2焦点から，双曲線上の任意の点までの距離の差が一定であることを示せ．
(5) 漸近線の方程式を求めよ．
(6) この双曲線のグラフを書け．

---

［解答］(1) $y=0$ とおいて $x^2=16$. これより $x=\pm 4$. したがって，頂点の座標は，$(4, 0)$ と $(-4, 0)$. ゆえに，主軸の長さは 8.

(2) 離心率 $e = \sqrt{\dfrac{a^2+b^2}{a^2}}$ であるから，これに $a^2=16$, $b^2=9$ を代入して

$$e = \sqrt{\dfrac{16+9}{16}} = \sqrt{\dfrac{25}{16}} = \dfrac{5}{4}$$

(3) 焦点は

$$\pm ae = \pm 4 \times \dfrac{5}{4} = \pm 5$$

ゆえに $(5, 0)$ $(-5, 0)$.
準線は

$$x = \dfrac{a}{e} = 4 \times \dfrac{4}{5} = \dfrac{16}{5}$$

$$x = -\dfrac{a}{e} = -4 \times \dfrac{4}{5} = -\dfrac{16}{5}$$

(4) 双曲線上の任意の点の座標を $P(x, y)$ とする.

$$PF = \sqrt{(x-5)^2 + y^2}$$
$$PF' = \sqrt{(x+5)^2 + y^2}$$

$x \geq 4$ のとき，$PF < PF'$ より

$$\begin{aligned} PF' - PF &= \sqrt{(x+5)^2 + y^2} - \sqrt{(x-5)^2 + y^2} \\ &= \sqrt{(x+5)^2 + \frac{9}{16}x^2 - 9} \\ &\quad - \sqrt{(x-5)^2 + \frac{9}{16}x^2 - 9} \\ &= \sqrt{\left(\frac{5}{4}x + 4\right)^2} - \sqrt{\left(\frac{5}{4}x - 4\right)^2} \end{aligned}$$

$x \geq 4$ より

$$\frac{5}{4}x + 4 \geq \frac{5}{4}x - 4 > 0$$

であるから

$$PF' - PF = \frac{5}{4}x + 4 - \left(\frac{5}{4}x - 4\right) = 8$$

$x \leq -4$ のときも同様である.

(5) $\dfrac{x^2}{16} - \dfrac{y^2}{9} = 0$

より

$$y = \pm \frac{3}{4}x$$

(6)

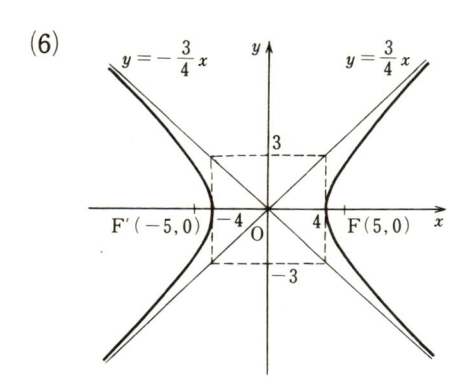

## 14.12 双曲線の弦・接線・法線の方程式

■弦の方程式

双曲線

$$\frac{x^2}{a^2} - \frac{y^2}{b^2} = 1 \qquad ①$$

上の異なる 2 点 $A(x_1, y_1)$, $B(x_2, y_2)$ を通る弦の方程式は

$$\frac{x_1 + x_2}{a^2}x - \frac{y_1 + y_2}{b^2}y$$
$$= \frac{x_1 x_2}{a^2} - \frac{y_1 y_2}{b^2} + 1 \qquad ②$$

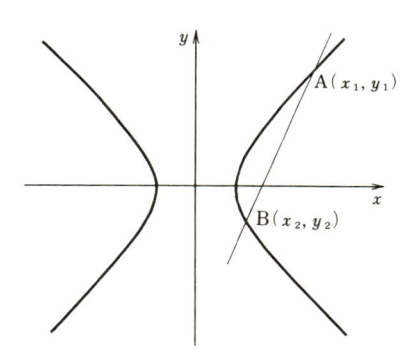

直線 $y = mx$ に平行な双曲線の弦の中点の軌跡は直線

$$y = \frac{b^2}{a^2 m}x$$

となり，これら二つの直線を互いに共役径という．共役径を座標軸にとって，それらが双曲線および共役双曲線で切りとられる線分の長さを $2a'$, $2b'$ とすれば，双曲線は

$$\frac{x'^2}{a'^2} - \frac{y'^2}{b'^2} = 1$$

となる．ここに，共役双曲線とは

$$\frac{x^2}{a^2} - \frac{y^2}{b^2} = 1 \quad \text{と} \quad \frac{x^2}{a^2} - \frac{y^2}{b^2} = -1$$

のことであり，これらは，互いに漸近線を

共有している．

■**接線の方程式**

(1) 双曲線①上の点 $P(x_1, y_1)$ における接線の方程式
$$\frac{xx_1}{a^2} - \frac{yy_1}{b^2} = 1$$
(②で，点 A と点 B が一致したと考える)．

(2) 傾きが $m$ の接線の方程式
$$y = mx \pm \sqrt{a^2m^2 - b^2}$$

(3) 離心角が $\theta$ である点における接線の方程式
$$\frac{x}{a}\sec\theta - \frac{y}{b}\tan\theta = 1 \quad \text{または}$$
$$\frac{x}{a} - \frac{y}{b}\sin\theta = \cos\theta$$
($x_1 = a\sec\theta$, $y_1 = b\tan\theta$ と考える)．

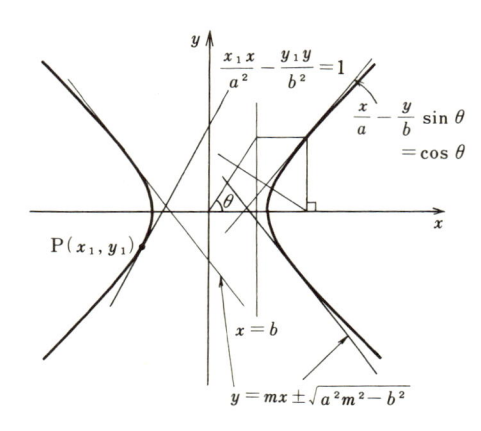

■**法線の方程式**

(1) 双曲線上の点 $P(x_1, y_1)$ における法線の方程式
$$\frac{a^2 x}{x_1} + \frac{b^2 y}{y_1} = a^2 + b^2$$

(2) 傾き $m$ の法線
$$y = mx \pm \frac{m(a^2 + b^2)}{\sqrt{a^2 - b^2 m^2}}$$

(3) 離心角が $\theta$ の点における法線
$$xa\cos\theta + yb\cot\theta = a^2 + b^2$$

同一点における法線と接線とは直交するので，それぞれの傾きを $m$, $m'$ とすれば，$m \cdot m' = -1$ の関係がある．

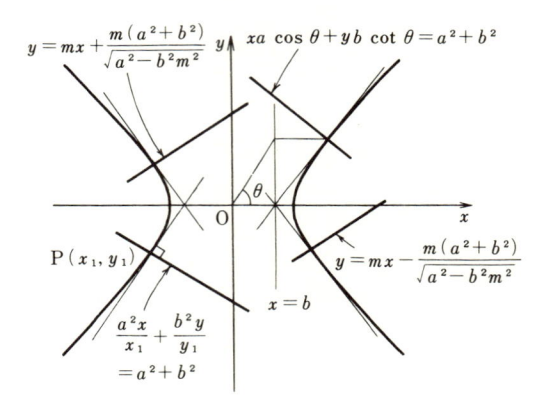

離心角 $\theta$ に対する対応点の位置に注意せよ．

---- **例題** ----

双曲線
$$\frac{x^2}{4^2} - \frac{y^2}{3^2} = 1$$
について次の問に答えよ．

(1) $y = 1$ における接線および法線の方程式を求めよ．ただし，$x > 0$ とする．

(2) 傾きが 1 である接線，および法線の方程式を求めよ．

[解答] (1) $y = 1$ のときは $x = \pm 4\sqrt{10}/3$．
$x > 0$ より点 $(4\sqrt{10}/3, 1)$ における接線および法線の方程式を求める．

接線の方程式：$a^2 = 16$, $b^2 = 9$ であるから
$$\frac{4}{3}\sqrt{10} \cdot \frac{x}{16} - 1 \cdot \frac{y}{9} = 1$$
すなわち
$$\frac{\sqrt{10}}{12}x - \frac{y}{9} = 1$$

法線の方程式：
$$\frac{16x}{4\sqrt{10}/3} + \frac{9y}{1} = 16 + 9$$

ゆえに
$$12x + 9\sqrt{10}\,y = 25\sqrt{10}$$

(2) 接線の方程式：
$$y = 1 \cdot x \pm \sqrt{16 \cdot 1^2 - 9}$$
ゆえに
$$y = x \pm \sqrt{7}$$
法線の方程式：
$$y = x \pm \frac{1(16+9)}{\sqrt{16-9 \cdot 1}}$$
より $\quad y = x \pm \dfrac{25}{\sqrt{7}}$

## 14.13 双曲線の主な性質

双曲線
$$\frac{x^2}{a^2} - \frac{y^2}{b^2} = 1 \quad (a > b > 0)$$
には次の性質がある.

(1) 双曲線上の任意の点を $P(x_1, y_1)$ とすると
$$PF = |ex_1 - a|$$
$$PF' = |ex_1 + a|$$
$$PF \sim PF' = 2a$$

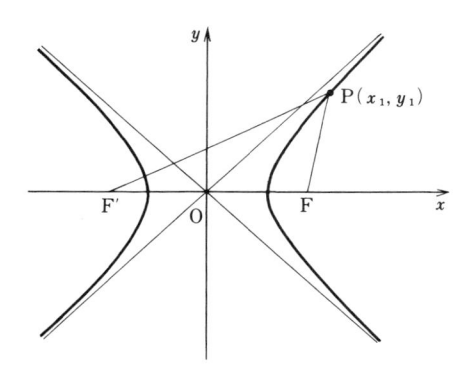

(2) 双曲線上の任意の点 P における法線は，∠F'PF の外角を 2 等分する.

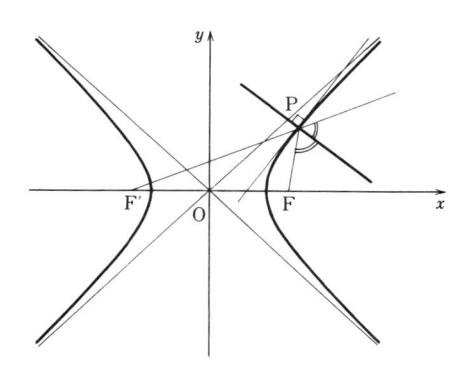

(3) 双曲線上の任意の点における接線に焦点から垂線 FH, F'H' を下すと
$$FH \cdot F'H' = -b^2$$
が成り立つ（F, F' は接線を境界線として異なる側にあるので，FH と F'H' の積は負となる）.

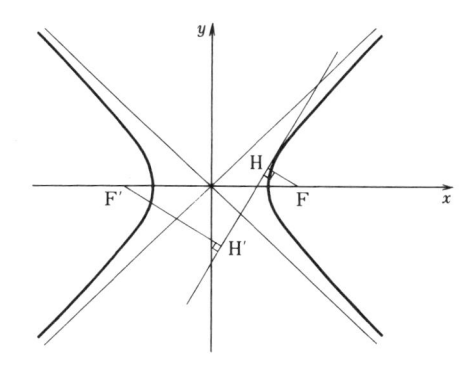

(4) 双曲線上の 1 点から焦点に至る距離と，準線に至る距離の比は，$e$（離心率）となり，1 より大きい.

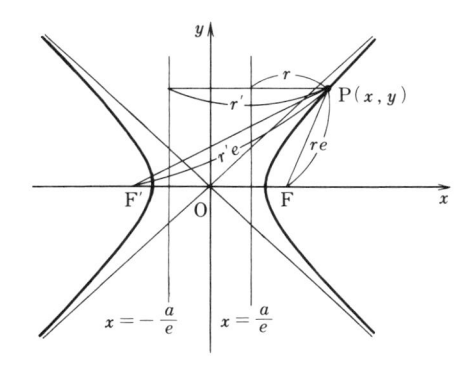

## 例題

双曲線

$$\frac{x^2}{a^2}-\frac{y^2}{b^2}=1 \quad (a>0,\ b>0) \qquad ①$$

について次の問に答えよ．

(1) ① 上の任意の点 $P(x_1,\ y_1)$ における接線と 2 本の漸近線との交点の $x$ 座標を求めよ．

(2) (1) の結果を用いて，点 P は接線が漸近線で切りとられる線分の中点であることを示せ．

(3) ① 上の任意の点 $P(x_1,\ y_1)$ における接線を $l$ とし，$l$ と $x$ 軸との交点を T，焦点を F, F' とする．$\angle F'PT = \angle TPF$ であることを示せ．

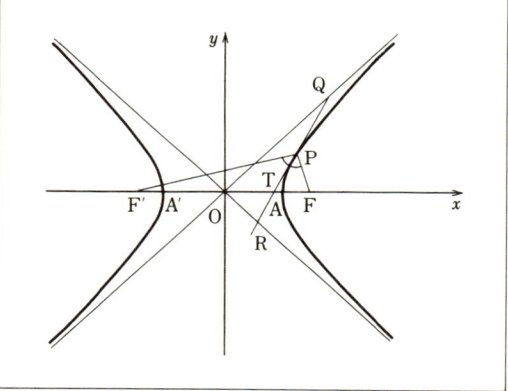

[解答] (1) 双曲線 ① 上の点 $P(x_1,\ y_1)$ における接線の方程式は

$$\frac{x_1 x}{a^2}-\frac{y_1 y}{b^2}=1 \qquad ②$$

① の漸近線は

$$y=\frac{b}{a}x,\quad y=-\frac{b}{a}x$$

$$\frac{x_1 x}{a^2}-\frac{y_1 y}{b^2}=1,\quad y=\frac{b}{a}x$$

より Q の $x$ 座標を求めれば

$$x=\frac{a^2 b}{bx_1-ay_1}$$

同様に，R の $x$ 座標

$$x=\frac{a^2 b}{bx_1+ay_1}$$

(2) Q, R の $x$ 座標を $x_Q,\ x_R$ とする．

$$x_Q+x_R=\frac{a^2 b}{bx_1-ay_1}+\frac{a^2 b}{bx_1+ay_1}$$

$$=\frac{2a^2 b^2 x_1}{b^2 x_1^2-a^2 y_1^2}$$

$(x_1,\ y_1)$ は ① 上にあるから

$$b^2 x_1^2 - a^2 y_1^2 = a^2 b^2$$

したがって

$$x_Q+x_R=\frac{2a^2 b^2 x_1}{a^2 b^2}=2x_1$$

ゆえに，P は Q, R の中点である．

(3) T の $x$ 座標は，② で $y=0$ とおき

$$\frac{x_1 x}{a^2}=1 \quad \text{ゆえに} \quad x=\frac{a^2}{x_1}$$

この絶対値は $a$ をこえないから，T は，AA' を内分する．しかも

$$TF = ea - \frac{a^2}{x_1}$$

$$F'T = \frac{a^2}{x_1}-(-ea) = ea + \frac{a^2}{x_1}$$

ゆえに

$$TF : F'T = (ex_1 - a) : (ex_1 + a)$$

これは

$$TF : F'T = FP : F'P$$

が成り立つことを示す．これは，2 辺の比に第 3 辺を内分しているので，$\angle F'PT = \angle TPF$ である．

## 14.14 一般の 2 次曲線

■ 2 次曲線

$x,\ y$ についての 2 次方程式

$$ax^2+2hxy+by^2+2gx+2fy+c=0$$

で表される図形を2次曲線という．円，楕円，双曲線，放物線を固有の2次曲線という．

適当な点Mがあって，Pが曲線上の任意の点であるとき，Mに関するPの対称点P'がまた曲線上の点であるとする．このようなMを2次曲線の中心という．中心がただ一つ存在するとき，この曲線を**有心2次曲線**といい，このような点が全くないか，あってもただ一つでないとき**無心2次曲線**という．

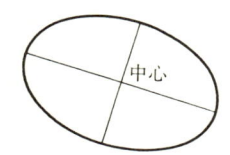

有心二次曲線(楕円) 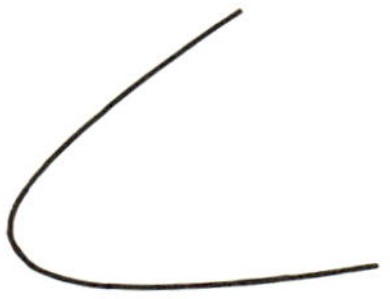　　無心二次曲線(放物線)

$\Delta = ab - h^2$ とおくとき

(1) $\Delta > 0$ のときは円または楕円
(2) $\Delta < 0$ のときは双曲線
(3) $\Delta = 0$ のときは放物線，または平行な2直線を表す．

有心2次曲線の中心は
$$ax + hy + g = 0, \quad hx + by + f = 0$$
を同時にみたす点である．すなわち
$$x = \frac{fh - bg}{ab - h^2}, \quad y = \frac{gh - af}{ab - h^2}$$
が中心となる．

■**円錐曲線**

2次曲線は，直円錐を平面で切ったときの切口としてえられるので，円錐曲線ともいう．直円錐の軸と母線のなす角を $\alpha$，軸と平面のなす角を $\theta$ とする．$\theta = 90°$ は円，$\alpha < \theta < 90°$ は楕円，$\theta = \alpha$ は放物線，$0° \leq \theta < \alpha$ は双曲線である．

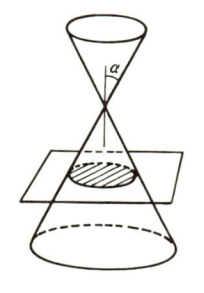

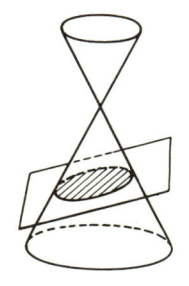

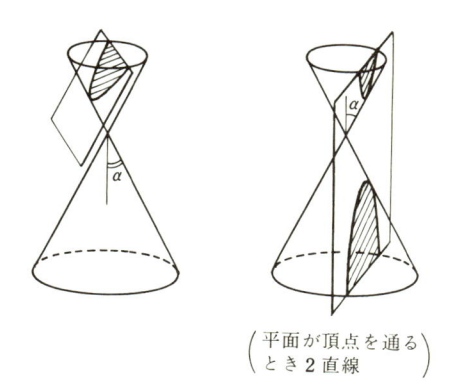

(平面が頂点を通るとき2直線)

---**例題**---

次の各方程式で表される2次曲線を書け．有心2次曲線の場合は，中心を求めよ．

(1) $xy = 1$
(2) $2x + y^2 + 2y - 1 = 0$

---

[解答] (1) $a = b = g = f = 0$

$$c = -1, \quad h = \frac{1}{2}$$

であるから

$$\Delta = ab - h^2 = 0 \times 0 - \left(\frac{1}{2}\right)^2 = -\frac{1}{4}$$

であるから，$\Delta < 0$．したがって，双曲線を表す．この中心は

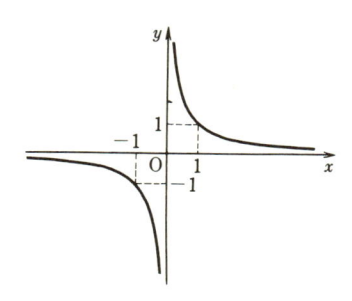

$$0 \cdot x + \frac{1}{2}y + 0 = 0, \quad \frac{1}{2}x + 0 \cdot y + 0 = 0$$

より，$(0, 0)$ である．

(2) $a = h = 0, \quad b = f = g = 1, \quad c = -1$

であるから

$$\varDelta = ab - h^2 = 0 \cdot 1 - 0^2 = 0$$

したがって，無心2次曲線で放物線を表す．これは

$$(y+1)^2 = -2(x-1)$$

と変形できるので $y^2 = -2x$ を $x$ 軸方向に 1，$y$ 軸方向に $-1$ 平行移動したものである．

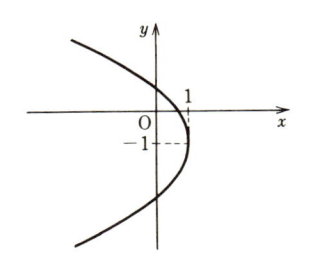

[注] 有心2次曲線は，その中心を原点とし

$$\tan 2\theta = \frac{2h}{a-b}$$

で与えられる $\theta$ だけ回転すると

$$Ax^2 + By^2 + C = 0$$

ただし，$A, B$ は

$$(a-\lambda)^2 - h^2 = 0$$

の2根である．

---

▶ **ガウス** (Carl Friedrich Gauss)，1777-1855，ドイツ

ドイツ（現西ドイツ）のブラウンシュヴァイクの貧しい職人の家庭に生まれた．3歳のとき，父親の職人に支払う給料の計算の手助けをしたり，10歳のとき，1から100までの数の和を，逆に加えて「$101 \times 100 \div 2 = 5050$」とすばやく計算して先生を驚かしたりするほど，幼い頃からすばらしい学才を示した．父の希望に反して，中学・高校と進み，ブラウンシュヴァイク公の保護のもとに学業に励み，ゲッティンゲン大学に学んだ．

学生時代は，素数分布の問題について研究し，1795年，2次剰余の相互作用を帰納法を使って証明した．当時彼は，数学者になるか言語学者になるか悩んでいたが，その翌年，正17角形の作図法を発明して数学者になる決心をした．

1799年，代数学の基本定理として知られている「複素数を係数とする代数方程式は複素数を解にもつ」を証明して学位を得た．最大の業績は，24歳，1801年に，整数論に関する研究結果をまとめて体系化し，一つの学問分野を確立した『整数論研究』を出版したことである．

その後，彼は，天文学，測地学，物理学に関連する応用数学の研究に力を入れた．その結果，正規分布，最小2乗法，曲面論，複素関数論，ポテンシャル論など新しい数学の分野を開いた．

彼は長寿で，その才能を完全に開花することができ，数学のあらゆる分野に手を伸ばし，質・量ともに各々の分野で最高の業績をあげた．アルキメデス，ニュートンと並んで，3大数学者といわれるゆえんである．

# 15. 空間図形

## 15.1 直交座標

■**直交座標**

空間の1点Oで二つずつ互いに直交する3直線 $x'x$, $y'y$, $z'z$ をとり,これらの直線上でOx, Oy, Oz を正の半直線とする座標を考える.この空間に任意の1点Pをとり,PからOzに平行線PQを引き,平面 $xOy$ との交点をQとする.次にQからOyに平行線を引いてOx とLで交わらせる.このとき

$$OL=x, \quad LQ=y, \quad QP=z$$

とおくとき,$x$, $y$, $z$ をPの座標といい,$P(x, y, z)$ と書く.

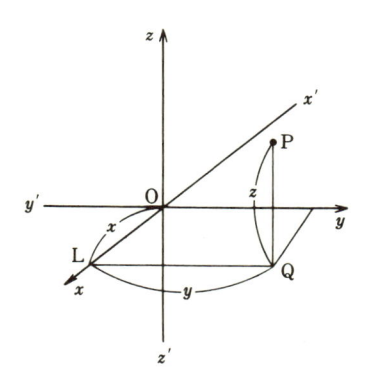

直線 $xx'$, $yy'$, $zz'$ をそれぞれ $x$ 軸,$y$ 軸,$z$ 軸という.また,$x$ 軸と $y$ 軸,$y$ 軸と $z$ 軸,$z$ 軸と $x$ 軸で定める平面をそれぞれ $xy$ 平面,$yz$ 平面,$zx$ 平面という.なお,点Oを原点という.このような座標を**直交座標**といい,$x'x$, $y'y$, $z'z$ を**直交軸**という.$x$ 軸,$y$ 軸,$z$ 軸上の単位点を $E_x$, $E_y$, $E_z$ とすれば

$$OE_x = OE_y = OE_z = 1$$

となるようにとる.

2点 $A(x_1, y_1, z_1)$, $B(x_2, y_2, z_2)$ を結ぶ線分 AB を $m:n$ にわける点Pの座標は,次の通りである.ただし,$m$ と $n$ は正とする.

■**内分点の座標**

$$x = \frac{mx_2 + nx_1}{m+n}, \quad y = \frac{my_2 + ny_1}{m+n}$$

$$z = \frac{mz_2 + nz_1}{m+n}$$

特に中点Mの座標は

$$x = \frac{x_1 + x_2}{2}, \quad y = \frac{y_1 + y_2}{2}$$

$$z = \frac{z_1 + z_2}{2}$$

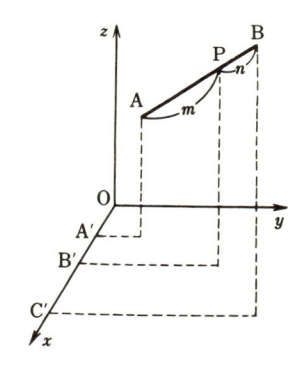

■**外分点の座標**

$$x = \frac{mx_2 - nx_1}{m-n}, \quad y = \frac{my_2 - ny_1}{m-n}$$

$$z = \frac{mz_2 - nz_1}{m-n}$$

ただし,$m \neq n$ とする.

[注] 外分の場合,$m$, $n$ のどちらを負にするかは,次のように自由である.

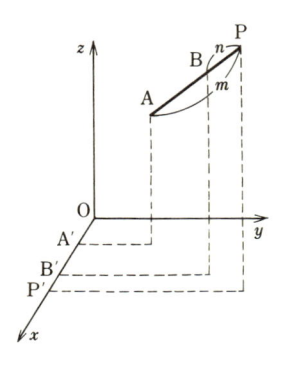

$$x = \frac{mx_2 - nx_1}{m-n} = \frac{-mx_2 + nx_1}{n-m}$$

■ **2点間の距離**

空間の2点 $A(x_1, y_1, z_1)$ と $B(x_2, y_2, z_2)$ との距離は

$$AB = \sqrt{(x_1-x_2)^2 + (y_1-y_2)^2 + (z_1-z_2)^2}$$

とくに, B が原点に一致するときは

$$OA = \sqrt{x_1^2 + y_1^2 + z_1^2}$$

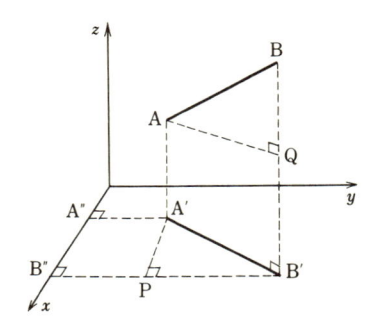

── 例題 ──

2点 $A(3, 4, 2)$, $B(2, 3, -5)$ について, 次の各問に答えよ.

(1) AB を 3:1 に内分する点, 外分する点の座標を求めよ.

(2) 2点 A, B から等距離にある $y$ 軸上の点の座標を求めよ.

(3) 原点を O とし, 3点 O, A, B を頂点とする △OAB の頂点 O を通る中線の長さを求めよ.

[解答] (1) 内分の場合：

$$x = \frac{1 \times 3 + 3 \times 2}{3+1} = \frac{9}{4}$$

$$y = \frac{1 \times 4 + 3 \times 3}{3+1} = \frac{13}{4}$$

$$z = \frac{1 \times 2 + 3 \times (-5)}{3+1} = -\frac{13}{4}$$

外分の場合：一方を負にするから

$$x = \frac{(-1) \times 3 + 3 \times 2}{3-1} = \frac{3}{2}$$

$$y = \frac{(-1) \times 4 + 3 \times 3}{3-1} = \frac{5}{2}$$

$$z = \frac{(-1) \times 2 + 3 \times (-5)}{3-1} = -\frac{17}{2}$$

(2) 求める点の座標を $(0, y, 0)$ とする.
仮定から

$$3^2 + (4-y)^2 + 2^2 = 2^2 + (3-y)^2 + (-5)^2$$

整理して

$$-2y = 9$$

ゆえに, $y = -4.5$. よって, 求める点は $(0, -4.5, 0)$.

(3) 頂点 O を通る中線は, AB の中点と O を結んだ線分である. したがって, AB の中点 M の座標を求めると

$$x = \frac{1 \times 3 + 1 \times 2}{1+1} = \frac{5}{2}$$

$$y = \frac{1 \times 4 + 1 \times 3}{1+1} = \frac{7}{2}$$

$$z = \frac{1 \times 2 + 1 \times (-5)}{1+1} = -\frac{3}{2}$$

よって

$$OM = \sqrt{\left(\frac{5}{2}\right)^2 + \left(\frac{7}{2}\right)^2 + \left(-\frac{3}{2}\right)^2}$$

$$= \frac{\sqrt{83}}{2}$$

求める中線の長さは $\sqrt{83}/2$.

## 15.2 極座標・円柱座標

■極座標

O を原点とする直交座標において，任意の点 P から $xy$ 平面に垂線 PM を下し，OP$=r$，$\angle x\text{OM}=\varphi$，$\angle z\text{OP}=\theta$ とするとき，P の位置は，この $r, \varphi, \theta$ で定まる．この $r, \varphi, \theta$ を P の**極座標**といい，P$(r, \varphi, \theta)$ と表す．

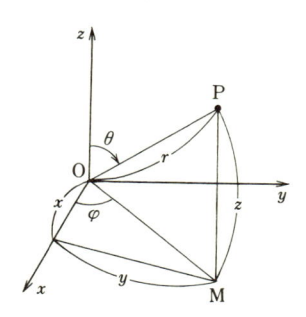

点 P の極座標を $(r, \varphi, \theta)$，直交座標を $(x, y, z)$ とすれば

$$\begin{cases} x = r\sin\theta\cos\varphi \\ y = r\sin\theta\sin\varphi \\ z = r\cos\theta \end{cases}$$

これらは

$$\begin{cases} r^2 = x^2 + y^2 + z^2 \\ \tan\varphi = \dfrac{y}{x}, \quad \tan\theta = \dfrac{\sqrt{x^2+y^2}}{z} \end{cases}$$

とも書ける．

■2点間の距離

2点 P$(r_1, \varphi_1, \theta_1)$，Q$(r_2, \varphi_2, \theta_2)$ 間の距離は

$$\text{PQ} = \sqrt{r_1^2 + r_2^2 - 2r_1 r_2 \cdot l}$$

ただし

$$l = \cos\theta_1 \cos\theta_2 + \sin\theta_1 \sin\theta_2 \cos(\varphi_1 - \varphi_2)$$

---

**例題 1**

点 A は極座標で A$(4, \pi/3, \pi/6)$，点 B は直交座標で B$(\sqrt{2}, \sqrt{6}, 2\sqrt{2})$ と与えられている．次の各問に答えよ．
(1) A を直交座標に直せ．
(2) B を極座標に直せ．
(3) 2点 A, B 間の距離を求めよ．

[解答] (1) $x = 4\sin\dfrac{\pi}{6}\cos\dfrac{\pi}{3}$

$= 4 \times \dfrac{1}{2} \times \dfrac{1}{2} = 1$

$y = 4\sin\dfrac{\pi}{6}\sin\dfrac{\pi}{3} = 4 \times \dfrac{1}{2} \times \dfrac{\sqrt{3}}{2} = \sqrt{3}$

$z = 4\cos\dfrac{\pi}{6} = 4 \times \dfrac{\sqrt{3}}{2} = 2\sqrt{3}$

ゆえに，直交座標は $(1, \sqrt{3}, 2\sqrt{3})$．

(2) $r = \sqrt{2+6+8} = 4$

$\tan\varphi = \dfrac{\sqrt{6}}{\sqrt{2}} = \sqrt{3}$  ゆえに  $\varphi = \dfrac{\pi}{3}$

$\tan\theta = \dfrac{\sqrt{2+6}}{2\sqrt{2}} = 1$

これより，$\theta = \dfrac{\pi}{4}$．ゆえに極座標は，$\left(4, \dfrac{\pi}{3}, \dfrac{\pi}{4}\right)$．

(3) $\text{AB} = \sqrt{4^2 + 4^2 - 2\cdot 4\cdot 4\cdot l}$

$l = \cos\dfrac{\pi}{6}\cos\dfrac{\pi}{4}$

$\quad + \sin\dfrac{\pi}{6}\sin\dfrac{\pi}{4}\cos\left(\dfrac{\pi}{3} - \dfrac{\pi}{3}\right)$

したがって

$l = \dfrac{\sqrt{3}}{2}\cdot\dfrac{\sqrt{2}}{2} + \dfrac{1}{2}\cdot\dfrac{\sqrt{2}}{2}\cdot 1 = \dfrac{\sqrt{6}+\sqrt{2}}{4}$

ゆえに

$\text{AB} = \sqrt{32 - 2\cdot 4\cdot 4\cdot \dfrac{\sqrt{6}+\sqrt{2}}{4}}$

$= \sqrt{32 - 8(\sqrt{6}+\sqrt{2})}$

III. 平面図形・空間図形

［注］角度はラジアンで示した．したがって，$\pi$ ラジアンが $180°$ になる．

■ 円柱座標

直交座標 $(x, y, z)$ の $x, y$ のかわりに $xy$ 平面上の極座標 $(r, \theta)$ を用いたものを，**円柱座標**という．点 P の円柱座標を $(r, \theta, z)$，直交座標を $(x, y, z)$ とすると
$$x = r\cos\theta, \quad y = r\sin\theta, \quad z = z$$
これらは
$$r^2 = x^2 + y^2, \quad \tan\theta = \frac{y}{x}, \quad z = z$$
とも書ける．

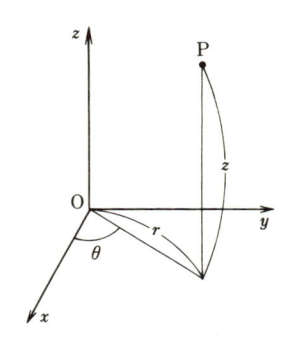

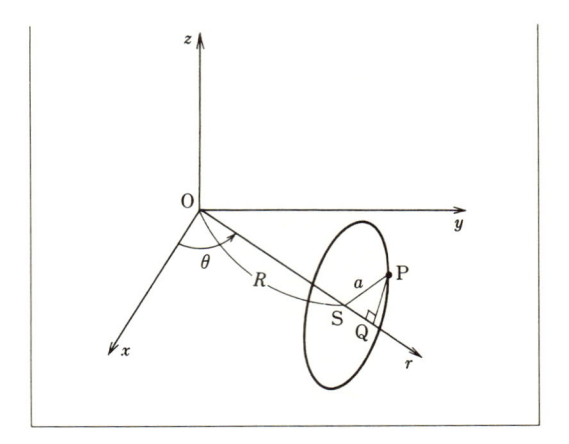

［解答］円環面上の点 P の円柱座標を $(r, \theta, z)$ とする．上図の $PQ = z$，$OQ = r$ であるから，$\triangle SQP$ にピタゴラスの定理を用いて
$$(r - R)^2 + z^2 = a^2$$

［注］この式を直交座標に直すと
$$(x^2 + y^2 + z^2 + R^2 - a^2)^2 = 4R^2(x^2 + y^2)$$
となる．

円環面とはドーナツ形の表面をいう．内部を含めたものは円環体という．

---

**例題 2**

直交座標で $(\sqrt{2}, \sqrt{2}, 1)$ で与えられる点を，円柱座標で表せ．

---

［解答］$r = \sqrt{2 + 2} = 2$
であるから
$$\tan\theta = \frac{\sqrt{2}}{\sqrt{2}} = 1 \quad \text{ゆえに} \quad \theta = \frac{\pi}{4}$$
ゆえに円柱座標は $(2, \pi/4, 1)$．

---

**例題 3**

平面 $rOz$ 内で中心が $z$ 軸より $R$ にある半径 $a$ の円を，$z$ 軸を中心として回転して得られる面を円環面という．この円環面の方程式を求めよ．

---

## 15.3 直線の方程式

■ 直線の方程式 (1)

点 $A(x_1, y_1, z_1)$ を通り，ベクトル $\vec{d} = (a, b, c)$ に平行な直線の方程式は
$$\frac{x - x_1}{a} = \frac{y - y_1}{b} = \frac{z - z_1}{c}$$

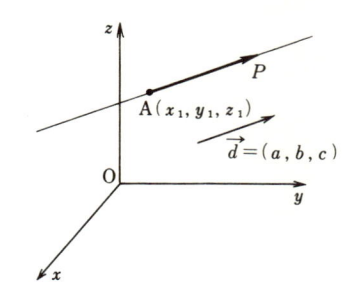

ただし，$abc \neq 0$ とする．

■**直線の方程式 (2)**

2点 $A(x_1, y_1, z_1)$, $B(x_2, y_2, z_2)$ を通る直線の方程式は

$$\frac{x-x_1}{x_2-x_1} = \frac{y-y_1}{y_2-y_1} = \frac{z-z_1}{z_2-z_1}$$

ただし

$$x_1 \neq x_2, \quad y_1 \neq y_2, \quad z_1 \neq z_2$$

とする．

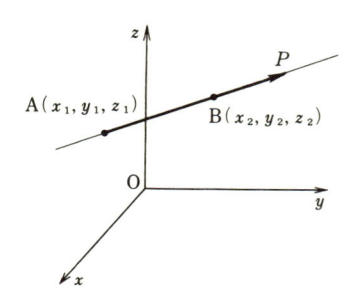

■**直線の方程式 (3)**

点 $A(x_1, y_1, z_1)$ を通り，ベクトル $\vec{d}=(a, b, c)$ に平行な直線の方程式は

$$\begin{cases} x = x_1 + at, \quad y = y_1 + bt \\ z = z_1 + ct \end{cases}$$

これを直線の助変数表示という．

■**方向余弦**

空間の座標原点 O を通る直線 $g$ に向きを定めて，その向きと $x$ 軸，$y$ 軸，および $z$ 軸とのなす角（いずれも最小の正のものをとる）をそれぞれ $\alpha, \beta, \gamma$ とするとき

$$\cos \alpha = l, \quad \cos \beta = m, \quad \cos \gamma = n$$

をこの有向線分 $g$ の方向余弦という．

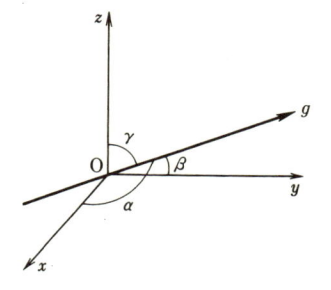

方向余弦には，次の性質がある．

(1) $l^2 + m^2 + n^2 = 1$

(2) $l : m : n = L : M : N$ のとき

$$l = \pm \frac{L}{\sqrt{L^2+M^2+N^2}}$$

$$m = \pm \frac{M}{\sqrt{L^2+M^2+N^2}}$$

$$n = \pm \frac{N}{\sqrt{L^2+M^2+N^2}} \quad \text{(複号同順)}$$

なお，ベクトル $\vec{d}=(a, b, c)$ の $a, b, c$ は方向余弦に比例している．

---- **例題 1** ----

次の直線の方程式を求めよ．

(1) 定点 $A(1, -2, 3)$ を通り，ベクトル $\vec{d}=(3, 1, 3)$ に平行な直線．

(2) 2点 $A(1, 2, 3)$, $B(3, 1, -1)$ を通る直線．

(3) 2点 $A(3, 2, 4)$, $B(1, 3, 4)$ を通る直線．

---

[解答] (1) $\dfrac{x-1}{3} = \dfrac{y+2}{1} = \dfrac{z-3}{3}$

であるから

$$\frac{x-1}{3} = y+2 = \frac{z-3}{3}$$

(2) $\dfrac{x-1}{3-1} = \dfrac{y-2}{1-2} = \dfrac{x-3}{-1-3}$

より

$$\frac{x-1}{2} = 2-y = \frac{3-x}{4}$$

(3) $\dfrac{x-3}{-2} = \dfrac{y-2}{1} = \dfrac{z-4}{0}$

と分母に 0 が現れるから，各項を $\lambda$ とおいて

$$x = -2\lambda + 3, \quad y = \lambda + 2, \quad z = 4$$

が求めるものである．

[注] (1), (2) は $\lambda$ を用いても表現できるが，

(3) は λ を用いた式，すなわち助変数表示で表現するのがふつうである．

---
**例題 2**

点 (1, 2, 3) を通る直線のうち次のものを求めよ．
(1) $x/2 = y = z/3$ に平行な直線．
(2) 三つの座標軸の正の方向と等しい角をなす直線．

---

[解答] (1) $\vec{d} = (2, 1, 3)$ に平行で，点 (1, 2, 3) を通る直線を求めればよいから

$$\frac{x-1}{2} = \frac{y-2}{1} = \frac{z-3}{3}$$

すなわち

$$\frac{x-1}{2} = y-2 = \frac{z-3}{3}$$

(2) 方向余弦を，$l$, $m$, $n$ とすれば
　$l = m = n$, $l^2 + m^2 + n^2 = 1$
したがって

$$l = m = n = \frac{1}{\sqrt{3}}$$

ゆえに

$$\frac{x-1}{1/\sqrt{3}} = \frac{y-2}{1/\sqrt{3}} = \frac{z-3}{1/\sqrt{3}}$$

この式は
　$\sqrt{3}(x-1) = \sqrt{3}(y-2) = \sqrt{3}(z-3)$
または

$$x = 1 + \frac{1}{\sqrt{3}}\lambda, \quad y = 2 + \frac{1}{\sqrt{3}}\lambda$$
$$z = 3 + \frac{1}{\sqrt{3}}\lambda$$

と書ける．
[注] 直線は，平面の交わりとも考えられるので
　$Ax + By + Cz = D$
　$A'x + B'y + C'z = D'$
をともにみたす，$(x, y, z)$ とも考えられる．

## 15.4　2直線の関係

■2直線のなす角 (1)
方向余弦がそれぞれ $l, m, n : l', m', n'$ である2直線

$$\frac{x-a}{l} = \frac{y-b}{m} = \frac{z-c}{n}$$

$$\frac{x-a'}{l'} = \frac{y-b'}{m'} = \frac{z-c'}{n'}$$

のなす角を $\theta$ とすれば
　$\cos \theta = ll' + mm' + nn'$

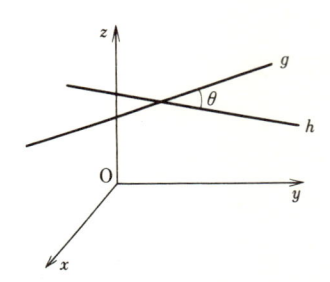

■2直線のなす角 (2)
2直線

$$\frac{x-a}{L} = \frac{y-b}{M} = \frac{z-c}{N}$$

$$\frac{x-a'}{L'} = \frac{y-b'}{M'} = \frac{z-c'}{N'}$$

のなす角を $\theta$ とすれば

$$\cos \theta = \frac{LL' + MM' + NN'}{\sqrt{L^2+M^2+N^2}\sqrt{L'^2+M'^2+N'^2}}$$

[注] 直線

$$\frac{x-a}{L} = \frac{y-b}{M} = \frac{z-c}{N}$$

の方向余弦は

$$\frac{L}{\sqrt{L^2+M^2+N^2}}, \quad \frac{M}{\sqrt{L^2+M^2+N^2}}$$

$$\frac{N}{\sqrt{L^2+M^2+N^2}}$$

■ **2直線の平行と垂直**

2直線

$$\frac{x-a}{L}=\frac{y-b}{M}=\frac{z-c}{N}$$

$$\frac{x-a'}{L'}=\frac{y-b'}{M'}=\frac{z-c'}{N'}$$

が平行である条件は

$$\frac{L}{L'}=\frac{M}{M'}=\frac{N}{N'} \quad \text{または}$$

$$L:M:N=L':M':N'$$

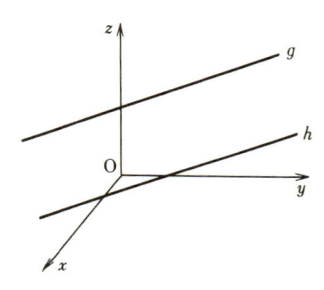

垂直である条件は

$$LL'+MM'+NN'=0$$

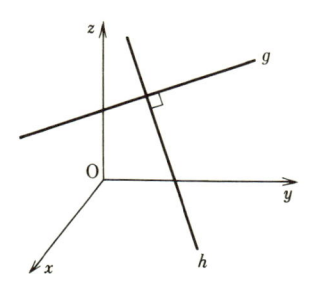

――― 例題 1 ―――

3点 A(3, −1, 2), B(3, 2, 5), C(5, 3, −2) を頂点とする三角形の ∠A の大きさを求めよ．

[解答] ∠A の大きさを求めるには

$$\overrightarrow{AB}=(0, 3, 3), \quad \overrightarrow{AC}=(2, 4, -4)$$

の方向余弦を求めればよい．

$$|\overrightarrow{AB}|=\sqrt{0^2+3^2+3^2}=\sqrt{18}=3\sqrt{2}$$

ゆえに，$\overrightarrow{AB}$ の方向余弦は

$$\left(\frac{0}{3\sqrt{2}}, \frac{3}{3\sqrt{2}}, \frac{3}{3\sqrt{2}}\right)$$

$$=\left(0, \frac{1}{\sqrt{2}}, \frac{1}{\sqrt{2}}\right)$$

同様に，$\overrightarrow{AC}$ の方向余弦は

$$\left(\frac{1}{3}, \frac{2}{3}, -\frac{2}{3}\right)$$

したがって

$$\cos A = 0\cdot\frac{1}{3}+\frac{1}{\sqrt{2}}\cdot\frac{2}{3}+\frac{1}{\sqrt{2}}\cdot\left(-\frac{2}{3}\right)$$

$$=0$$

ゆえに，∠A=90°．

[注] 上記のように考えるのが一般的であるが，∠A=90° であることは，ピタゴラスの定理により次のようにも示される．

$$AB^2=(3-3)^2+(2+1)^2+(5-2)^2=18$$
$$BC^2=(5-3)^2+(2-3)^2+(-2-5)^2$$
$$=54$$
$$CA^2=(3-5)^2+(-1-3)^2+(2+2)^2$$
$$=36$$

ゆえに

$$AB^2+CA^2=BC^2$$

これは，∠A が 90° であることを示している．

――― 例題 2 ―――

次の直線の方程式を求めよ．

(1) 定点 A(2, 3, −1) を通り，直線

$$\frac{x-1}{2}=\frac{y+2}{3}=4-z$$

に平行な直線．

(2) 定点 (1, 1, 1) を通り z 軸に直交する直線．

[解答] (1) $\vec{d}=(2, 3, -1)$ と平行である

から，分母が $2:3:-1$ に比例する．したがって，求める直線の方程式は
$$\frac{x-2}{2}=\frac{y-3}{3}=\frac{z+1}{-1}$$
すなわち
$$\frac{x-2}{2}=\frac{y-3}{3}=-z-1$$

(2) $z$ 軸との交点を $(0, 0, c)$ とすれば，直線の方向余弦は $(1, 1, 1-c)$ に比例する．一方，$z$ 軸の方向余弦は，$(0, 0, 1)$ である．したがって，$z$ 軸と求める直線のなす角を $\theta$ とすれば
$$\cos\theta=\frac{0\cdot 1+0\cdot 1+1\cdot(1-c)}{1\cdot\sqrt{1^2+1^2+(1-c)^2}}$$
$$=\frac{1-c}{\sqrt{2+(1-c)^2}}$$
$\theta=90°$ より $\cos\theta=0$. ゆえに，$c=1$. よって直線の方程式は
$$x=1+\lambda,\quad y=1+\lambda,\quad z=1$$
($\lambda$ は任意の実数)
あるいは
$$x=y,\quad z=1$$

## 15.5 平面の方程式

■平面の方程式 (1)

点 $A(x_1, y_1, z_1)$ を通り，ベクトル $\vec{n}=(a, b, c)$ に垂直な平面の方程式は
$$a(x-x_1)+b(y-y_1)+c(z-z_1)=0$$

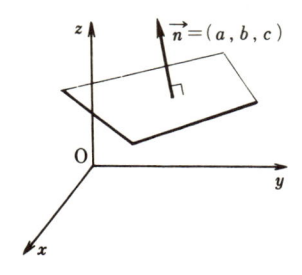

■平面の方程式 (2)

$x, y, z$ 軸の切片がそれぞれ，$a, b, c$ である平面の方程式は
$$\frac{x}{a}+\frac{y}{b}+\frac{z}{c}=1 \quad \text{ただし} \quad abc\neq 0$$

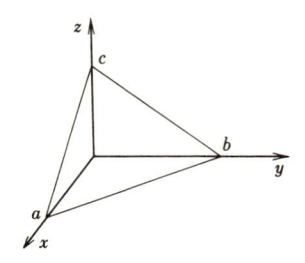

■平面の方程式 (3)

平行な2直線
$$\frac{x-x_1}{l}=\frac{y-y_1}{m}=\frac{z-z_1}{n}$$
$$\frac{x-x_2}{l}=\frac{y-y_2}{m}=\frac{z-z_2}{n}$$
によって定められる平面の方程式は
$$(mC-nB)x+(nA-lC)y+(lB-mA)z$$
$$=n(x_1y_2-x_2y_1)+l(y_1z_2-y_2z_1)$$
$$+m(z_1x_2-z_2x_1)$$
ここで
$$A=x_2-x_1,\quad B=y_2-y_1,\quad C=z_2-z_1$$

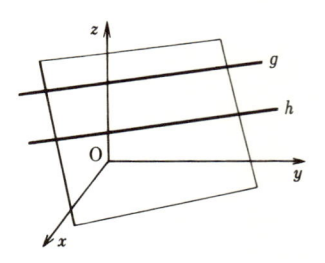

■平面の方程式 (4)

原点から平面に下した垂線の長さが $p$，その垂線の方向余弦が $l, m, n$ である平面の方程式は
$$lx+my+nz=p$$
これを**ヘッセの標準形**という．

[注] $Ax+By+Cz+D=0$
をヘッセの標準形に直すと
$$\pm \frac{Ax+By+Cz+D}{\sqrt{A^2+B^2+C^2}}=0$$
複号は左辺の定数項が負になるようにとる．

---
**例題**

次の平面の方程式を求めよ．
(1) 定点 A$(-2, 5, 1)$ を通り，ベクトル $\vec{n}=(3, 2, 3)$ に垂直な平面．
(2) A$(1, 2, 3)$, B$(2, 3, 1)$, C$(1, -1, 2)$ を通る平面．
(3) 平行な2直線
$$\frac{x-1}{2}=\frac{y-2}{3}=\frac{z-3}{4} \quad ①$$
$$\frac{x}{2}=\frac{y-1}{3}=\frac{z-3}{4} \quad ②$$
によって定められる平面．

---

[解答] (1) $3(x+2)+2(y-5)+3(z-1)=0$
すなわち
$$3x+2y+3z=7$$

(2) 求める平面に垂直なベクトルを $\vec{n}=(a, b, c)$ とすれば，$\vec{n}$ は $\overrightarrow{AB}=(1, 1, -2)$, $\overrightarrow{AC}=(0, -3, -1)$ と垂直であるから
$$a+b-2c=-3b-c=0$$
これより
$$(a, b, c)=(-7k, k, -3k)$$
ゆえに，求める平面は
$$-7k(x-1)+k(y-2)-3k(z-3)=0$$
$k \neq 0$ であるから
$$7x-y+3z-14=0$$

[注] 求める平面の方程式を
$$ax+by+cz+d=0$$
とおいて，3点 A, B, C がこの平面上にあることを用いて，$a:b:c:d$ の比を定めて，この平面を定めることもできる．

(3) 求める平面に垂直なベクトルを $\vec{n}=(a, b, c)$ とする．直線①は点 A$(1, 2, 3)$ を通り，直線②は点 B$(0, 1, 3)$ を通るから，ベクトル $\overrightarrow{AB}=(-1, -1, 0)$ は $\vec{n}$ と垂直である．したがって
$$a+b=0 \quad ③$$
また，平行2直線の方向を表すベクトル $\vec{d}=(2, 3, 4)$ も $\vec{n}$ と垂直であるから
$$2a+3b+4c=0 \quad ④$$
③，④より
$$(a, b, c)=(4k, -4k, k)$$
ここで，$k$ は0でない任意の実数である．
求める平面の方程式は
$$4k(x-1)-4k(y-2)+k(z-3)=0$$
すなわち
$$4x-4y+z+1=0$$

[注] 前ページの平面の方程式(3)を用いれば
$$A=0+1=1, \quad B=1, \quad C=0$$
したがって
$$mC-nB=-4$$
$$nA-lC=4$$
$$lB-mA=-1$$
であるから
$$-4x+4y-z=1$$
整理すれば
$$4x-4y+z+1=0$$
となり，上記と一致する．

---

## 15.6 点と直線・平面との距離

**■点と直線との距離**

1点 P$(x_1, y_1, z_1)$ から直線

III. 平面図形・空間図形

$$\frac{x-a}{l}=\frac{y-b}{m}=\frac{z-c}{n}$$

に至る距離を $h$ とすると ($l$, $m$, $n$ は方向余弦)

$$\begin{aligned}h^2=&(x_1-a)^2+(y_1-b)^2+(z_1-c)^2\\&-\{l(x_1-a)+m(y_1-b)\\&+n(z_1-c)\}^2\end{aligned}$$

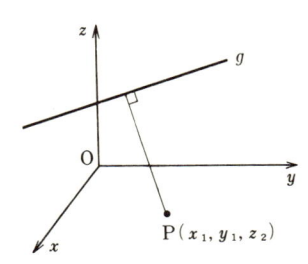

■ 2直線間の最短距離

2直線

$$\frac{x-a_1}{l_1}=\frac{y-b_1}{m_1}=\frac{z-c_1}{n_1} \quad ①$$

$$\frac{x-a_2}{l_2}=\frac{y-b_2}{m_2}=\frac{z-c_2}{n_2} \quad ②$$

の最短距離を $h$ とすると

$$h=\pm\frac{1}{\sin\theta}\begin{vmatrix}a_1-a_2 & b_1-b_2 & c_1-c_2\\l_1 & m_1 & n_1\\l_2 & m_2 & n_2\end{vmatrix}$$

ただし, $\theta$ は2直線のなす角であり, 複号は $h$ が負にならないように定める. なお

$$\sin^2\theta=(l_1n_2-n_1l_2)^2+(m_1n_2-m_2n_1)^2\\+(l_1m_2-m_1l_2)^2$$

ここに, ①, ②の $l_1$, $m_1$, $n_1$, $l_2$, $m_2$, $n_2$ は方向余弦とする.

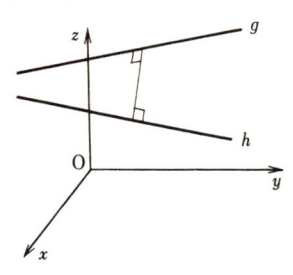

■ 点と平面の距離

1点 $P(x_1, y_1, z_1)$ から平面

$$Ax+By+Cz+D=0$$

に下した垂線の長さを $h$ とすると

$$h=\frac{|Ax_1+By_1+Cz_1+D|}{\sqrt{A^2+B^2+C^2}}$$

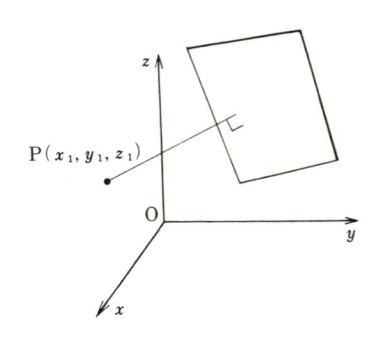

[注] 平面を $l$, $m$, $n$ を方向余弦として

$$lx+my+nz=p$$

とすれば, $P(x_1, y_1, z_1)$ からの距離は

$$h=|lx_1+my_1+nz_1-p|$$

―― 例題1 ――

点 $(1, 2, 3)$ から直線

$$\frac{x-1}{2}=y-3=\frac{z-2}{3}$$

に至る距離を求めよ.

[解答] 方向余弦を $l$, $m$, $n$ とすると, $l:m:n=2:1:3$ となり, $l^2+m^2+n^2=1$ になるから

$$l=\frac{2}{\sqrt{14}}, \quad m=\frac{1}{\sqrt{14}}, \quad n=\frac{3}{\sqrt{14}}$$

したがって, 求める距離を $h$ とすれば

$$\begin{aligned}h^2=&(3-2)^2+(2-3)^2\\&-\left\{\frac{1}{\sqrt{14}}(3-2)^2+\frac{3}{\sqrt{14}}(2-3)^2\right\}^2\\=&2-\frac{1}{14}\times(1+3)^2=\frac{6}{7}\end{aligned}$$

ゆえに, $h=\sqrt{42}/7$.

### 例題 2

2 直線
$$\frac{x-1}{2} = \frac{y-2}{3} = 1-z$$
$$1-x = \frac{y-3}{2} = \frac{z-2}{3}$$
の距離を求めよ．

[解答] それぞれの方向余弦を $l_1, m_1, n_1, l_2, m_2, n_2$ とすれば

$$l_1 = \frac{2}{\sqrt{14}}, \quad m_1 = \frac{3}{\sqrt{14}}, \quad n_1 = -\frac{1}{\sqrt{14}}$$

$$l_2 = -\frac{1}{\sqrt{14}}, \quad m_2 = \frac{2}{\sqrt{14}}, \quad n_2 = \frac{3}{\sqrt{14}}$$

となる．また

$$\sin^2 \theta = \left(\frac{6}{14} - \frac{1}{14}\right)^2 + \left(\frac{9}{14} + \frac{2}{14}\right)^2 + \left(\frac{4}{14} + \frac{3}{14}\right)^2 = \frac{195}{196}$$

ゆえに

$$\sin \theta = \pm \frac{\sqrt{195}}{14}$$

2 直線間の距離を $h$ とすれば，

$$h = \pm \frac{14}{\sqrt{195}} \begin{vmatrix} 0 & -1 & 1 \\ 2 & 3 & -1 \\ -1 & 2 & 3 \end{vmatrix} = \pm \frac{168}{\sqrt{195}}$$

$h > 0$ となるように $\sin \theta$ の値を定めるので，$h = 168/\sqrt{195}$．

### 例題 3

点 $(1, 1, 2)$ から平面
$$x + y + Az = 1$$
に下した垂線の長さが 1 であった．$A$ の値を定めよ．

[解答] 垂線の長さが 1 であるから
$$1 = \frac{|1+1+2A-1|}{\sqrt{1^2+1^2+A^2}}$$

ゆえに
$$\sqrt{2+A^2} = |2A+1|$$

両辺とも正であるから平方した方程式と同値である．したがって
$$2 + A^2 = (2A+1)^2$$

整理して
$$3A^2 + 4A - 1 = 0$$

ゆえに
$$A = \frac{-2 \pm \sqrt{4+3}}{3} = \frac{-2 \pm \sqrt{7}}{3}$$

この 2 根は求めるものである．

## 15.7　2 平面のなす角

■ **2 平面のなす角**

2 平面
$$A_1 x + B_1 y + C_1 z + D_1 = 0$$
$$A_2 x + B_2 y + C_2 z + D_2 = 0$$
のなす角を $\theta$ とすると

$$\cos \theta = \frac{A_1 A_2 + B_1 B_2 + C_1 C_2}{\sqrt{A_1^2 + B_1^2 + C_1^2} \sqrt{A_2^2 + B_2^2 + C_2^2}}$$

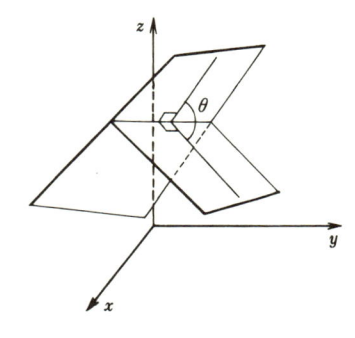

[注] 2 平面の方程式を下記のようにヘッセの標準形で与えた場合，
$$l_1 x + m_1 y + n_1 z + p_1 = 0$$
$$l_2 x + m_2 y + n_2 z + p_2 = 0$$
2 平面のなす角を $\theta$ とすると

$$\cos\theta = l_1 l_2 + m_1 m_2 + n_1 n_2$$

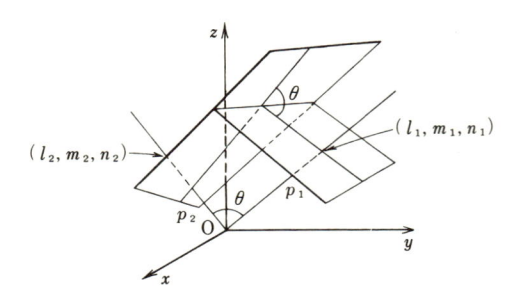

### ■2平面の平行と垂直

2平面
$$A_1 x + B_1 y + C_1 z + D_1 = 0$$
$$A_2 x + B_2 y + C_2 z + D_2 = 0$$

が**平行である条件**は
$$\frac{A_1}{A_2} = \frac{B_1}{B_2} = \frac{C_1}{C_2}$$

または
$$A_1 : B_1 : C_1 = A_2 : B_2 : C_2$$

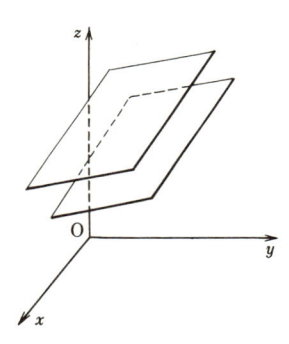

**垂直である条件**は
$$A_1 A_2 + B_1 B_2 + C_1 C_2 = 0$$

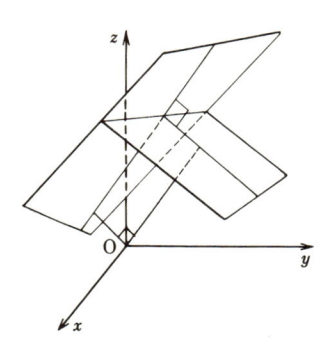

---

**── 例題 1 ──**

2平面
$$x + 2y + 3z = -4$$
$$3x + ay + 2z = 4$$

について,次の各問に答えよ.

(1) $a = -1$ のとき,2平面のなす角を求めよ.

(2) 2平面のなす角が $60°$ となるように $a$ の値を定めよ.

---

[解答] (1) $x + 2y + 3z = -4$
$3x + ay + 2z = 4$

に垂直なベクトルを,それぞれを $\vec{m}, \vec{n}$ とする.ベクトル $\vec{m}, \vec{n}$ のなす角を $\alpha$ とすれば,2平面のなす角 $\theta$ は
$$\theta = \alpha \quad \text{または} \quad \theta = 180° - \alpha$$
となる.
$$\vec{m} = (1, 2, 3), \quad \vec{n} = (3, -1, 2)$$
より
$$\cos\alpha = \frac{1 \times 3 + 2 \times (-1) + 3 \times 2}{\sqrt{1^2 + 2^2 + 3^2}\sqrt{3^2 + (-1)^2 + 2^2}}$$
$$= \frac{1}{2}$$

ゆえに,$\alpha = 60°$.したがって $\theta = 60°$.

(2) 2平面に垂直なベクトルは
$$\vec{m} = (1, 2, 3), \quad \vec{n} = (3, a, 2)$$
であるから
$$\cos 60° = \frac{1 \times 3 + 2 \times a + 3 \times 2}{\sqrt{1^2 + 2^2 + 3^2}\sqrt{3^2 + a^2 + 2^2}}$$

すなわち
$$\frac{2a + 9}{\sqrt{14}\sqrt{13 + a^2}} = \frac{1}{2} \quad \text{①}$$

これより,$a = -1, -71$.$a = -1$ は①をみたすが,$a = -71$ はみたさない.よって,$a = -1$ が求めるものである.

---- 例題 2 ----
次の各平面の方程式を求めよ．
(1) 点 A(2, 0, 5) を通り
   $2x-y-z+3=0$
に平行な平面．
(2) 点 A(2, 0, 5) を通り
   $2x-y-z+3=0$
および $zx$ 平面に垂直な平面．

[解答] (1) $2x-y-z+3=0$ に平行な平面は
$$2x-y-z+d=0$$
と書ける．これが点 A(2, 0, 5) を通るから
$$2\cdot 2-0-5+d=0$$
すなわち，$d=1$．よって，求める平面の方程式は
$$2x-y-z+1=0$$
(2) 求める平面の方程式を
$$ax+by+cz+d=0$$
とする．
$zx$ 平面の方程式は，$y=0$ であるから，点 A を通る条件，および与えられた 2 平面に垂直な条件は
$$2a+5c+d=0$$
$$2a-b-c=0, \quad b=0$$
これから，係数 $a, b, c, d$ の比を求めると
$$a:b:c:d=1:0:2:-12$$
よって，求める平面の方程式は
$$x+2z-12=0$$
[注] 定点を通り，ある一つの平面に垂直な平面は無数に存在する．

## 15.8 直線と平面のなす角

■直線と平面のなす角
直線
$$\frac{x-a}{L}=\frac{y-b}{M}=\frac{z-c}{N}$$
と平面
$$Ax+By+Cz+D=0$$
のなす角を $\theta$ とすると
$$\sin\theta=\frac{LA+MB+NC}{\sqrt{L^2+M^2+N^2}\sqrt{A^2+B^2+C^2}}$$

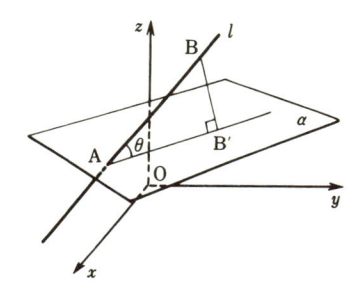

[注] 直線の方向余弦が $l, m, n$，平面がヘッセの標準形で与えられた場合，すなわち，直線
$$\frac{x-a}{l}=\frac{y-b}{m}=\frac{z-c}{n}$$
平面
$$l'x+m'y+n'z=p'$$
のとき，直線と平面とのなす角を $\theta$ とすると
$$\sin\theta=ll'+mm'+nn'$$
直線と平面のなす角とは，直線 $l$ と平面 $\alpha$ とが A で交わる場合，$l$ 上の A 以外の 1 点 B から $\alpha$ に下した垂線の足を B' とし，BA と B'A のつくる角のことをいう（上図参照）．直線 $l$ と平面のなす角は劣角で測るのがふつうである．

## ■直線と平面の平行と垂直

直線
$$\frac{x-a}{L}=\frac{y-b}{M}=\frac{z-c}{N}$$
と平面
$$Ax+By+Cz+D=0$$
とが，**平行である条件**は
$$AL+BM+CN=0$$

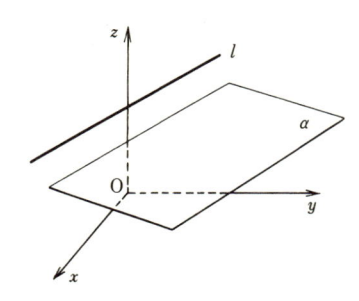

**垂直である条件**は
$$\frac{A}{L}=\frac{B}{M}=\frac{C}{N}$$
または
$$A:B:C=L:M:N$$

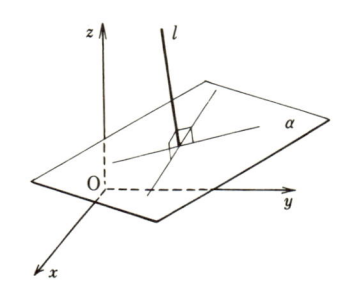

---
**例題 1**

直線
$$\frac{x-1}{2}=\frac{y-2}{3}=\frac{z-3}{4}$$
と平面
$$2x+ay+4z+1=0$$
について，次の各問に答えよ．
(1) $a=3$ のとき，直線と平面のなす角を求めよ．
(2) 直線と平面が 30° となることがあるか．

---

[解答] (1) 直線と平面のなす角を $\theta$ とすれば
$$\sin\theta=\frac{2\times2+3\times3+4\times4}{\sqrt{2^2+3^2+4^2}\sqrt{2^2+3^2+4^2}}=1$$
これより，$\theta=90°$．したがって，直線と平面は直交する．

(2) 直線と平面のなす角を $\theta$ とすれば
$$\sin\theta=\frac{2\times2+3\times a+4\times4}{\sqrt{2^2+3^2+4^2}\sqrt{2^2+a^2+4^2}}$$
$\theta=30°$ とすれば
$$\frac{1}{2}=\frac{3a+20}{\sqrt{29}\sqrt{a^2+20}} \qquad ①$$
平方して整理すれば
$$7a^2+480a+1020=0 \qquad ②$$
である．
$$f(a)=7a^2+480a+1020$$
とおくと
$$f\left(-\frac{20}{3}\right)=-\frac{16820}{9}<0$$
$$f(0)=1020>0$$
で対称軸が $-240/7$ で，$-20/3$ より小であるから，②の1根は $-20/3$ より大きい．したがって，①をみたす解が存在する．ゆえに，直線と平面とが 30° となることがある．

---
**例題 2**

点 (1, 2, 3) を通って平面
$$2x+3y+4z+5=0$$
に垂直な直線の方程式を求めよ．

---

[解答] 求める直線の方向比は，2:3:4 であるから

$$\frac{x-1}{2}=\frac{y-2}{3}=\frac{z-3}{4}$$

---
**例題 3**

直線
$$\frac{x-1}{2}=\frac{y-3}{5}=\frac{z+3}{7}$$
と原点できまる平面の方程式を求めよ．

---

[解答] 原点を通る平面の方程式は
$$ax+by+cz=0$$
で表される．これが，与えられた直線を含むから（平行の特殊な場）
$$2a+5b+7c=0 \qquad ①$$
また，直線上の点 $(1, 3, -3)$ は平面上にあるから
$$a+3b-3c=0 \qquad ②$$
①, ② より $a, b, c$ の比を求めると
$$a:b:c=36:-13:-1$$
よって求める平面の方程式は
$$36x-13y-z=0$$

## 15.9　一般の 2 次曲面

2 次方程式で表される曲面を **2 次曲面** という．2 次曲面のうち本来の 2 次曲面といわれるものを以下に記す．本来の 2 次曲線 $f(x, y, z)=0$ は座標軸に適当な平行移動と回転を施すことによって，次の 2 種のものに分類される．

(1) $A_1 x^2 + A_2 y^2 + A_3 z^2 + B = 0$ の型

① 楕円面 $\dfrac{x^2}{a^2}+\dfrac{y^2}{b^2}+\dfrac{z^2}{c^2}=1$

各座標平面に平行な平面での切口の曲線はいずれも楕円である．原点 O は点対称の中心で，これを楕円面の中心という．

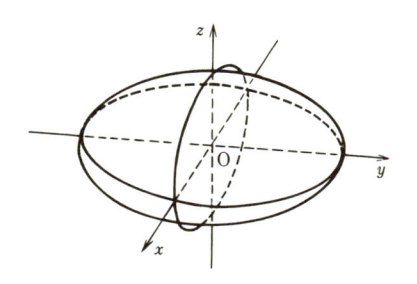

楕円面上の点 $(x_1, y_1, z_1)$ における接平面の方程式は
$$\frac{x_1 x}{a^2}+\frac{y_1 y}{b^2}+\frac{z_1 z}{c^2}=1$$
法線の方程式は
$$a^2\left(\frac{x}{x_1}-1\right)=b^2\left(\frac{y}{y_1}-1\right)=c^2\left(\frac{z}{z_1}-1\right)$$

② 1 葉双曲面 $\dfrac{x^2}{a^2}+\dfrac{y^2}{b^2}-\dfrac{z^2}{c^2}=1$

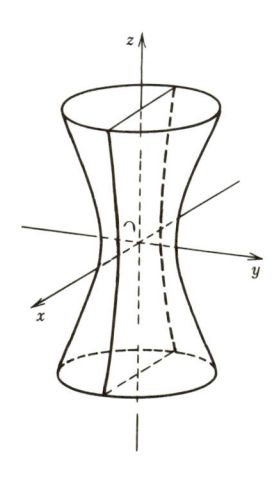

$xy$ 平面に平行な平面での切口の曲線は楕円で，$xz$ 平面および $yz$ 平面に平行な平面での切口の曲線はいずれも双曲線である．原点 O は点対称の中心で，これを 1 葉双曲面の中心という．

1 葉双曲面上の点 $(x_1, y_1, z_1)$ における接平面の方程式は
$$\frac{x_1 x}{a^2}+\frac{y_1 y}{b^2}-\frac{z_1 z}{c^2}=1$$

法線の方程式は
$$a^2\left(\frac{x}{x_1}-1\right)=b^2\left(\frac{y}{y_1}-1\right)=-c^2\left(\frac{z}{z_1}-1\right)$$

③ 2葉双曲面 $\dfrac{x^2}{a^2}-\dfrac{y^2}{b^2}-\dfrac{z^2}{c^2}=1$

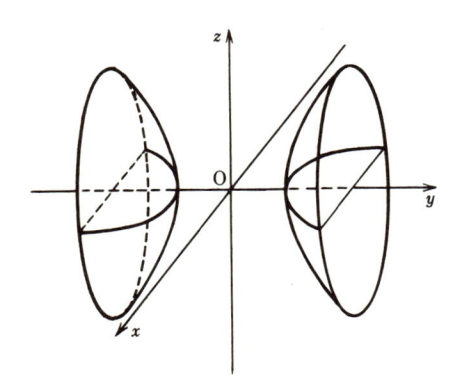

$xy$ 平面および $xy$ 平面に平行な平面での切口の曲線はいずれも双曲線で，適当な $zx$ 平面に平行な平面での切口の曲線は楕円である．原点 O は点対称の中心で，2葉双曲面の中心という．

2葉双曲面上の点 $(x_1, y_1, z_1)$ における接平面の方程式は
$$\frac{x_1 x}{a^2}-\frac{y_1 y}{b^2}-\frac{z_1 z}{c^2}=1$$

法線の方程式は
$$a^2\left(\frac{x}{x_1}-1\right)=-b^2\left(\frac{y}{y_1}-1\right)$$
$$=-c^2\left(\frac{z}{z_1}-1\right)$$

(2) $A_1 x^2 + A_2 y^2 + 2Bz + \gamma = 0$ の型

① 楕円放物面 $\dfrac{x^2}{a^2}+\dfrac{y^2}{b^2}=2z$

$yz$ 平面および $xz$ 平面に平行な平面での切口の曲線はいずれも放物線で，$xy$ 平面に平行な平面での切口の曲線は楕円である．この曲線は中心をもたない．

楕円放物面上の点 $(x_1, y_1, z_1)$ における

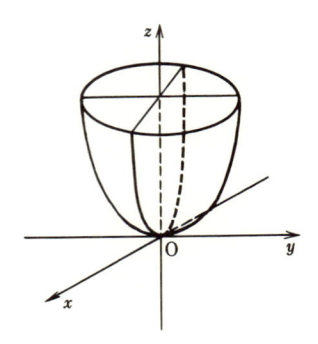

接平面の方程式は
$$\frac{x_1 x}{a^2}+\frac{y_1 y}{b^2}=z+z_1$$

法線の方程式は
$$a^2\left(\frac{x}{x_1}-1\right)=b^2\left(\frac{y}{y_1}-1\right)=z_1-z$$

② 双曲放物面 $\dfrac{x^2}{a^2}-\dfrac{y^2}{b^2}=2z$

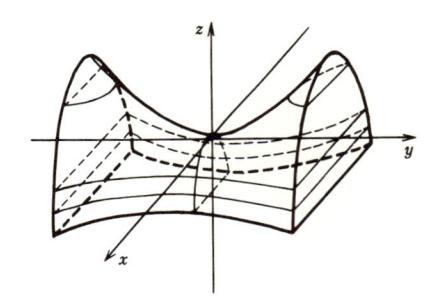

$yz$ 平面および $xz$ 平面に平行な平面の切口の曲線はいずれも放物線で，$xy$ 平面に平行な平面での切口の曲線は双曲線である．この曲線は中心をもたない．

双曲放物面上の点 $(x_1, y_1, z_1)$ における接平面の方程式は
$$\frac{x_1 x}{a^2}-\frac{y_1 y}{b^2}=z+z_1$$

法線の方程式は
$$a^2\left(\frac{x}{x_1}-1\right)=b^2\left(1-\frac{y}{y_1}\right)=z_1-z$$

# IV. 行列・ベクトル

## 16. 行列式

### 16.1 行列式の定義

■**行列式の定義**

2元1次連立方程式
$$a_1x+b_1y=c_1, \quad a_2x+b_2y=c_2$$
において
$$a_1b_2-b_1a_2\neq 0$$
のとき,この解は
$$x=\frac{c_1b_2-c_2b_1}{a_1b_2-a_2b_1}, \quad y=\frac{a_1c_2-a_2c_1}{a_1b_2-a_2b_1}$$
となる.この式の分母,分子は,添字($a_\square$の□内の数字)に注目すると全く同様の型をしている.そこで,この分母,分子を
$$a_1b_2-a_2b_1=\begin{vmatrix}a_1&b_1\\a_2&b_2\end{vmatrix}$$
$$c_1b_2-c_2b_1=\begin{vmatrix}c_1&b_1\\c_2&b_2\end{vmatrix}$$
$$a_1c_2-a_2c_1=\begin{vmatrix}a_1&c_1\\a_2&c_2\end{vmatrix}$$
と書くことにすると,上の解は
$$x=\frac{\begin{vmatrix}c_1&b_1\\c_2&b_2\end{vmatrix}}{\begin{vmatrix}a_1&b_1\\a_2&b_2\end{vmatrix}}, \quad y=\frac{\begin{vmatrix}a_1&c_1\\a_2&c_2\end{vmatrix}}{\begin{vmatrix}a_1&b_1\\a_2&b_2\end{vmatrix}}$$
と表される.

一般に四つの数 $a_1$, $a_2$, $b_1$, $b_2$ からつくられた $\begin{vmatrix}a_1&b_1\\a_2&b_2\end{vmatrix}$ を**2次の行列式**といい,おのおのの数を**元**,横列を**行**,縦列を**列**という.

次に,3元1次連立方程式
$$\begin{cases}a_1x+b_1y+c_1z=d_1\\a_2x+b_2y+c_2z=d_2\\a_3x+b_3y+c_3z=d_3\end{cases}$$
を解くと
$$x=\frac{d_1(b_2c_3-b_3c_2)+d_2(b_3c_1-b_1c_3)+d_3(b_1c_2-b_2c_1)}{a_1(b_2c_3-b_3c_2)+a_2(b_3c_1-b_1c_3)+a_3(b_1c_2-b_2c_1)}$$
(ただし,分母は0でないとする)
$y$, $z$ も同様の形で求められる.ここで,この式の分母を
$$a_1(b_2c_3-b_3c_2)+a_2(b_3c_1-b_1c_3)$$
$$+a_3(b_1c_2-b_2c_1)$$
$$=\begin{vmatrix}a_1&b_1&c_1\\a_2&b_2&c_2\\a_3&b_3&c_3\end{vmatrix} \qquad ①$$
と書くことにすれば
$$x=\frac{\begin{vmatrix}d_1&b_1&c_1\\d_2&b_2&c_2\\d_3&b_3&c_3\end{vmatrix}}{\begin{vmatrix}a_1&b_1&c_1\\a_2&b_2&c_2\\a_3&b_3&c_3\end{vmatrix}}$$

①の右辺を**3次の行列式**といい,左辺をその展開式という.展開式を書きかえて
$$a_1b_2c_3+a_2b_3c_1+a_3b_1c_2-a_1b_3c_2$$
$$-a_2b_1c_3-a_3b_2c_1 \qquad ②$$
とすると,このおのおのの項は行列式の各行および各列から一つずつ元をとり,その積に正または負の符号をつけたものの総和である.したがって,これを

$$\begin{vmatrix} a_1 & b_1 & c_1 \\ a_2 & b_2 & c_2 \\ a_3 & b_3 & c_3 \end{vmatrix} = \sum \pm a_\alpha b_\beta c_\gamma$$

と表すことができる.

なお，3次の行列式の展開式を求めるには，下図のように符号を記憶するとよい．これを**サラスの法則**という．

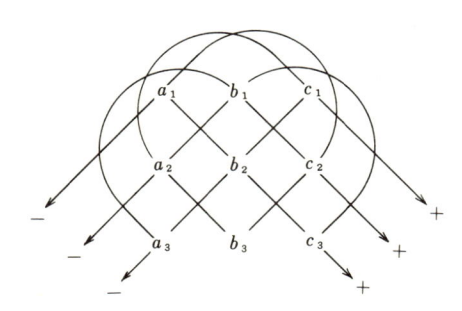

②は

$$a = \begin{bmatrix} a_1 \\ a_2 \\ a_3 \end{bmatrix}, \quad b = \begin{bmatrix} b_1 \\ b_2 \\ b_3 \end{bmatrix}, \quad c = \begin{bmatrix} c_1 \\ c_2 \\ c_3 \end{bmatrix}$$

を辺とする平行六面体の体積を表す.

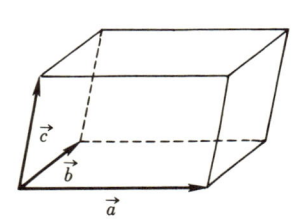

2次，3次の行列式は，それぞれ $2^2$，$3^2$ 個の数でつくられるが，同様に $n$ 次の行列式は $n^2$ 個の数でつくられる.

── 例題 1 ──
次の行列式の値を求めよ.
(1) $\begin{vmatrix} 2 & 3 \\ 3 & 4 \end{vmatrix}$  (2) $\begin{vmatrix} 0 & 3 & 6 \\ 1 & 4 & 7 \\ 2 & 5 & 8 \end{vmatrix}$

[解答] (1) $2 \times 4 - 3 \times 3 = -1$
(2) $0 \times 4 \times 8 + 2 \times 3 \times 7 + 5 \times 1 \times 6 - 6 \times 4 \times 2$
$-8 \times 3 \times 1 - 5 \times 7 \times 0$
$= 42 + 30 - 48 - 24 = 0$

── 例題 2 ──
次の等式を証明せよ.
$$\begin{vmatrix} 1 & 1 & 1 \\ x & y & z \\ x^2 & y^2 & z^2 \end{vmatrix} = (x-y)(y-z)(z-x)$$

[証明]
与式 $= yz^2 + x^2z + y^2x - yx^2 - zy^2 - z^2x$
$= (z-y)x^2 + (y^2-z^2)x + yz(z-y)$
$= (z-y)\{x^2 - (y+z)x + yz\}$
$= (z-y)(x-y)(x-z)$
$= (x-y)(y-z)(z-x)$

[注] $x=y$ とおくとこの行列式は 0 となるので，$x-y$ という因数があることがわかる．同様に $y-z$，$z-x$ という因数のあることもわかるので，$k(x-y)(y-z)(z-x)$ となり，係数を比べて $k=1$ となる.

## 16.2 行列式の基本性質

■**行列式の性質**

(1) 行と列を入れかえても，行列式の値はかわらない．たとえば

$$\begin{vmatrix} a_1 & a_2 & a_3 \\ b_1 & b_2 & b_3 \\ c_1 & c_2 & c_3 \end{vmatrix} = \begin{vmatrix} a_1 & b_1 & c_1 \\ a_2 & b_2 & c_2 \\ a_3 & b_3 & c_3 \end{vmatrix}$$

(2) 行列式の一つの行の元が 0 ならば，その行列式の値は 0 である．たとえば

$$\begin{vmatrix} 0 & 0 & 0 \\ b_1 & b_2 & b_3 \\ c_1 & c_2 & c_3 \end{vmatrix} = 0$$

(3) 一つの行列式の二つの行が同じであれば，その行列式の値は 0 である．たとえば
$$\begin{vmatrix} a_1 & a_2 & a_3 \\ a_1 & a_2 & a_3 \\ c_1 & c_2 & c_3 \end{vmatrix} = 0$$

(4) 行列式の二つの行の対応する元が互いに比例すれば，その行列式の値は 0 である．たとえば
$$\begin{vmatrix} a_1 & a_2 & a_3 \\ \lambda a_1 & \lambda a_2 & \lambda a_3 \\ c_1 & c_2 & c_3 \end{vmatrix} = 0$$

(5) 行列式の一つの行のおのおのの元に同一の数 $\lambda$ を掛けてえられる行列式の値は，もとの行列式の値に $\lambda$ を掛けたものに等しい．たとえば
$$\begin{vmatrix} a_1 & a_2 & a_3 \\ \lambda b_1 & \lambda b_2 & \lambda b_3 \\ c_1 & c_2 & c_3 \end{vmatrix} = \lambda \begin{vmatrix} a_1 & a_2 & a_3 \\ b_1 & b_2 & b_3 \\ c_1 & c_2 & c_3 \end{vmatrix}$$

(6) 行列式の一つの行のすべての元が二つの数の和であるとき，その行列式は，二つの行列式の和として表される．たとえば
$$\begin{vmatrix} a_1+a_1' & b_1+b_1' & c_1+c_1' \\ a_2 & b_2 & c_2 \\ a_3 & b_3 & c_3 \end{vmatrix}$$
$$= \begin{vmatrix} a_1 & b_1 & c_1 \\ a_2 & b_2 & c_2 \\ a_3 & b_3 & c_3 \end{vmatrix} + \begin{vmatrix} a_1' & b_1' & c_1' \\ a_2 & b_2 & c_2 \\ a_3 & b_3 & c_3 \end{vmatrix}$$

(7) 一つの行列式の二つの行を交換すると，その行列式の符号がかわる．たとえば
$$\begin{vmatrix} a_1 & a_2 & a_3 \\ b_1 & b_2 & b_3 \\ c_1 & c_2 & c_3 \end{vmatrix} = - \begin{vmatrix} b_1 & b_2 & b_3 \\ a_1 & a_2 & a_3 \\ c_1 & c_2 & c_3 \end{vmatrix}$$

(8) 行列式の一つの行に同一の数 $\lambda$ を掛けて，それを他の行に加えても，行列式の値はかわらない．たとえば

$$\begin{vmatrix} a_1 & a_2 & a_3 \\ b_1 & b_2 & b_3 \\ c_1 & c_2 & c_3 \end{vmatrix}$$
$$= \begin{vmatrix} a_1 & a_2 & a_3 \\ b_1+\lambda a_1 & b_2+\lambda a_2 & b_3+\lambda a_3 \\ c_1 & c_2 & c_3 \end{vmatrix}$$

［注］(2)～(8) の性質は列についても全く同様に成り立つ．たとえば，(2) は「行列式の一つの列の元が 0 ならば，その行列式の値は 0 である」となる．これらの性質は，16.1 節で述べた平行六面体の体積を考えると自然な結果である．

―― 例題 1 ――
次の行列式の値を求めよ．

(1) $\begin{vmatrix} 1 & 1 & 1 \\ -2 & 7 & 2 \\ 2 & 3 & 2 \end{vmatrix}$ (2) $\begin{vmatrix} 4 & 9 & 2 \\ 3 & 5 & 7 \\ 8 & 1 & 6 \end{vmatrix}$

［解答］(1) 与式を $D$ とおく．第 1 行に 2 を掛け，第 2 行に加えると
$$D = \begin{vmatrix} 1 & 1 & 1 \\ 0 & 9 & 4 \\ 2 & 3 & 2 \end{vmatrix}$$
さらに，第 1 行に $-2$ を掛けて，第 3 行に加えると
$$D = \begin{vmatrix} 1 & 1 & 1 \\ 0 & 9 & 4 \\ 0 & 1 & 0 \end{vmatrix} = -1 \times 1 \times 4 = -4$$

(2) 与式を $D$ とおく．第 2 列と第 3 列を第 1 列に加えると
$$D = \begin{vmatrix} 15 & 9 & 2 \\ 15 & 5 & 7 \\ 15 & 1 & 6 \end{vmatrix} = 15 \begin{vmatrix} 1 & 9 & 2 \\ 1 & 5 & 7 \\ 1 & 1 & 6 \end{vmatrix}$$

第 1 行から第 2 行を，第 2 行から第 3 行を減ずると

$$D = 15 \begin{vmatrix} 0 & 4 & -5 \\ 0 & 4 & 1 \\ 1 & 1 & 6 \end{vmatrix}$$

第1行から第2行を減ずると

$$D = 15 \begin{vmatrix} 0 & 0 & -6 \\ 0 & 4 & 1 \\ 1 & 1 & 6 \end{vmatrix} = 15 \times 24 = 360$$

───── 例題 2 ─────

次の各式を証明せよ．

(1) $\begin{vmatrix} 1 & a & b+c \\ 1 & b & c+a \\ 1 & c & a+b \end{vmatrix} = 0$

(2) $\begin{vmatrix} b+c & a & a \\ b & c+a & b \\ c & c & a+b \end{vmatrix} = 4abc$

[証明] (1) 第3列を第2列に加えると

$$与式 = \begin{vmatrix} 1 & a+b+c & b+c \\ 1 & a+b+c & c+a \\ 1 & a+b+c & a+b \end{vmatrix}$$

$$= (a+b+c) \begin{vmatrix} 1 & 1 & b+c \\ 1 & 1 & c+a \\ 1 & 1 & a+b \end{vmatrix}$$

$= 0$ （第1列と第2列が等しい）

(2) 第2行から第1行と第3行を引くと

$$与式 = \begin{vmatrix} b+c & a & a \\ -2c & 0 & -2a \\ c & c & a+b \end{vmatrix}$$

$$= 2 \begin{vmatrix} b+c & a & a \\ -c & 0 & -a \\ c & c & a+b \end{vmatrix}$$

$$= 2 \begin{vmatrix} b & a & 0 \\ -c & 0 & -a \\ 0 & c & b \end{vmatrix}$$

$= 2(abc + abc) = 4abc$

## 16.3 小行列式・余因子

**■小行列式**

一つの行列式から，ある行とある列とを除いて残りの元からできる行列式をもとの行列式の**小行列式**という．たとえば

$$\begin{vmatrix} 1 & 2 & 3 \\ 4 & 5 & 6 \\ 7 & 8 & 9 \end{vmatrix}$$

の小行列式は

$\begin{vmatrix} 1 & 2 & 3 \\ 4 & 5 & 6 \\ 7 & 8 & 9 \end{vmatrix}$ より $\begin{vmatrix} 5 & 6 \\ 8 & 9 \end{vmatrix}$

$\begin{vmatrix} 1 & 2 & 3 \\ 4 & 5 & 6 \\ 7 & 8 & 9 \end{vmatrix}$ より $\begin{vmatrix} 4 & 6 \\ 7 & 9 \end{vmatrix}$

$\begin{vmatrix} 1 & 2 & 3 \\ 4 & 5 & 6 \\ 7 & 8 & 9 \end{vmatrix}$ より $\begin{vmatrix} 4 & 5 \\ 7 & 8 \end{vmatrix}$

$\begin{vmatrix} 1 & 2 & 3 \\ 4 & 5 & 6 \\ 7 & 8 & 9 \end{vmatrix}$ より $\begin{vmatrix} 2 & 3 \\ 8 & 9 \end{vmatrix}$

$\begin{vmatrix} 1 & 2 & 3 \\ 4 & 5 & 6 \\ 7 & 8 & 9 \end{vmatrix}$ より $\begin{vmatrix} 1 & 3 \\ 7 & 9 \end{vmatrix}$

$\begin{vmatrix} 1 & 2 & 3 \\ 4 & 5 & 6 \\ 7 & 8 & 9 \end{vmatrix}$ より $\begin{vmatrix} 1 & 2 \\ 7 & 8 \end{vmatrix}$

のほか

$\begin{vmatrix} 2 & 3 \\ 5 & 6 \end{vmatrix}, \begin{vmatrix} 1 & 3 \\ 4 & 6 \end{vmatrix}, \begin{vmatrix} 1 & 2 \\ 4 & 5 \end{vmatrix}$

があり，全部で9個ある．

**■余因数**

3次の行列式

$$D = \begin{vmatrix} 1 & 2 & 3 \\ 4 & 5 & 6 \\ 7 & 8 & 9 \end{vmatrix}$$

の展開式を，第1行の元について整理すると

$$D = 1(5 \cdot 9 - 6 \cdot 8) - 2(4 \cdot 9 - 6 \cdot 7) \\ + 3(4 \cdot 8 - 5 \cdot 7)$$

$$= 1\begin{vmatrix} 5 & 6 \\ 8 & 9 \end{vmatrix} - 2\begin{vmatrix} 4 & 6 \\ 7 & 9 \end{vmatrix} + 3\begin{vmatrix} 4 & 5 \\ 7 & 8 \end{vmatrix} \quad ①$$

同様に，第2行の元について整理すると

$$D = -4\begin{vmatrix} 2 & 3 \\ 8 & 9 \end{vmatrix} + 5\begin{vmatrix} 1 & 3 \\ 7 & 9 \end{vmatrix} - 6\begin{vmatrix} 1 & 2 \\ 7 & 8 \end{vmatrix} \quad ②$$

と書ける．①について

$$\begin{vmatrix} 5 & 6 \\ 8 & 9 \end{vmatrix}, \quad -\begin{vmatrix} 4 & 6 \\ 7 & 9 \end{vmatrix}, \quad \begin{vmatrix} 4 & 5 \\ 7 & 8 \end{vmatrix}$$

を1，2，3の余因数という．同様に，②について

$$-\begin{vmatrix} 2 & 3 \\ 8 & 9 \end{vmatrix}, \quad \begin{vmatrix} 1 & 3 \\ 7 & 9 \end{vmatrix}, \quad -\begin{vmatrix} 1 & 2 \\ 7 & 8 \end{vmatrix}$$

は4，5，6の余因数である．余因数は，小行列式に正または負の符号をつけたものである．

一般に，$a_{ik}$ で第 $i$ 行，第 $k$ 列の元を表すとき，余因数は，$a_{ik}$ を含む行と列を除いてえられる小行列式に，$(-1)^{i+k}$ を掛けたものである．

余因数を用いると，次の定理が成り立つ．

> **定理**
> 行列式の一つの行のおのおのの元に，それらの元の余因数を掛けて加えたものは，その行列式の値に等しい．

たとえば

$$\begin{vmatrix} 1 & 2 & 3 & 4 \\ 5 & 6 & 7 & 8 \\ 9 & 10 & 11 & 12 \\ 13 & 14 & 15 & 16 \end{vmatrix}$$

$$= 1\begin{vmatrix} 6 & 7 & 8 \\ 10 & 11 & 12 \\ 14 & 15 & 16 \end{vmatrix} - 2\begin{vmatrix} 5 & 7 & 8 \\ 9 & 11 & 12 \\ 13 & 15 & 16 \end{vmatrix}$$

$$+ 3\begin{vmatrix} 5 & 6 & 8 \\ 9 & 10 & 12 \\ 13 & 14 & 16 \end{vmatrix} - 4\begin{vmatrix} 5 & 6 & 7 \\ 9 & 10 & 11 \\ 13 & 14 & 15 \end{vmatrix}$$

となる．

したがって，3次以上の行列式を，順に低次の行列式に展開することができる．4次以上の行列式については，サラスの法則に対応するものがない．4次以上の行列式の値を求めるには，基本性質を用いて変形した上で，上記の定理を用いる．

> **例題**
> 次の行列式を計算せよ．
> $$\begin{vmatrix} 2 & 4 & -1 & -6 \\ -1 & 5 & 2 & 3 \\ 1 & -2 & 3 & -4 \\ 4 & 0 & -4 & 6 \end{vmatrix}$$

［解答］（第2行）×2，第2行，（第2行）×4 をそれぞれ第1行，第3行，第4行に加えれば

$$与式 = \begin{vmatrix} 0 & 14 & 3 & 0 \\ -1 & 5 & 2 & 3 \\ 0 & 3 & 5 & -1 \\ 0 & 20 & 4 & 18 \end{vmatrix}$$

これを第1列について展開すれば

$$与式 = (-1)^3 \times (-1) \begin{vmatrix} 14 & 3 & 0 \\ 3 & 5 & -1 \\ 20 & 4 & 18 \end{vmatrix}$$

（第3列）×3，（第3列）×5を第1列，第2列に加えれば

$$与式 = \begin{vmatrix} 14 & 3 & 0 \\ 0 & 0 & -1 \\ 74 & 94 & 18 \end{vmatrix}$$

$$= (-3 \times 74 + 14 \times 94) = 1094$$

［注］高次の行列式は，基本性質を用いて，二つの行または列が一致するか，0ができるだけ多くなるように変形してから，展開すると値が求めやすい．

## 16.4 クラメルの公式

■3元連立1次方程式

$$\begin{cases} a_1x + a_2y + a_3z = a_4 \\ b_1x + b_2y + b_3z = b_4 \\ c_1x + c_2y + c_3z = c_4 \end{cases} \quad ①$$

において

$$|A| = \begin{vmatrix} a_1 & a_2 & a_3 \\ b_1 & b_2 & b_3 \\ c_1 & c_2 & c_3 \end{vmatrix} \neq 0$$

のとき，①の解は

$$x = \frac{\begin{vmatrix} a_4 & a_2 & a_3 \\ b_4 & b_2 & b_3 \\ c_4 & c_2 & c_3 \end{vmatrix}}{\begin{vmatrix} a_1 & a_2 & a_3 \\ b_1 & b_2 & b_3 \\ c_1 & c_2 & c_3 \end{vmatrix}}, \quad y = \frac{\begin{vmatrix} a_1 & a_4 & a_3 \\ b_1 & b_4 & b_3 \\ c_1 & c_4 & c_3 \end{vmatrix}}{\begin{vmatrix} a_1 & a_2 & a_3 \\ b_1 & b_2 & b_3 \\ c_1 & c_2 & c_3 \end{vmatrix}}$$

$$z = \frac{\begin{vmatrix} a_1 & a_2 & a_4 \\ b_1 & b_2 & b_4 \\ c_1 & c_2 & c_4 \end{vmatrix}}{\begin{vmatrix} a_1 & a_2 & a_3 \\ b_1 & b_2 & b_3 \\ c_1 & c_2 & c_3 \end{vmatrix}}$$

で与えられる．

■4元連立1次方程式

$$\begin{cases} a_1x + a_2y + a_3z + a_4w = a_5 \\ b_1x + b_2y + b_3z + b_4w = b_5 \\ c_1x + c_2y + c_3z + c_4w = c_5 \\ d_1x + d_2y + d_3z + d_4w = d_5 \end{cases} \quad ②$$

において

$$|A| = \begin{vmatrix} a_1 & a_2 & a_3 & a_4 \\ b_1 & b_2 & b_3 & b_4 \\ c_1 & c_2 & c_3 & c_4 \\ d_1 & d_2 & d_3 & d_4 \end{vmatrix} \neq 0$$

のとき，②の解は

$$x = \frac{\begin{vmatrix} a_5 & a_2 & a_3 & a_4 \\ b_5 & b_2 & b_3 & b_4 \\ c_5 & c_2 & c_3 & c_4 \\ d_5 & d_2 & d_3 & d_4 \end{vmatrix}}{\begin{vmatrix} a_1 & a_2 & a_3 & a_4 \\ b_1 & b_2 & b_3 & b_4 \\ c_1 & c_2 & c_3 & c_4 \\ d_1 & d_2 & d_3 & d_4 \end{vmatrix}}$$

$$y = \frac{\begin{vmatrix} a_1 & a_5 & a_3 & a_4 \\ b_1 & b_5 & b_3 & b_4 \\ c_1 & c_5 & c_3 & c_4 \\ d_1 & d_5 & d_3 & d_4 \end{vmatrix}}{\begin{vmatrix} a_1 & a_2 & a_3 & a_4 \\ b_1 & b_2 & b_3 & b_4 \\ c_1 & c_2 & c_3 & c_4 \\ d_1 & d_2 & d_3 & d_4 \end{vmatrix}}$$

$$z = \frac{\begin{vmatrix} a_1 & a_2 & a_5 & a_4 \\ b_1 & b_2 & b_5 & b_4 \\ c_1 & c_2 & c_5 & c_4 \\ d_1 & d_2 & d_5 & d_4 \end{vmatrix}}{\begin{vmatrix} a_1 & a_2 & a_3 & a_4 \\ b_1 & b_2 & b_3 & b_4 \\ c_1 & c_2 & c_3 & c_4 \\ d_1 & d_2 & d_3 & d_4 \end{vmatrix}}$$

$$w=\frac{\begin{vmatrix} a_1 & a_2 & a_3 & a_5 \\ b_1 & b_2 & b_3 & b_5 \\ c_1 & c_2 & c_3 & c_5 \\ d_1 & d_2 & d_3 & d_5 \end{vmatrix}}{\begin{vmatrix} a_1 & a_2 & a_3 & a_4 \\ b_1 & b_2 & b_3 & b_4 \\ c_1 & c_2 & c_3 & c_4 \\ d_1 & d_2 & d_3 & d_4 \end{vmatrix}}$$

で与えられる．

■ $n$ 元連立1次方程式

$$\begin{cases} a_{11}x_1+a_{12}x_2+\cdots+a_{1n}x_n=a_1 \\ a_{21}x_1+a_{22}x_2+\cdots+a_{2n}x_n=a_2 \\ \cdots\cdots\cdots\cdots\cdots\cdots\cdots\cdots \\ a_{n1}x_1+a_{n2}x_2+\cdots+a_{nn}x_n=a_n \end{cases} \quad ③$$

において

$$|A|=\begin{vmatrix} a_{11} & a_{12} & \cdots & a_{1n} \\ a_{21} & a_{22} & \cdots & a_{2n} \\ \cdots & \cdots & \cdots & \cdots \\ a_{n1} & a_{n2} & \cdots & a_{nn} \end{vmatrix}\neq 0$$

のとき，③の解は

$$x_1=\frac{1}{|A|}\begin{vmatrix} a_1 & a_{12} & \cdots & a_{1n} \\ a_2 & a_{22} & \cdots & a_{2n} \\ \cdots & \cdots & \cdots & \cdots \\ a_n & a_{n2} & \cdots & a_{nn} \end{vmatrix}$$

$$x_2=\frac{1}{|A|}\begin{vmatrix} a_{11} & a_1 & \cdots & a_{1n} \\ a_{21} & a_2 & \cdots & a_{2n} \\ \cdots & \cdots & \cdots & \cdots \\ a_{n1} & a_n & \cdots & a_{nn} \end{vmatrix}$$

$$\cdots\cdots\cdots\cdots\cdots\cdots\cdots\cdots (k列)$$

$$x_k=\frac{1}{|A|}\begin{vmatrix} a_{11} & a_{12} & \cdots & a_1 & \cdots & a_{1n} \\ a_{21} & a_{22} & \cdots & a_2 & \cdots & a_{2n} \\ \cdots & \cdots & \cdots & \cdots & \cdots & \cdots \\ a_{n1} & a_{n2} & \cdots & a_n & \cdots & a_{nn} \end{vmatrix}$$

$$\cdots\cdots\cdots\cdots\cdots\cdots\cdots\cdots$$

$$x_n=\frac{1}{|A|}\begin{vmatrix} a_{11} & a_{12} & \cdots & a_1 \\ a_{21} & a_{22} & \cdots & a_2 \\ \cdots & \cdots & \cdots & \cdots \\ a_{n1} & a_{n2} & \cdots & a_n \end{vmatrix}$$

で与えられる．すなわち，未知数 $x_k(k=1, 2,\cdots,n)$ の解は，未知数の係数でつくられる行列式で，未知数の係数の第 $k$ 列目の元を定数項でおきかえた行列式を除してえられる．これを**クラメルの公式**という．クラメルの公式によらない解法については，17.6 節で解説する．

―― 例題 ――

連立方程式

$$\begin{cases} x-y+az=1 \\ x-2y+3z=0 \\ x-3y+6z=0 \end{cases}$$

について，次の各問に答えよ．
(1) $a=1$ のとき，連立方程式を解け．
(2) 連立方程式が解をもたないように $a$ の値を定めよ．

[解答] (1) $a=1$ のとき，連立方程式の係数からできる行列式を $|A|$ とすれば

$$|A|=\begin{vmatrix} 1 & -1 & 1 \\ 1 & -2 & 3 \\ 1 & -3 & 6 \end{vmatrix}=-1$$

$$\begin{vmatrix} 1 & -1 & 1 \\ 0 & -2 & 3 \\ 0 & -3 & 6 \end{vmatrix}=-3,\quad \begin{vmatrix} 1 & 1 & 1 \\ 1 & 0 & 3 \\ 1 & 0 & 6 \end{vmatrix}=-3$$

$$\begin{vmatrix} 1 & -1 & 1 \\ 1 & -2 & 0 \\ 1 & -3 & 0 \end{vmatrix}=-1$$

であるから

$$x=\frac{-3}{-1}=3,\quad y=\frac{-3}{-1}=3$$

$$z = \frac{-1}{-1} = 1$$

すなわち

$$x = y = 3, \quad z = 1$$

(2) $\begin{vmatrix} 1 & -1 & a \\ 1 & -2 & 3 \\ 1 & -3 & 6 \end{vmatrix}$

$= -12 - 3 - 3a + 2a + 9 + 6 = 0$

より $a = 0$. $a = 0$ のとき，連立方程式は解をもたない．

---

▶**コーシー**（Augustin Louis Cauchy），1789-1857，フランス

　ニュートン，ライプニッツに始まる微分積分学は，18世紀に急速な発展をとげた．特に，自然科学の分野では，めざましい成果をあげたが，基礎づけが不備のまま，自然科学に応用されたきらいがあった．

　微分積分学の論理的な基礎固めは，19世紀になって，コーシーによってなされた．特に，極限思想の確立についての貢献が大きい．たとえば，彼以前には，不明瞭な性格のまま扱っていた無限小を限りなく減少していく変動そのものととらえたり，また積分についても，無限小の無限項の和としてではなく有限項の極限としてとらえ，その概念を合理化した．さらに，彼は積分の存在定理の重要性を認め，不十分ながら初めてそれを証明した．

　彼が級数の収束，発散についての概念を明らかにし，その研究を発表した際，ラプラスが顔色を変え自宅に戻り，自著の『天体力学』の中にある級数の収束性を吟味したという話が伝わっている．

　彼は，学問上非常に多産であり，その全集は27巻にも及ぶ．研究分野は微分積分学，関数論，行列式論，群論，光学，弾性論など多方面にわたる．それが多量で多彩なことは発表にきわめて慎重で消極的であったガウスと好対照であった．

　彼は，パリに生まれ，教養のある高級官吏であった父から教育を受け，若くして才能を認められた．宗教上はカトリックであり，政治的には王党に属し，固く節操を守った．当時，政状が不安定で，政変のたびにうまく泳ぎ渡ろうとする人の多い中では，異色の存在であった．

# 17. 行　　列

## 17.1　行列の定義

■**行列の定義**

いくつかの数を下記のように長方形状に並べたものを**行列**という.

$$\begin{bmatrix} 1 & 2 \\ 4 & 5 \end{bmatrix}, \quad \begin{bmatrix} 1 & 2 & 3 \\ 4 & 5 & 6 \end{bmatrix}, \quad \begin{bmatrix} 1 & 2 & 3 \\ 4 & 5 & 6 \\ 7 & 8 & 9 \end{bmatrix}$$

横に並んだ数を**行**といい，縦に並んだ数を**列**という．上の例は，それぞれ，2行2列，2行3列，3行3列の行列であり，2×2型，2×3型，3×3型の行列ともいう．行列を組み立てている個々の数を**要素**という．上例の行列では要素2は，第1行第2列の要素または簡単に(1, 2)要素という．

行と列の等しい行列を**正方行列**という．等しい行の数を**次数**という．正方行列は，行列式と深いかかわりがある．また，$[1 \ 2 \ 3]$, $\begin{bmatrix} 1 \\ 0 \end{bmatrix}$ のように1行$m$列の行列を**行ベクトル**，$m$行1列の行列を**列ベクトル**という．行列は，いくつかの数の組であるが，これを一つの文字を用いて，次のように表すこともある．

$$A = \begin{bmatrix} 1 & 2 \\ 3 & 4 \end{bmatrix}, \quad B = \begin{bmatrix} 1 & 2 \\ 3 & 4 \\ 5 & 6 \\ 7 & 8 \end{bmatrix}, \quad C = [2]$$

■**行列の相等**

二つの行列 $A, B$ について，行の数と列の数がそれぞれ等しいとき，$A$ と $B$ の行列は**同じ型**であるという．二つの行列 $A, B$ が同じ型であって，対応する要素がそれぞれ等しいとき，$A$ と $B$ は**等しい**といい，$A = B$ と表す．

---
**例題 1**

$$A = \begin{bmatrix} 1 & 3 \\ 2 & 6 \end{bmatrix}, \quad B = \begin{bmatrix} x & y+2 \\ 2 & z+4 \end{bmatrix}$$

$$C = [1 \ 2 \ 3 \ 4], \quad D = \begin{bmatrix} 1 \\ 0 \end{bmatrix}$$

$$E = \begin{bmatrix} 1 & 3 & 5 \\ 2 & 4 & 6 \end{bmatrix}, \quad F = \begin{bmatrix} u \\ w \end{bmatrix}$$

上の行列 $A \sim F$ について，各問に答えよ．

(1) 正方行列はどれか．
(2) 列ベクトルはどれか．
(3) $A = B$ となるように $x, y, z$ を定めよ．
(4) $uw \neq 0$ のとき，$D = F$ となることがあるか．

---

[解答] (1) $A$ と $B$. (2) $D$ と $F$. (3) 対応する要素が等しいので，$x = 1$, $y+2 = 3$, $z+4 = 6$. ゆえに，$x = y = 1$, $z = 2$. (4) つねに $D \neq F$.

■**行列の階数**

$m$ 行 $n$ 列の行列 $A$ から任意に $m-r$ 個の行と $n-r$ 個の列を除いて，残りの要素をそのままにしてつくった $r$ 次の行列式を $A$ の $r$ 次の行列式という．$A$ の $r+1$ 次以上の行列式の値は，すべて 0 であるが，$r$ 次の行列式のうちには少なくとも一つ 0 でないものがあるとき，**$A$ の階数は $r$** であるとい

う．たとえば
$$\begin{bmatrix} 2 & 2 & 4 & 6 \\ 4 & 0 & 8 & 0 \\ 1 & -1 & 2 & -3 \end{bmatrix}$$
は3行4列の行列で，これから3次の行列式をつくれば
$$\begin{vmatrix} 2 & 4 & 6 \\ 0 & 8 & 0 \\ -1 & 2 & -3 \end{vmatrix}, \begin{vmatrix} 2 & 4 & 6 \\ 4 & 8 & 0 \\ 1 & 2 & -3 \end{vmatrix}$$
$$\begin{vmatrix} 2 & 2 & 6 \\ 4 & 0 & 0 \\ 1 & -1 & -3 \end{vmatrix}, \begin{vmatrix} 2 & 2 & 4 \\ 4 & 0 & 8 \\ 1 & -1 & 2 \end{vmatrix}$$

これらの行列式の第3行を2倍して第1行に加えれば，第2行に等しくなるので，いずれもその値は0である．しかし，2次の行列式のうちには
$$\begin{vmatrix} 2 & 2 \\ 4 & 0 \end{vmatrix} = -8 \neq 0$$
があるので，この行列の階数は2である．

階数については，次の性質がある．
(1) 行列の行（列）の順序をかえても階数はかわらない．
(2) 行列の任意の行（列）に0でない定数を掛けても階数はかわらない．
(3) 行列のある行（列）に一定の数を掛けて，それを他の行（列）に加えてもその階数はかわらない．

――― 例題2 ―――
$$\begin{bmatrix} 5 & 2 & 1 & 3 \\ 0 & a & 0 & 0 \\ 15 & 7 & 3 & 9 \end{bmatrix}$$
の階数を求めよ．

[解答] 与えられた行列からつくられる3次の行列式は
$$\begin{vmatrix} 2 & 1 & 3 \\ a & 0 & 0 \\ 7 & 3 & 9 \end{vmatrix}, \begin{vmatrix} 5 & 1 & 3 \\ 0 & 0 & 0 \\ 15 & 3 & 9 \end{vmatrix}$$
$$\begin{vmatrix} 5 & 2 & 3 \\ 0 & a & 0 \\ 15 & 3 & 9 \end{vmatrix}, \begin{vmatrix} 5 & 2 & 1 \\ 0 & a & 0 \\ 15 & 7 & 3 \end{vmatrix}$$

これらの行列式の値はすべて0となる．しかし，2次の行列式のうちには
$$\begin{vmatrix} 5 & 2 \\ 15 & 7 \end{vmatrix} = 5 \neq 0$$
があるので，与えられた行列の階数は2である．

## 17.2 行列の和・差とスカラー倍

■行列の和

行の数と列の数がそれぞれ等しい行列 $A$, $B$ の対応する要素の和を要素とする行列を $A$, $B$ の和といい，$A+B$ と書く．たとえば
$$A = \begin{bmatrix} 1 & 0 & 1 \\ 2 & 1 & 3 \end{bmatrix}, \quad B = \begin{bmatrix} 1 & -1 & 2 \\ 1 & -2 & 1 \end{bmatrix}$$
とすると
$$A+B = \begin{bmatrix} 1+1 & 0-1 & 1+2 \\ 2+1 & 1-2 & 3+1 \end{bmatrix}$$
$$= \begin{bmatrix} 2 & -1 & 3 \\ 3 & -1 & 4 \end{bmatrix}$$
和は，行の数と列の数の等しい行列について考えるので
$$\begin{bmatrix} 1 & 3 \\ 2 & 4 \end{bmatrix} + \begin{bmatrix} 2 \\ 3 \end{bmatrix}$$
のような計算はできない．和については
$$A + B = B + A$$

$(A+B)+C=A+(B+C)$

が成り立つ．

要素がすべて0である行列を**零行列**とよび，0と表すと

$A+\mathbf{0}=\mathbf{0}+A=A$

なお，零行列にはいくつもの種類がある．たとえば，$1\times 2$ 型の零行列は $[0\ 0]$ であり，$2\times 1$ 型の零行列は $\begin{bmatrix}0\\0\end{bmatrix}$ である．型を定めれば，零行列は一つ定まる．

■**行列の差**

同じ型の二つの行列 $A$, $B$ の対応する要素の差を要素とする行列を $A$, $B$ の差をいい，$A-B$ と書く．たとえば

$$A=\begin{bmatrix}1&0\\2&1\end{bmatrix},\quad B=\begin{bmatrix}-2&3\\1&1\end{bmatrix}$$

とすると

$$A-B=\begin{bmatrix}1-(-2)&0-3\\2-1&1-1\end{bmatrix}=\begin{bmatrix}3&-3\\1&0\end{bmatrix}$$

また，同じ型の行列について

$A=B$, $C=D$ ならば $A+C=B+D$

$A+B=C$ ならば $A=C-B$

が成り立つ．

■**行列の実数倍**

$m$ を実数とするとき，行列 $A$ の各要素を $m$ 倍してできる行列を $mA$ と書く．たとえば

$$A=\begin{bmatrix}1&2\\0&3\\1&2\end{bmatrix}\ \text{のとき}\ 2A=\begin{bmatrix}2&4\\0&6\\2&4\end{bmatrix}$$

$m$, $n$ を実数とするとき

$m(nA)=(mn)A$

$(m+n)A=mA+nA$

$m(A+B)=mA+mB$

が成り立つ．なお

$0A=\mathbf{0}$, $(-1)A=-A$

も成り立つ．

---
**例題 1**

次の計算をせよ．

(1) $\begin{bmatrix}1&2\\4&3\end{bmatrix}+\begin{bmatrix}1&0\\-2&-1\end{bmatrix}$

(2) $\begin{bmatrix}8\\5\end{bmatrix}-2\begin{bmatrix}1\\-2\end{bmatrix}$

(3) $\begin{bmatrix}2&1\\1&2\\1&3\end{bmatrix}+\begin{bmatrix}1&2\\3&5\\2&4\end{bmatrix}+\begin{bmatrix}-3&0\\-4&0\\-3&0\end{bmatrix}$

---

［解答］(1) $\begin{bmatrix}1&2\\4&3\end{bmatrix}+\begin{bmatrix}1&0\\-2&-1\end{bmatrix}$

$=\begin{bmatrix}1+1&2+0\\4-2&3-1\end{bmatrix}=\begin{bmatrix}2&2\\2&2\end{bmatrix}$

(2) $\begin{bmatrix}8\\5\end{bmatrix}-2\begin{bmatrix}1\\-2\end{bmatrix}=\begin{bmatrix}8\\5\end{bmatrix}+\begin{bmatrix}-2\\4\end{bmatrix}$

$=\begin{bmatrix}8-2\\5+4\end{bmatrix}=\begin{bmatrix}6\\9\end{bmatrix}$

(3) $\begin{bmatrix}2&1\\1&2\\1&3\end{bmatrix}+\begin{bmatrix}1&2\\3&5\\2&4\end{bmatrix}+\begin{bmatrix}-3&0\\-4&0\\-3&0\end{bmatrix}$

$=\begin{bmatrix}2+1-3&1+2+0\\1+3-4&2+5+0\\1+2-3&3+4+0\end{bmatrix}=\begin{bmatrix}0&3\\0&7\\0&7\end{bmatrix}$

---
**例題 2**

$$A=\begin{bmatrix}6&-4\\2&6\end{bmatrix},\quad B=\begin{bmatrix}2&-3\\-2&5\end{bmatrix}$$

のとき

$3(X-A)=X-2B$

をみたす $2\times 2$ 型の行列 $X$ を求めよ．

---

［解答］ $3(X-A)=X-2B$

より

$2X=3A-2B$

すなわち
$$X = \frac{3}{2}A - B$$
したがって
$$X = \frac{3}{2}\begin{bmatrix} 6 & -4 \\ 2 & 6 \end{bmatrix} - \begin{bmatrix} 2 & -3 \\ -2 & 5 \end{bmatrix}$$
$$= \begin{bmatrix} 9 & -6 \\ 3 & 9 \end{bmatrix} - \begin{bmatrix} 2 & -3 \\ -2 & 5 \end{bmatrix}$$
$$= \begin{bmatrix} 9-2 & -6-(-3) \\ 3-(-2) & 9-5 \end{bmatrix} = \begin{bmatrix} 7 & -3 \\ 5 & 4 \end{bmatrix}$$

行列の和,差,実数倍についての性質は,同じ型同士という条件のもとでは,実数同士の計算と全く同様のものである.したがって,例題2のように,行列も実数と同様に扱い処理することができる.

ただし,後述の行列の積については,実数とは全く異なる性質を示すので注意しなければならない.新しい数学の対象を考える際には,それまでの性質とどこが同じで,どこが異なるかを十分に検討することが重要である.

## 17.3 行列の積

■行列の積

行列 $A$, $B$ を下記のものとする.
$$A = \begin{bmatrix} 1 & 2 \\ 3 & 4 \end{bmatrix}, \quad B = \begin{bmatrix} 1 & 4 & 2 \\ 3 & 1 & 1 \end{bmatrix}$$

このとき,$A$ の第1行 $[1 \ 2]$ と $B$ の第1列 $\begin{bmatrix} 1 \\ 3 \end{bmatrix}$ の要素を順に掛けあわせ,それらの和をつくる.それを行と列の番号にあわせて $c_{11}$ と書くと

$$c_{11} = 1 \times 1 + 2 \times 3 = 7$$

同様に第1行と第2列について考え

$$c_{12} = 1 \times 4 + 2 \times 1 = 6$$

以下,同様に

$$c_{13} = 1 \times 2 + 2 \times 1 = 4$$
$$c_{21} = 3 \times 1 + 4 \times 3 = 15$$
$$c_{22} = 3 \times 4 + 4 \times 1 = 16$$
$$c_{23} = 3 \times 2 + 4 \times 1 = 10$$

ここにえられた $c_{11}$ を第1行第1列,$c_{12}$ を第1行第2列,…の要素とする行列 $C$ を作る.この $C$ を $A$ と $B$ の積といい $AB$ と書く.すなわち

$$C = AB = \begin{bmatrix} 7 & 6 & 4 \\ 15 & 16 & 10 \end{bmatrix}$$

上と同様に,$l \times m$ 型の行列 $A$ と,$m \times n$ 型の行列 $B$ の積を考える.

$$A = \begin{bmatrix} a_{11} & a_{12} & \cdots & a_{1m} \\ a_{21} & a_{22} & \cdots & a_{2m} \\ \vdots & \vdots & & \vdots \\ a_{l1} & a_{l2} & \cdots & a_{lm} \end{bmatrix}$$

$$B = \begin{bmatrix} b_{11} & b_{12} & \cdots & b_{1n} \\ b_{21} & b_{22} & \cdots & b_{2n} \\ \vdots & \vdots & & \vdots \\ b_{m1} & b_{m2} & \cdots & b_{mn} \end{bmatrix}$$

$A$ の第1行 $[a_{11} \ a_{12} \ \cdots \ a_{1m}]$ と $B$ の第1列 $\begin{bmatrix} b_{11} \\ \vdots \\ b_{m1} \end{bmatrix}$ の要素を順に掛けあわせ,それらの和をつくり,$c_{11}$ とする.すなわち

$$c_{11} = a_{11}b_{11} + a_{12}b_{21} + \cdots + a_{1m}b_{m1}$$

同様に

$$c_{12} = a_{11}b_{12} + a_{12}b_{22} + \cdots + a_{1m}b_{m2}$$
$$\cdots\cdots\cdots\cdots\cdots\cdots\cdots\cdots\cdots\cdots$$
$$c_{ln} = a_{l1}b_{1n} + a_{l2}b_{2n} + \cdots + a_{lm}b_{mn}$$

この $c_{11}, c_{12}, \cdots, c_{ln}$ でつくった行列

$$C = \begin{bmatrix} c_{11} & c_{12} & \cdots & c_{1n} \\ c_{21} & c_{22} & \cdots & c_{2n} \\ \vdots & & & \vdots \\ c_{l1} & c_{l2} & \cdots & c_{ln} \end{bmatrix}$$

を $A$, $B$ の積といい $AB$ と書く. 行列 $A$, $B$ が, それぞれ $l \times m$ 型, $m \times n$ 型のとき積 $AB$ は $l \times n$ 型となる. また, 行列 $A$, $B$ の積は, $A$ の列の数と $B$ の行の数が一致しているときに限って求められる.

■行列の積の性質

$A$, $B$, $C$ を行列, $m$ を実数とするとき, 行列の積について, 次の法則が成り立つ.

$(AB)C = A(BC)$
$A(B+C) = AB + AC$
$(B+C)A = BA + CA$
$m(AB) = (mA)B = A(mB)$

なお, 交換の法則は一般には成り立たない. すなわち, 一般には

$AB \neq BA$

$n$ 次の正方行列で, 対角線の要素がすべて 1 で, それ以外の要素がすべて 0 である行列を**単位行列**という. これを $E_n$ と表せば

$$E_n = \begin{bmatrix} 1 & 0 & \cdots & 0 \\ 0 & 1 & & 0 \\ 0 & & \ddots & 0 \\ 0 & & 0 & 1 \end{bmatrix}$$

このとき

$AE_n = A$, $E_n B = B$

が成立する. ただし, $A$ の列数と $B$ の行数は, $n$ に等しいものとする. $A$, $B$ が $n$ 次の正方行列のときは

$AE_n = E_n A = A$
$BE_n = E_n B = B$

となる.

---

**── 例題 ──**

次の各問に答えよ.

(1) $A = \begin{bmatrix} 1 & 1 \\ 0 & -1 \end{bmatrix}$, $B = \begin{bmatrix} 0 & 0 \\ 1 & 1 \end{bmatrix}$

として $AB$, $BA$ を計算し, $AB \neq BA$ を示せ.

(2) $\begin{bmatrix} 3 & 6 \\ 2 & 4 \end{bmatrix} X = 0$

を満足する $X$ を求めよ. ただし, $X$ は $2 \times 2$ 型の行列とする.

(3) 正方行列

$A = \begin{bmatrix} a & b \\ c & d \end{bmatrix}$, $E = \begin{bmatrix} 1 & 0 \\ 0 & 1 \end{bmatrix}$

に対して, 次式が成り立つ.

$(A+E)^2 = A^2 + 2A + E$

ただし, $A^2 = A \cdot A$ とする.

---

[解答] (1) $AB = \begin{bmatrix} 1 & 1 \\ 0 & -1 \end{bmatrix} \begin{bmatrix} 0 & 0 \\ 1 & 1 \end{bmatrix}$

$= \begin{bmatrix} 1 & 1 \\ -1 & -1 \end{bmatrix}$

$BA = \begin{bmatrix} 0 & 0 \\ 1 & 1 \end{bmatrix} \begin{bmatrix} 1 & 1 \\ 0 & -1 \end{bmatrix} = \begin{bmatrix} 0 & 0 \\ 1 & 0 \end{bmatrix}$

(2) $X = \begin{bmatrix} x & y \\ z & w \end{bmatrix}$ とする.

$\begin{bmatrix} 3 & 6 \\ 2 & 4 \end{bmatrix} \begin{bmatrix} x & y \\ z & w \end{bmatrix} = \begin{bmatrix} 3x+6z & 3y+6w \\ 2x+4z & 2y+4w \end{bmatrix}$

$= \begin{bmatrix} 0 & 0 \\ 0 & 0 \end{bmatrix}$

より

$3x + 6z = 0$, $2x + 4z = 0$
$3y + 6w = 0$, $2y + 4w = 0$

これより

$x + 2z = 0$, $y + 2w = 0$

したがって

$$X = \begin{bmatrix} -2a & -2b \\ a & b \end{bmatrix}$$

が求めるものである（行列では $AB=0$ より $A=0$ または $B=0$ は，一般には導けない）．

(3) $(A+E)^2 = (A+E)(A+E)$
$= A \cdot A + AE + EA + E \cdot E$
$= A^2 + A + A + E = A^2 + 2A + E$

## 17.4 逆行列

$E$ を単位行列とするとき，行列 $A$ に対して，$AX=E$ をみたす行列 $X$ が存在するなら，$X$ を $A$ の**逆行列**という．ここに，$A$, $X$, $E$ はすべて行の数および列の数の等しい行列，すなわち，次数の等しい正方行列である．たとえば，$A = \begin{bmatrix} 2 & 1 \\ 1 & 1 \end{bmatrix}$ とすると

$$\begin{bmatrix} 2 & 1 \\ 1 & 1 \end{bmatrix} \begin{bmatrix} 1 & -1 \\ -1 & 2 \end{bmatrix} = \begin{bmatrix} 1 & 0 \\ 0 & 1 \end{bmatrix}$$

となるので，$X = \begin{bmatrix} 1 & -1 \\ -1 & 2 \end{bmatrix}$ は $A$ の逆行列である．$A$ の逆行列を $A^{-1}$ と書く．

■$2 \times 2$ 型行列の逆行列

$A = \begin{bmatrix} a & b \\ c & d \end{bmatrix}$ の逆行列は，$ad-bc \neq 0$ のとき

$$A^{-1} = \frac{1}{ad-bc} \begin{bmatrix} d & -b \\ -c & a \end{bmatrix}$$

となる．$ad-bc=0$ のときは，逆行列はない．

■$3 \times 3$ 型行列の逆行列

$A = \begin{bmatrix} a_1 & a_2 & a_3 \\ b_1 & b_2 & b_3 \\ c_1 & c_2 & c_3 \end{bmatrix}$ の逆行列は

$|A| = a_1 b_2 c_3 + c_1 a_2 b_3 + b_1 c_2 a_3$
$\quad - c_1 b_2 a_3 - a_1 c_2 b_3 - b_1 a_2 c_3$

のとき

$$A^{-1} = \frac{1}{|A|} \times$$
$$\begin{bmatrix} b_2 c_3 - c_2 b_3 & c_2 a_3 - a_2 c_3 & a_2 b_3 - b_2 a_3 \\ c_1 b_3 - b_1 c_3 & a_1 c_3 - c_1 a_3 & b_1 a_3 - a_1 b_3 \\ b_1 c_2 - c_1 b_2 & c_1 a_2 - a_1 c_2 & a_1 b_2 - b_1 a_2 \end{bmatrix}$$

となる．$|A|=0$ のときは，逆行列はない．

■$n \times n$ 型行列の逆行列

$$A = \begin{bmatrix} a_{11} & a_{12} & \cdots & a_{1n} \\ a_{21} & a_{22} & \cdots & a_{2n} \\ \vdots & \vdots & & \vdots \\ a_{n1} & a_{n2} & \cdots & a_{nn} \end{bmatrix}$$

の逆行列は，$D = |A| \neq 0$ のとき

$$A^{-1} = \frac{1}{|A|} \begin{bmatrix} D_{11} & D_{21} & \cdots & D_{n1} \\ D_{12} & D_{22} & \cdots & D_{n2} \\ \vdots & \vdots & & \vdots \\ D_{1n} & D_{2n} & \cdots & D_{nn} \end{bmatrix}$$

ただし，$D_{ik}$ は $|A|$ の $(ki)$ 要素の余因数である．要素の添字と余因数の添字が入れかわっていることに注意が必要である．すなわち，対角線を境にして余因数が入れかわっている．第1行2列に第2行1列の余因数があり，第1行3列に第3行1列の余因数，…となっている．余因数については16.3節を参照せよ．$|A|=0$ のときは，逆行列はない．

---
**例題 1**

次の行列は逆行列をもつか．逆行列があれば，それを求めよ．

(1) $\begin{bmatrix} 1 & 2 \\ 4 & 5 \end{bmatrix}$　　(2) $\begin{bmatrix} 0 & 1 \\ 1 & 0 \end{bmatrix}$

(3) $\begin{bmatrix} \cos\theta & -\sin\theta \\ \sin\theta & \cos\theta \end{bmatrix}$　　(4) $\begin{bmatrix} 1 & 2 \\ 3 & a \end{bmatrix}$

[解答] (1) $\begin{vmatrix} 1 & 2 \\ 4 & 5 \end{vmatrix} = 5 - 8 = -3 \neq 0$

であるから, 逆行列をもち

$$\begin{bmatrix} 1 & 2 \\ 4 & 5 \end{bmatrix}^{-1} = -\frac{1}{3} \begin{bmatrix} 5 & -2 \\ -4 & 1 \end{bmatrix}$$

(2) $\begin{vmatrix} 0 & 1 \\ 1 & 0 \end{vmatrix} = 0 - 1 = -1 \neq 0$

であるから, 逆行列をもち

$$\begin{bmatrix} 0 & 1 \\ 1 & 0 \end{bmatrix}^{-1} = \frac{1}{(-1)} \begin{bmatrix} 0 & -1 \\ -1 & 0 \end{bmatrix} = \begin{bmatrix} 0 & 1 \\ 1 & 0 \end{bmatrix}$$

(3) $\begin{vmatrix} \cos\theta & -\sin\theta \\ \sin\theta & \cos\theta \end{vmatrix} = \cos^2\theta + \sin^2\theta$
$= 1 \neq 0$

であるから逆行列をもち

$$\begin{bmatrix} \cos\theta & -\sin\theta \\ \sin\theta & \cos\theta \end{bmatrix}^{-1} = \begin{bmatrix} \cos\theta & \sin\theta \\ -\sin\theta & \cos\theta \end{bmatrix}$$

(4) $\begin{vmatrix} 1 & 2 \\ 3 & a \end{vmatrix} = a - 6$

であるから, $a \neq 6$ のとき逆行列は

$$\begin{bmatrix} 1 & 2 \\ 3 & a \end{bmatrix}^{-1} = \frac{1}{a-6} \begin{bmatrix} a & -2 \\ -3 & 1 \end{bmatrix}$$

$a = 6$ のときは, 逆行列は存在しない.

―― 例題 2 ――

次の行列が逆行列をもてば, それを求めよ.

$$\begin{bmatrix} 0 & 0 & 1 \\ 0 & 1 & 0 \\ 1 & 0 & 0 \end{bmatrix}$$

[解答] (1) 公式による方法

$\begin{vmatrix} 0 & 0 & 1 \\ 0 & 1 & 0 \\ 1 & 0 & 0 \end{vmatrix} = -1 \neq 0$

であるから, 逆行列をもつ.

$$\begin{bmatrix} 0 & 0 & 1 \\ 0 & 1 & 0 \\ 1 & 0 & 0 \end{bmatrix}^{-1}$$

$$= \frac{1}{(-1)} \begin{bmatrix} 1\times 0 - 0 & 0\times 1 - 0 & 0 - 1\times 1 \\ 1\times 0 - 0 & 0 - 1 & 0 - 0\times 1 \\ 0 - 1 & 0 - 0\times 1 & 0\times 1 - 0 \end{bmatrix}$$

$$= \begin{bmatrix} 0 & 0 & 1 \\ 0 & 1 & 0 \\ 1 & 0 & 0 \end{bmatrix}$$

(2) 定義による方法

$$\begin{bmatrix} 0 & 0 & 1 \\ 0 & 1 & 0 \\ 1 & 0 & 0 \end{bmatrix} \begin{bmatrix} a_1 & a_2 & a_3 \\ b_1 & b_2 & b_3 \\ c_1 & c_2 & c_3 \end{bmatrix} = \begin{bmatrix} 1 & 0 & 0 \\ 0 & 1 & 0 \\ 0 & 0 & 1 \end{bmatrix}$$

とおくと

$$\begin{bmatrix} c_1 & c_2 & c_3 \\ b_1 & b_2 & b_3 \\ a_1 & a_2 & a_3 \end{bmatrix} = \begin{bmatrix} 1 & 0 & 0 \\ 0 & 1 & 0 \\ 0 & 0 & 1 \end{bmatrix}$$

から $c_1 = b_2 = a_3 = 1$ で他はすべて 0. したがって

$$\begin{bmatrix} 0 & 0 & 1 \\ 0 & 1 & 0 \\ 1 & 0 & 0 \end{bmatrix}^{-1} = \begin{bmatrix} 0 & 0 & 1 \\ 0 & 1 & 0 \\ 1 & 0 & 0 \end{bmatrix}$$

## 17.5 転置行列・対称行列・対角行列

■転置行列

$m$ 行 $n$ 列の行列 $A$ の行と列を入れかえてできる $n$ 行 $m$ 列の行列を, $A$ の**転置行列**といい $A'$ と表す.

$$A = \begin{bmatrix} a_{11} & a_{12} & \cdots & a_{1n} \\ a_{21} & a_{22} & \cdots & a_{2n} \\ \vdots & \vdots & & \vdots \\ a_{m1} & a_{m2} & \cdots & a_{mn} \end{bmatrix}$$ のとき

$$A' = \begin{bmatrix} a_{11} & a_{21} & \cdots & a_{m1} \\ a_{12} & a_{22} & & a_{m2} \\ \vdots & \vdots & & \vdots \\ a_{1n} & a_{2n} & \cdots & a_{mn} \end{bmatrix}$$

たとえば

$$A = \begin{bmatrix} 1 & 2 & 3 \\ 3 & 2 & 1 \end{bmatrix} \text{ のとき } A' = \begin{bmatrix} 1 & 3 \\ 2 & 2 \\ 3 & 1 \end{bmatrix}.$$

転置行列については，次の法則が成り立つ．

(1) $(A')' = A$
(2) $(A \pm B)' = A' \pm B'$
(3) $(\alpha A)' = \alpha A'$ （$\alpha$ は定数）
(4) $(AB)' = B'A'$

■対称行列

$A' = A$ である行列，すなわち，転置してもかわらない行列を**対称行列**という．詳しくは，$m$ 行 $n$ 列の要素と $n$ 行 $m$ 列の要素が等しい正方行列を対称行列という．

たとえば

$$A = \begin{bmatrix} 1 & 2 \\ 2 & 0 \end{bmatrix}, \quad B = \begin{bmatrix} 2 & -1 & 3 \\ -1 & 0 & 2 \\ 3 & 2 & 0 \end{bmatrix}$$

$$C = \begin{bmatrix} a & f & e \\ f & b & d \\ e & d & c \end{bmatrix}$$

などは対称行列である．

■対角行列

$n$ 次行列

$$\begin{bmatrix} a_{11} & \cdots & a_{1n} \\ a_{21} & \cdots & a_{2n} \\ \vdots & & \vdots \\ a_{n1} & \cdots & a_{nn} \end{bmatrix}$$

の左上から右下への対角線上にある要素 $a_{11}, a_{22}, \cdots, a_{nn}$ を**対角要素**といい，対角要素以外の要素が 0 である行列を**対角行列**という．たとえば，単位行列のほか

$$A = \begin{bmatrix} 1 & 0 \\ 0 & 2 \end{bmatrix}, \quad B = \begin{bmatrix} 1 & 0 & 0 \\ 0 & 2 & 0 \\ 0 & 0 & 3 \end{bmatrix}$$

などは対角行列である．

なお，$A, B$ を対角行列とすれば，$A \pm B$, $AB$ はいずれも対角行列である．すなわち，和，差，積に関して閉じている．また，$A, B$ を対角行列とすれば，$AB = BA$ が成り立つ．行列は，積に関して，一般には交換可能ではないので，これは対角行列の一つの特徴である．

---
**例題 1**

$$A = \begin{bmatrix} 1 & 2 \\ 0 & 3 \end{bmatrix}, \quad B = \begin{bmatrix} 1 & 3 \\ 2 & -1 \end{bmatrix}$$

として，次の各問に答えよ．
(1) $(AB)' = B'A'$ であることを示せ．
(2) $A'B'$ を求めて，$(AB)'$ と等しくないことを示せ．

---

［解答］(1) $AB = \begin{bmatrix} 1 & 2 \\ 0 & 3 \end{bmatrix} \begin{bmatrix} 1 & 3 \\ 2 & -1 \end{bmatrix}$

$= \begin{bmatrix} 5 & 1 \\ 6 & -3 \end{bmatrix}$

ゆえに

$(AB)' = \begin{bmatrix} 5 & 6 \\ 1 & -3 \end{bmatrix}$

$B' = \begin{bmatrix} 1 & 2 \\ 3 & -1 \end{bmatrix}, \quad A' = \begin{bmatrix} 1 & 0 \\ 2 & 3 \end{bmatrix}$

であるから

$B'A' = \begin{bmatrix} 1 & 2 \\ 3 & -1 \end{bmatrix} \begin{bmatrix} 1 & 0 \\ 2 & 3 \end{bmatrix}$

$= \begin{bmatrix} 1 \times 1 + 2 \times 2 & 1 \times 0 + 2 \times 3 \\ 3 \times 1 - 1 \times 2 & 0 \times 3 - 1 \times 3 \end{bmatrix}$

$$= \begin{bmatrix} 5 & 6 \\ 1 & -3 \end{bmatrix}$$

ゆえに，$(AB)' = B'A'$．

(2) $A'B' = \begin{bmatrix} 1 & 0 \\ 2 & 3 \end{bmatrix} \begin{bmatrix} 1 & 2 \\ 3 & -1 \end{bmatrix}$

$$= \begin{bmatrix} 1 \times 1 + 0 \times 3 & 1 \times 2 + 0 \times (-1) \\ 2 \times 1 + 3 \times 3 & 2 \times 2 + 3 \times (-1) \end{bmatrix}$$

$$= \begin{bmatrix} 1 & 2 \\ 11 & 1 \end{bmatrix}$$

ゆえに，$A'B' \neq (AB)'$．

— 例題 2 —

二つの列ベクトル

$$X = \begin{bmatrix} x_1 \\ x_2 \\ \vdots \\ x_n \end{bmatrix}, \quad Y = \begin{bmatrix} y_1 \\ y_2 \\ \vdots \\ y_n \end{bmatrix}$$

の内積は，$X'Y$ または $Y'X$ で表されることを示せ．

［解答］$X' = \begin{bmatrix} x_1 & x_2 & \cdots & x_n \end{bmatrix}$ であるから

$$X'Y = \begin{bmatrix} x_1 & x_2 & \cdots & x_n \end{bmatrix} \begin{bmatrix} y_1 \\ y_2 \\ \vdots \\ y_n \end{bmatrix}$$

$$= x_1 y_1 + x_2 y_2 + \cdots + x_n y_n$$

また，$Y' = \begin{bmatrix} y_1 & y_2 & \cdots & y_n \end{bmatrix}$ であるから

$$Y'X = \begin{bmatrix} y_1 & y_2 & \cdots & y_n \end{bmatrix} \begin{bmatrix} x_1 \\ x_2 \\ \vdots \\ x_n \end{bmatrix}$$

$$= x_1 y_1 + x_2 y_2 + \cdots + x_n y_n$$

よって，$X \cdot Y = X'Y = Y'X$ となる．

— 例題 3 —

$(A_1 \ A_2 \ \cdots \ A_p)' = A_p' A_{p-1}' \cdots A_1'$
となることを示せ．

［解答］$(A_1 \ A_2 \ \cdots \ A_p)'$
$= ((A_1 A_2 \cdots A_{p-1}) A_p)'$
$= A_p' (A_1 A_2 \cdots A_{p-1})'$
$= A_p' ((A_1 A_2 \cdots A_{p-2}) A_{p-1})'$
$= A_p' A_{p-1}' (A_1 A_2 \cdots A_{p-2})'$
$\cdots\cdots\cdots\cdots\cdots\cdots\cdots\cdots$
$= A_p' A_{p-1}' A_{p-2}' \cdots A_1'$

## 17.6　連立方程式の解法

■2元1次連立方程式の解法

$x, y$ についての連立1次方程式
$$ax + by = p \quad (\text{ただし，} ad \neq bc)$$
$$cx + dy = q$$
は
$$\begin{bmatrix} a & b \\ c & d \end{bmatrix} \begin{bmatrix} x \\ y \end{bmatrix} = \begin{bmatrix} p \\ q \end{bmatrix}$$

と書ける．両辺に $\begin{bmatrix} a & b \\ c & d \end{bmatrix}^{-1}$ を乗ずれば

$$\begin{bmatrix} a & b \\ c & d \end{bmatrix}^{-1} \begin{bmatrix} a & b \\ c & d \end{bmatrix} \begin{bmatrix} x \\ y \end{bmatrix} = \begin{bmatrix} a & b \\ c & d \end{bmatrix}^{-1} \begin{bmatrix} p \\ q \end{bmatrix}$$

したがって

$$\begin{bmatrix} 1 & 0 \\ 0 & 1 \end{bmatrix} \begin{bmatrix} x \\ y \end{bmatrix} = \begin{bmatrix} a & b \\ c & d \end{bmatrix}^{-1} \begin{bmatrix} p \\ q \end{bmatrix}$$

ゆえに

$$\begin{bmatrix} x \\ y \end{bmatrix} = \begin{bmatrix} a & b \\ c & d \end{bmatrix}^{-1} \begin{bmatrix} p \\ q \end{bmatrix}$$

$$\begin{bmatrix} a & b \\ c & d \end{bmatrix}^{-1} = \frac{1}{ad-bc} \begin{bmatrix} d & -b \\ -c & a \end{bmatrix}$$

であるから

$$\begin{bmatrix} x \\ y \end{bmatrix} = \frac{1}{ad-bc} \begin{bmatrix} d & -b \\ -c & a \end{bmatrix} \begin{bmatrix} p \\ q \end{bmatrix}$$

すなわち

$$\begin{bmatrix} x \\ y \end{bmatrix} = \frac{1}{ad-bc} \begin{bmatrix} pd-bq \\ aq-cp \end{bmatrix}$$

ゆえに

$$x = \frac{pd-bq}{ad-bc}, \quad y = \frac{aq-cp}{ad-bc}$$

■3元1次連立方程式の解法

$x$, $y$, $z$ についての連立1次方程式

$$a_1 x + a_2 y + a_3 z = d_1$$
$$b_1 x + b_2 y + b_3 z = d_2$$
$$c_1 x + c_2 y + c_3 z = d_3$$

は

$$\begin{bmatrix} a_1 & a_2 & a_3 \\ b_1 & b_2 & b_3 \\ c_1 & c_2 & c_3 \end{bmatrix} \begin{bmatrix} x \\ y \\ z \end{bmatrix} = \begin{bmatrix} d_1 \\ d_2 \\ d_3 \end{bmatrix} \quad ①$$

と書ける.

$$\begin{vmatrix} a_1 & a_2 & a_3 \\ b_1 & b_2 & b_3 \\ c_1 & c_2 & c_3 \end{vmatrix} \neq 0 \quad \text{のとき}$$

$$\begin{bmatrix} a_1 & a_2 & a_3 \\ b_1 & b_2 & b_3 \\ c_1 & c_2 & c_3 \end{bmatrix}^{-1}$$

を ① の両辺に乗じれば

$$\begin{bmatrix} a_1 & a_2 & a_3 \\ b_1 & b_2 & b_3 \\ c_1 & c_2 & c_3 \end{bmatrix}^{-1} \begin{bmatrix} a_1 & a_2 & a_3 \\ b_1 & b_2 & b_3 \\ c_1 & c_2 & c_3 \end{bmatrix} \begin{bmatrix} x \\ y \\ z \end{bmatrix}$$

$$= \begin{bmatrix} a_1 & a_2 & a_3 \\ b_1 & b_2 & b_3 \\ c_1 & c_2 & c_3 \end{bmatrix}^{-1} \begin{bmatrix} d_1 \\ d_2 \\ d_3 \end{bmatrix}$$

したがって

$$\begin{bmatrix} 1 & 0 & 0 \\ 0 & 1 & 0 \\ 0 & 0 & 1 \end{bmatrix} \begin{bmatrix} x \\ y \\ z \end{bmatrix} = \begin{bmatrix} a_1 & a_2 & a_3 \\ b_1 & b_2 & b_3 \\ c_1 & c_2 & c_3 \end{bmatrix}^{-1} \begin{bmatrix} d_1 \\ d_2 \\ d_3 \end{bmatrix}$$

ゆえに

$$\begin{bmatrix} x \\ y \\ z \end{bmatrix} = \begin{bmatrix} a_1 & a_2 & a_3 \\ b_1 & b_2 & b_3 \\ c_1 & c_2 & c_3 \end{bmatrix}^{-1} \begin{bmatrix} d_1 \\ d_2 \\ d_3 \end{bmatrix}$$

対応する要素を比較して

$$x = \frac{(b_2 c_3 - c_2 b_3)d_1 + (c_2 a_3 - a_2 c_3)d_2 + (a_2 b_3 - b_2 a_3)d_3}{|A|}$$

$$y = \frac{(c_1 b_3 - b_1 c_3)d_1 + (a_1 c_3 - c_1 a_3)d_2 + (b_1 a_3 - a_1 b_3)d_3}{|A|}$$

$$z = \frac{(b_1 c_2 - c_1 b_2)d_1 + (c_1 a_2 - a_1 c_2)d_2 + (a_1 b_2 - b_1 a_2)d_3}{|A|}$$

ただし

$$|A| = a_1 b_2 c_3 + c_1 a_2 b_3 + b_1 c_2 a_3$$
$$\quad - c_1 b_2 a_3 - a_1 c_2 b_3 - b_1 a_2 c_3$$

■$n$元1次連立方程式の解法

$x_1, x_2, \cdots, x_n$ について $n$ 元1次連立方程式

$$a_{11} x_1 + a_{12} x_2 + \cdots + a_{1n} x_n = b_1$$
$$a_{21} x_1 + a_{22} x_2 + \cdots + a_{2n} x_n = b_2$$
$$\cdots\cdots\cdots\cdots\cdots\cdots\cdots\cdots\cdots\cdots$$
$$a_{n1} x_1 + a_{n2} x_2 + \cdots + a_{nn} x_n = b_n$$

は

$$\begin{bmatrix} a_{11} & a_{12} & \cdots & a_{1n} \\ a_{21} & a_{22} & \cdots & a_{2n} \\ \vdots & \vdots & & \vdots \\ a_{n1} & a_{n2} & \cdots & a_{nn} \end{bmatrix} \begin{bmatrix} x_1 \\ x_2 \\ \vdots \\ x_n \end{bmatrix} = \begin{bmatrix} b_1 \\ b_2 \\ \vdots \\ b_n \end{bmatrix} \quad ①$$

と書ける.

$$|A| = \begin{vmatrix} a_{11} & a_{12} & \cdots & a_{1n} \\ a_{21} & a_{22} & \cdots & a_{2n} \\ \vdots & \vdots & & \vdots \\ a_{n1} & a_{n2} & \cdots & a_{nn} \end{vmatrix} \neq 0$$

のとき

$$\begin{bmatrix} a_{11} & a_{12} & \cdots & a_{1n} \\ a_{21} & a_{22} & \cdots & a_{2n} \\ \vdots & \vdots & & \vdots \\ a_{n1} & a_{n2} & \cdots & a_{nn} \end{bmatrix}^{-1}$$

を ① の両辺に乗じ, 整理すれば

$$\begin{bmatrix} x_1 \\ x_2 \\ \vdots \\ x_n \end{bmatrix} = \begin{bmatrix} a_{11} & a_{12} & \cdots & a_{1n} \\ a_{21} & a_{22} & \cdots & a_{2n} \\ \vdots & \vdots & & \vdots \\ a_{n1} & a_{n2} & \cdots & a_{nn} \end{bmatrix}^{-1} \begin{bmatrix} b_1 \\ b_2 \\ \vdots \\ b_n \end{bmatrix}$$

となる．これは，原理的には $n$ 元 1 次連立方程式が解けることを示す．しかし，$n$ 次の正方行列の逆行列は，実際にはなかなか求めにくいので，この方法を用いることはほとんどない．逆行列を用いず，行列式の基本性質を利用して，単位行列を導き出す方法が工夫されている．なお，電算機を用いれば元数の高い方程式も簡単に解ける．

---
**例題**

次の連立 1 次方程式を逆行列を用いて解け．

$5x - 3y = p$

$3x - 2y = q$

---

[解答] 与えられた方程式は

$$\begin{bmatrix} 5 & -3 \\ 3 & -2 \end{bmatrix} \begin{bmatrix} x \\ y \end{bmatrix} = \begin{bmatrix} p \\ q \end{bmatrix} \quad ①$$

と書ける．$A = \begin{bmatrix} 5 & -3 \\ 3 & -2 \end{bmatrix}$ とおけば

$5 \times (-2) - 3 \times (-3)$
$= -10 + 9 = -1 \neq 0$

であるから逆行列が存在して，$A^{-1}$ は次の通り．

$$A^{-1} = \begin{bmatrix} 2 & -3 \\ 3 & -5 \end{bmatrix}$$

① の両辺に $A^{-1}$ を乗ずれば

$$\begin{bmatrix} x \\ y \end{bmatrix} = \begin{bmatrix} 2 & -3 \\ 3 & -5 \end{bmatrix} \begin{bmatrix} p \\ q \end{bmatrix}$$

ゆえに

$$\begin{bmatrix} x \\ y \end{bmatrix} = \begin{bmatrix} 2p - 3q \\ 3p - 5q \end{bmatrix}$$

したがって

$x = 2p - 3q$
$y = 3p - 5q$

## 17.7　1 次変換と行列

■1 次変換

座標平面上の点 $(x, y)$ の集合から点 $(x', y')$ の集合への写像があって，その値の対応のきまりが

$$\begin{cases} x' = ax + by \\ y' = cx + dy \end{cases} \quad (a \sim d \text{ は定数})$$

すなわち

$$\begin{bmatrix} x' \\ y' \end{bmatrix} = \begin{bmatrix} ax + by \\ cx + dy \end{bmatrix} = \begin{bmatrix} a & b \\ c & d \end{bmatrix} \begin{bmatrix} x \\ y \end{bmatrix} \quad ①$$

の形に表されるとき，この写像を **1 次変換**という．なお，1 次変換は行列 $A = \begin{bmatrix} a & b \\ c & d \end{bmatrix}$ できまるから，行列 $A$ を **1 次変換を表す行列**という．

たとえば，点 $\mathrm{P}(x, y)$ を $x$ 軸に対称な点 $\mathrm{Q}(x', y')$ に移す写像を考えると

$$\begin{cases} x' = x = 1 \cdot x + 0 \cdot y \\ y' = -y = 0 \cdot x + (-1) \cdot y \end{cases}$$

であるから

$$\begin{bmatrix} x' \\ y' \end{bmatrix} = \begin{bmatrix} x + 0 \cdot y \\ 0 \cdot x - y \end{bmatrix} = \begin{bmatrix} 1 & 0 \\ 0 & -1 \end{bmatrix} \begin{bmatrix} x \\ y \end{bmatrix}$$

となり，1 次変換を表す行列は $\begin{bmatrix} 1 & 0 \\ 0 & -1 \end{bmatrix}$ となる．

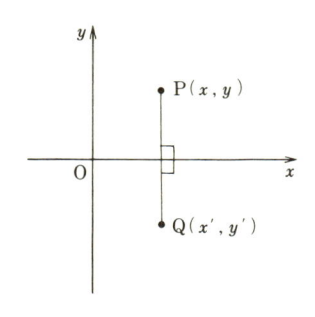

なお，平面上の点 $(x, y)$ は，位置ベクト

ル $\vec{u} = \begin{bmatrix} x \\ y \end{bmatrix}$ を用いて表すことができるから，①の変換は，ベクトル $\vec{u} = \begin{bmatrix} x \\ y \end{bmatrix}$ から，ベクトル $\vec{u'} = \begin{bmatrix} x' \\ y' \end{bmatrix}$ への1次変換ともいう．

■1次変換の合成

$$A = \begin{bmatrix} a & b \\ c & d \end{bmatrix}, \quad B = \begin{bmatrix} p & q \\ r & s \end{bmatrix}$$

で表される1次変換をそれぞれ $f$, $g$ とする．ベクトル $\vec{u}$ が $f$ によりベクトル $\vec{u'}$ に，ベクトル $\vec{u'}$ が $g$ によりベクトル $\vec{u''}$ に移るものとする．このとき，$\vec{u}$ を $\vec{u''}$ に移す変換を $g \circ f$ と書き，$f$ と $g$ の**合成変換**という．この合成変換を表す行列は

$$BA = \begin{bmatrix} p & q \\ r & s \end{bmatrix}\begin{bmatrix} a & b \\ c & d \end{bmatrix} = \begin{bmatrix} ap+cq & bp+dq \\ ar+cs & br+ds \end{bmatrix}$$

となる．

たとえば，点 $P(x, y)$ を $x$ 軸に対称な点 $Q(x', y')$ に移す1次変換を $f$，点 $Q(x', y')$ を $y$ 軸に対称な点 $R(x'', y'')$ に移す1次変換を $g$ とすると，その合成変換 $g \circ f$ は

$$g \circ f = \begin{bmatrix} -1 & 0 \\ 0 & 1 \end{bmatrix}\begin{bmatrix} 1 & 0 \\ 0 & -1 \end{bmatrix} = \begin{bmatrix} -1 & 0 \\ 0 & -1 \end{bmatrix}$$

これは

$$\begin{bmatrix} x'' \\ y'' \end{bmatrix} = \begin{bmatrix} -1 & 0 \\ 0 & -1 \end{bmatrix}\begin{bmatrix} x \\ y \end{bmatrix} = \begin{bmatrix} -x \\ -y \end{bmatrix}$$

を意味するから，原点に対称に移すことを示している．

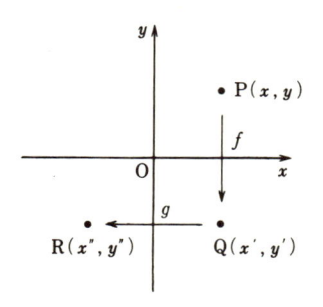

――― 例題 ―――
次の各問に答えよ．

(1) $\vec{e_1} = \begin{bmatrix} 1 \\ 0 \end{bmatrix}$, $\vec{e_2} = \begin{bmatrix} 0 \\ 1 \end{bmatrix}$ をそれぞれベクトル $\begin{bmatrix} 2 \\ 3 \end{bmatrix}$, $\begin{bmatrix} 1 \\ 2 \end{bmatrix}$ に移す1次変換を求めよ．

(2) (1)で求めた1次変換による $\begin{bmatrix} 1 \\ 3 \end{bmatrix}$ の像を求めよ．

(3) (1)で求めた1次変換を $f$ とし，原点に対称に移す変換を $g$ とするとき，合成変換 $g \circ f$ および $f \circ g$ の行列を求めよ．

[解答] (1) 求める1次変換を表す行列を $A = \begin{bmatrix} a & b \\ c & d \end{bmatrix}$ とおくと，$A\vec{e_1} = \begin{bmatrix} 2 \\ 3 \end{bmatrix}$ より

$$\begin{bmatrix} a & b \\ c & d \end{bmatrix}\begin{bmatrix} 1 \\ 0 \end{bmatrix} = \begin{bmatrix} 2 \\ 3 \end{bmatrix}$$

ゆえに

$$a \times 1 + b \times 0 = 2$$
$$c \times 1 + d \times 0 = 3$$

ゆえに

$$a = 2, \quad c = 3$$

同様に

$$b = 1, \quad d = 2$$

よって，求める1次変換は

$$f : \begin{bmatrix} x' \\ y' \end{bmatrix} = \begin{bmatrix} 2 & 1 \\ 3 & 2 \end{bmatrix}\begin{bmatrix} x \\ y \end{bmatrix}$$

(2) $\begin{bmatrix} x' \\ y' \end{bmatrix} = \begin{bmatrix} 2 & 1 \\ 3 & 2 \end{bmatrix}\begin{bmatrix} 1 \\ 3 \end{bmatrix} = \begin{bmatrix} 5 \\ 9 \end{bmatrix}$

(3) 1次変換 $g$ を表す行列を $A$ とすれば，$A = \begin{bmatrix} -1 & 0 \\ 0 & -1 \end{bmatrix}$ である．したがって

$$g \circ f = \begin{bmatrix} -1 & 0 \\ 0 & -1 \end{bmatrix} \begin{bmatrix} 2 & 1 \\ 3 & 2 \end{bmatrix} = \begin{bmatrix} -2 & -1 \\ -3 & -2 \end{bmatrix}$$

$$f \circ g = \begin{bmatrix} 2 & 1 \\ 3 & 2 \end{bmatrix} \begin{bmatrix} -1 & 0 \\ 0 & -1 \end{bmatrix} = \begin{bmatrix} -2 & -1 \\ -3 & -2 \end{bmatrix}$$

[注] (3) では $g \circ f = f \circ g$ であったが, 一般には $g \circ f \neq f \circ g$ である.

3次元の場合も, 上記と同様に1次変換が考えられる. たとえば, $xy$ 平面に対称な移動を表す1次変換の行列は $\begin{bmatrix} 1 & 0 & 0 \\ 0 & 1 & 0 \\ 0 & 0 & -1 \end{bmatrix}$ となる.

## 17.8 図形の1次変換

### ■1次変換の性質

1次変換の行列 $A = \begin{bmatrix} a & b \\ c & d \end{bmatrix}$ で, $ad - bc \neq 0$ のとき, この変換によって

① 原点は原点に移る.
② 直線は直線に移る.
③ 平行な2直線は平行な2直線に移る.
④ 直線上の線分の比はかわらない.

### ■図形の1次変換の特別なもの

次のものは, 1次変換の特別なものとして表せる.

**(1) 合同変換**

① $\begin{bmatrix} x' \\ y' \end{bmatrix} = \begin{bmatrix} 1 & 0 \\ 0 & 1 \end{bmatrix} \begin{bmatrix} x \\ y \end{bmatrix}$

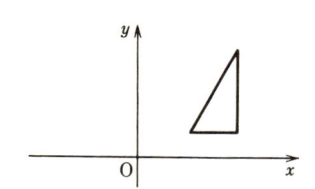

恒等変換であるから図形は動かない.

② $\begin{bmatrix} x' \\ y' \end{bmatrix} = \begin{bmatrix} 1 & 0 \\ 0 & -1 \end{bmatrix} \begin{bmatrix} x \\ y \end{bmatrix}$

平面上の図形を, $x$ 軸に関して対称移動する.

--------- ②
-·-·-·-·- ③

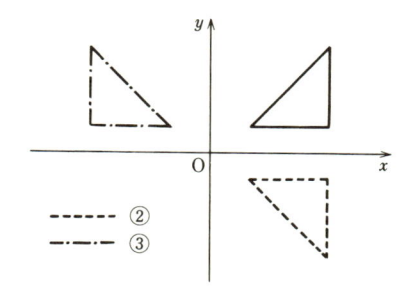

③ $\begin{bmatrix} x' \\ y' \end{bmatrix} = \begin{bmatrix} -1 & 0 \\ 0 & 1 \end{bmatrix} \begin{bmatrix} x \\ y \end{bmatrix}$

平面上の図形を, $y$ 軸に関して対称移動する.

④ $\begin{bmatrix} x' \\ y' \end{bmatrix} = \begin{bmatrix} \cos\theta & -\sin\theta \\ \sin\theta & \cos\theta \end{bmatrix} \begin{bmatrix} x \\ y \end{bmatrix}$

平面上の図形を, 原点を中心に角 $\theta$ だけ回転移動する.

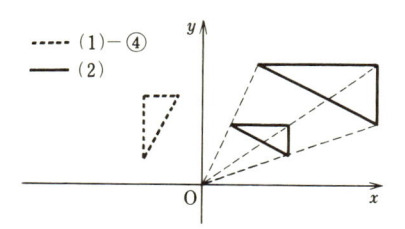

------ (1)−④
——— (2)

**(2) 相似変換**

$\begin{bmatrix} x' \\ y' \end{bmatrix} = \begin{bmatrix} k & 0 \\ 0 & k \end{bmatrix} \begin{bmatrix} x \\ y \end{bmatrix}$ $(k \neq 0)$

平面上の図形を, 原点を中心として $k$ 倍に拡大または縮小する.

**(3) のばし変換**

① $\begin{bmatrix} x' \\ y' \end{bmatrix} = \begin{bmatrix} k & 0 \\ 0 & 1 \end{bmatrix} \begin{bmatrix} x \\ y \end{bmatrix}$ $(k \neq 0)$

平面上の図形を, $x$ 軸方向に $k$ 倍に伸縮す

② $\begin{bmatrix} x' \\ y' \end{bmatrix} = \begin{bmatrix} 1 & 0 \\ 0 & k \end{bmatrix} \begin{bmatrix} x \\ y \end{bmatrix}$ $(k \neq 0)$

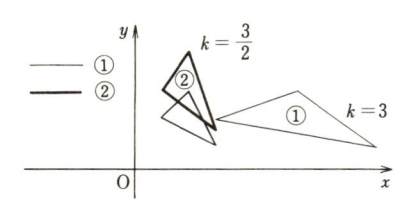

平面上の図形を，$y$ 軸方向に $k$ 倍に伸縮する．

(4) ずらし変換

$\begin{bmatrix} x' \\ y' \end{bmatrix} = \begin{bmatrix} 1 & k \\ 0 & 1 \end{bmatrix} \begin{bmatrix} x \\ y \end{bmatrix}$ $(k \neq 0)$

平面上の図形を，各点は $x$ 軸に平行に動き，$x$ 軸に平行な線分の長さはかわらず，$y$ 軸に平行な線分は同じ傾きの線分にかわる．

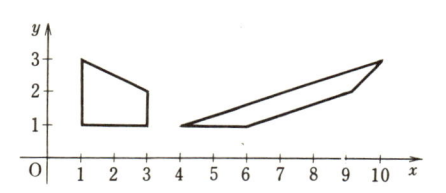

── 例題 1 ──
1 次変換
$\begin{bmatrix} x' \\ y' \end{bmatrix} = \begin{bmatrix} 1 & 1 \\ 0 & 1 \end{bmatrix} \begin{bmatrix} x \\ y \end{bmatrix}$
によって，直線 $y = x - 1$ はどんな直線に移るか．

[解答] $x' = x + y$, $y' = y$
であるから
$y = y'$, $x = x' - y'$
これを，$y = x - 1$ に代入して
$y' = x' - y' - 1$
整理して
$x' - 2y' - 1 = 0$

すなわち
$x - 2y - 1 = 0$

── 例題 2 ──
1 次変換
$\begin{bmatrix} x' \\ y' \end{bmatrix} = \begin{bmatrix} 1 & 0 \\ 0 & 2 \end{bmatrix} \begin{bmatrix} x \\ y \end{bmatrix}$
によって，楕円 $x^2 + 4y^2 = 1$ はどんな図形に移るか．

[解答] $x' = x$, $y' = 2y$
ゆえに
$x = x'$, $y = \dfrac{1}{2} y'$
これを，$x^2 + 4y^2 = 1$ に代入して整理すれば
$x'^2 + y'^2 = 1$
これは，原点を中心とする半径 1 の円である．

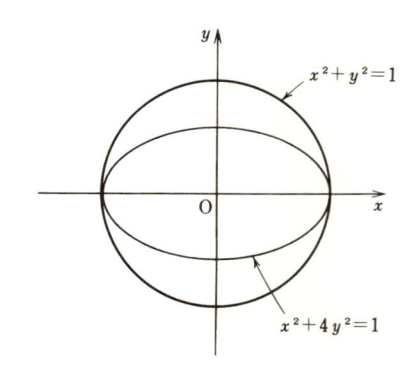

## 17.9 固 有 値

■固有値

行列 $A = \begin{bmatrix} a_{11} & a_{12} & \cdots & a_{1n} \\ a_{21} & a_{22} & \cdots & a_{2n} \\ \vdots & \vdots & & \vdots \\ a_{n1} & a_{n2} & \cdots & a_{nn} \end{bmatrix}$ に対して

$$\begin{bmatrix} a_{11} & a_{12} & \cdots & a_{1n} \\ a_{21} & a_{22} & \cdots & a_{2n} \\ \vdots & \vdots & & \vdots \\ a_{n1} & a_{n2} & \cdots & a_{nn} \end{bmatrix} \begin{bmatrix} x_1 \\ x_2 \\ \vdots \\ x_n \end{bmatrix} = \lambda \begin{bmatrix} x_1 \\ x_2 \\ \vdots \\ x_n \end{bmatrix}$$

を満足する $\lambda$ と $x = \begin{bmatrix} x_1 \\ x_2 \\ \vdots \\ x_n \end{bmatrix}$ が存在するとき,

$\lambda$ を $A$ の**固有値**, $x$ を固有値 $\lambda$ に応ずる固有列ベクトル,または**固有ベクトル**という.

たとえば,$A = \begin{bmatrix} 1 & 2 \\ -1 & 4 \end{bmatrix}$ とすれば

$$\begin{bmatrix} 1 & 2 \\ -1 & 4 \end{bmatrix} \begin{bmatrix} 2 \\ 1 \end{bmatrix} = 2 \begin{bmatrix} 2 \\ 1 \end{bmatrix}$$

であるから,$\lambda = 2$ が固有値,$\begin{bmatrix} 2 \\ 1 \end{bmatrix}$ が固有ベクトルである.

■**正方行列 $A$ による1次変換**

$Y = AX$ によって,$X$ から $Y$ にかわるが,このとき一般には,$X$ の長さも方向もともに変化する.しかし,ある特別なベクトル $X$ に対しては方向が不変なことがありうる.方向が不変なこのベクトルが,固有ベクトルである.固有ベクトルは $n$ 次の正方行列の場合,一般には $n$ 個存在する.

■**固有値の求め方**

$$A = \begin{bmatrix} a_{11} & a_{12} & \cdots & a_{1n} \\ a_{21} & a_{22} & \cdots & a_{2n} \\ \vdots & \vdots & & \vdots \\ a_{n1} & a_{n2} & \cdots & a_{nn} \end{bmatrix}$$

$$E = \begin{bmatrix} 1 & 0 & \cdots & 0 \\ 0 & 1 & 0 & 0 \\ \vdots & 0 & 1 & 0 \\ 0 & \cdots & 0 & 1 \end{bmatrix}, \quad x = \begin{bmatrix} x_1 \\ x_2 \\ \vdots \\ x_n \end{bmatrix}$$

とする.$x$ が零ベクトルでないとき,$Ax = \lambda x$ をみたす $\lambda$ が固有値である.したがって,固有値を求めるには

$$(A - \lambda E)x = 0$$

(ただし $0$ は零行列を示す)

をみたす零ベクトルでない $x$ が存在する条件より,$\lambda$ を求めればよい.すなわち

$$|A - \lambda E| = 0$$

行列式の形に書きかえると

$$\begin{vmatrix} a_{11} - \lambda & a_{12} & \cdots & a_{1n} \\ a_{21} & a_{22} - \lambda & \cdots & a_{2n} \\ \vdots & \vdots & & \vdots \\ a_{n1} & a_{n2} & \cdots & a_{nn} - \lambda \end{vmatrix} = 0$$

これは,$\lambda$ に関する $n$ 次方程式になるから,$n$ 個の根をもつ(重根は重複して数える).この根が固有値なので,行列 $A$ の次数だけの固有値がある.なお,$A$ の要素がすべて実数であっても,固有値は複素数となることがある.

---- 例題1 ----

次の各行列の固有値と固有ベクトルを求めよ.

(1) $\begin{bmatrix} 1 & 4 \\ 2 & 3 \end{bmatrix}$ (2) $\begin{bmatrix} 1 & 1 \\ 0 & 1 \end{bmatrix}$

---

[解答] (1) $\begin{vmatrix} 1 - \lambda & 4 \\ 2 & 3 - \lambda \end{vmatrix} = 0$

より

$$(1 - \lambda)(3 - \lambda) - 8 = 0$$

整理して

$$\lambda^2 - 4\lambda - 5 = 0$$
$$(\lambda - 5)(\lambda + 1) = 0$$

ゆえに,固有値は 5 および $-1$.$\lambda = 5$ に応ずる固有ベクトルは

$$\begin{bmatrix} 1 & 4 \\ 2 & 3 \end{bmatrix} \begin{bmatrix} x \\ y \end{bmatrix} = 5 \begin{bmatrix} x \\ y \end{bmatrix}$$

より

$$x + 4y = 5x, \quad 2x + 3y = 5y$$

これは，ともに $y = x$ である．$x = c$ とおけば $y = c$．ゆえに，$\lambda = 5$ に応ずる固有ベクトルは $c \begin{bmatrix} 1 \\ 1 \end{bmatrix}$ となる．$\lambda = -1$ に応ずる固有ベクトルも同様に

$$c \begin{bmatrix} 2 \\ -1 \end{bmatrix} \quad (c \text{ は任意の数})$$

(2) $\begin{vmatrix} 1-\lambda & 1 \\ 0 & 1-\lambda \end{vmatrix} = 0$

より

$$(1-\lambda)^2 = 0$$

ゆえに固有値は 1．固有値 1 に応ずる固有ベクトルは

$$\begin{bmatrix} 1 & 1 \\ 0 & 1 \end{bmatrix} \begin{bmatrix} x \\ y \end{bmatrix} = \begin{bmatrix} x \\ y \end{bmatrix}$$

より

$$x + y = x, \quad y = y$$

を解けばよい．第 1 式より $y = 0$ であるが，$x$ は任意でよい．したがって，固有ベクトルは $c$ を任意の数として，$c \begin{bmatrix} 1 \\ 0 \end{bmatrix}$．

---
**例題 2**

次の行列の固有値と固有ベクトルを求めよ．

$$\begin{bmatrix} 0 & 1 & 1 \\ 1 & 0 & 1 \\ 1 & 1 & 0 \end{bmatrix}$$

---

[解答] $\begin{vmatrix} -\lambda & 1 & 1 \\ 1 & -\lambda & 1 \\ 1 & 1 & -\lambda \end{vmatrix}$

$= \begin{vmatrix} 2-\lambda & 1 & 1 \\ 2-\lambda & -\lambda & 1 \\ 2-\lambda & 1 & -\lambda \end{vmatrix}$

$= (2-\lambda)(1+\lambda)^2 = 0$

ゆえに固有値は $-1$ と 2 である．$-1$ に応ずる固有ベクトルは

$$\begin{bmatrix} 0 & 1 & 1 \\ 1 & 0 & 1 \\ 1 & 1 & 0 \end{bmatrix} \begin{bmatrix} x \\ y \\ z \end{bmatrix} = - \begin{bmatrix} x \\ y \\ z \end{bmatrix}$$

すなわち

$$y + z = -x, \quad x + z = -y, \quad x + y = -z$$

を解けばよい．$x + y + z = 0$ の解は $c_1$, $c_2$ を任意の数として

$$x = c_1, \quad y = c_2, \quad z = -c_1 - c_2$$

ゆえに，$-1$ に応ずる固有ベクトルは

$$c_1 \begin{bmatrix} 1 \\ 0 \\ -1 \end{bmatrix} + c_2 \begin{bmatrix} 0 \\ 1 \\ -1 \end{bmatrix}$$

また，2 に応ずる固有ベクトルは

$$\begin{aligned} -2x + y + z &= 0 \\ x - 2y + z &= 0 \\ x + y - 2z &= 0 \end{aligned} \quad \text{より} \quad c_3 \begin{bmatrix} 1 \\ 1 \\ 1 \end{bmatrix}$$

（ただし，$c_3$ は任意の数）

# 18. ベクトル

## 18.1 ベクトルの定義

### ■ベクトルの定義

空間に2点A, Bをとり, A, Bを結んだ線分ABを考える. この線分を点Aから点Bに向うとみるとき, このような線分をAを**始点**, Bを**終点**とする**有向線分** AB という. 一般に, 有向線分では, 大きさ, 向き, 位置などが考えられる.

有向線分ABで, その大きさと向きだけに着目するとき, これを**ベクトルAB**といい, $\overrightarrow{AB}$ と表す. このとき, Aをベクトル $\overrightarrow{AB}$ の**始点**, Bを**終点**という. ベクトルを, $\vec{a}$, $\vec{b}$, …などの記号で表すこともある.

### ■ベクトルの相等

二つのベクトル $\overrightarrow{AB}$, $\overrightarrow{CD}$ が同じ大きさと向きをもつとき, ベクトル $\overrightarrow{AB}$ と $\overrightarrow{CD}$ は**等しい**といい, $\overrightarrow{AB}=\overrightarrow{CD}$ と書く. すなわち, $\overrightarrow{AB}$, $\overrightarrow{CD}$ が同一直線上にあって, その向きと大きさが等しいか, ABDCがこの順で平行四辺形を作るとき, $\overrightarrow{AB}=\overrightarrow{CD}$ である.

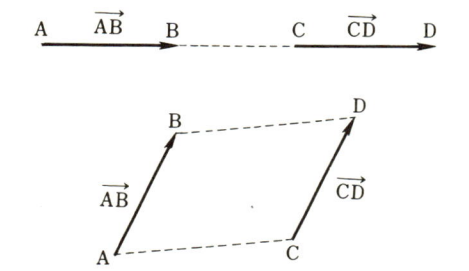

### ■単位ベクトル・零ベクトル

ベクトル $\overrightarrow{AB}$ の**大きさ**を $|\overrightarrow{AB}|$ で表す. 大きさ1のベクトルを**単位ベクトル**という. 始点と終点の一致したベクトル, すなわち, 1点のみからなるベクトルを**零ベクトル**という. 零ベクトルでは大きさは0, 向きは考えない. なお, 零ベクトルは, $\vec{0}$ と表すことがある.

### ■逆ベクトル

大きさが等しく, 向きが逆のベクトルを**逆ベクトル**という. たとえば, ベクトル $\overrightarrow{AB}$ とベクトル $\overrightarrow{DC}$ は逆ベクトルである. $\overrightarrow{AB}=\vec{a}$ のとき, $\overrightarrow{DC}=-\vec{a}$ と書く.

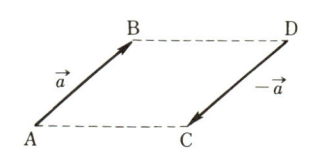

---
**例題 1**

平面上にベクトル $\vec{a}$ が下図の矢印のように与えられている. 点P, Qを始点として $\vec{a}$ に等しいベクトルを書け. また, 点R, Sを始点として, $-\vec{a}$ に等しいベクトルを書け.

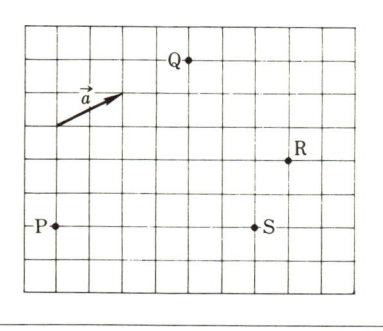

---

[解答] (1) 等しいベクトルは, 大きさと向

きが等しいから，点 P, Q を始点として，それぞれの終点が P, Q の右側にあり，傾きが 0.5, 大きさが $\sqrt{5}$ であるベクトルを書く．

(2) 逆ベクトルは，大きさが等しく向きが逆であるから，点 P, Q を始点として，それぞれの終点が P, Q の左側にあり，傾きが $-0.5$, 大きさが $\sqrt{5}$ であるベクトルを書く．

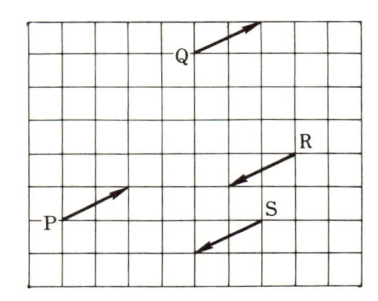

── 例題 2 ──
次の各問に答えよ．
(1) 下図のように，$\vec{a}, \vec{b}, \vec{c}$ が与えられている．$|\vec{a}|, |\vec{b}|, |\vec{c}|$ の値を求めよ．
(2) $\vec{x}$ が ①, ② の条件をみたすとき，$\vec{x}$ の終点の表す図形を書け．
① 始点を O とする．
② $|\vec{x}|=2$ である．

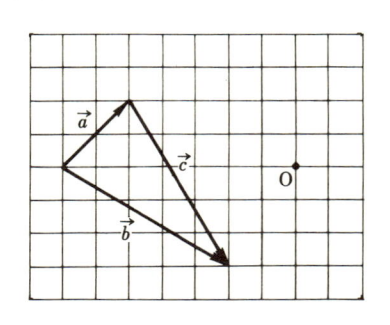

[解答] ピタゴラスの定理を用いて
(1) $|\vec{a}|=\sqrt{2^2+2^2}=2\sqrt{2}$
$|\vec{b}|=\sqrt{5^2+3^2}=\sqrt{34}$
$|\vec{c}|=\sqrt{3^2+5^2}=\sqrt{34}$

(2) 中心が原点で半径 2 である円を表すので，下図の通りである．

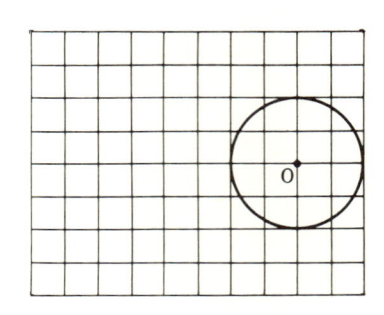

## 18.2 ベクトルの和・差とスカラー倍

■ベクトルの和

二つのベクトルを $\vec{a}, \vec{b}$ とする．$\vec{a}$ に等しいベクトルを $\overrightarrow{PQ}$ とし，Q を始点として，$\vec{b}$ に等しいベクトル $\overrightarrow{QR}$ をとる．P, R を結んで得られるベクトルを二つのベクトル $\vec{a}, \vec{b}$ の和といい，$\vec{a}+\vec{b}$ で表す．すなわち

$$\overrightarrow{PR}=\vec{a}+\vec{b}$$

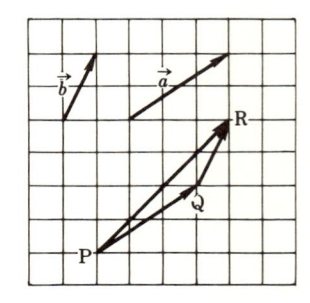

ベクトルの和について，次の法則が成り立つ．
(1) $\vec{a}+\vec{b}=\vec{b}+\vec{a}$ （交換法則）
(2) $(\vec{a}+\vec{b})+\vec{c}=\vec{a}+(\vec{b}+\vec{c})$ （結合法則）
(3) $\vec{a}+\vec{0}=\vec{0}+\vec{a}=\vec{a}$ （零元の存在）

18. ベクトル　161

■ベクトルと実数との積

ベクトル $\vec{a}$ とベクトル $\vec{a}$ との和は，ベクトル $\vec{a}$ と同じ向きをもち大きさが 2 倍のベクトルで $2\vec{a}$ と書く．すなわち，$\vec{a}+\vec{a}=2\vec{a}$ である．また，$\vec{a}$ と同じ大きさをもち，向きが逆のベクトルを $-\vec{a}$ と表し，逆ベクトルという．

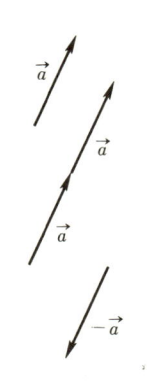

これらを一般化して，$\vec{a}$ をベクトル，$k$ を実数とするとき，

(1) $k>0$ のとき：$k\vec{a}$ は大きさが $\vec{a}$ の大きさの $k$ 倍に等しく，向きが $\vec{a}$ と同じベクトルを表す．

(2) $k<0$ のとき：$k\vec{a}$ は大きさが $\vec{a}$ の大きさの $|k|$ 倍に等しく，向きが $\vec{a}$ と逆のベクトルを表す．

(3) $k=0$ のとき：$k\vec{a}$ の大きさは 0 で，零ベクトル $\vec{0}$ である．また，$\vec{a}=\vec{0}$ のときは，$l\vec{a}=\vec{0}$ とする．

ベクトルと実数との積に関しては，次の法則が成り立つ．

(1) $l(m\vec{a})=(lm)\vec{a}$
(2) $(l+m)\vec{a}=l\vec{a}+m\vec{a}$
(3) $l(\vec{a}+\vec{b})=l\vec{a}+l\vec{b}$
(4) $0\cdot\vec{a}=\vec{0},\quad l\cdot\vec{0}=\vec{0}$
(5) $1\cdot\vec{a}=\vec{a}$
(6) $(-1)\cdot\vec{a}=-\vec{a}$

(1), (2), (4)～(6) は明らかであるが，(3) は下

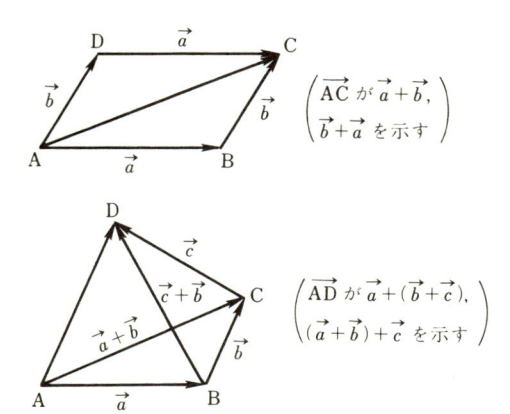

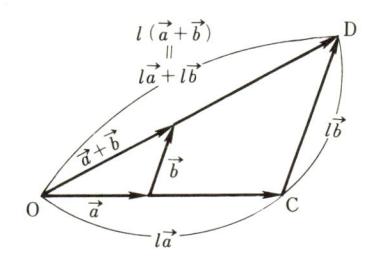

■ベクトルの差

二つのベクトル $\vec{a}$，$\vec{b}$ に対して，$\vec{a}+(-\vec{b})$ を $\vec{a}$ から $\vec{b}$ を引いた差といい，$\vec{a}-\vec{b}$ と書く．

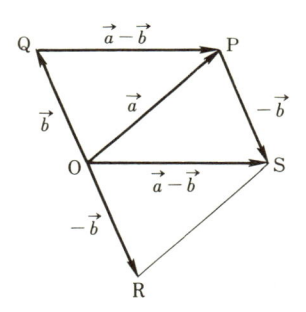

いま，$\overrightarrow{OP}=\vec{a}$，$\overrightarrow{OQ}=\vec{b}$ とすると，QO の延長上に OR=QO となるように点 R をとれば，$\overrightarrow{OR}=-\vec{b}$ となる．P を始点として，$-\vec{b}$ に等しいベクトル $\overrightarrow{PS}$ をとり，O, S を結んで得られるベクトル $\overrightarrow{OS}$ が $\vec{a}-\vec{b}$ である．これは，同一の点 O から $\vec{a}$，$\vec{b}$ にそれぞれ等しいベクトル $\overrightarrow{OP}$，$\overrightarrow{OQ}$ をとると，それらの終点を結ぶベクトル $\overrightarrow{QP}$ が，差 $\vec{a}-\vec{b}$ を表すことを示す．

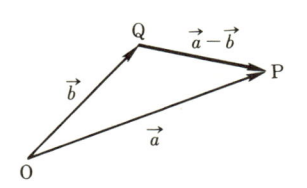

### 例題
三つのベクトル $\vec{a}$, $\vec{b}$, $\vec{c}$ が，下図のように与えられている．次式で表されるベクトルを図示せよ．
(1) $\vec{a}+\vec{b}+\vec{c}$
(2) $3\vec{a}+3\vec{b}$
(3) $2(\vec{a}-\vec{b})+3(\vec{b}-\vec{c})+4(\vec{c}-\vec{a})+\vec{a}$

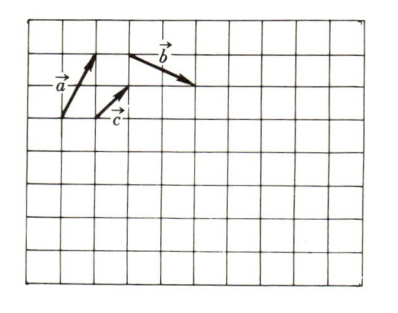

[解答] (1) 順に加えればよい．
(2) $3\vec{a}+3\vec{b}=3(\vec{a}+\vec{b})$
であるから $(\vec{a}+\vec{b})$ の3倍をつくる．
(3) 与式 $=2\vec{a}-2\vec{b}+3\vec{b}-3\vec{c}+4\vec{c}-4\vec{a}+\vec{a}$
$=-\vec{a}+\vec{b}+\vec{c}$
だから，$\vec{b}+\vec{c}+(-\vec{a})$ をつくればよい．

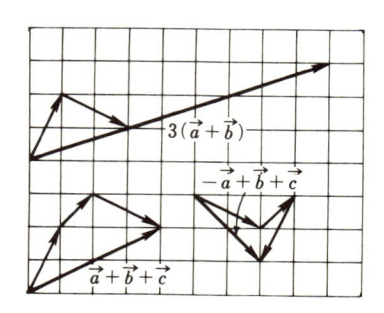

## 18.3 ベクトルの成分・内積

■**ベクトルの成分**
座標平面上の2点 $A(a_1, a_2)$, $B(b_1, b_2)$ とするとき
$$a_x = b_1 - a_1, \quad a_y = b_2 - a_2$$
をベクトル $\overrightarrow{AB}$ の成分という．

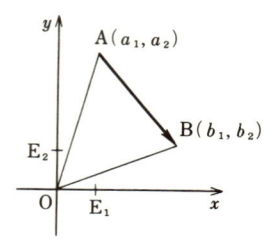

座標軸上の単位の点を $E_1$, $E_2$ とし，$\overrightarrow{OE_1}$, $\overrightarrow{OE_2}$ の表すベクトルを $\vec{e_1}$, $\vec{e_2}$ とすれば
$$\overrightarrow{AB} = a_x \cdot \vec{e_1} + a_y \cdot \vec{e_2}$$
と表される．また，このとき
$$|\overrightarrow{AB}| = \sqrt{a_x^2 + a_y^2}$$
$$\vec{a} = (a_1, a_2), \quad \vec{b} = (b_1, b_2)$$
と表されるとき
(1) $\vec{a} \pm \vec{b}$ の成分は $(a_1 \pm b_1, a_2 \pm b_2)$ となる．
(2) $k\vec{a}$ の成分は $(ka_1, ka_2)$ となる．

上記のことは，3次元，4次元，…のときも同様に考えられる．
3次元の結果を記せば
$$\overrightarrow{AB} = a_x \cdot \vec{e_1} + a_y \cdot \vec{e_2} + a_z \cdot \vec{e_3}$$
$$|\overrightarrow{AB}| = \sqrt{a_x^2 + a_y^2 + a_z^2}$$
(1) $\vec{a} \pm \vec{b}$ の成分は
$$(a_1 \pm b_1, a_2 \pm b_2, a_3 \pm b_3)$$
(2) $k\vec{a}$ の成分は
$$(ka_1, ka_2, ka_3)$$

■**ベクトルの内積 (1)**
二つのベクトル $\vec{a}$, $\vec{b}$ で
$$\vec{a} = \overrightarrow{OA}, \quad \vec{b} = \overrightarrow{OB}$$
とするとき，OA, OB のなす角 $\theta$ を，ベクトル $\vec{a}$, $\vec{b}$ のなす角という．ただし，$0° \leq \theta \leq 180°$ とする．

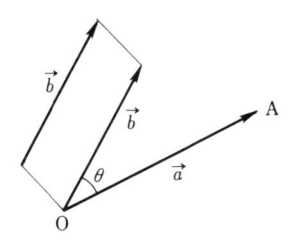

二つのベクトル $\vec{a}$, $\vec{b}$ のなす角を $\theta$, それらの大きさを $|\vec{a}|$, $|\vec{b}|$ とするとき

$$|\vec{a}| \cdot |\vec{b}| \cos \theta$$

を $\vec{a}$ と $\vec{b}$ の内積といい, $\vec{a} \cdot \vec{b}$ で表す. すなわち

$$\vec{a} \cdot \vec{b} = |\vec{a}| \cdot |\vec{b}| \cos \theta$$

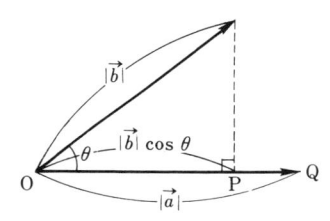

定義から, 明らかに

$\vec{a} \cdot \vec{a} = |\vec{a}|^2$
$\vec{a} \perp \vec{b}$ のとき $\vec{a} \cdot \vec{b} = 0$
$\vec{a} \parallel \vec{b}$ のとき $\vec{a} \cdot \vec{b} = \pm |\vec{a}| \cdot |\vec{b}|$

また, 次の法則が成り立つ.
(1) $\vec{a} \cdot \vec{b} = \vec{b} \cdot \vec{a}$
(2) $\vec{a} \cdot (\vec{b} + \vec{c}) = \vec{a} \cdot \vec{b} + \vec{a} \cdot \vec{c}$
(3) $(m\vec{a}) \cdot \vec{b} = \vec{a} \cdot (m\vec{b}) = m(\vec{a} \cdot \vec{b})$

■ベクトルの内積 (2)

$\vec{a} = (a_1, a_2)$, $\vec{b} = (b_1, b_2)$
の内積は

$$\vec{a} \cdot \vec{b} = a_1 \cdot b_1 + a_2 \cdot b_2$$

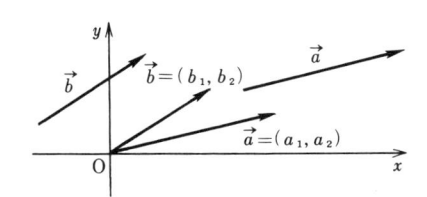

$\vec{0}$ でないベクトル $\vec{a} = (a_1, a_2)$, $\vec{b} = (b_1, b_2)$ のなす角を $\theta$ とすると

$$\cos \theta = \frac{a_1 b_1 + a_2 b_2}{\sqrt{a_1^2 + a_2^2} \sqrt{b_1^2 + b_2^2}}$$

これらを 3 次元に拡張すると

$\vec{a} = (a_1, a_2, a_3)$, $\vec{b} = (b_1, b_2, b_3)$
とすると, 内積は

$$\vec{a} \cdot \vec{b} = a_1 b_1 + a_2 b_2 + a_3 b_3$$

$\vec{0}$ でないベクトル

$\vec{a} = (a_1, a_2, a_3)$, $\vec{b} = (b_1, b_2, b_3)$
のなす角を $\theta$ とすると

$$\cos \theta = \frac{a_1 b_1 + a_2 b_2 + b_3 a_3}{\sqrt{a_1^2 + a_2^2 + a_3^2} \sqrt{b_1^2 + b_2^2 + b_3^2}}$$

ベクトルは次元に関係なく統一的に扱えるところに特徴がある. 3 次元までを示したが

$\vec{a} = (a_1, a_2, \cdots, a_n)$
$\vec{b} = (b_1, b_2, \cdots, b_n)$
として

$$\vec{a} \cdot \vec{b} = a_1 b_1 + a_2 b_2 + \cdots + a_n b_n$$

が示される.

―― 例題 ――

次の各問に答えよ.

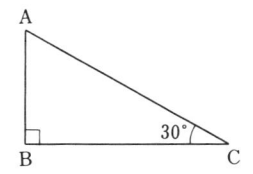

(1) AB=1
とするとき
$\overrightarrow{AB} \cdot \overrightarrow{CA}$
を求めよ.
(2) $|\vec{a}|=1$, $|\vec{b}|=2$, $\vec{a}$ と $\vec{b}$ のなす角が $60°$ のとき, $\vec{a}+\vec{b}$ の大きさを求めよ.
(3) $\vec{a}=(2, 1)$, $\vec{b}=(1, 3)$ のなす角を求めよ.

[解答] (1) $\overrightarrow{AB}$ と $\overrightarrow{CA}$ のなす角は
$\angle BAD = 120°$, $|\overrightarrow{AB}| = 1$, $|\overrightarrow{CA}| = 2$
であるから
$\overrightarrow{AB} \cdot \overrightarrow{CA} = 1 \times 2 \times \cos 120°$
$= 1 \times 2 \times \left(-\dfrac{1}{2}\right) = -1$

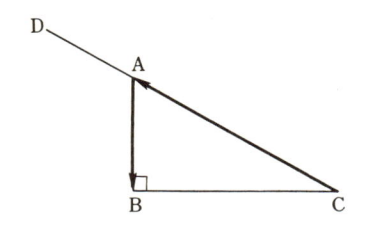

(2) $|\vec{a}+\vec{b}|^2 = (\vec{a}+\vec{b}) \cdot (\vec{a}+\vec{b})$
$= |\vec{a}|^2 + 2(\vec{a}\cdot\vec{b}) + |\vec{b}|^2$
$= 1^2 + 2|\vec{a}|\cdot|\vec{b}|\cos 60° + 2^2$
$= 1^2 + 2 \times 1 \times 2 \times \cos 60° + 2^2$
$= 1 + 2 + 4 = 7$　ゆえに　$\sqrt{7}$

(3) $\cos\theta = \dfrac{2\cdot 1 + 1\cdot 3}{\sqrt{2^2+1^2}\sqrt{1^2+3^2}}$
$= \dfrac{5}{\sqrt{5}\sqrt{10}} = \dfrac{1}{\sqrt{2}}$

ゆえに，$\theta = 45°$．

## 18.4　ベクトルの外積

■**外積（ベクトル積）(1)**

1点 O にベクトル $\vec{a}$, $\vec{b}$ を集め，$\vec{a}$, $\vec{b}$ のなす角を $\theta$ とする．このとき，$\vec{a}$, $\vec{b}$ を 2 辺とする平行四辺形の面積 $|\vec{a}||\vec{b}|\sin\theta$ をその大きさとし，$\vec{a}$, $\vec{b}$ の双方と垂直なベクトルをつくる．ただし，ベクトルの方向は，$\vec{a}$ から $\vec{b}$ にねじを回したとき，ねじの進む向きであると定める．このベクトルを，$\vec{a}$ と $\vec{b}$ の外積（ベクトル積）といい，$\vec{a} \times \vec{b}$ と書く．外積を $[\vec{a}, \vec{b}]$ と書くこともある．

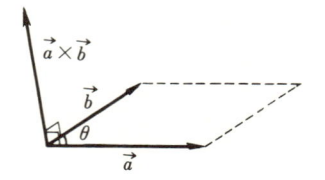

■**外積の性質**

外積について，次の等式が成り立つ．
(1) $(\vec{a}+\vec{b}) \times \vec{c} = \vec{a}\times\vec{c} + \vec{b}\times\vec{c}$
(2) $(\lambda\vec{a})\times\vec{b} = \lambda(\vec{a}\times\vec{b})$（$\vec{a}$ が $\lambda$ 倍されれば，平行四辺形の面積も $\lambda$ 倍となる）
(3) $\vec{a}\times\vec{b} = -\vec{b}\times\vec{a}$（$\vec{a}$ と $\vec{b}$ でつくられる平行四辺形の面積と $\vec{b}$ と $\vec{a}$ との面積は等しいが，ねじの方向が逆になる）
(4) $\vec{a}\times\vec{b} = 0$ である必要十分条件は，$\vec{b} = \lambda\vec{a}$（$\vec{a}$ と $\vec{b}$ が同じか逆方向のベクトルであれば，$\vec{a}$, $\vec{b}$ がつくる面積は 0 となる）

また，内積と外積について，次の等式が成り立つ
$$(\vec{a}\times\vec{b})\cdot\vec{b} = (\vec{a}\times\vec{b})\cdot\vec{a} = 0$$

■**外積（ベクトル積）(2)**

3 次元のベクトル
$$\vec{a} = (x_1, y_1, z_1), \quad \vec{b} = (x_2, y_2, z_2)$$
に対して，行列
$$\begin{bmatrix} \vec{a} \\ \vec{b} \end{bmatrix} = \begin{bmatrix} x_1 & y_1 & z_1 \\ x_2 & y_2 & z_2 \end{bmatrix}$$
の 2 次の小行列式を成分とするベクトル
$$\left( \begin{vmatrix} y_1 & z_1 \\ y_2 & z_2 \end{vmatrix}, \begin{vmatrix} z_1 & x_1 \\ z_2 & x_2 \end{vmatrix}, \begin{vmatrix} x_1 & y_1 \\ x_2 & y_2 \end{vmatrix} \right)$$
を $\vec{a}$, $\vec{b}$ の**外積**といい，$\vec{a}\times\vec{b}$ と書く．この定義は，外積(1)のものと同一のものとなる．

$\vec{e_1} = (1, 0, 0)$, $\vec{e_2} = (0, 1, 0)$
$\vec{e_3} = (0, 0, 1)$

について，$\vec{e_1}\times\vec{e_2}$ を上記により求めると
$$\begin{bmatrix} \vec{e_1} \\ \vec{e_2} \end{bmatrix} = \begin{bmatrix} 1 & 0 & 0 \\ 0 & 1 & 0 \end{bmatrix}$$

## 18. ベクトル

であるから

$$\vec{e_1} \times \vec{e_2} = \left( \begin{vmatrix} 0 & 0 \\ 1 & 0 \end{vmatrix}, \begin{vmatrix} 0 & 1 \\ 0 & 0 \end{vmatrix}, \begin{vmatrix} 1 & 0 \\ 0 & 1 \end{vmatrix} \right)$$

$$= (0, 0, 1) = \vec{e_3}$$

これは下図の関係を示している．

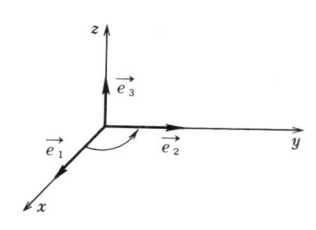

---

**例題 1**

$\vec{a} = (a_1, a_2, a_3)$, $\vec{b} = (b_1, b_2, b_3)$
$\vec{c} = (c_1, c_2, c_3)$

とするとき

$$(\vec{a} + \vec{b}) \times \vec{c} = \vec{a} \times \vec{c} + \vec{b} \times \vec{c}$$

であることを証明せよ．

---

[証明] $\vec{a} + \vec{b} = (a_1 + b_1, a_2 + b_2, a_3 + b_3)$
$\vec{c} = (c_1, c_2, c_3)$

であるから

$$(\vec{a} + \vec{b}) \times \vec{c}$$

$$= \left( \begin{vmatrix} a_2+b_2 & a_3+b_3 \\ c_2 & c_3 \end{vmatrix}, \begin{vmatrix} a_3+b_3 & a_1+b_1 \\ c_3 & c_1 \end{vmatrix}, \begin{vmatrix} a_1+b_1 & a_2+b_2 \\ c_1 & c_2 \end{vmatrix} \right)$$

ところで

$$\vec{a} \times \vec{c} = \left( \begin{vmatrix} a_2 & a_3 \\ c_2 & c_3 \end{vmatrix}, \begin{vmatrix} a_3 & a_1 \\ c_3 & c_1 \end{vmatrix}, \begin{vmatrix} a_1 & a_2 \\ c_1 & c_2 \end{vmatrix} \right)$$

$$\vec{b} \times \vec{c} = \left( \begin{vmatrix} b_2 & b_3 \\ c_2 & c_3 \end{vmatrix}, \begin{vmatrix} b_3 & b_1 \\ c_3 & c_1 \end{vmatrix}, \begin{vmatrix} b_1 & b_2 \\ c_1 & c_2 \end{vmatrix} \right)$$

であるから

$$\vec{a} \times \vec{c} + \vec{b} \times \vec{c}$$

$$= \left( \begin{vmatrix} a_2 & a_3 \\ c_2 & c_3 \end{vmatrix} + \begin{vmatrix} b_2 & b_3 \\ c_2 & c_3 \end{vmatrix}, \cdots \right)$$

ここで

$$\begin{vmatrix} a_2 & a_3 \\ c_2 & c_3 \end{vmatrix} + \begin{vmatrix} b_2 & b_3 \\ c_2 & c_3 \end{vmatrix}$$

$$= a_2 c_3 - a_3 c_2 + b_2 c_3 - b_3 c_2$$

$$= (a_2 + b_2) c_3 - (a_3 + b_3) c_2$$

$$= \begin{vmatrix} a_2 + b_2 & a_3 + b_3 \\ c_2 & c_3 \end{vmatrix}$$

となり，他も同様であるから

$$(\vec{a} + \vec{b}) \times \vec{c} = \vec{a} \times \vec{c} + \vec{b} \times \vec{c}$$

---

**例題 2**

平行六面体の1頂点を通る3本の稜を $\vec{a}, \vec{b}, \vec{c}$ とする．体積は $(\vec{a} \times \vec{b}) \cdot \vec{c}$ で表されることを示せ．

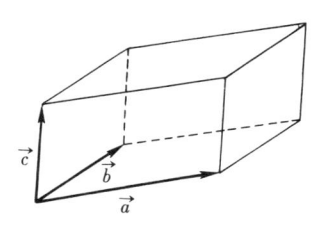

---

[解答] $\vec{a}, \vec{b}$ の囲む平行四辺形の面積は，$|\vec{a} \times \vec{b}|$ と表せる．$\vec{c}$ の先端から $\vec{a}$ と $\vec{b}$ の定める平面に下した垂線の長さを $h$ とすれば，$h$ は，$\vec{a}$ と $\vec{b}$ の定める平面の垂線への $\vec{c}$ の正射影に等しい．したがって

体積＝底面積×高さ
$$= |\vec{a} \times \vec{b}| \times h \quad \text{①}$$
$$= (\vec{a} \times \vec{b}) \cdot \vec{c} \quad \text{②}$$

[注] ①の行の絶対値の中の × は外積の意であり，絶対値の外の × は通常の乗法の意で，意味が異なる．

①から②へは，外積と内積の意味を考えると導ける．すなわち $\vec{a} \times \vec{b}$ は，$\vec{a}$ と $\vec{b}$ とに垂直なベクトルで大きさがその面積に等しい．それを $\vec{d}$ とすれば，$\vec{d} \cdot \vec{c}$ とは，$\vec{c}$ の $\vec{d}$

## 18.5 直線のベクトル方程式

### ■位置ベクトル

定点を O とするとき，点 O から他の点 P に向って引かれたベクトル $\overrightarrow{OP}$ を，点 O に対する点 P の**位置ベクトル**といい，定点 O を原点という．

2 点 A, B の位置ベクトルをそれぞれ $\vec{a}$, $\vec{b}$ とし，線分 AB を $m:n$ にわける点 P の位置ベクトルを $\vec{p}$ とすると

$$\vec{p} = \frac{m\vec{b} + n\vec{a}}{m+n}$$

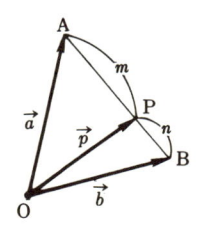

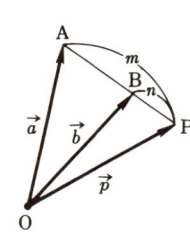

[注] (1) P が中点のときは，$m=n=1$ とおいて，$\vec{p} = \dfrac{\vec{a}+\vec{b}}{2}$．

(2) P が外分点のときは，$\overrightarrow{AP}$ と $\overrightarrow{PB}$ の方向が逆になるので，$m$, $n$ の一方を正，一方を負とすればよい．

たとえば，AB の B の方向への延長上に，AB=BP となる点 P で外分すると

$$\vec{p} = \frac{2\cdot\vec{b} - 1\cdot\vec{a}}{2-1} = -\vec{a} + 2\vec{b}$$

### ■直線のベクトル方程式 (1)

図形 F が与えられたとき，この図形上の点がみたす条件を，その点の位置ベクトル $\vec{p}$ を用いて表した方程式をベクトル方程式という．

原点 O と点 A が与えられたとき，この 2 点を通る直線 $l$ のベクトル方程式は，$l$ 上の任意の点 P の位置ベクトルを $\vec{p}$，A の位置ベクトルを $\vec{a}$ とすれば

$$\vec{p} = t\vec{a} \quad (\text{ただし，} t \text{ は実数})$$

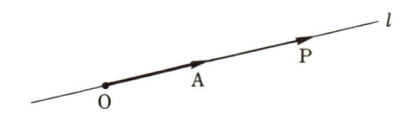

### ■直線のベクトル方程式 (2)

点 A を通り，ベクトル $\vec{b}$ に平行な直線 $l$ の方程式は，$l$ 上の任意の点 P の位置ベクトルを $\vec{p}$，点 A の位置ベクトルを $\vec{a}$ とすれば

$$\vec{p} = \vec{a} + t\vec{b} \quad (\text{ただし，} t \text{ は実数})$$

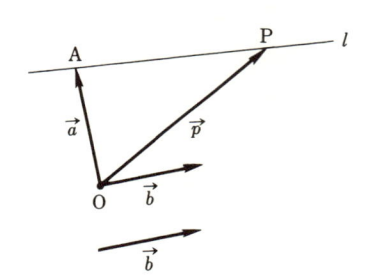

---
**例題 1**

3 点 A, B, C の位置ベクトルをそれぞれ $\vec{a}$, $\vec{b}$, $\vec{c}$ とし，△ABC の重心の位置ベクトルを $\vec{g}$ とすれば

$$\vec{g} = \frac{\vec{a} + \vec{b} + \vec{c}}{3}$$

となることを証明せよ．

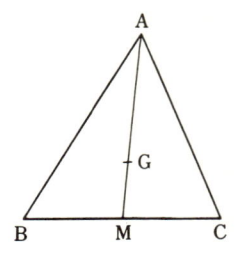

[証明] 辺 BC の中点を M とし，M の位置ベクトルを $\vec{m}$ とする．M は BC の中点であるから

$$\vec{m} = \frac{\vec{b}+\vec{c}}{1+1} = \frac{\vec{b}+\vec{c}}{2}$$

重心 G は，AM を $2:1$ にわける点であるから

$$\vec{g} = \frac{1\cdot\vec{a}+2\cdot\vec{m}}{2+1} = \frac{\vec{a}+2\times\left(\frac{\vec{b}+\vec{c}}{2}\right)}{3}$$

$$= \frac{\vec{a}+\vec{b}+\vec{c}}{3}$$

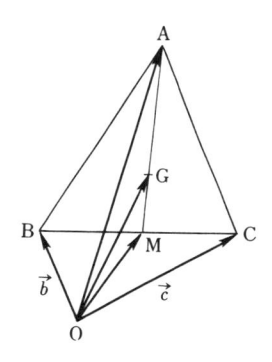

[注] 辺 AB (または辺 AC) の中点を N として，上と同様にして証明できる．

---- 例題 2 ----

原点 O に対する A, B の位置ベクトルを $\vec{a}$, $\vec{b}$ とする．次の各問に答えよ．

(1) $\vec{p} = t\vec{a}$, $-1 \leq t \leq 1$

で表される O に対する位置ベクトル $\vec{p}$ の終点の軌跡を書け．

(2) $\vec{p} = t(\vec{a}+\vec{b})$, $0 < t < \frac{1}{2}$

の表す図形を示せ．

(3) 2 点 A, B を通る直線のベクトル方程式を決めよ．

[解答] (1) $t>0$ のときは，ベクトル $\vec{a}$ と同じ方向であり，$t<0$ のときは，逆の方向となる．$t=0$ のときは原点と一致するから，線分 AA′ が求めるものである．

(2) $t(\vec{a}+\vec{b})$ は，辺 AB の中点を Q とすると，OQ またはその延長を表す．$0<t<1/2$ であるから下図の太線部分を表す．ただし，O と Q は含まない．

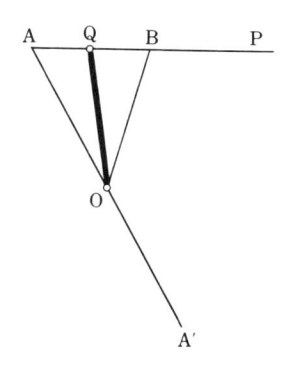

(3) $\overrightarrow{AB} = \vec{b}-\vec{a}$, $\overrightarrow{AP} = \vec{p}-\vec{a}$

であり，$\overrightarrow{AB}\cdot t = \overrightarrow{AP}$ なので

$$\vec{p}-\vec{a} = t(\vec{b}-\vec{a})$$

ゆえに

$$\vec{p} = \vec{a} + t(\vec{b}-\vec{a})$$

が求めるものである．

## 18.6　円のベクトル方程式

■円のベクトル方程式 (1)：原点 O を中心とし，半径 $r$ の円のベクトル方程式

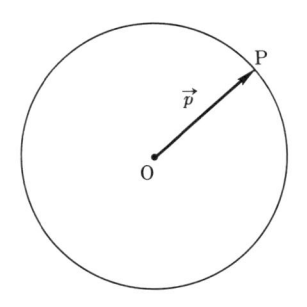

円周上の任意の点 P の位置ベクトルを $\vec{p}$ とすると

$|\vec{p}|=r$ または $|\vec{p}|^2=r^2$
と表される．$\vec{p}=(x, y)$ とすれば
$|\vec{p}|^2=x^2+y^2$
ゆえに，$|\vec{p}|^2=r^2$ は $x^2+y^2=r^2$ と表される．

■**円のベクトル方程式 (2)**：点 C を中心とし，半径 $r$ の円のベクトル方程式

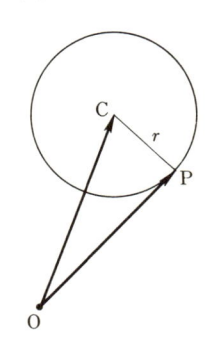

円周上の任意の点 P の位置ベクトルを $\vec{p}$，点 C の位置ベクトルを $\vec{c}$ とすると
$|\vec{p}-\vec{c}|=r$ または $|\vec{p}-\vec{c}|^2=r^2$
と表される．
$\vec{p}=(x, y), \quad \vec{c}=(a, b)$
とすれば
$|\vec{p}-\vec{c}|^2=(x-a)^2+(y-b)^2$
であるから
$(x-a)^2+(y-b)^2=r^2$

■**円のベクトル方程式 (3)**：2 点 A, B を直径の両端とする円のベクトル方程式

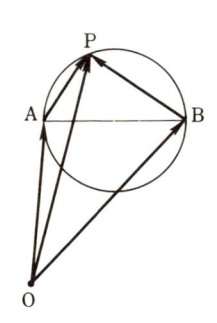

円周上の任意の点を P とし，点 A, B, P の位置ベクトルをそれぞれ $\vec{a}, \vec{b}, \vec{p}$ とする．AB が直径であるから ∠APB は直径の上にたつ円周角となるので ∠APB=∠R．
したがって
$\overrightarrow{AP}\cdot\overrightarrow{BP}=0$
すなわち
$(\vec{p}-\vec{a})\cdot(\vec{p}-\vec{b})=0$
である．
$\vec{p}=(x, y), \quad \vec{a}=(a_1, a_2)$
$\vec{b}=(b_1, b_2)$
とすれば
$\vec{p}-\vec{a}=(x-a_1, y-a_2)$
$\vec{p}-\vec{b}=(x-b_1, y-b_2)$
であるから
$(\vec{p}-\vec{a})\cdot(\vec{p}-\vec{b})$
$=(x-a_1, y-a_2)\cdot(x-b_1, y-b_2)$
$=(x-a_1)(x-b_1)+(y-a_2)(y-b_2)$
すなわち
$(x-a_1)(x-b_1)+(y-a_2)(y-b_2)=0$

---**例題**---

3 点
$O(0, 0), \quad A(5, 0), \quad B\left(\dfrac{9}{5}, \dfrac{12}{5}\right)$
が与えられている．次の各問に答えよ．
(1) 点 O を中心とし，半径を OA とする円の方程式を求めよ．
(2) 点 A を中心とし，半径を AB とする円の方程式を求めよ．
(3) 3 点 O, A, B を通る円の方程式を求めよ．

---

[解答] (1) 円周上の任意の点を P とし，点 P の位置ベクトルを $\vec{p}$ とする．
$|\vec{p}|=5$ すなわち $|\vec{p}|^2=5^2$
である．$\vec{p}=(x, y)$ とおけば
$|\vec{p}|^2=x^2+y^2$
であるから

$$x^2+y^2=5^2$$

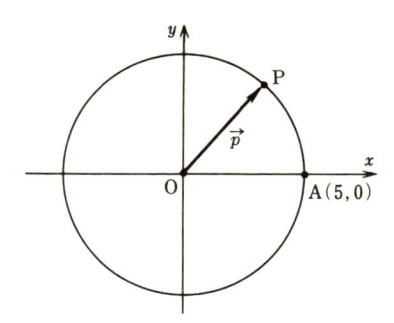

(2) $A(5, 0)$, $B\left(\dfrac{9}{5}, \dfrac{12}{5}\right)$

であるから

$$\overrightarrow{AB}=\left(\dfrac{9}{5}-5, \dfrac{12}{5}\right)=\left(-\dfrac{16}{5}, \dfrac{12}{5}\right)$$

ゆえに

$$|\overrightarrow{AB}|=\sqrt{\left(-\dfrac{16}{5}\right)^2+\left(\dfrac{12}{5}\right)^2}$$
$$=\dfrac{4}{5}\sqrt{4^2+3^2}=4$$

したがって，求める円の方程式は，点 A の位置ベクトルを $\vec{a}$，円周上の任意の点 P の位置ベクトルを $\vec{p}$ とすれば

$$|\vec{p}-\vec{a}|=4 \quad \text{すなわち} \quad |\vec{p}-\vec{a}|^2=4^2$$

$\vec{p}=(x, y)$ とおけば

$$|\vec{p}-\vec{a}|^2=(x-5)^2+y^2$$

であるから

$$(x-5)^2+y^2=4^2$$

(3) $|\overrightarrow{OA}|=5$, $|\overrightarrow{AB}|=4$, $|\overrightarrow{BO}|=3$

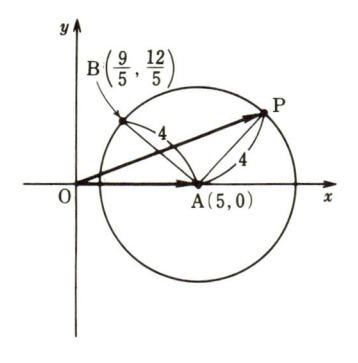

であるから

$$|\overrightarrow{OA}|^2=|\overrightarrow{AB}|^2+|\overrightarrow{BO}|^2$$

が成り立つ．これは，$\angle OBA=\angle R$ であることを示す．すなわち，3 点 O, A, B を通る円は，OA を直径とする円である．

円周上の任意の点を P とし，その位置ベクトルを $\vec{p}$，点 A の位置ベクトルを $\vec{a}$ とすれば

$$\vec{p}\cdot(\vec{p}-\vec{a})=0$$

$\vec{p}=(x, y)$ として書き直せば

$$\vec{p}-\vec{a}=(x-5, y)$$

したがって

$$x(x-5)+y^2=0$$

すなわち

$$\left(x-\dfrac{5}{2}\right)^2+y^2=\left(\dfrac{5}{2}\right)^2$$

[注] 球のベクトル方程式も円と全く同様に求まる．

# V. 数列・極限

## 19. 数列

### 19.1 数列とその和

ある規則によって順にならべられた数の列を**数列**という．そのおのおのの数をその数列の**項**といい，はじめの項から順に，**初項**（または**第1項**），**第2項**，**第3項**，…，**第$n$項**，…という．第$n$項を$n$の式で表したものを，その数列の**一般項**という．

[例] 3角数，4角数

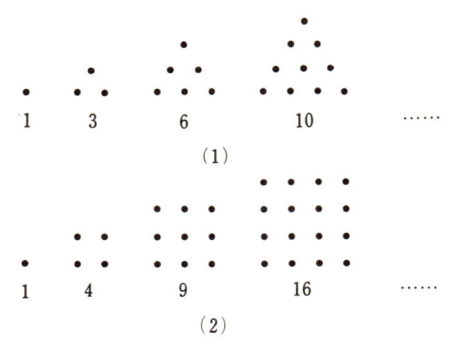

```
        ·           ·
       · ·         · ·
      · · ·       · · ·
1  3  6  10  ……
(1)
```

```
       · · · ·
      · · · ·
     · · · ·
1  4  9  16  ……
(2)
```

(1)の数列の整数を**3角数**，(2)の数列の整数を**4角数**という．(1), (2)の数列の第$n$項はそれぞれ $\dfrac{n(n+1)}{2}$, $n^2$ と表される．

数列は一般に，$a_1, a_2, a_3, \cdots, a_n$，または $\{a_n\}$ と書き表す．数列(1)は $\left\{\dfrac{n(n+1)}{2}\right\}$, (2)は $\{n^2\}$ と表すことができる．

--- 例題 1 ---
次の数列の初項から第5項までを書け．
(1) $\{2n-1\}$    (2) $\{n^2+n\}$

[解答] (1) 1, 3, 5, 7, 9.
(2) 2, 6, 12, 20, 30.

項の数が限りなく続く数列を**無限数列**，項の数が有限である数列を**有限数列**，有限数列の最後の項を**末項**という．

--- 例題 2 ---
分母が4をこえない負でない1以下の既約分数を，大きさの順にならべよ．

[解答] $\dfrac{0}{1}, \dfrac{1}{4}, \dfrac{1}{3}, \dfrac{1}{2}, \dfrac{2}{3}, \dfrac{3}{4}, \dfrac{1}{1}$

[注] 分母が正の整数$n$をこえない負でない1以下の既約分数を大きさの順にならべた数列を，正の数$n$に属する**ファレイ数列**という．

数列 $\{a_n\}$ において
$$a_1=1, \quad a_{n+1}=a_n+n$$
であるとき，$n$に1, 2, 3, …を順次代入すると
$$a_2=a_1+1=1+1=2$$
$$a_3=a_2+2=2+2=4$$
$$a_4=a_3+3=4+3=7$$
$$\cdots\cdots\cdots\cdots\cdots\cdots$$
と $a_2, a_3, a_4, \cdots$ を順次求めることができる．このように，数列 $\{a_n\}$ の項 $a_n, a_{n+1}, a_{n+2}, \cdots$ などの間に成り立つ関係式によって数列 $\{a_n\}$ を定義する方法を，数列の**帰納的定義**という．$a_k(k<n)$ を用いて $a_n$ を求める規則を与える式を**漸化式**という．

## 例題 3

次のように定義される数列 $\{a_n\}$ の第 10 項までを求めよ.
$$a_1 = a_2 = 1$$
$$a_{n+2} = a_{n+1} + a_n$$
$$(n = 1, 2, 3, \cdots)$$

[解答] $a_{n+2} = a_{n+1} + a_n$ であるから
$$a_3 = a_1 + a_2, \quad a_4 = a_2 + a_3, \quad \cdots, \quad a_{10} = a_8 + a_9$$

これより $\{a_n\}$ の第 10 項までは次のようになる.

1, 1, 2, 3, 5, 8, 13, 21, 34, 55

[注] 例題 3 で与えられる数列を**フィボナッチの数列**という.
$$a_n = \frac{1}{\sqrt{5}}\left\{\left(\frac{1+\sqrt{5}}{2}\right)^n - \left(\frac{1-\sqrt{5}}{2}\right)^n\right\}$$
で与えられる.

数列 $\{a_n\}$ のはじめの $n$ 項の和
$$a_1 + a_2 + a_3 + \cdots + a_n$$
を表すのに記号 $\sum$ (シグマと読む) を用いて, $\sum_{k=1}^{n} a_k$ と書く.

$$\sum_{k=1}^{n} a_k = a_1 + a_2 + a_3 + \cdots + a_n$$

[注] $\sum$ は和を表す英語 sum の頭文字 s に相当するギリシャ文字である.

## 例題 4

次の式を $\sum$ を使わないで表せ.
(1) $\sum_{k=1}^{5}(2k+1)$ (2) $\sum_{k=1}^{7} k^2$

[解答] (1) $(2 \cdot 1 + 1) + (2 \cdot 2 + 1) + (2 \cdot 3 + 1) + (2 \cdot 4 + 1) + (2 \cdot 5 + 1)$
$= 3 + 5 + 7 + 9 + 11$

(2) $1^2 + 2^2 + 3^2 + 4^2 + 5^2 + 6^2 + 7^2$

### $\sum$ の性質

(1) $\sum_{k=1}^{n}(a_k + b_k) = \sum_{k=1}^{n} a_k + \sum_{k=1}^{n} b_k$

(2) $\sum_{k=1}^{n} c a_k = c \sum_{k=1}^{n} a_k$

($c$ は $k$ に無関係な数)

[注] $\sum_{k=1}^{n} c = \underbrace{c + c + \cdots + c}_{n \text{個}}$

であるから
$$\sum_{k=1}^{n} c = nc$$

[例] $\sum_{k=1}^{10} 3 = 3 \times 10 = 30$

## 19.2 等差数列

初項に次々と一定の数 $d$ を加えてえられる数列を**等差数列**, $d$ をこの等差数列の**公差**という. 初項が $a$, 公差が $d$ の等差数列を $\{a_n\}$ とすると
$$a_1 = a, \quad a_2 = a + d, \quad a_3 = a + 2d, \quad \cdots$$
$$a_n = a + (n-1)d, \quad \cdots$$

[注] 等差数列を**算術数列**ということもある.

### 等差数列の一般項

初項 $a$, 公差 $d$ の等差数列の一般項 $a_n$ は
$$a_n = a + (n-1)d$$

## 例題 1

初項が 2, 公差が 3 の等差数列 $\{a_n\}$ の一般項を求めよ.

[解答] 初項が $a$, 公差が $d$ の等差数列 $\{a_n\}$ の一般項は
$$a_n = a + (n-1)d$$
であるから, $a=2$, $d=3$ を代入すると
$$a_n = 2 + (n-1)\cdot 3 = 3n-1$$

---- 例題 2 ----
第 $n$ 項が $a_n = pn + q$ ($p$, $q$ は定数) で表される数列 $\{a_n\}$ は等差数列であることを示せ.

[解答] $a_{n+1} - a_n = p(n+1) + q - (pn+q)$
$\qquad = p$
ゆえに
$\qquad a_{n+1} = a_n + p$
これは前の項に $p$ を加えたものが次の項であることを表している. $a_1 = p+q$ であるから, 数列 $\{a_n\}$ は, 初項が $p+q$, 公差が $p$ の等差数列である.

---- 例題 3 ----
第 3 項が 7, 第 8 項が 22 である等差数列 $\{a_n\}$ の一般項を求めよ.

[解答] $\{a_n\}$ の初項を $a$, 公差を $d$ とすると
$$a + 2d = 7, \quad a + 7d = 22$$
これを解いて
$$a = 1, \quad d = 3$$
ゆえに, 一般項 $a_n$ は
$$a_n = 1 + (n-1)\cdot 3 = 3n - 2$$

2 数 $a$, $b$ の間に $n$ 個の数 $x_1, x_2, x_3, \cdots, x_n$ を入れ
$$a, x_1, x_2, \cdots, x_n, b$$
が等差数列になるとき, $x_1, x_2, \cdots, x_n$ を $a$ と $b$ の間の **$n$ 個の等差中項** という. 単に **等差中項** というときは, $a$ と $b$ の間の 1 個の等差中項をさす. $c$ が $a$, $b$ の等差中項であるときは $c = \dfrac{a+b}{2}$ である.

---- 例題 4 ----
次の数列が等差数列になるように, $x$, $y$ に適当な数を入れよ.
(1) 3, $x$, 9
(2) $-5$, $x$, $y$, 7

[解答] (1) $x$ は 3, 9 の等差中項であるから
$$x = \frac{3+9}{2} = 6$$
(2) 公差を $d$ とすると
$$-5 + d = x, \quad -5 + 2d = y, \quad -5 + 3d = 7$$
$d = 4$ であるから, $x = -1$, $y = 3$.

~~~~ 等差数列の和 ~~~~
初項が $a$, 公差が $d$ の等差数列 $\{a_n\}$ の初項から第 $n$ 項までの和 $S_n$ は
$$S_n = \frac{1}{2}n(a_1 + a_n)$$
$$\quad = \frac{1}{2}n\{2a + (n-1)d\}$$
~~~~~~~~~~~~~~~~~~~~~~~~~

数列 $\{n\}$ は初項 1, 公差 1 の等差数列であるから
$$1 + 2 + 3 + \cdots + n = \frac{n(n+1)}{2}$$

---- 例題 5 ----
初項が 3, 公差が 2 の等差数列 $\{a_n\}$ の初項から第 $n$ 項までの和 $S_n$ を求めよ.

[解答] $a = 3$, $d = 2$ を
$$S_n = \frac{1}{2}n\{2a + (n-1)d\}$$

に代入すると
$$S_n = \frac{1}{2}n(6+2n-2)$$
$$= n(n+2)$$

---
**数列の和と $a_n$**

数列 $\{a_n\}$ の初項から第 $n$ 項までの和を $S_n$ とすると
$$a_n = S_n - S_{n-1} \quad (n \geq 2)$$

---

[注] 上の公式で $\{a_n\}$ の一般項を求めるときは，$a_1 = S_1$ であることに注意．$S_n = n^2 + 1$ のとき，$n \geq 2$ ならば
$$a_n = S_n - S_{n-1} = 2n-1$$
であるが，$a_1 = S_1 = 2$ である．

---
**例題 6**

初項から第 $n$ 項までの和 $S_n$ が $n$ の 2 次式 $an^2 + bn + c$ で表される数列 $\{a_n\}$ が等差数列となるための条件を求めよ．

---

[解答] $n \geq 2$ のとき $a_n = S_n - S_{n-1}$ であるから
$$a_n = an^2 + bn + c - \{a(n-1)^2 + b(n-1) + c\} = a(2n-1) + b = 2an - a + b$$
これは $n$ の 1 次式であるから，例題 2 によって数列 $\{a_n\}$ の第 2 項以降は公差 $2a$ の等差数列になる．したがって，数列 $\{a_n\}$ が等差数列となるための条件は
$$a_2 - a_1 = 2a$$
$a_1 = S_1 = a+b+c$ であるから
$$a_2 - a_1 = (3a+b)-(a+b+c)$$
$$= 2a - c$$
これより数列 $\{a_n\}$ が等差数列となるための条件は，$c = 0$ である．

## 19.3 等比数列

初項に次々と一定の数 $r$ をかけて得られる数列を**等比数列**，$r$ をこの等比数列の**公比**という．初項が $a$，公比が $r$ の等比数列を $\{a_n\}$ とすると
$$a_1 = a, \quad a_2 = ar, \quad a_3 = ar^2, \quad \cdots,$$
$$a_n = ar^{n-1}, \quad \cdots$$

[注] 等比数列を**幾何数列**ということもある．

---
**等比数列の一般項**

初項 $a$，公比 $r$ の等比数列の一般項 $a_n$ は
$$a_n = ar^{n-1}$$

---
**例題 1**

初項が 2，公比が 3 の等比数列 $\{a_n\}$ の一般項を求めよ．

---

[解答] $a_n = ar^{n-1}$ に $a=2$，$r=3$ を代入して，$a_n = 2 \cdot 3^{n-1}$．

---
**例題 2**

第 2 項が 2，第 5 項が 128 である等比数列の初項と公比を求めよ．

---

[解答] 初項を $a$，公比を $r$ とすると
$$ar = 2, \quad ar^4 = 128$$
$ar^4$ を $ar$ で割って
$$r^3 = 64 = 4^3 \quad \text{ゆえに} \quad r = 4$$
これを $ar = 2$ に代入して，$a = 1/2$．

2 数 $a$, $b$ の間に $n$ 個の数 $x_1, x_2, x_3, \cdots, x_n$ を入れ

$a, x_1, x_2, \cdots, x_n, b$

が等比数列になるとき, $x_1, x_2, \cdots, x_n$ を $a$ と $b$ の間の **$n$ 個の等比中項** という. 単に **等比中項** というときは, $a$ と $b$ の間の 1 個の等比中項をさす. $c$ が $a, b$ の等比中項であるときは $c = \pm\sqrt{ab}$ である.

---

**等比数列の和**

初項が $a$, 公比が $r$ の等比数列 $\{a_n\}$ の初項から第 $n$ 項までの和 $S_n$ は

$$S_n = \begin{cases} \dfrac{a(1-r^n)}{1-r} & (r \neq 1) \\ na & (r = 1) \end{cases}$$

---

**── 例題 3 ──**
等比数列 $3, 6, 12, 24, \cdots$ の初項から第 $n$ 項までの和を求めよ.

[解答] この等比数列の公比は 2 であるから, 求める和は

$$\frac{3(1-2^n)}{1-2} = 3(2^n - 1)$$

**── 例題 4 ──**
1 日目には 1 円, 2 日目には 2 円, 3 日目には 4 円と毎日その前日の 2 倍の金額を積み立てるとして, 30 日間で積み立てる金額の総和はいくらになるか.

[解答] 30 日間で積み立てる金額の総和は

$$1 + 2 + 2^2 + 2^3 + \cdots + 2^{29}$$
$$= \frac{1(1-2^{30})}{1-2} = 2^{30} - 1 \ (\text{円})$$

[注] 約 10 億円である.

---

**複利法**

$a$ 円を年利率 $r$, 1 年ごとの複利で貯金すると, $n$ 年後の元利合計は

$$a(1+r)^n \ (\text{円})$$

**積立貯金 (期首払い)**

毎年はじめに $a$ 円ずつ, 年利率 $r$, 1 年ごとの複利で積み立てるとき, $n$ 年目末の元利合計は

$$\frac{a(1+r)\{(1+r)^n - 1\}}{r} \ (\text{円})$$

**積立貯金 (期末払い)**

毎年末に $a$ 円ずつ, 年利率 $r$, 1 年ごとの複利で積み立てるとき, $n$ 年目末の元利合計は

$$\frac{a\{(1+r)^n - 1\}}{r} \ (\text{円})$$

**年賦償還**

$S$ 円を年利率 $r$, 1 年ごとの複利である年のはじめに借りた. これをその年の末から毎年末に $a$ 円ずつ返済し, $n$ 年後に全額返済するとき

$$a = \frac{Sr(1+r)^n}{(1+r)^n - 1} \ (\text{円})$$

**年 金**

いまから 1 年後ごとに $a$ 円ずつ, $n$ 年間年金を受け取る. 年利率 $r$, 1 年ごとの複利で計算すると, 現在貯金しておく金額は

$$\frac{a}{r}\left\{1 - \frac{1}{(1+r)^n}\right\} \ (\text{円})$$

---

**── 例題 5 ──**
10 万円を年利率 6 分, 半年ごとの複利で貯金した. 5 年後の元利合計を求めよ.

[解答] $a$ 円を年利率 $r$，半年ごとの複利で $n$ 年貯金したときの元利合計は $a(1+r/2)^{2n}$ 円であるから，求める元利合計は
$$100000 \times (1+0.03)^{2\times 5} \fallingdotseq 134392 \text{ (円)}$$

――― 例題 6 ―――
いまから1年後ごとに10万円ずつ10年間年金を受け取る．年利率6分，1年ごとの複利で計算すると，現在いくら貯金しなければならないか．

[解答] $\dfrac{100000}{0.06} \times \left\{1 - \dfrac{1}{(1.06)^{10}}\right\}$
$\fallingdotseq 736009$（円）

## 19.4 いろいろな数列

数列 $\{1/a_n\}$ が等差数列になるとき，数列 $\{a_n\}$ を**調和数列**という．

――― 調和数列の一般項 ―――
等差数列 $\{1/a_n\}$ の初項を $a$，公差を $d$ とすると，調和数列 $\{a_n\}$ の一般項は
$$a_n = \frac{1}{a+(n-1)d}$$

――― 例題 1 ―――
数列 $2, x, y, 5$ が調和数列になるように，$x, y$ の値を定めよ．

[解答] 与えられた数列の一般項を
$$a_n = \frac{1}{a+(n-1)d}$$
とする．
$$a_1 = 2, \quad a_4 = 5$$

であるから
$$\frac{1}{a} = 2, \quad \frac{1}{a+3d} = 5$$
これを解くと
$$a = \frac{1}{2}, \quad d = -\frac{1}{10}$$
ゆえに
$$x = a_2 = \frac{1}{a+d} = \frac{5}{2}$$
$$y = a_3 = \frac{1}{a+2d} = \frac{10}{3}$$

数列 $\{a_n\}$ について，$a_{n+1} - a_n = b_n$ を第 $n$ 項とする数列 $\{b_n\}$ を，数列 $\{a_n\}$ の**第1階差数列**という．$b_{n+1} - b_n = c_n$ を第 $n$ 項とする数列 $\{c_n\}$ を，数列 $\{a_n\}$ の**第2階差数列**という．同様に，第3階差数列，第4階差数列，…を定義することができる．

[例] 数列 $1, 2, 5, 10, 17, 26, \cdots$ の階差数列をつくると

　第1階差数列　$1, 3, 5, 7, 9, \cdots$
　第2階差数列　$2, 2, 2, 2, \cdots$
　第3階差数列　$0, 0, 0, \cdots$

となる．

――― $a_n$ と階差数列 ―――
数列 $\{a_n\}$ の第1階差数列を $\{b_n\}$ とすると
$$a_n = a_1 + \sum_{k=1}^{n-1} b_k \quad (n \geq 2)$$

[注] $n=1$ のときも上の等式が成り立てば，それが $\{a_n\}$ の一般項になる．

――― 例題 2 ―――
数列 $3, 4, 7, 12, 19, 28, 39, \cdots$ の一般項を求めよ．

[解答] 与えられた数列を $\{a_n\}$ とし，この数列の第1階差数列を $\{b_n\}$ とすると
$$\{b_n\}=1, 3, 5, 7, 9, \cdots$$
となるから，$b_n=2n-1$. ゆえに
$$a_n=a_1+\sum_{k=1}^{n-1} b_k \quad (n\geq 2)$$
であることを用いて
$$a_n=3+\sum_{k=1}^{n-1}(2k-1)$$
$$=3+2\sum_{k=1}^{n-1}k-\sum_{k=1}^{n-1}1$$
$$=3+2\cdot\frac{n(n-1)}{2}-(n-1)$$
$$=n^2-2n+4$$
これは $n=1$ のときも成り立つから，一般項は $n^2-2n+4$.

---
**いろいろな数列の和**

(1) $\sum_{k=1}^{n} k = \frac{1}{2}n(n+1)$

(2) $\sum_{k=1}^{n} k^2 = \frac{1}{6}n(n+1)(2n+1)$

(3) $\sum_{k=1}^{n} k^3 = \left\{\frac{1}{2}n(n+1)\right\}^2$

(4) $\sum_{k=1}^{n} k^4 = \frac{1}{30}n(n+1)(2n+1)$
$\times(3n^2+3n-1)$

(5) $\sum_{k=1}^{n} k(k+1) = \frac{1}{3}n(n+1)(n+2)$

(6) $\sum_{k=1}^{n} k(k+1)(k+2)$
$=\frac{1}{4}n(n+1)(n+2)(n+3)$

(7) $\sum_{k=1}^{n}\frac{1}{k(k+1)}$
$=\sum_{k=1}^{n}\left(\frac{1}{k}-\frac{1}{k+1}\right)=1-\frac{1}{n+1}$

(8) $\sum_{k=1}^{n}\frac{1}{k(k+1)(k+2)}$

$=\frac{1}{2}\sum_{k=1}^{n}\left\{\frac{1}{k(k+1)}-\frac{1}{(k+1)(k+2)}\right\}$
$=\frac{1}{2}\left\{\frac{1}{2}-\frac{1}{(n+1)(n+2)}\right\}$

---
**例題 3**

次の数列の和を求めよ．

(1) $1^2+2^2+3^2+\cdots+50^2$

(2) $1\cdot 2+2\cdot 3+3\cdot 4+\cdots$
$+98\cdot 99+99\cdot 100$

(3) $\frac{1}{1\cdot 2}+\frac{1}{2\cdot 3}+\frac{1}{3\cdot 4}+\cdots$
$+\frac{1}{19\cdot 20}+\frac{1}{20\cdot 21}$

[解答] 公式を適用する．

(1) $\frac{1}{6}\times 50\times(50+1)\times(2\times 50+1)=42925$

(2) $\frac{1}{3}\times 99\times(99+1)\times(99+2)=333300$

(3) $1-\frac{1}{21}=\frac{20}{21}$

---
**例題 4**
$$\sum_{k=1}^{n}(3k^2+k)$$
を求めよ．

[解答] $\sum_{k=1}^{n}(3k^2+k)=3\sum_{k=1}^{n}k^2+\sum_{k=1}^{n}k$
$=3\cdot\frac{1}{6}n(n+1)(2n+1)+\frac{1}{2}n(n+1)$
$=n(n+1)^2$

[別解] $\sum_{n=1}^{n}(3k^2+k)=\sum_{k=1}^{n}(3k^2+3k-2k)$
$=3\sum_{k=1}^{n}k(k+1)-2\sum_{k=1}^{n}k$
$=3\cdot\frac{1}{3}n(n+1)(n+2)-2\cdot\frac{1}{2}n(n+1)$

$$= n(n+1)^2$$

---
**例題 5**

$x \neq 1$ のとき
$$S = \sum_{k=1}^{n} kx^{k-1}$$
を求めよ.

---

[解答] $S = 1 + 2x + 3x^2 + \cdots + nx^{n-1}$

$xS = x + 2x^2 + 3x^3 + \cdots + nx^n$

上の式から下の式を辺々引くと

$(1-x)S = 1 + x + x^2 + \cdots + x^{n-1} - nx^n$

$$= \frac{1-x^n}{1-x} - nx^n$$

$$= \frac{1-(n+1)x^n + nx^{n+1}}{1-x}$$

両辺を $1-x$ で割ると

$$S = \frac{1-(n+1)x^n + nx^{n+1}}{(1-x)^2}$$

---
**例題 6**

$$\sum_{k=1}^{n} \frac{k}{(k+1)!}$$
を求めよ.

---

[解答] $\sum_{k=1}^{n} \frac{k}{(k+1)!}$

$$= \sum_{k=1}^{n} \left\{ \frac{1}{k!} - \frac{1}{(k+1)!} \right\}$$

$$= \sum_{k=1}^{n} \frac{1}{k!} - \sum_{k=1}^{n} \frac{1}{(k+1)!}$$

$$= 1 - \frac{1}{(n+1)!}$$

---
**例題 7**

$$\sum_{k=1}^{n} \frac{1}{\sqrt{k}+\sqrt{k+1}}$$
を求めよ.

---

[解答] $\sum_{k=1}^{n} \frac{1}{\sqrt{k}+\sqrt{k+1}}$

$$= \sum_{k=1}^{n} \frac{\sqrt{k}-\sqrt{k+1}}{(\sqrt{k}+\sqrt{k+1})(\sqrt{k}-\sqrt{k+1})}$$

$$= -\sum_{k=1}^{n}(\sqrt{k}-\sqrt{k+1})$$

$$= -\sum_{k=1}^{n}\sqrt{k} + \sum_{k=1}^{n}\sqrt{k+1}$$

$$= -1 + \sqrt{n+1}$$

## 19.5 数学的帰納法

自然数 $n$ に関する命題 $P_n$ がある. 命題 $P_n$ がすべての自然数 $n$ について成り立つことを, 次のようにして証明する方法を**数学的帰納法**という.

---
**数学的帰納法**

(1) $n=1$ のとき $P_n$ が成り立つ.

(2) $n=k$ のとき $P_n$ が成り立つと仮定すると, $n=k+1$ のときも $P_n$ が成り立つ.

この(1), (2)が証明されれば, $P_n$ はすべての自然数 $n$ について成り立つ.

---
**例題 1**

任意の自然数 $n$ について次の等式が成り立つことを証明せよ.
$$1^2 + 2^2 + 3^2 + \cdots + n^2$$
$$= \frac{1}{6}n(n+1)(2n+1) \qquad ①$$

---

[証明] (1) $n=1$ のとき

①の左辺は $1^2 = 1$

①の右辺は $\frac{1}{6} \cdot 1 \cdot 2 \cdot 3 = 1$

ゆえに, $n=1$ のとき等式①は成り立つ.

(2) $n=k$ のとき①が成り立つと仮定すると

$$1^2+2^2+3^2+\cdots+k^2$$
$$=\frac{1}{6}k(k+1)(2k+1)$$

このとき
$$1^2+2^2+3^2+\cdots+k^2+(k+1)^2$$
$$=\frac{1}{6}k(k+1)(2k+1)+(k+1)^2$$
$$=\frac{1}{6}(k+1)(k+2)(2k+3)$$
$$=\frac{1}{6}(k+1)\{(k+1)+1\}\{2(k+1)+1\}$$

ゆえに，① は $n=k+1$ のときも成り立つ．
(1), (2) より等式 ① はすべての自然数 $n$ について成り立つ．

── 例題 2 ──
平面が $n$ 本の直線によって分割されている．この分割されている部分のうち線分の両隣りの部分は別の色になるように，この平面を塗りわけたい．2 色で塗りわけられることを証明せよ．

[証明] (1) $n=1$ のとき，平面は二つの部分にわけられているから，2 色で塗りわけることができる．

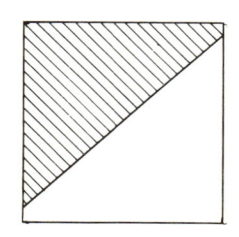

(2) $n=k$ のとき，2 色で塗りわけられると仮定する．
$n=k+1$ のとき，1 本の直線 $l$ を取り除いた残りの $k$ 本の直線で分割された平面を，2 色で塗りわける．

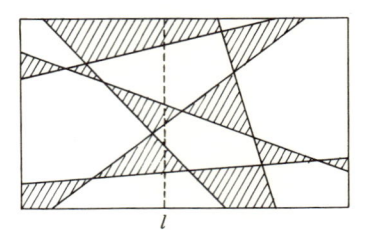

次に直線 $l$ によって二つにわけられる平面の一方の側の各部分を，今塗りわけた色と別のもう一つの方の色に塗りかえる．

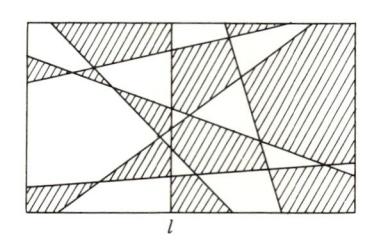

これで，$k+1$ 本の直線で分割されている平面は，2 色で塗りわけられる．
(1), (2) より $n$ 本の直線で分割されている平面は，2 色で塗りわけられることが証明された．

── 例題 3 ──
$n$ が 2 以上の自然数のとき
$$\frac{1}{1^2}+\frac{1}{2^2}+\frac{1}{3^2}+\cdots+\frac{1}{n^2}$$
$$<2-\frac{1}{n} \qquad ①$$
となることを証明せよ．

[証明] (1) $n=2$ のとき
$$① の左辺 = \frac{1}{1^2}+\frac{1}{2^2}=\frac{5}{4}$$
$$① の右辺 = 2-\frac{1}{2}=\frac{3}{2}$$

ゆえに，① の左辺 < ① の右辺 となり，不等式 ① が成立する．
(2) $n=k$ のとき，① が成り立つと仮定すると

$$\left(\frac{1}{1^2}+\frac{1}{2^2}+\frac{1}{3^2}+\cdots+\frac{1}{k^2}\right)+\frac{1}{(k+1)^2}$$
$$<2-\frac{1}{k}+\frac{1}{(k+1)^2}$$

ところで
$$2-\frac{1}{k+1}-\left\{2-\frac{1}{k}+\frac{1}{(k+1)^2}\right\}$$
$$=\frac{1}{k(k+1)^2}>0$$

ゆえに
$$2-\frac{1}{k}+\frac{1}{(k+1)^2}<2-\frac{1}{k+1}$$

よって
$$\frac{1}{1^2}+\frac{1}{2^2}+\cdots+\frac{1}{(k+1)^2}<2-\frac{1}{k+1}$$

となり、①は $n=k+1$ のときも成り立つ。
(1), (2) より、①は 2 以上の自然数 $n$ について成り立つ。

## 19.6 漸化式

数列 $\{a_n\}$ において、$a_n$ を求める規則を与える項の間の関係式を**漸化式**という。漸化式で定義される数列 $\{a_n\}$ の一般項を求めるには、漸化式に $n=1, 2, 3, \cdots$ を順次代入し、第 $n$ 項 $a_n$ を推定する。それを数学的帰納法で証明すればよい。

数列 $\{a_n\}$ が
$$a_1=1, \quad a_{n+1}=1+2a_n$$
で定義されているとき、一般項 $a_n$ を求めてみよう。
$$a_2=1+2a_1=1+2$$
$$a_3=1+2a_2=1+2(1+2)=1+2+2^2$$
$$a_4=1+2a_3=1+2(1+2+2^2)$$
$$=1+2+2^2+2^3$$
$$\cdots\cdots\cdots\cdots\cdots\cdots\cdots\cdots$$

よって
$$a_n=1+2+2^2+\cdots+2^{n-1}=\frac{1\cdot(2^n-1)}{2-1}$$
$$=2^n-1$$
と推定される。これを数学的帰納法で証明すればよい。

しかし、次の方法を用いる方がより簡単である。

---
**隣接 2 項間の関係**
$$a_{n+1}=pa_n+q \quad (p \neq 1)$$
を
$$a_{n+1}-k=p(a_n-k)$$
と変形する（$k$ は $x=px+q$ の解）。

---

**例題 1**
$$a_1=1, \quad a_{n+1}=1+2a_n$$
$$(n=1, 2, 3, \cdots)$$
で定義される数列 $\{a_n\}$ の一般項を求めよ。

[解答] $x=1+2x$ の解は $x=-1$ であるから、$a_{n+1}=1+2a_n$ は
$$a_{n+1}+1=2(a_n+1)$$
と変形される。これより数列 $\{a_n+1\}$ は、初項 $a_1+1=2$、公比 2 の等比数列であることがわかるから
$$a_n+1=2\cdot 2^{n-1}$$
ゆえに
$$a_n=2^n-1$$

**例題 2**
$$a_1=2, \quad a_{n+1}=2a_n+3^n$$
$$(n=1, 2, 3, \cdots)$$
で定義される数列 $\{a_n\}$ の一般項を求めよ。

[解答] $a_{n+1}=2a_n+3^n$ の両辺を $3^{n+1}$ で割ると

$$\frac{a_{n+1}}{3^{n+1}}=\frac{2}{3}\cdot\frac{a_n}{3^n}+\frac{1}{3}$$

$a_n/3^n=b_n$ とおくと

$$b_{n+1}=\frac{2}{3}b_n+\frac{1}{3} \qquad ①$$

となる．

$$x=\frac{2}{3}x+\frac{1}{3}$$

の解は $x=1$ であるから，① は

$$b_{n+1}-1=\frac{2}{3}(b_n-1)$$

と変形される．これより数列 $\{b_n-1\}$ は初項

$$b_1-1=\frac{a_1}{3}-1=\frac{2}{3}-1=-\frac{1}{3}$$

公比 $2/3$ の等比数列であるから

$$b_n-1=-\frac{1}{3}\left(\frac{2}{3}\right)^{n-1}$$

となる．$b_n=a_n/3^n$ であるから

$$\frac{a_n}{3^n}-1=-\frac{1}{3}\left(\frac{2}{3}\right)^{n-1}$$

これより $a_n$ を求めると

$$a_n=3^n-2^{n-1}$$

次の例題の解法は，いままでとは異なる．

──── 例題 3 ────
$a_1=1$, $a_{n+1}=2a_n+n$
$(n=1,2,3,\cdots)$
で定義される数列 $\{a_n\}$ の一般項を求めよ．

[解答] $a_{n+1}=2a_n+n$ が

$$a_{n+1}+p(n+1)+q=2(a_n+pn+q)$$

の形に変形できたとすると

$$a_{n+1}=2a_n+pn-p+q$$

となる．

$$a_{n+1}=2a_n+n$$

と比較して

$$p=1, \quad -p+q=0$$

となるから，$p=q=1$．ゆえに，$a_{n+1}=2a_n+n$ は

$$a_{n+1}+(n+1)+1=2(a_n+n+1)$$

と変形される．これは，数列 $\{a_n+n+1\}$ が初項 $a_1+1+1=3$，公比 $2$ の等比数列であることを表しているから

$$a_n+n+1=3\cdot 2^{n-1}$$

ゆえに

$$a_n=3\cdot 2^{n-1}-n-1$$

───── 隣接 3 項間の関係 ─────
$$a_{n+2}+pa_{n+1}+qa_n=0$$
を
$$a_{n+2}-\alpha a_{n+1}=\beta(a_{n+1}-\alpha a_n)$$
と変形する（$\alpha, \beta$ は $x^2+px+q=0$ の解）．

──── 例題 4 ────
$a_1=1$, $a_2=2$, $2a_{n+2}-a_{n+1}-a_n=0$ $(n=1,2,3,\cdots)$
で定義される数列 $\{a_n\}$ の一般項を求めよ．

[解答] $2x^2-x-1=0$ の解は，$x=-1/2, 1$ であるから，$2a_{n+2}-a_{n+1}-a_n=0$ は

$$a_{n+2}+\frac{1}{2}a_{n+1}=1\cdot\left(a_{n+1}+\frac{1}{2}a_n\right)$$

と変形される．これより

$$a_{n+1}+\frac{1}{2}a_n=a_2+\frac{1}{2}a_1=\frac{5}{2}$$

となる．

$$a_{n+1}+\frac{1}{2}a_n=\frac{5}{2}$$

を例題 1 と同じ方法で変形すると

$$a_{n+1}-\frac{5}{3}=-\frac{1}{2}\left(a_n-\frac{5}{3}\right)$$

これより数列 $\left\{a_n-\frac{5}{3}\right\}$ は,初項 $a_1-\frac{5}{3}=-\frac{2}{3}$,公比 $-\frac{1}{2}$ の等比数列であることがわかるから

$$a_n-\frac{5}{3}=-\frac{2}{3}\left(-\frac{1}{2}\right)^{n-1}$$

ゆえに

$$a_n=\frac{5}{3}-\frac{2}{3}\left(-\frac{1}{2}\right)^{n-1}$$

[注] $2a_{n+2}-a_{n+1}-a_n=0$ を

$$a_{n+2}-a_{n+1}=-\frac{1}{2}(a_{n+1}-a_n)$$

と変形し,次のように $a_n$ を求めることもできる(19.4節,$a_n$ と階差数列参照).
$a_{n+1}-a_n=b_n$ とおくと,$b_{n+1}=(-1/2)b_n$ となるから,$\{b_n\}$ は初項 $b_1=a_2-a_1=1$,公比 $-1/2$ の等比数列.ゆえに

$$b_n=1\cdot(-1/2)^{n-1}$$

$n\geqq 2$ のとき

$$a_n=a_1+\sum_{k=1}^{n-1}b_k=\frac{5}{3}-\frac{2}{3}\left(-\frac{1}{2}\right)^{n-1}$$

これは $n=1$ のときも成り立つから求める一般項である.

---
**例題 5**

$a_1=a_2=1$

$a_{n+2}=a_{n+1}+a_n \quad (n=1,2,3,\cdots)$

で定義される数列 $\{a_n\}$ の一般項を求めよ.

---

[解答] $x^2-x-1=0$ の解を $\alpha,\beta$ とすると,$a_{n+2}=a_{n+1}+a_n$ は

$$a_{n+2}-\alpha a_{n+1}=\beta(a_{n+1}-\alpha a_n)$$

と変形できる.これより数列 $\{a_{n+1}-\alpha a_n\}$ は初項 $a_2-\alpha a_1=1-\alpha$,公比 $\beta$ の等比数列であるから

$$a_{n+1}-\alpha a_n=(1-\alpha)\beta^{n-1} \qquad ①$$

$a_{n+2}=a_{n+1}+a_n$ は

$$a_{n+2}-\beta a_{n+1}=\alpha(a_{n+1}-\beta a_n)$$

と変形することもできるから,同様にして

$$a_{n+1}-\beta a_n=(1-\beta)\alpha^{n-1} \qquad ②$$

②-① より

$$(\alpha-\beta)a_n=(1-\beta)\alpha^{n-1}-(1-\alpha)\beta^{n-1}$$

$\alpha,\beta$ は $\dfrac{1+\sqrt{5}}{2},\dfrac{1-\sqrt{5}}{2}$ であるから

$$\sqrt{5}\,a_n=\left(\frac{1+\sqrt{5}}{2}\right)^n-\left(\frac{1-\sqrt{5}}{2}\right)^n$$

ゆえに

$$a_n=\frac{1}{\sqrt{5}}\left\{\left(\frac{1+\sqrt{5}}{2}\right)^n-\left(\frac{1-\sqrt{5}}{2}\right)^n\right\}$$

[注] この数列を**フィボナッチの数列**という.

# 20. 数列の極限

## 20.1 数列の極限

数列 $\{a_n\}$ において，$n$ が限りなく大きくなるとき $a_n$ が限りなく一定の数 $\alpha$ に近づくならば，数列 $\{a_n\}$ は $\alpha$ に **収束する**，または数列 $\{a_n\}$ の **極限値** は $\alpha$ であるという．これを記号で

$$\lim_{n\to\infty} a_n = \alpha$$

または

$n \to \infty$ のとき $a_n \to \alpha$

と表す．収束しない数列は **発散する** というが，発散する数列は次のように分類される．$n$ が限りなく大きくなるとき，$a_n$ が限りなく大きくなるならば，数列 $\{a_n\}$ は **正の無限大に発散する**，または数列 $\{a_n\}$ の **極限は正の無限大である** という．これを記号で

$$\lim_{n\to\infty} a_n = +\infty$$

または

$n \to \infty$ のとき $a_n \to +\infty$

と表す．

[注] $+\infty$ は $\infty$ とも書く．

また $n$ が限りなく大きくなるとき，$a_n$ が負の値をとりながら絶対値が限りなく大きくなるならば，数列 $\{a_n\}$ は **負の無限大に発散する**，または数列 $\{a_n\}$ の **極限は負の無限大である** という．これを記号で

$$\lim_{n\to\infty} a_n = -\infty$$

または

$n \to \infty$ のとき $a_n \to -\infty$

と表す．

発散する数列 $\{a_n\}$ が正，負どちらの無限大にも発散しないとき，数列 $\{a_n\}$ は **振動する** という．振動する数列 $\{a_n\}$ は **極限が存在しない** という．

---
**例題 1**

次の数列の収束，発散を調べよ．

(1) $1, \dfrac{1}{2}, \dfrac{1}{3}, \cdots, \dfrac{1}{n}, \cdots$

(2) $\sqrt{1}, \sqrt{2}, \sqrt{3}, \cdots, \sqrt{n}, \cdots$

(3) $-1, 1, -1, \cdots, (-1)^n, \cdots$

---

[解答] (1) $\displaystyle\lim_{n\to\infty} \dfrac{1}{n} = 0$

であるから，数列は 0 に収束する．

(2) $\displaystyle\lim_{n\to\infty} \sqrt{n} = \infty$

であるから，数列は正の無限大に発散する．

(3) 収束せず，正，負どちらの無限大にも発散しないから，数列は振動する．

---
$\{r^n\}$ の極限

$r > 1$ のとき $\displaystyle\lim_{n\to\infty} r^n = +\infty$

$r = 1$ のとき $\displaystyle\lim_{n\to\infty} r^n = 1$

$|r| < 1$ のとき $\displaystyle\lim_{n\to\infty} r^n = 0$

$r \leqq -1$ のとき $\{r^n\}$ は振動する

---

**例題 2**

次の数列の極限を調べよ．

(1) $\{2^n\}$   (2) $\{(-3)^n\}$

(3) $\left\{\left(-\dfrac{3}{4}\right)^n\right\}$

---

[解答] (1) $2 > 1$ であるから $\displaystyle\lim_{n\to\infty} 2^n = \infty$．

(2) $-3 \leq -1$ であるから $\{(-3)^n\}$ は振動する．

(3) $|-3/4| < 1$ であるから $\lim_{n \to \infty}\left(-\dfrac{3}{4}\right)^n = 0$．

---
**極限値の性質**

数列 $\{a_n\}, \{b_n\}$ が収束して
$$\lim_{n \to \infty} a_n = \alpha, \quad \lim_{n \to \infty} b_n = \beta$$
であるとき，次のことが成り立つ．

(1) $\lim_{n \to \infty} k a_n = k\alpha$ （$k$ は定数）

(2) $\lim_{n \to \infty} (a_n + b_n) = \alpha + \beta$

(3) $\lim_{n \to \infty} a_n b_n = \alpha\beta$

(4) $\lim_{n \to \infty} \dfrac{a_n}{b_n} = \dfrac{\alpha}{\beta}$

　　（ただし，$b_n \neq 0,\ \beta \neq 0$）

(5) $a_n \leq b_n$ （$n = 1, 2, 3, \cdots$）

　　ならば $\alpha \leq \beta$

(6) $a_n \leq c_n \leq b_n$ （$n = 1, 2, 3, \cdots$）かつ $\alpha = \beta$ ならば
$$\lim_{n \to \infty} c_n = \alpha$$

---

[注] (5)において $a_n < b_n$ であっても $\alpha \leq \beta$ となる．$\alpha < \beta$ となるとは限らない．たとえば
$$\dfrac{1}{n+1} < \dfrac{1}{n}$$
であるが
$$\lim_{n \to \infty} \dfrac{1}{n+1} = \lim_{n \to \infty} \dfrac{1}{n} = 0$$

---
**例題 3**

第 $n$ 項が次の式で表される数列の極限を求めよ．

(1) $\dfrac{(n+3)(3n+2)}{2n^2+3}$

(2) $\sqrt{n+1} - \sqrt{n}$　　(3) $\dfrac{n}{2^n}$

---

[解答] (1) $\dfrac{(n+3)(3n+2)}{2n^2+3}$

の分母，分子を $n^2$ で割ると
$$\dfrac{(1+3/n)(3+2/n)}{2+3/n^2}$$
となるから
$$\lim_{n \to \infty} \dfrac{(n+3)(3n+2)}{2n^2+3} = \dfrac{3}{2}$$

(2) $\sqrt{n+1} - \sqrt{n}$
$$= \dfrac{(\sqrt{n+1}-\sqrt{n})(\sqrt{n+1}+\sqrt{n})}{\sqrt{n+1}+\sqrt{n}}$$
$$= \dfrac{1}{\sqrt{n+1}+\sqrt{n}}$$
であるから
$$\lim_{n \to \infty}(\sqrt{n+1}-\sqrt{n}) = 0$$

(3) $2^n = (1+1)^n > 1 + n + \dfrac{n(n+1)}{2}$

より
$$\dfrac{n}{2^n} < \dfrac{n}{1+n+n(n+1)/2}$$

$n \to \infty$ のとき，（右辺）$\to 0$ となるから
$$\lim_{n \to \infty} \dfrac{n}{2^n} = 0$$

---
**主な数列の極限**

(1) $\lim_{n \to \infty} \sqrt[n]{a} = 1$ （$a > 0$）

(2) $\lim_{n \to \infty} \sqrt[n]{n} = 1$

(3) $\lim_{n \to \infty} \sqrt[n]{n!} = \infty$

(4) $\lim_{n \to \infty} \dfrac{\sqrt[n]{n!}}{n} = \dfrac{1}{e}$

　　（$e$ は自然対数の底）

(5) $\lim_{n \to \infty} \dfrac{a^n}{n^k} = \infty$ （$a > 1,\ k > 0$）

(6) $\lim_{n\to\infty} a^n \cdot n^k = 0$ $(|a|<1, k>0)$

(7) $\lim_{n\to\infty} \dfrac{a^n}{n!} = 0$

(8) $\lim_{n\to\infty} \left(1+\dfrac{1}{n}\right)^n = e$

---- 例題 4 ----

$$\lim_{n\to\infty}\left(1-\dfrac{1}{n}\right)^{-n}$$

を求めよ．

[解答] $\left(1-\dfrac{1}{n}\right)^{-n} = \left\{\left(\dfrac{n-1}{n}\right)^{-1}\right\}^n$

$= \left(\dfrac{n}{n-1}\right)^n = \left(1+\dfrac{1}{n-1}\right)^n$

$= \left(1+\dfrac{1}{n-1}\right)^{n-1} \cdot \left(1+\dfrac{1}{n-1}\right)$

$\lim_{n\to\infty}\left(1+\dfrac{1}{n-1}\right)^{n-1} = e$

$\lim_{n\to\infty}\left(1+\dfrac{1}{n-1}\right) = 1$

であるから

$$\lim_{n\to\infty}\left(1-\dfrac{1}{n}\right)^{-n} = e$$

## 20.2 無限級数

無限数列 $\{a_n\}$ の各項を順に + の記号で結んだ式

$$a_1+a_2+a_3+\cdots+a_n+\cdots \qquad ①$$

を**無限級数**といい，記号で $\sum_{n=1}^{\infty} a_n$ と表す．

$$\sum_{n=1}^{\infty} a_n = a_1+a_2+a_3+\cdots+a_n+\cdots$$

$S_n = \sum_{k=1}^{n} a_k$ を無限級数 $\sum_{n=1}^{\infty} a_n$ の**第 $n$ 部分和**という．

数列 $\{S_n\}$ が $S$ に収束するとき，この $S$ を無限級数 $\sum_{n=1}^{\infty} a_n$ の**和**といい

$$a_1+a_2+a_3+\cdots+a_n+\cdots = S$$

または，$\sum_{n=1}^{\infty} a_n = S$ と書く．無限級数の和を求めるには $\lim_{n\to\infty} S_n$ を求めればよい．数列 $\{S_n\}$ が発散するとき，無限級数 ① は**発散する**または**和をもたない**という．

---- 例題 1 ----

無限級数 $\sum_{n=1}^{\infty} \dfrac{1}{2^n}$ の和を求めよ．

[解答] 無限級数 $\sum_{n=1}^{\infty} \dfrac{1}{2^n}$ の第 $n$ 部分和を $S_n$ とすると

$$S_n = \dfrac{1}{2}+\dfrac{1}{2^2}+\dfrac{1}{2^3}+\cdots+\dfrac{1}{2^n}$$

$$= \dfrac{(1/2)(1-1/2^n)}{1-1/2} = 1-\dfrac{1}{2^n}$$

$$\lim_{n\to\infty} S_n = \lim_{n\to\infty}\left(1-\dfrac{1}{2^n}\right) = 1$$

ゆえに

$$\sum_{n=1}^{\infty} \dfrac{1}{2^n} = 1$$

[注] 図形的に考えると下図のようになり，$n\to\infty$ のとき $S_n \to 1$ となることが推定できる．

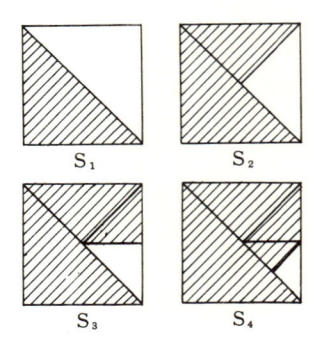

---- 例題 2 ----
無限級数 $\sum_{n=1}^{\infty} \dfrac{1}{n(n+1)(n+2)}$ の和を求めよ.

[解答] 与えられた無限級数の第 $n$ 部分和を $S_n$ とすると

$$S_n = \sum_{k=1}^{n} \dfrac{1}{k(k+1)(k+2)}$$
$$= \dfrac{1}{2} \sum_{k=1}^{n} \left\{ \dfrac{1}{k(k+1)} - \dfrac{1}{(k+1)(k+2)} \right\}$$
$$= \dfrac{1}{2} \left\{ \dfrac{1}{1 \cdot 2} - \dfrac{1}{(n+1)(n+2)} \right\}$$

ゆえに

$$\lim_{n \to \infty} S_n = \dfrac{1}{2} \cdot \dfrac{1}{2} = \dfrac{1}{4}$$

よって

$$\sum_{n=1}^{\infty} \dfrac{1}{n(n+1)(n+2)} = \dfrac{1}{4}$$

無限級数 $\sum_{n=1}^{\infty} a_n$ が収束するならば,
$$\lim_{n \to \infty} a_n = 0$$
$\lim_{n \to \infty} a_n \neq 0$ ならば, 無限級数 $\sum_{n=1}^{\infty} a_n$ は発散する.

---- 例題 3 ----
次の無限級数の収束, 発散を調べよ.

(1) $\sum_{n=1}^{\infty} \dfrac{n}{2n-1}$

(2) $\sum_{n=1}^{\infty} \dfrac{1}{\sqrt{n} + \sqrt{n+2}}$

[解答] (1) $\lim_{n \to \infty} \dfrac{n}{2n-1} = \dfrac{1}{2}$

であるから, 発散する.

(2) 与えられた無限級数の第 $n$ 部分和を $S_n$ とすると

$$S_n = \sum_{k=1}^{n} \dfrac{1}{\sqrt{k} + \sqrt{k+2}}$$
$$= \dfrac{1}{2} \sum_{k=1}^{n} (\sqrt{k+2} - \sqrt{k})$$
$$= \dfrac{1}{2} (\sqrt{n+1} + \sqrt{n+2} - 1 - \sqrt{2})$$

$\lim_{n \to \infty} S_n = \infty$ となるから, この無限級数は発散する.

[注] $\lim_{n \to \infty} a_n = 0$ となっても, 無限級数は収束するとは限らない.

二つの無限級数 $\sum_{n=1}^{\infty} a_n$, $\sum_{n=1}^{\infty} b_n$ が収束するとき

(1) $\sum_{n=1}^{\infty} c a_n = c \sum_{n=1}^{\infty} a_n$
 ($c$ は $n$ に無関係な定数)

(2) $\sum_{n=1}^{\infty} (a_n + b_n) = \sum_{n=1}^{\infty} a_n + \sum_{n=1}^{\infty} b_n$

有名な無限級数

$$1 - \dfrac{1}{2} + \dfrac{1}{3} - \cdots = \log_e 2$$

$$1 - \dfrac{1}{3} + \dfrac{1}{5} - \cdots = \dfrac{\pi}{4}$$

$$\dfrac{1}{1^2} + \dfrac{1}{2^2} + \dfrac{1}{3^2} + \cdots = \dfrac{\pi^2}{6}$$

$$\dfrac{1}{1^2} - \dfrac{1}{2^2} + \dfrac{1}{3^2} - \cdots = \dfrac{\pi^2}{12}$$

$$\dfrac{1}{1^2} + \dfrac{1}{3^2} + \dfrac{1}{5^2} + \cdots = \dfrac{\pi^2}{8}$$

## 20.3 無限等比級数

$\sum_{n=1}^{\infty} ar^{n-1} = a + ar + ar^2 + \cdots + ar^{n-1} + \cdots$

を，初項 $a$，公比 $r$ の**無限等比級数**という．

---
**無限等比級数の和**

無限等比級数

$\sum_{n=1}^{\infty} ar^{n-1} \quad (a \neq 0)$

は $|r| < 1$ のとき，収束し，その和は $\dfrac{a}{1-r}$．$|r| \geq 1$ のとき，発散する．

---

**例題 1**

次の無限等比級数の収束，発散を調べ，収束するものについてはその和を求めよ．

(1) $2 + 4 + 8 + 16 + \cdots$

(2) $1 - \dfrac{1}{2} + \dfrac{1}{4} - \dfrac{1}{8} + \cdots$

(3) $3 + 2 + \dfrac{4}{3} + \dfrac{8}{9} + \cdots$

［解答］(1) 公比が $2$ であるから発散．

(2) 公比が $-1/2$ であるから収束し，その和は

$\dfrac{1}{1-(-1/2)} = \dfrac{2}{3}$

(3) 公比が $2/3$ であるから収束し，その和は

$\dfrac{3}{1-2/3} = 9$

---

**例題 2**

次の無限等比級数が収束するような $x$ の値の範囲を求めよ．

(1) $1 + x(1-2x) + x^2(1-2x)^2 + \cdots + x^{n-1}(1-2x)^{n-1} + \cdots$

(2) $x(3x-2) + x(3x-2)^3 + \cdots + x(3x-2)^{2n-1} + \cdots$

---

［解答］(1) 公比が $x(1-2x)$ であるから，収束するための条件は

$|x(1-2x)| < 1$

すなわち

$-1 < x(1-2x) < 1$

$-1 < x(1-2x)$ を変形すると

$2x^2 - x - 1 < 0, \quad (2x+1)(x-1) < 0$

ゆえに

$-\dfrac{1}{2} < x < 1$

$x(1-2x) < 1$ を変形すると

$2x^2 - x + 1 > 0$

これはすべての実数 $x$ に対して成り立つ．

以上より，求める $x$ の値の範囲は

$-\dfrac{1}{2} < x < 1$

(2) 初項 $x(3x-2)$，公比 $(3x-2)^2$ であるから，収束するための条件は

$x(3x-2) = 0$ または $(3x-2)^2 < 1$

$x(3x-2) = 0$ より

$x = 0, \quad \dfrac{2}{3}$

$(3x-2)^2 < 1$ より

$\dfrac{1}{3} < x < 1$

以上をまとめると

$x = 0, \quad \dfrac{1}{3} < x < 1$

即約分数の分母が 2, 5 以外の素因数をもつ場合，その分数は

$0.3333\cdots, \quad 0.123123123\cdots$

のように，ある数字の列がくりかえし続く無限小数で表される．これを**循環小数**といい，くりかえされる数字の部分を**循環節**という．

$$0.3333\cdots, \quad 0.123123123\cdots$$

の循環節は，それぞれ 3, 123 である．
循環小数は循環節のはじめとおわりの数字の上（循環節が一つの数字のときはその数字の上だけ）に点を打って表す．

$$0.3333\cdots = 0.\dot{3}, \quad 0.123123123\cdots = 0.\dot{1}2\dot{3}$$

$0.\dot{1}2\dot{3}$ のように循環節が小数第 1 位からはじまる循環小数を**純循環小数**，$0.12\dot{3}4\dot{5}$ のように循環節が小数第 2 位以下からはじまる循環小数を**混循環小数**という．

---- 例題 3 ----
次の分数を循環小数で表せ．
(1) $\dfrac{1}{7}$   (2) $\dfrac{1}{12}$

［解答］(1) $\dfrac{1}{7} = 0.14285714\cdots = 0.\dot{1}4285\dot{7}$

(2) $\dfrac{1}{12} = 0.0833\cdots = 0.08\dot{3}$

純循環小数を分数で表す方法：循環節で表される自然数を分子に，循環節の桁数だけ 9 を並べてできる自然数を分母とする分数をつくればよい．

混循環小数を分数で表す方法：小数第 1 位から最初の循環節のおわりまでで表される自然数から循環しない部分で表される自然数を引いたものを分子とし，循環節の桁数だけ 9 をならべ，そのあとに循環しない部分の桁数だけ 0 をならべた自然数を分母とする分数をつくればよい．

---- 例題 4 ----
次の循環小数を分数で表せ．
(1) $0.\dot{3}\dot{5}$   (2) $0.27\dot{6}3\dot{9}$

［解答］(1) $0.\dot{3}\dot{5} = \dfrac{35}{99}$

(2) $0.27\dot{6}3\dot{9} = \dfrac{27639 - 27}{99900} = \dfrac{27612}{99900} = \dfrac{767}{2775}$

# VI. 微分法

## 21. 関数の連続と極限

### 21.1 関数の極限

関数 $f(x)$ において, $x$ が $a$ に限りなく近づくとき $f(x)$ が一定の値 $\alpha$ に限りなく近づくならば,「$x$ が $a$ に限りなく近づくとき, $f(x)$ は $\alpha$ に**収束する**」といい, $\alpha$ をそのときの $f(x)$ の**極限値**という. このことを記号で

$$\lim_{x \to a} f(x) = \alpha$$

または

$\quad x \to a$ のとき $f(x) \to \alpha$

と表す.

関数 $f(x)$ において, $x$ が $a$ に限りなく近づくとき, $f(x)$ の値が限りなく大きくなるならば,「$x$ が $a$ に限りなく近づくとき, $f(x)$ の極限は**正の無限大**である, $f(x)$ は**正の無限大に発散する**」といい, 記号で

$$\lim_{x \to a} f(x) = \infty$$

または

$\quad x \to a$ のとき $f(x) \to \infty$

と表す.

関数 $f(x)$ において, $x$ が $a$ に限りなく近づくとき, $f(x)$ の値が負でその絶対値が限りなく大きくなるならば,「$x$ が $a$ に限りなく近づくとき, $f(x)$ の極限は**負の無限大**である, $f(x)$ は**負の無限大に発散する**」といい, 記号で

$$\lim_{x \to a} f(x) = -\infty$$

または

$\quad x \to a$ のとき $f(x) \to -\infty$

と表す.

[注] $x$ が $a$ に限りなく近づく, とは, $x$ が $a$ と異なる値をとりながら $a$ に限りなく近づくことを表す.

$$\lim_{x \to \infty} f(x) = \alpha, \quad \lim_{x \to \infty} f(x) = \infty$$
$$\lim_{x \to \infty} f(x) = -\infty, \quad \lim_{x \to -\infty} f(x) = \alpha$$
$$\lim_{x \to -\infty} f(x) = \infty, \quad \lim_{x \to -\infty} f(x) = -\infty$$

などの意味についても同様である.

---
**例題 1**

次の極限を求めよ.

(1) $\displaystyle \lim_{x \to 1} \frac{x^2 - 1}{x - 1}$   (2) $\displaystyle \lim_{x \to 0} \frac{1}{x^2}$

---

[解答] (1) $x \neq 1$ のとき

$$\frac{x^2 - 1}{x - 1} = x + 1$$

であるから

$$\lim_{x \to 1} \frac{x^2 - 1}{x - 1} = \lim_{x \to 1} (x + 1) = 2$$

(2) $\displaystyle \lim_{x \to 0} \frac{1}{x^2} = \infty$

■**片側極限**

$x$ が $a$ より小さい値をとりながら, $a$ に限りなく近づくことを

$\quad x \to a - 0$

$x$ が $a$ より大きい値をとりながら, $a$ に限

りなく近づくことを
$$x \to a+0$$
で表す．特に $a=0$ の場合は
$$x \to 0-0 \quad \text{を} \quad x \to -0$$
$$x \to 0+0 \quad \text{を} \quad x \to +0$$
と表す．

$x \to a-0$ のときの $f(x)$ の極限を**左側極限**または**左方極限**，$x \to a+0$ のときの $f(x)$ の極限を**右側極限**または**右方極限**といい，それぞれ
$$\lim_{x \to a-0} f(x), \quad \lim_{x \to a+0} f(x)$$
で表す．

---- 例題 2 ----
次の極限を求めよ．
(1) $\displaystyle\lim_{x \to 2+0} \frac{1}{x-2}$　　(2) $\displaystyle\lim_{x \to -0} \frac{1}{x}$

[解答] (1) $x \to 2+0$ のとき，$x-2>0$ であるから
$$\lim_{x \to 2+0} \frac{1}{x-2} = \infty$$

(2) $x \to -0$ のときは $x<0$ であるから
$$\lim_{x \to -0} \frac{1}{x} = -\infty$$

~~~~ 極限値の計算 ~~~~
$$\lim_{x \to a} f(x) = \alpha, \quad \lim_{x \to a} g(x) = \beta$$
ならば
(1) $\displaystyle\lim_{x \to a} cf(x) = c\alpha$ 　（$c$ は定数）
(2) $\displaystyle\lim_{x \to a} \{f(x) \pm g(x)\} = \alpha \pm \beta$
　　（複号同順）
(3) $\displaystyle\lim_{x \to a} f(x)g(x) = \alpha\beta$
(4) $\displaystyle\lim_{x \to a} \frac{f(x)}{g(x)} = \frac{\alpha}{\beta}$ 　（$\beta \neq 0$）
(5) $a$ の近くで $f(x) \leq g(x)$ ならば $\alpha \leq \beta$
(6) $a$ の近くで $f(x) \leq h(x) \leq g(x)$ かつ $\alpha = \beta$ ならば
$$\lim_{x \to a} h(x) = \alpha$$
これらは $x \to \pm\infty$ のときにも成り立つ．

---- 例題 3 ----
次の極限を求めよ．
(1) $\displaystyle\lim_{x \to 2} \frac{\sqrt{x+1} - \sqrt{3}}{x-2}$

(2) $\displaystyle\lim_{x \to \infty} \frac{2x^2 - 3x + 4}{x^2 + 2}$

[解答] (1) $\displaystyle\frac{\sqrt{x+1} - \sqrt{3}}{x-2}$
$$= \frac{(\sqrt{x+1} - \sqrt{3})(\sqrt{x+1} + \sqrt{3})}{(x-2)(\sqrt{x+1} + \sqrt{3})}$$
$$= \frac{x-2}{(x-2)(\sqrt{x+1} + \sqrt{3})}$$
$$= \frac{1}{\sqrt{x+1} + \sqrt{3}}$$

ゆえに
$$\lim_{x \to 2} \frac{\sqrt{x+1} - \sqrt{3}}{x-2}$$
$$= \lim_{x \to 2} \frac{1}{\sqrt{x+1} + \sqrt{3}}$$
$$= \frac{1}{2\sqrt{3}}$$
$$= \frac{\sqrt{3}}{6}$$

(2) $\displaystyle\lim_{x \to \infty} \frac{2x^2 - 3x + 4}{x^2 + 2}$
$$= \lim_{x \to \infty} \frac{2 - \dfrac{3}{x} + \dfrac{4}{x^2}}{1 + \dfrac{2}{x^2}}$$
$$= 2$$

## 重要な極限値

(1) $\displaystyle\lim_{x\to 0}\frac{\sin x}{x}=1$

(2) $\displaystyle\lim_{x\to\pm\infty}\left(1+\frac{1}{x}\right)^x=e$

(3) $\displaystyle\lim_{x\to\pm\infty}\left(1+\frac{a}{x}\right)^x$
$=\displaystyle\lim_{x\to 0}(1+ax)^{1/x}=e^a$

(4) $\displaystyle\lim_{x\to\infty}a^x=\begin{cases}0 & (0<a<1)\\ 1 & (a=1)\\ \infty & (1<a)\end{cases}$

---

**例題 4**

$\displaystyle\lim_{x\to 0}\frac{\tan x}{x}$

を求めよ．

---

[解答] $\displaystyle\lim_{x\to 0}\frac{\tan x}{x}=\lim_{x\to 0}\frac{\sin x}{x}\cdot\frac{1}{\cos x}$

$=\displaystyle\lim_{x\to 0}\frac{\sin x}{x}\lim_{x\to 0}\frac{1}{\cos x}$

$=1$

---

**例題 5**

次の極限値を求めよ．

(1) $\displaystyle\lim_{x\to 0}\frac{\sin 3x}{\sin 2x}$

(2) $\displaystyle\lim_{x\to 0}\frac{1-\cos x}{x^2}$

---

[解答] (1) $\displaystyle\lim_{x\to 0}\frac{\sin 3x}{\sin 2x}=\lim_{x\to 0}\frac{3\left(\dfrac{\sin 3x}{3x}\right)}{2\left(\dfrac{\sin 2x}{2x}\right)}$

$\displaystyle\lim_{x\to 0}\frac{\sin 3x}{3x}=\lim_{x\to 0}\frac{\sin 2x}{2x}$
$=1$

であるから

$\displaystyle\lim_{x\to 0}\frac{\sin 3x}{\sin 2x}$
$=\dfrac{3}{2}$

(2) $\dfrac{1-\cos x}{x^2}=\dfrac{2\sin^2(x/2)}{x^2}$

$=\dfrac{1}{2}\left(\dfrac{\sin(x/2)}{x/2}\right)^2$

ゆえに

$\displaystyle\lim_{x\to 0}\frac{1-\cos x}{x^2}=\dfrac{1}{2}$

## 21.2 関数の連続性

関数 $f(x)$ の定義域の $x$ の値 $a$ に対して

$$\lim_{x\to a}f(x)=f(a)$$

が成り立つとき，$f(x)$ は $x=a$ において**連続**であるという．関数 $f(x)$ が，ある区間のすべての $x$ に対して連続であるとき，$f(x)$ はその**区間で連続**であるという．

[注] $a\leqq x\leqq b$, $a<x<b$, $a\leqq x<b$, $a<x\leqq b$, $x>a$ などをみたす $x$ 全体の集合を区間という．$a\leqq x\leqq b$ を**閉区間**，$a<x<b$ を**開区間**といい，それぞれ $[a,b]$, $(a,b)$ で表す．

$$\lim_{x\to a+0}f(x)=f(a)$$

であるとき，$f(x)$ は $x=a$ で**右側連続**，

$$\lim_{x\to a-0}f(x)=f(a)$$

であるとき，$f(x)$ は $x=a$ で**左側連続**であるという．

関数 $f(x)$ が閉区間 $[a,b]$ で定義され，開区間 $(a,b)$ で連続であり，$x=a$ で右側連続，$x=b$ で左側連続であるとき，$f(x)$ は**閉区間 $[a,b]$ で連続**であるという．

## 関数の連続性

関数 $f(x)$, $g(x)$ が区間 I で連続ならば，次の関数も区間 I で連続である．

(1) $cf(x)$ （$c$ は定数）
(2) $f(x) \pm g(x)$
(3) $f(x)g(x)$
(4) $\dfrac{f(x)}{g(x)}$ （ただし，$g(x) \neq 0$）

**── 例題 1 ──**

実数全体の集合を $R$ とする．関数 $f(x) = x$ が $R$ で連続であることを用いて，$g(x) = 2x^2 + 3x$ が $R$ で連続であることを示せ．

[解答] $f(x)$ が $R$ で連続であるから，$x^2 = f(x) \cdot f(x)$ は $R$ で連続 ((3)による)．$x^2$ が $R$ で連続であるから，$2x^2$ も $R$ で連続 ((1)による)．$x$ が $R$ で連続であるから，$3x$ も $R$ で連続 ((1)による)．$R$ における連続な関数 $2x^2$ と $3x$ の和は $R$ で連続 ((2)による) であるから，$g(x) = 2x^2 + 3x$ は $R$ で連続である．

## 主な関数の連続性

(1) 整関数はすべての実数値に対して連続．
(2) 有理関数，無理関数はその定義域のすべての実数値に対して連続．
(3) 指数関数 $a^x$ ($a>0$, $a \neq 1$) はすべての実数 $x$ に対して連続．
(4) 対数関数 $\log_a x$ ($a>0$, $a \neq 1$) は正の実数 $x$ に対して連続．
(5) $\sin x$, $\cos x$ はすべての実数 $x$ に対して連続．$\tan x$, $\sec x$ は
$$x = \left(n + \frac{1}{2}\right)\pi \quad (n = 0, \pm 1, \pm 2, \cdots)$$
を除くすべての実数 $x$ に対して連続．$\cot x$, $\cosec x$ は
$$x = n\pi \quad (n = 0, \pm 1, \pm 2, \cdots)$$
を除くすべての実数 $x$ に対して連続．

**── 例題 2 ──**

$$f(x) = \lim_{n \to \infty} \frac{x^{n+1} + 1}{x^n + 1}$$

のグラフを書き，$f(x)$ が連続にならない $x$ の値を求めよ．

[解答] $|x| > 1$ のとき
$$f(x) = \lim_{n \to \infty} \frac{x + 1/x^n}{1 + 1/x^n} = x$$

$x = 1$ のとき $f(x) = 1$
$|x| < 1$ のとき $f(x) = 1$
$x = -1$ のとき $n$ が奇数ならば
$$x^n + 1 = (-1)^n + 1 = 0$$
となり，$f(x)$ は存在しない．

以上より，$f(x)$ のグラフは下図のようになる．$f(x)$ が連続にならないのは，$x = -1$ のときである．

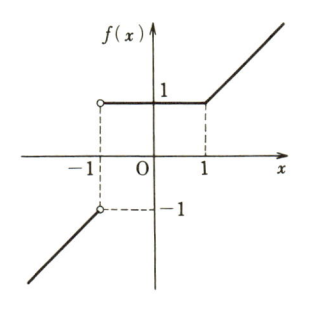

■ 連続関数の性質

[定理] $f(x)$ が閉区間 $[a, b]$ で連続ならば，$f(x)$ はこの区間で最大値および最小値をもつ．

[定理] $f(x)$ が閉区間 $[a, b]$ で連続で，

$f(a) \neq f(b)$ であるとする．このとき，$f(a)$ と $f(b)$ の間の値 $k$ に対して
$$f(c) = k \quad (a < c < b)$$
を満たす $c$ が存在する．

[注] この定理を**中間値の定理**という．

───── 例題 3 ─────
| 方程式 $1-x = \sin x$ は開区間 $(0, \pi/2)$ において実数解をもつことを証明せよ． |

[解答] $f(x) = 1 - x - \sin x$
とおくと $f(x)$ は $[0, \pi/2]$ で連続であり
$$f(0) = 1, \quad f\left(\frac{\pi}{2}\right) = -\frac{\pi}{2}$$
となるから $(0, \pi/2)$ において $f(x) = 0$ となる実数値 $x$ が存在する．すなわち，方程式 $1 - x = \sin x$ は $(0, \pi/2)$ において実数解をもつ．

---

▶ アーベル (Niels Henrik Abel), 1802-1829, ノルウェー
▶ ガロア (Évariste Galois), 1811-1832, フランス

「方程式を代数的に解く」とは，始めの方程式の係数に四則とべき根を施して根を表現することをいう．たとえば，2次方程式 $ax^2 + bx + c = 0$ を代数的に解くとは，根を $x = (-b \pm \sqrt{b^2 - 4ac})/2a$ と表現することをいう．

ヨーロッパでは，イタリアを中心に中世以降，方程式の研究が盛んになり，3次，4次の方程式の代数的解法は16世紀中葉までに完成した．4次以下の方程式の解法がいずれも始めの方程式より低次の方程式を誘導して解かれたため，5次以上の方程式についても，同様な解法が可能であろうと予想された．3次方程式の解法が発見されてから，4次方程式の解法の発見まではわずか20年ほどしか要しなかったが，多数の数学者の努力にもかかわらず，4次方程式の解法の発見以来150年を経てもその解法は得られなかった．

この難問を否定的に解決したのがアーベルである．彼は，1824年に，初めて5次以上の方程式の代数的解法の不能の証明を発表したが，不完全であったため1826年にそれを訂正し，この問題を完全に解決した．その証明では「体」の概念が用いられた．この他にも，楕円積分などできわめて優れた業績を残しながら，不遇のうちに早世した．

ガロアは，アーベルの論をさらに進めて，方程式が代数的に解けるための必要十分条件を求めた．彼の理論は，整式の因数分解と根の置換との対応性質を発見したもので，「群」の考えを利用している．ガロアは21歳で決闘に倒れたが，その前夜友人に宛てた手紙に，研究内容が記されていた．

# 22. 微 分 法

## 22.1 微分係数

関数 $y=f(x)$ において，$x$ が $x_1$ から $x_2$ まで変化するとき，$f(x)$ の値は $f(x_1)$ から $f(x_2)$ まで変化する．

$$x_2-x_1=\Delta x, \quad f(x_2)-f(x_1)=\Delta y$$

をそれぞれ $x$, $y$ の**増分**，

$$\frac{\Delta y}{\Delta x}=\frac{f(x_2)-f(x_1)}{x_2-x_1}$$

を $x$ が $x_1$ から $x_2$ まで変化するときの関数 $f(x)$ の**平均変化率**という．

$$\Delta y=f(x_1+\Delta x)-f(x_1)$$

であるから

$$\frac{\Delta y}{\Delta x}=\frac{f(x_1+\Delta x)-f(x_1)}{\Delta x}$$

と表すこともできる．

── 例題 1 ──
$x$ の値が 1 から 3 まで変化するときの，次の関数の平均変化率を求めよ．
(1) $f(x)=5x$ 　　 (2) $f(x)=-2x^2$

[解答] (1) $\dfrac{f(3)-f(1)}{3-1}=\dfrac{15-5}{2}=5$

(2) $\dfrac{f(3)-f(1)}{3-1}=\dfrac{-18-(-2)}{2}=-8$

関数 $f(x)$ において，極限値

$$\lim_{\Delta x \to 0}\frac{f(x_1+\Delta x)-f(x_1)}{\Delta x}$$

が存在するとき，これを関数 $f(x)$ の $x=x_1$ における**微分係数**，**微係数**または**変化率**といい，$f'(x_1)$ で表す．

$$f'(x_1)=\lim_{\Delta x \to 0}\frac{f(x_1+\Delta x)-f(x_1)}{\Delta x}$$

[注] $f'(x_1)=\lim\limits_{x_2 \to x_1}\dfrac{f(x_2)-f(x_1)}{x_2-x_1}$

と表すこともできる．

── 例題 2 ──
関数 $f(x)=x^3$ について，次の微分係数を求めよ．
(1) $f'(2)$ 　　 (2) $f'(a)$

[解答] (1) $f'(2)=\lim\limits_{\Delta x \to 0}\dfrac{f(2+\Delta x)-f(2)}{\Delta x}$

$=\lim\limits_{\Delta x \to 0}\dfrac{(2+\Delta x)^3-2^3}{\Delta x}$

$=\lim\limits_{\Delta x \to 0}\dfrac{2^3+3\cdot 2^2\cdot \Delta x+3\cdot 2(\Delta x)^2+(\Delta x)^3-2^3}{\Delta x}$

$=\lim\limits_{\Delta x \to 0}\{12+6\cdot \Delta x+(\Delta x)^2\}=12$

(2) $f'(a)=\lim\limits_{\Delta x \to 0}\dfrac{f(a+\Delta x)-f(a)}{\Delta x}$

$=\lim\limits_{\Delta x \to 0}\dfrac{(a+\Delta x)^3-a^3}{\Delta x}$

$=\lim\limits_{\Delta x \to 0}\dfrac{a^3+3a^2\cdot \Delta x+3a(\Delta x)^2+(\Delta x)^3-a^3}{\Delta x}$

$=\lim\limits_{\Delta x \to 0}\{3a^2+3a\cdot \Delta x+(\Delta x)^2\}=3a^2$

── 例題 3 ──
関数 $f(x)$ の $x=a$ における微分係数 $f'(a)$ が存在するとき

$$\lim_{x \to a}\frac{af(x)-xf(a)}{x-a}$$

を $a$, $f(a)$ および $f'(a)$ で表せ．

[解答] $x-a=h$ とおくと

$$\frac{af(x)-xf(a)}{x-a}$$

$$= \frac{af(a+h)-(a+h)f(a)}{h}$$

$$= \frac{a\{f(a+h)-f(a)\}-hf(a)}{h}$$

$$= a \cdot \frac{f(a+h)-f(a)}{h} - f(a)$$

となる．

$$\lim_{h \to 0} \frac{f(a+h)-f(a)}{h} = f'(a)$$

であるから

$$（与式）=\lim_{h \to 0} \frac{af(a+h)-(a+h)f(a)}{h}$$

$$= af'(a)-f(a)$$

関数 $f(x)$ の $x=x_1$ における微分係数が存在するとき，$f(x)$ は $x=x_1$ で**微分可能**であるという．関数 $f(x)$ が $x=x_1$ で微分可能ならば $f(x)$ は $x=x_1$ で連続である．

■微分係数の図形的意味

関数 $y=f(x)$ のグラフ上で $x$ 座標が $x_1$, $x_1+\varDelta x$ である点を，それぞれ A, B とする．$x$ が $x_1$ から $x_1+\varDelta x$ まで変化するときの平均変化率

$$\frac{\varDelta y}{\varDelta x} = \frac{f(x_1+\varDelta x)-f(x_1)}{\varDelta x}$$

は直線 AB の傾きである（下図）．

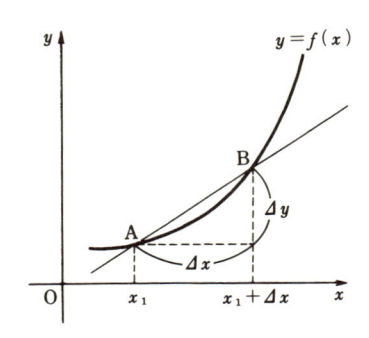

また，$x=x_1$ における $f(x)$ の微分係数

$$f'(x_1) = \lim_{\varDelta x \to 0} \frac{f(x_1+\varDelta x)-f(x_1)}{\varDelta x}$$

は点 A における曲線 $y=f(x)$ の**接線の傾き**である（下図）．

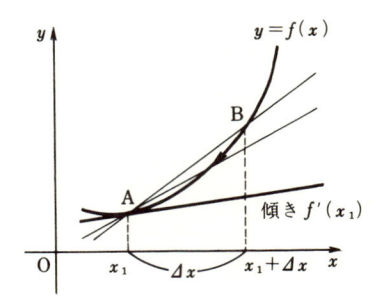

---- 例題 4 ----
放物線 $y=x^2-x-2$ 上の点 $P(2,0)$ における接線の傾きを求めよ．

[解答] $f(x)=x^2-x-2$ とおくと，接線の傾きは $f'(2)$ である．

$$f(2+h)=h^2+3h, \quad f(2)=0$$

であるから

$$f'(2) = \lim_{h \to 0} \frac{f(2+h)-f(2)}{h}$$

$$= \lim_{h \to 0} \frac{h^2+3h}{h} = \lim_{h \to 0} (h+3) = 3$$

ゆえに，接線の傾きは 3．

## 22.2 導関数

関数 $f(x)$ が定義域の各値 $x$ で微分可能であるとき，その微分係数 $f'(x)$ を $x$ の関数とみて，$f(x)$ の**導関数**という．

$$f'(x) = \lim_{\varDelta x \to 0} \frac{f(x+\varDelta x)-f(x)}{\varDelta x}$$

である．$y=f(x)$ の導関数を $y'$, $f'(x)$, $\frac{dy}{dx}$, $\frac{d}{dx}f(x)$ で表す．

関数 $f(x)$ の導関数 $f'(x)$ を求めることを，$f(x)$ を**微分する**という．

## 22. 微分法

### 微分法の公式

(1) $\{cf(x)\}' = cf'(x)$ （$c$ は定数）

(2) $\{f(x) \pm g(x)\}' = f'(x) \pm g'(x)$
（複号同順）

(3) $\{f(x)g(x)\}'$
$= f'(x)g(x) + f(x)g'(x)$

(4) $\left\{\dfrac{f(x)}{g(x)}\right\}' = \dfrac{f'(x)g(x) - f(x)g'(x)}{\{g(x)\}^2}$

(5) （合成関数の微分法）$y = f(u),\ u = g(x)$ であるとき
$$\frac{dy}{dx} = \frac{dy}{du} \cdot \frac{du}{dx}$$

(6) （逆関数の微分法）
$$\frac{dy}{dx} = \frac{1}{\dfrac{dx}{dy}}$$

(7) （媒介変数で表された関数の微分法）$x$ の関数 $y$ が $t$ を媒介変数として，$x = f(t)$, $y = g(t)$ で与えられているとき
$$\frac{dy}{dx} = \frac{\dfrac{dy}{dt}}{\dfrac{dx}{dt}}$$

### ■基本的な関数の導関数

| $f(x)$ | $f'(x)$ |
|---|---|
| $x^\alpha$ | $\alpha x^{\alpha-1}$ |
| $e^x$ | $e^x$ |
| $a^x$ | $a^x \log a$ |
| $\log\|x\|$ | $\dfrac{1}{x}$ |
| $\log_a\|x\|$ | $\dfrac{1}{x \log a}$ |
| $\sin x$ | $\cos x$ |
| $\cos x$ | $-\sin x$ |
| $\tan x$ | $\dfrac{1}{\cos^2 x} = \sec^2 x$ |

［注］$e$ を底とする対数 $\log_e x$ を**自然対数**という．微分法，積分法ではふつう底 $e$ を省略して $\log x$ と書く．

--- 例題 1 ---

次の関数を微分せよ．

(1) $y = (x^2+1)(x^3-x+2)$

(2) $y = \dfrac{1}{x^2+1}$

(3) $y = \dfrac{x+1}{x^2+2x+3}$

［解答］(1) $y' = (x^2+1)'(x^3-x+2)$
$\qquad + (x^2+1)(x^3-x+2)'$
$= 2x(x^3-x+2) + (x^2+1)(3x^2-1)$
$= 5x^4 + 4x - 1$

(2) $y' = \dfrac{(1)'(x^2+1) - 1 \cdot (x^2+1)'}{(x^2+1)^2}$

$= \dfrac{0 \cdot (x^2+1) - 1 \cdot 2x}{(x^2+1)^2} = \dfrac{-2x}{(x^2+1)^2}$

(3) $y'$ の分子を計算すると
$(x+1)'(x^2+2x+3) - (x+1)(x^2+2x+3)'$
$= 1 \cdot (x^2+2x+3) - (x+1)(2x+2)$
$= -x^2 - 2x + 1$

ゆえに
$$y' = \frac{-x^2 - 2x + 1}{(x^2+2x+3)^2}$$

--- 例題 2 ---

次の関数を微分せよ．

(1) $y = (x^2+3x+1)^5$

(2) $y = \sqrt{1-x^2}$

［解答］(1) $u = x^2+3x+1$ とおくと，$y = u^5$．
$$\frac{dy}{dx} = \frac{dy}{du} \cdot \frac{du}{dx} = 5u^4(2x+3)$$
$$= 5(x^2+3x+1)^4(2x+3)$$

(2) $u = 1-x^2$ とおくと，$y = \sqrt{u}$．
$$\frac{dy}{du} = (u^{1/2})' = \frac{1}{2}u^{1/2-1} = \frac{1}{2}u^{-1/2} = \frac{1}{2\sqrt{u}}$$

であるから

$$\frac{dy}{dx} = \frac{dy}{du} \cdot \frac{du}{dx} = \frac{1}{2\sqrt{u}} \cdot (-2x)$$

$$= -\frac{x}{\sqrt{1-x^2}}$$

---
**例題 3**

$x$ の関数 $y$ が $t$ を媒介変数として次の式で与えられているとき，$dy/dx$ を $t$ の関数で表せ．

(1) $x = 2t, \quad y = t^2 + 1$

(2) $x = t + \dfrac{1}{t}, \quad y = t - \dfrac{1}{t}$

---

[解答] (1) $\dfrac{dx}{dt} = 2, \quad \dfrac{dy}{dt} = 2t$

であるから

$$\frac{dy}{dx} = \frac{2t}{2} = t$$

(2) $\dfrac{dx}{dt} = 1 - \dfrac{1}{t^2}, \quad \dfrac{dy}{dt} = 1 + \dfrac{1}{t^2}$

ゆえに

$$\frac{dy}{dx} = \frac{1 + \dfrac{1}{t^2}}{1 - \dfrac{1}{t^2}} = \frac{t^2 + 1}{t^2 - 1}$$

---
**例題 4**

次の関数を微分せよ．

(1) $y = 3^{2x^2}$  (2) $y = \tan^3 x$

(3) $y = \log\left|\dfrac{x-1}{x+1}\right|$

---

[解答] (1) $u = 2x^2$ とおくと，$y = 3^u$ であるから

$$\frac{dy}{dx} = \frac{dy}{du} \cdot \frac{du}{dx} = 3^u \cdot \log 3 \cdot 4x$$

$$= 4(\log 3)x \cdot 3^{2x^2}$$

(2) $u = \tan x$ とおくと，$y = u^3$ であるから

$$\frac{dy}{dx} = \frac{dy}{du} \cdot \frac{du}{dx} = 3u^2 \cdot \frac{1}{\cos^2 x}$$

$$= \frac{3\tan^2 x}{\cos^2 x}$$

(3) $y = \log|x-1| - \log|x+1|$ であるから

$$y' = \frac{1}{x-1} - \frac{1}{x+1} = \frac{2}{x^2-1}$$

■**高次導関数**

関数 $y = f(x)$ を $n$ 回微分して得られる関数を，$y = f(x)$ の**第 $n$ 次導関数**といい，記号で

$$y^{(n)}, \quad f^{(n)}(x), \quad \frac{d^n y}{dx^n}, \quad \frac{d^n}{dx^n}f(x)$$

と表す．

$y^{(1)}, y^{(2)}, y^{(3)}, f^{(1)}(x), f^{(2)}(x), f^{(3)}(x)$ はそれぞれ

$$y', \quad y'', \quad y''', \quad f'(x), \quad f''(x), \quad f'''(x)$$

と表すのがふつうである．

---
**ライプニッツの公式**

関数 $y$ が第 $n$ 次導関数をもつ二つの関数 $f(x), g(x)$ の積，すなわち，$y = f(x)g(x)$ であるとき

$$y^{(n)} = \sum_{k=0}^{n} {}_n C_k f^{(n-k)}(x) g^{(k)}(x)$$

（ただし，$f^{(0)}(x) = f(x), \; g^{(0)}(x) = g(x)$ とする）

---

---
**例題 5**

次の関数の第 3 次導関数を求めよ．

(1) $y = x^3 + 4x + 1$

(2) $y = \dfrac{1}{x}$

---

[解答] (1) $y' = 3x^2 + 4, \quad y'' = 6x, \quad y''' = 6$

(2) $y = x^{-1}$ であるから

$$y' = -x^{-2}, \quad y'' = 2x^{-3}, \quad y''' = -6x^{-4}$$

ゆえに，$y''' = -6/x^4$．

### 例題 6
次の関数の第 $n$ 次導関数を求めよ．
(1) $y = e^{2x}$　　(2) $y = \sin x$

[解答] (1) $y' = 2e^{2x}$,　$y'' = 2 \cdot 2e^{2x} = 2^2 e^{2x}$
$y''' = 2^2 \cdot 2e^{2x} = 2^3 e^{2x}$,　$\cdots$,　$y^{(n)} = 2^n e^{2x}$

(2) $\cos \theta = \sin\left(\theta + \dfrac{\pi}{2}\right)$

であるから

$y' = \cos x = \sin\left(x + \dfrac{\pi}{2}\right)$

$y'' = \cos\left(x + \dfrac{\pi}{2}\right) = \sin\left\{\left(x + \dfrac{\pi}{2}\right) + \dfrac{\pi}{2}\right\}$

$\quad = \sin\left(x + 2 \cdot \dfrac{\pi}{2}\right)$

$y''' = \cos\left(x + 2 \cdot \dfrac{\pi}{2}\right) = \sin\left(x + 3 \cdot \dfrac{\pi}{2}\right)$

$\cdots\cdots\cdots\cdots\cdots$

$y^{(n)} = \sin\left(x + \dfrac{n\pi}{2}\right)$

## 22.3 平均値の定理

**ロルの定理**：関数 $f(x)$ が閉区間 $[a, b]$ で連続，開区間 $(a, b)$ で微分可能で，$f(a) = f(b) = 0$ であるならば

$\quad f'(c) = 0 \quad (a < c < b)$

をみたす $c$ が少なくとも一つ存在する．

**平均値の定理**：関数 $f(x)$ が閉区間 $[a, b]$ で連続，開区間 $(a, b)$ で微分可能ならば

$\quad \dfrac{f(b) - f(a)}{b - a} = f'(c) \quad (a < c < b)$

をみたす $c$ が少なくとも一つ存在する．

[注] $b = a + h$ とおけば $c = a + \theta h$ ($0 < \theta < 1$) と表せるので，平均値の定理は次のように書ける：$f(x)$ が $[a, a+h]$ で連続，$(a, a+h)$ で微分可能ならば

$\quad f(a+h) = f(a) + hf'(a + \theta h), \quad 0 < \theta < 1$

をみたす $\theta$ が存在する．

### 例題 1
$f(x) = px^2 + qx + r \quad (p \neq 0)$
であるとき

$\quad \dfrac{f(b) - f(a)}{b - a} = f'(c), \quad a < c < b$

をみたす $c$ は，$c = \dfrac{a+b}{2}$ であることを証明せよ．

[証明] $f(x) = px^2 + qx + r$
であるから

$\quad \dfrac{f(b) - f(a)}{b - a} = \dfrac{p(b^2 - a^2) + q(b - a)}{b - a}$

$\quad\quad = p(a+b) + q$

$f'(c) = 2pc + q$ となる．

$\quad \dfrac{f(b) - f(a)}{b - a} = f'(c)$

であるから

$\quad p(a+b) + q = 2pc + q$

ゆえに，$c = \dfrac{a+b}{2}$．

### 例題 2
$x > 0$ のとき，次の不等式を証明せよ．

$\quad \dfrac{1}{x+1} < \log \dfrac{x+1}{x} < \dfrac{1}{x}$

[証明] $f(x) = \log x$ とおくと，$f(x)$ は閉区間 $[x, x+1]$ で連続，開区間 $(x, x+1)$ で微分可能であるから

$\quad \dfrac{f(x+1) - f(x)}{(x+1) - x} = f'(c) \qquad ①$

$\quad\quad (0 < x < c < x+1)$

をみたす $c$ が存在する．$f'(x) = 1/x$ であるから $f'(c) = 1/c$．① より

$$\log(x+1) - \log x = \frac{1}{c}$$

ところで

$$\frac{1}{x+1} < \frac{1}{c} < \frac{1}{x}$$

ゆえに

$$\frac{1}{x+1} < \log \frac{x+1}{x} < \frac{1}{x}$$

▶ボリヤイ (János Bolyai), 1802-1860, ハンガリー

ユークリッドが，BC 3 世紀頃に集大成したといわれる幾何学を，ユークリッド幾何というが，それは，次の五つのことがらを公準として構成されていた．

公準 1：任意の点から他の任意の点に直線が引ける．

公準 2：有限の直線は連続して限りなく延長できる．

公準 3：任意の点を中心とし任意の半径の円が描ける．

公準 4：直角はすべて等しい．

公準 5：もし，1 直線が 2 直線と交わり，その同側にある二つの内角の和が 2 直角より小ならば，その 2 直線を延長すれば，ついにその側で交わる（これは，「平行線外の1 点を通り，この直線に平行な直線はただ1 本引ける」と同値である）．

公準 1〜4 はきわめて明らかな事実であるのに比し，公準 5 は内容が複雑であり，他の公準から導かれるのではないかとの疑問が永く残されていた．ほとんどの数学者が，公準 5 を肯定的に解決しようとして失敗したが，ボリヤイは，公準 5 を否定した幾何学，直線外の 1 点を通りこの直線に平行線は無数に引けることを仮定した幾何学が成立することを 1823 年頃発見した．なお，彼の父もガウスと親交のあったほどの数学者であった．

ボリヤイとは独立に，ほぼ同じ内容の幾何学を，ロバチェフスキーも 1826 年に発見している．さらに，リーマンは，同一平面上のすべての 2 直線は交わることを仮定した幾何を創り上げた．これら三つの幾何は，ユークリッド幾何内にモデルが存在することから，共存共亡の関係にある．

# 23. 微分法の応用

## 23.1 接線・法線

曲線 $y=f(x)$ 上で点 Q が点 P に限りなく近づくとき，直線 PQ が定直線 PT に限りなく近づく場合，直線 PT を曲線 $y=f(x)$ 上の点 P における **接線** といい，点 P をこの接線の **接点** という．

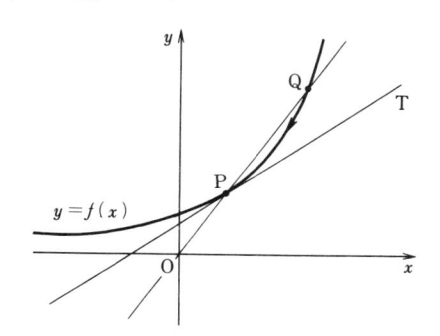

――― 接線の方程式 ―――
曲線 $y=f(x)$ 上の点 $(a, f(a))$ における接線の方程式は
$$y - f(a) = f'(a)(x-a)$$

―― 例題 1 ――
曲線
$$y = \frac{1}{3}x^3 - x + 1$$
について，次の問いに答えよ．
(1) 点 $(0,1)$ における曲線の接線の方程式を求めよ．
(2) 曲線の接線のうちで傾きが 3 であるものを求めよ．

[解答] $f(x) = \frac{1}{3}x^3 - x + 1$ とおく．

(1) $f'(x) = x^2 - 1$

ゆえに，$f'(0) = -1$ となるから，接線の方程式は
$$y - 1 = -(x-0) \quad \text{すなわち} \quad y = -x+1$$

(2) $f'(x) = 3$ をみたす $x$ を求めると
$$x^2 - 1 = 3 \quad \text{ゆえに} \quad x = \pm 2$$
これより接点の座標は
$$\left(2, \frac{5}{3}\right), \quad \left(-2, \frac{1}{3}\right)$$
よって，接線の方程式は
$$y - \frac{5}{3} = 3(x-2), \quad y - \frac{1}{3} = 3(x+2)$$
すなわち
$$y = 3x - \frac{13}{3}, \quad y = 3x + \frac{19}{3}$$

―― 例題 2 ――
点 $A(1, -1)$ から曲線 $y = x^2 + 2$ に引いた接線の方程式を求めよ．

[解答] 接点の $x$ 座標を $t$ とする．$y' = 2x$ であるから，接線の傾きは $2t$ となり，接線の方程式は
$$y - (t^2 + 2) = 2t(x - t) \qquad ①$$
この接線が点 A を通ることから
$$-1 - (t^2 + 2) = 2t(1 - t)$$
ゆえに，$t^2 - 2t - 3 = 0$ となり，$t = 3, -1$．
これを ① に代入すると
$$y - 11 = 6(x - 3), \quad y - 3 = -2(x+1)$$
したがって，接線の方程式は
$$y = 6x - 7, \quad y = -2x + 1$$

2 曲線 $y = f(x), y = g(x)$ が点 P を共有し，

点Pにおける2曲線の接線が一致するとき，2曲線 $y=f(x)$, $y=g(x)$ は点Pで接するという．

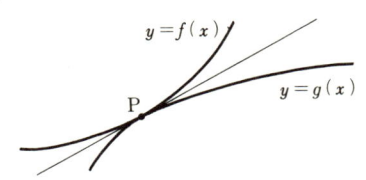

── 例題 3 ──
$y=ax^3+b$, $y=x^3+cx$
で表される2曲線が点 $(1,0)$ で接するように，$a, b, c$ の値を定めよ．

[解答] 2曲線が点 $(1,0)$ を共有することから
$$a+b=0, \quad 1+c=0 \quad ①$$
また，点 $(1,0)$ における接線の傾きが等しいことから
$$3a=3+c \quad ②$$
①，②より
$$a=\frac{2}{3}, \quad b=-\frac{2}{3}, \quad c=-1$$

曲線 $y=f(x)$ 上の点Pにおける接線に，点Pで垂直に交わる直線を，曲線 $y=f(x)$ 上の点Pにおける**法線**という．

┌─── 法線の方程式 ───┐
曲線 $y=f(x)$ 上の点 $(a, f(a))$ における法線の方程式は
$$y-f(a)=-\frac{1}{f'(a)}(x-a)$$
（ただし，$f'(a) \neq 0$ とする）
└─────────────────┘

── 例題 4 ──
放物線 $y=x^2+1$ 上の $x=1$ に対応する点における法線の方程式を求めよ．

[解答] $y'=2x$ であるから，$x=1$ のとき $y'=2$. ゆえに，法線の方程式は
$$y-2=-\frac{1}{2}(x-1)$$
変形して
$$y=-\frac{1}{2}x+\frac{5}{2}$$

## 23.2 関数の値の変化

関数 $f(x)$ が定義されている区間の，$x_1 < x_2$ である任意の $x_1, x_2$ に対して
(1) $f(x_1) < f(x_2)$ となるとき：$f(x)$ はこの区間において**増加する**，
(2) $f(x_1) > f(x_2)$ となるとき：$f(x)$ はこの区間において**減少する**，
という．

┌─── 関数値の増減 ───┐
$f'(x) > 0$ である区間で $f(x)$ は増加する．$f'(x) < 0$ である区間で $f(x)$ は減少する．
└─────────────────┘

[注] ある区間でつねに $f'(x) = 0$ であるならば，$f(x)$ はこの区間で定数である．

── 例題 1 ──
$$f(x)=\frac{x}{x^2+1}$$
の増加，減少を調べよ．

[解答] $f'(x)=\dfrac{1 \cdot (x^2+1)-x \cdot 2x}{(x^2+1)^2}$
$=\dfrac{-x^2+1}{(x^2+1)^2}=-\dfrac{(x+1)(x-1)}{(x^2+1)^2}$

これより，$x<-1$, $x>1$ のとき $f'(x)<0$ と

なるから, $f(x)$ は減少. $-1<x<1$ のとき $f'(x)>0$ となるから, $f(x)$ は増加. $x=\pm 1$ のとき $f'(x)=0$.
これを表にまとめると次のようになる（関数 $f(x)$ の増減表という）.

| $x$ |  | $-1$ |  | $1$ |  |
|---|---|---|---|---|---|
| $f'(x)$ | $-$ | $0$ | $+$ | $0$ | $-$ |
| $f(x)$ | ↘ | $-\dfrac{1}{2}$ | ↗ | $\dfrac{1}{2}$ | ↘ |

[注] 記号 ↗, ↘ はそれぞれ $f(x)$ の増加, 減少を表す.

---- 例題 2 ----
$x>0$ のとき, 次の不等式を証明せよ.
$$e^x>1+x$$

[証明] $f(x)=e^x-(1+x)$ とおくと, $f'(x)=e^x-1$. $x>0$ のとき $e^x>1$ であるから, $f'(x)>0$ となる. ゆえに, $f(x)$ は $x>0$ で増加する. $x>0$ のとき, $f(x)>f(0)$, $f(0)=0$ であるから, $x>0$ のとき $f(x)>0$. よって, $x>0$ のとき, $e^x>1+x$ となることが証明された.

[注] $x>0$ のとき, $e^{-x}>1-x$ となることも同様にして証明される.

## 23.3 極大・極小

関数 $f(x)$ が $x=a$ で連続で, $a$ に十分近い $a$ と異なる任意の $x$ に対して, $f(a)>f(x)$ であるとき, $f(x)$ は $x=a$ で **極大** であるといい, $f(a)$ を関数 $f(x)$ の **極大値** という.
関数 $f(x)$ が $x=a$ で連続で, $a$ に十分近い $a$ と異なる任意の $x$ に対して, $f(a)<f(x)$ であるとき, $f(x)$ は $x=a$ で **極小** であるといい, $f(a)$ を関数 $f(x)$ の **極小値** という.
極大値, 極小値をまとめて **極値** という.
$x=a$ で微分可能な関数 $f(x)$ が, $x=a$ で極値をとるならば, $f'(a)=0$ である（$f'(a)=0$ であっても, $f(x)$ は $x=a$ で極値をとるとは限らない）. したがって, 連続な関数 $f(x)$ の極値を求めるには, $f'(x)=0$ をみたす $x$ の値と $f'(x)$ が存在しない $x$ の値を求め, その前後での $f(x)$ の増減の状態を調べればよい.

> **極値の判定 (1)**
> (1) $x<a$ のとき $f'(x)>0$, $x>a$ のとき $f'(x)<0$ ならば, $f(x)$ は $x=a$ で極大.
> (2) $x<a$ のとき $f'(x)<0$, $x>a$ のとき $f'(x)>0$ ならば, $f(x)$ は $x=a$ で極小.

---- 例題 1 ----
$$f(x)=x^3-6x^2+9x$$
の極値を求めよ.

[解答] $f'(x)=3x^2-12x+9$
$\qquad =3(x-1)(x-3)$
$f(x)$ の増減表をつくると, 次のようになる.

| $x$ |  | $1$ |  | $3$ |  |
|---|---|---|---|---|---|
| $f'(x)$ | $+$ | $0$ | $-$ | $0$ | $+$ |
| $f(x)$ | ↗ | $4$ | ↘ | $0$ | ↗ |

上表より $f(x)$ は
  $x=1$ のとき極大, 極大値は $4$
  $x=3$ のとき極小, 極小値は $0$
第 2 次導関数を用いて, 極値の判定をすることができる.

### 極値の判定 (2)
(1) $f'(a)=0$, $f''(a)>0$ ならば, $f(x)$ は $x=a$ で極小.
(2) $f'(a)=0$, $f''(a)<0$ ならば, $f(x)$ は $x=a$ で極大.

[注] $f'(a)=f''(a)=0$ のとき, これだけでは $f(x)$ が $x=a$ で極値をとるかどうか, 判定することができない.

#### 例題 2
$f(x)=x+2\sin x$ $(0\leq x\leq 2\pi)$ の極値を求めよ.

[解答] $f'(x)=1+2\cos x$
$f''(x)=-2\sin x$
$0\leq x\leq 2\pi$ であるから, $f'(x)=0$ の解は, $x=2\pi/3$, $4\pi/3$.
$f''\left(\dfrac{2\pi}{3}\right)=-\sqrt{3}<0$, $f''\left(\dfrac{4\pi}{3}\right)=\sqrt{3}>0$
ゆえに, $f(x)$ は
$x=\dfrac{2\pi}{3}$ で極大, 極大値は $\dfrac{2\pi}{3}+\sqrt{3}$
$x=\dfrac{4\pi}{3}$ で極小, 極小値は $\dfrac{4\pi}{3}-\sqrt{3}$

閉区間 $[a,b]$ において連続な関数 $f(x)$ は, この区間において最大値と最小値をとる. この最大値と最小値を求めるには, $f(x)$ の増減を調べ, 極値と $f(a)$, $f(b)$ との大小を比較すればよい.

#### 例題 3
$f(x)=2x^3-9x^2+12x-5$ $(0\leq x\leq 3)$ の最大値と最小値を求めよ.

[解答] $f'(x)=6(x-1)(x-2)$

$f(x)$ の増減表より, 極大値は $f(1)=0$. これと $f(3)=4$ と比較して, 最大値は $f(3)=4$. 極小値は $f(2)=-1$. $f(0)=-5$ であるから, 最小値は $f(0)=-5$.

| $x$ | 0 | | 1 | | 2 | | 3 |
|---|---|---|---|---|---|---|---|
| $f'(x)$ | | + | 0 | − | 0 | + | |
| $f(x)$ | −5 | ↗ | 極大 | ↘ | 極小 | ↗ | 4 |

#### 例題 4
関数
$$f(x)=e^{-\pi x}\sin \pi x \quad (0\leq x\leq 2)$$
の最大値と最小値を求めよ.

[解答] $f'(x)$ を計算すると
$$f'(x)=-\sqrt{2}\,\pi e^{-\pi x}\sin\left(x-\dfrac{1}{4}\right)\pi$$
$f'(x)=0$ $(0\leq x\leq 2)$
の解は, $x=1/4$, $5/4$. これより $f(x)$ の増減表をつくる.

| $x$ | 0 | | $\dfrac{1}{4}$ | | $\dfrac{5}{4}$ | | 2 |
|---|---|---|---|---|---|---|---|
| $f'(x)$ | | + | 0 | − | 0 | + | |
| $f(x)$ | 0 | ↗ | 極大 | ↘ | 極小 | ↗ | 0 |

$f(x)$ の極大値は $f\left(\dfrac{1}{4}\right)=\dfrac{1}{\sqrt{2}}e^{-\pi/4}$.

極小値は $f\left(\dfrac{5}{4}\right)=-\dfrac{1}{\sqrt{2}}e^{-5\pi/4}$. 表より最大値 $\dfrac{1}{\sqrt{2}}e^{-\pi/4}$, 最小値 $-\dfrac{1}{\sqrt{2}}e^{-5\pi/4}$.

## 23.4 曲線の凹凸, 変曲点

**曲線の凹凸**: 曲線 $y=f(x)$ 上の点 $P(a,f(a))$ におけるこの曲線の接線を $l$ とする. 接点 P の近くで
(1) 曲線が $l$ の上側にあるならば, 曲線は

$x=a$ で**下に凸**,
(2) 曲線が $l$ の下側にあるならば,曲線は $x=a$ で**上に凸**,
であるという.

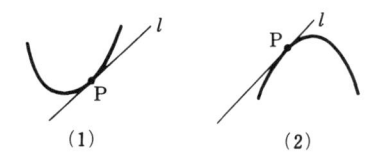

$x=a$ を含むある区間で $f''(x)$ が連続であるとき,
$f''(a)>0$ ならば,曲線 $y=f(x)$ は $x=a$ で下に凸,
$f''(a)<0$ ならば,曲線 $y=f(x)$ は $x=a$ で上に凸,
である.
曲線 $y=f(x)$ がある区間のすべての点で下に凸(上に凸)であるとき,この曲線はその**区間で下に凸(上に凸)**であるという.

#### 凹凸の判定
ある区間でつねに $f''(x)>0$ なら,曲線 $y=f(x)$ はこの区間で下に凸.
ある区間でつねに $f''(x)<0$ なら,曲線 $y=f(x)$ はこの区間で上に凸.

曲線 $y=f(x)$ が $x=a$ の前後で,上に凸から下に凸へ,または,下に凸から上に凸へかわるとき,点 $(a,f(a))$ を曲線 $y=f(x)$ の**変曲点**という.

#### 変曲点
$f''(a)=0$ で $f''(x)$ の符号が $x=a$ の前後でかわるならば,点 $(a,f(a))$ は曲線 $y=f(x)$ の変曲点である.

---

**例題 1**
関数 $y=x^3-3x^2+2$ のグラフの凹凸と変曲点を調べよ.

[解答] $y'=3x^2-6x$
$y''=6x-6=6(x-1)$
$x<1$ のとき $y''<0$
$x>1$ のとき $y''>0$
したがって
$x<1$ のとき 上に凸
$x>1$ のとき 下に凸
変曲点は $(1,0)$ である.

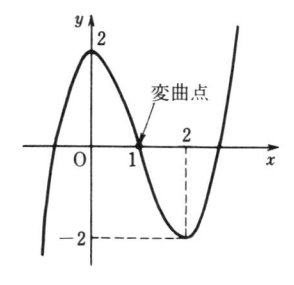

**例題 2**
3次関数 $y=ax^3+bx^2+cx+d$ のグラフは,このグラフの変曲点に関して対称であることを示せ.

[解答] グラフを $x$ 軸の方向に $b/3a$ だけ平行移動すると,そのグラフの方程式は
$$y=a\left(x-\frac{b}{3a}\right)^3+b\left(x-\frac{b}{3a}\right)^2+c\left(x-\frac{b}{3a}\right)+d$$
となり,$x^2$ の項の係数が 0 となる.したがって,$y=ax^3+px+q$ のグラフが変曲点に関して対称であることを示せばよい.
$y'=3ax^2+p$, $y''=6ax$
$x=0$ の前後で $y''$ の符号がかわるから,変曲点は $(0,q)$ である.$y=ax^3+px$ は奇関

数であるから，このグラフは原点に関して対称．ゆえに，$y=ax^3+px$ のグラフを $y$ 軸の方向に $q$ だけ平行移動したグラフ，すなわち $y=ax^3+px+q$ のグラフは，変曲点 $(0, q)$ に関して対称であることがわかる．

---- **例題 3** ----
関数 $y=xe^{-x^2}$ のグラフの凹凸と変曲点を調べよ．

[解答] $y'=e^{-x^2}+x(-2xe^{-x^2})$
$\quad =(1-2x^2)e^{-x^2}$
$y''=-4xe^{-x^2}+(1-2x^2)(-2xe^{-x^2})$
$\quad =(4x^3-6x)e^{-x^2}$
$\quad =4x\left(x+\dfrac{\sqrt{6}}{2}\right)\left(x-\dfrac{\sqrt{6}}{2}\right)e^{-x^2}$

グラフの凹凸は次表のようになる．

| $x$ | | $-\dfrac{\sqrt{6}}{2}$ | | $0$ | | $\dfrac{\sqrt{6}}{2}$ | |
|---|---|---|---|---|---|---|---|
| $y''$ | $-$ | $0$ | $+$ | $0$ | $-$ | $0$ | $+$ |
| $y$ | $\cap$ | 変曲点 | $\cup$ | 変曲点 | $\cap$ | 変曲点 | $\cup$ |

これより
$$x<-\frac{\sqrt{6}}{2},\quad 0<x<\frac{\sqrt{6}}{2}$$
のとき，上に凸．
$$-\frac{\sqrt{6}}{2}<x<0,\quad x>\frac{\sqrt{6}}{2}$$
のとき，下に凸．
変曲点は
$$\left(-\frac{\sqrt{6}}{2},\ -\frac{\sqrt{6}}{2}e^{-3/2}\right),\quad (0, 0)$$
$$\left(\frac{\sqrt{6}}{2},\ \frac{\sqrt{6}}{2}e^{-3/2}\right)$$

[注] $\cap$, $\cup$ はそれぞれ上に凸，下に凸であることを表す．

## 23.5 漸近線

曲線上の点 P が曲線上を動き，原点から限りなく遠ざかるとき，点 P と定直線 $l$ との距離が限りなく小さくなるならば，定直線 $l$ をこの曲線の**漸近線**という．

――― 漸近線の求め方 ―――
(1) $y$ 軸に平行な漸近線
$$\lim_{x\to a+0}f(x)=\pm\infty$$
$$\lim_{x\to a-0}f(x)=\pm\infty$$
のいずれかが成り立つとき，漸近線は $x=a$.
(2) $x$ 軸に平行な漸近線
$$\lim_{x\to\pm\infty}f(x)=b$$
のとき，漸近線は $y=b$.
(3) 座標軸に平行でない漸近線
$$\lim_{x\to\pm\infty}\frac{f(x)}{x}=m$$
のとき
$$\lim_{x\to\pm\infty}\{f(x)-mx\}=n$$
なら，漸近線は $y=mx+n$.

---- **例題 1** ----
曲線 $y=\dfrac{x^3}{x^2-1}$ の漸近線を求めよ．

[解答] $y=\dfrac{x^3}{(x+1)(x-1)}$
であるから
$$\lim_{x\to 1\pm 0}y=\pm\infty,\quad \lim_{x\to -1\pm 0}y=\mp\infty$$
ゆえに，$x=\pm 1$ が漸近線．
$$\lim_{x\to\pm\infty}\frac{y}{x}=\lim_{x\to\pm\infty}\frac{x^2}{x^2-1}=1$$

$$\lim_{x\to\pm\infty}\left(\frac{x^3}{x^2-1}-1\cdot x\right)=\lim_{x\to\pm\infty}\frac{x}{x^2-1}=0$$

であるから，$y=x$ が漸近線．

―― 例題 2 ――
曲線 $y=\sqrt[3]{x^2(x+1)}$ の漸近線を求めよ．

[解答] $\lim_{x\to\pm\infty}\dfrac{y}{x}=\lim_{x\to\pm\infty}\sqrt[3]{1+\dfrac{1}{x}}=1$

$$\lim_{x\to\pm\infty}\{\sqrt[3]{x^2(x+1)}-1\cdot x\}$$
$$=\lim_{x\to\pm\infty}\frac{(\sqrt[3]{x^3+x^2})^3-x^3}{(\sqrt[3]{x^3+x^2})^2+x\sqrt[3]{x^3+x^2}+x^2}$$
$$=\lim_{x\to\pm\infty}\frac{x^2}{\sqrt[3]{(x^3+x^2)^2}+x\sqrt[3]{x^3+x^2}+x^2}=\frac{1}{3}$$

ゆえに，漸近線は $y=x+\dfrac{1}{3}$．

## 23.6 関数のグラフ

関数 $y=f(x)$ のグラフは，次のことを調べて書くとよい．

(1) 対称性，周期などを調べる．
(2) 座標軸との交点を求める．
(3) 増減，極値を調べる．
(4) 凹凸，変曲点を調べる．
(5) 漸近線を求める．

―― 例題 1 ――
$y=\dfrac{1}{4}x^4-x^3$ のグラフを書け．

[解答] $y'=x^3-3x^2=x^2(x-3)$
$y''=3x^2-6x=3x(x-2)$

| $x$ |  | 0 |  | 2 |  | 3 |  |
|---|---|---|---|---|---|---|---|
| $y'$ | − | 0 | − | − | − | 0 | + |
| $y''$ | + | 0 | − | 0 | + | + | + |
| $y$ | ↘ | 0 | ↘ | −4 | ↘ | $-\dfrac{27}{4}$ | ↗ |

$x=3$ のとき $y$ は極小値 $-27/4$ をとり，変曲点は $(0,0)$, $(2,-4)$ である．座標軸との交点は $(0,0)$, $(4,0)$．以上のことを用いてグラフを書くと下図のようになる．

[注] ↘, ↘, ↗, ↗ はそれぞれ下に凸で減少，上に凸で減少，下に凸で増加，上に凸で増加することを表す．

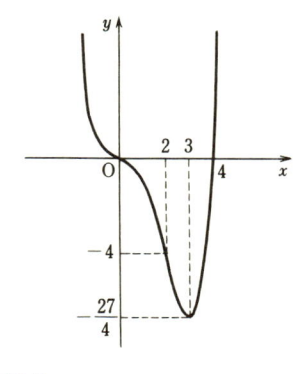

―― 例題 2 ――
$y=\dfrac{3x}{x^2+2}$ のグラフを書け．

[解答] 奇関数であるから，グラフは原点に関して対称である．よって，$x\geqq 0$ の部分だけ調べればよい．

$$y'=\frac{-3(x+\sqrt{2})(x-\sqrt{2})}{(x^2+2)^2}$$
$$y''=\frac{6x(x+\sqrt{6})(x-\sqrt{6})}{(x^2+2)^3}$$
$$\lim_{x\to\infty}y=0$$

であるから $x$ 軸が漸近線である．$x\geqq 0$ の範囲でグラフを書き，これと原点に関して対称な部分をあわせたものが求めるグラフである．

| $x$ | 0 |  | $\sqrt{2}$ |  | $\sqrt{6}$ |  |
|---|---|---|---|---|---|---|
| $y'$ | + | + | 0 | − | − | − |
| $y''$ | 0 | − | − | − | 0 | + |
| $y$ | 0 | ↗ | $\dfrac{3\sqrt{2}}{4}$ | ↘ | $\dfrac{3\sqrt{6}}{8}$ | ↘ |

$x=\sqrt{2}$ のとき極大，極大値 $\dfrac{3\sqrt{2}}{4}$

$x=-\sqrt{2}$ のとき極小，極小値 $-\dfrac{3\sqrt{2}}{4}$

変曲点は

$\left(-\sqrt{6},\ -\dfrac{3\sqrt{6}}{8}\right)$, $(0,0)$, $\left(\sqrt{6},\ \dfrac{3\sqrt{6}}{8}\right)$

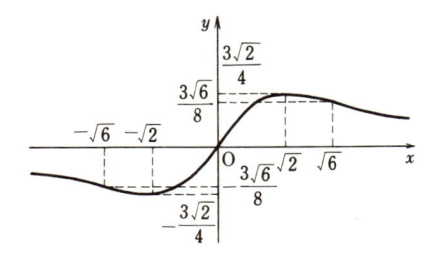

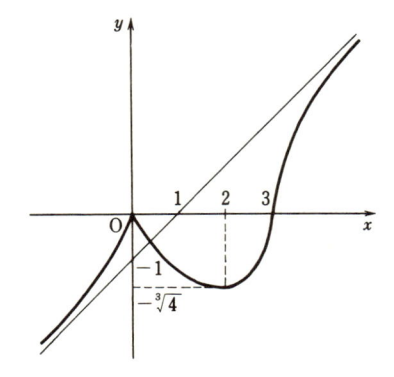

$\displaystyle\lim_{x\to\pm\infty}\dfrac{y}{x}=1$, $\displaystyle\lim_{x\to\pm\infty}(y-x)=-1$

であるから，漸近線は $y=x-1$．座標軸との交点は $(0,0)$, $(3,0)$ である．以上よりグラフを書くと左下図のようになる．

### 23.7 速度・加速度

**直線上の運動**

数直線上の動点 P の時刻 $t$ における座標が $x=f(t)$ で与えられているとき，時刻 $t$ における点 P の速度 $v$，加速度 $\alpha$ は

$$v=\dfrac{dx}{dt},\quad \alpha=\dfrac{dv}{dt}=\dfrac{d^2x}{dt^2}$$

$|v|$, $|\alpha|$ をそれぞれ動点 P の**速さ**（**速度の大きさ**），**加速度の大きさ**という．

**例題 3**

$y=\sqrt[3]{x^2(x-3)}$ のグラフを書け．

[解答] $y'=\dfrac{x-2}{\sqrt[3]{x(x-3)^2}}$

$y''=\dfrac{-2}{\sqrt[3]{x^4(x-3)^5}}$

| $x$ |  | 0 |  | 2 |  | 3 |  |
|---|---|---|---|---|---|---|---|
| $y'$ | + | / | − | 0 | + | / | + |
| $y''$ | + | / | + | + | + | / | − |
| $y$ | ↗ | 0 | ↘ | $-\sqrt[3]{4}$ | ↗ | 0 | ↷ |

$x=0$ のとき極大，極大値 $0$

$x=2$ のとき極小，極小値 $-\sqrt[3]{4}$

変曲点は $(3,0)$ である．

**例題 1**

$x$ 軸上を動く点 P の動きはじめてから $t$ 秒後の位置が

$$x=t^3-2t$$

で与えられているとき，次の問に答えよ．

(1) 点 P の初速度を求めよ．

(2) 点 P の 3 秒後の速度，加速度を求めよ．

[解答] (1) $\dfrac{dx}{dt}=3t^2-2$

であるから

$t=0$ のとき $\dfrac{dx}{dt}=-2$

ゆえに，初速度は $-2$ である．

(2) $t=3$ のとき $\dfrac{dx}{dt}=25$, $\dfrac{d^2x}{dt^2}=6t$

であるから

$t=3$ のとき $\dfrac{d^2x}{dt^2}=18$

ゆえに，点 P の 3 秒後の速度は 25，加速度は 18 である．

[注] 速度 $-2$ ということは，$x$ 軸上を負の方向に，速さ 2 で進むことを意味する．

---- 例題 2 ----
深さ 20 cm，上面の半径 10 cm の直円錐の容器がある．この容器に毎分 20 cm³ の割合で水を入れるとき，水の深さが $h$ cm のときの水面の上昇する速度を求めよ．

[解答]

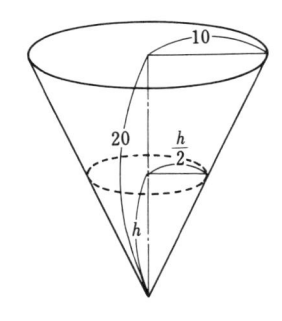

$t$ 分後に水の深さが $h$ cm になったとする．そのとき水面の半径は $h/2$ cm であるから，水の容積 $V$ は

$$V=\dfrac{1}{3}\pi\left(\dfrac{h}{2}\right)^2 h=\dfrac{\pi}{12}h^3$$

$t$ で微分すると

$$\dfrac{dV}{dt}=\dfrac{dV}{dh}\cdot\dfrac{dh}{dt}=\dfrac{\pi}{4}h^2\cdot\dfrac{dh}{dt}$$

$dV/dt=20$ であるから

$$20=\dfrac{\pi}{4}h^2\cdot\dfrac{dh}{dt}$$

よって

$$\dfrac{dh}{dt}=\dfrac{80}{\pi h^2}\ (\text{cm}/\text{分})$$

これが，水の深さが $h$ cm のときの水面の上昇する速度である．

---- 平面上の運動 ----
座標平面上の動点 P の時刻 $t$ における座標 $(x, y)$ が

$$x=f(t),\quad y=g(t)$$

で与えられているとき，時刻 $t$ における点 P の速度 $\vec{v}$，加速度 $\vec{a}$ は

$$\vec{v}=\left(\dfrac{dx}{dt},\ \dfrac{dy}{dt}\right),\quad \vec{a}=\left(\dfrac{d^2x}{dt^2},\ \dfrac{d^2y}{dt^2}\right)$$

時刻 $t$ における点 P の速さ（速度の大きさ）$|\vec{v}|$，加速度の大きさ $|\vec{a}|$ は

$$|\vec{v}|=\sqrt{\left(\dfrac{dx}{dt}\right)^2+\left(\dfrac{dy}{dt}\right)^2}$$

$$|\vec{a}|=\sqrt{\left(\dfrac{d^2x}{dt^2}\right)^2+\left(\dfrac{d^2y}{dt^2}\right)^2}$$

[注] $dx/dt$, $dy/dt$ をそれぞれ速度 $\vec{v}$ の $x$ 成分，$y$ 成分という．$d^2x/dt^2$, $d^2y/dt^2$ をそれぞれ加速度 $\vec{a}$ の $x$ 成分，$y$ 成分という．

---- 例題 3 ----
初速 $v_0$ で原点から $x$ 軸と $\theta$ の角をなす方向に飛び出した点 P の $t$ 秒後の位置 $(x, y)$ が，次式で与えられている．

$$x=(v_0\cos\theta)t$$

$$y=(v_0\sin\theta)t-\dfrac{1}{2}gt^2$$

（ただし，$g$ は正の定数）

このとき，時刻 $t$ における点 P の速度 $\vec{v}$，加速度 $\vec{a}$ と，その大きさを求めよ．

[解答] $\dfrac{dx}{dt}=v_0\cos\theta$, $\dfrac{d^2x}{dt^2}=0$

$$\frac{dy}{dt} = v_0 \sin\theta - gt, \quad \frac{d^2y}{dt^2} = -g$$

ゆえに，速度 $\vec{v}$ は

$$\vec{v} = (v_0 \cos\theta, v_0 \sin\theta - gt)$$

加速度 $\vec{\alpha}$ は

$$\vec{\alpha} = (0, -g)$$

速さ（速度の大きさ）$|\vec{v}|$ は

$$|\vec{v}| = \sqrt{v_0^2 \cos^2\theta + (v_0 \sin\theta - gt)^2}$$
$$= \sqrt{v_0^2 - 2v_0 \sin\theta gt + g^2 t^2}$$

加速度の大きさ $|\vec{\alpha}|$ は，$|\vec{\alpha}| = g$.

[注] 点 P の軌跡は下図のようになる．

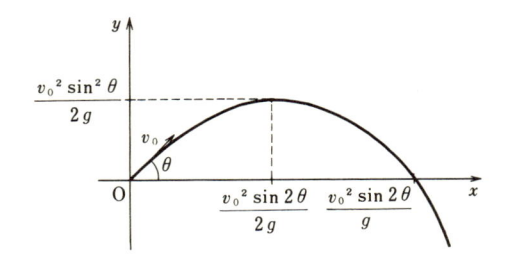

### 重要な近似公式 $(x \fallingdotseq 0)$

(1) $(1+x)^\alpha \fallingdotseq 1 + \alpha x + \dfrac{\alpha(\alpha-1)}{2}x^2 + \cdots$

（$\alpha$ は任意の実数）

(2) $\sin x \fallingdotseq x - \dfrac{x^3}{3!} + \dfrac{x^5}{5!} - \cdots$

(3) $\cos x \fallingdotseq 1 - \dfrac{x^2}{2!} + \dfrac{x^4}{4!} - \cdots$

(4) $e^x \fallingdotseq 1 + x + \dfrac{x^2}{2!} + \cdots$

(5) $\log(1+x) \fallingdotseq x - \dfrac{x^2}{2} + \dfrac{x^3}{3} - \cdots$

## 23.8 近似式

$h \fallingdotseq 0$, $x \fallingdotseq 0$ のとき，$f(x)$ の 1 次，2 次の近似式は次のようになる（$\fallingdotseq$ は両辺が近似的に等しいことを表す）．

### 1 次の近似式
$$f(a+h) \fallingdotseq f(a) + f'(a)h$$
$$f(x) \fallingdotseq f(0) + f'(0)x$$

### 2 次の近似式
$$f(a+h) \fallingdotseq f(a) + f'(a)h + \frac{f''(a)}{2}h^2$$
$$f(x) \fallingdotseq f(0) + f'(0)x + \frac{f''(0)}{2}x^2$$

一般に，$f(x)$ が $a$ の近くで $n+1$ 回微分可能で $h \fallingdotseq 0$ であるとき

$$f(a+h) = f(a) + f'(a)h + \frac{f''(a)}{2!}h^2$$
$$+ \cdots + \frac{f^{(n)}(a)}{n!}h^n + R_n$$
$$R_n = \frac{f^{(n+1)}(a+\theta h)}{(n+1)!}h^{n+1}$$

（ただし，$0 < \theta < 1$）

と書ける（**テイラーの定理**）．これより $|R_n|$ が十分小さいとき，次の近似式がえられる．

$$f(a+h) \fallingdotseq f(a) + f'(a)h + \frac{f''(a)}{2!}h^2$$
$$+ \cdots + \frac{f^n(a)}{n!}h^n$$

この近似式の誤差は

$$R_n = \frac{f^{(n+1)}(a+\theta h)}{(n+1)!}h^{n+1}$$

$$(0 < \theta < 1)$$

であるから，$x$ が $a$ と $a+h$ の間にあるとき，$|f^{(n+1)}(x)| \leq M$ ならば

$$|R_n| \leq \frac{M}{(n+1)!}|h|^{n+1}$$

となる．

誤差がこえることのない範囲を示す値を，**誤差の限界**という．$f(a+h)$ の1次，2次の近似式の誤差の限界は上の式の右辺に $n=1, 2$ を代入して得られる．

---- 例題 1 ----
$h\fallingdotseq 0$ のとき，$\cos(a+h)$ の1次の近似式をつくり，これを用いて $\cos 59°$ の近似値を小数第3位まで求めよ．

[解答] $f(x)=\cos x$ とおくと
$$f'(x)=-\sin x$$
$$f(a+h)\fallingdotseq f(a)+f'(a)h$$
であるから
$$\cos(a+h)\fallingdotseq \cos a - h\sin a \quad ①$$
となる．
$$59°=60°-1°=\frac{\pi}{3}-\frac{\pi}{180}$$
であるから，① に
$$a=\frac{\pi}{3}, \quad h=-\frac{\pi}{180}$$
を代入すると
$$\cos 59°\fallingdotseq \cos\frac{\pi}{3}-\left(-\frac{\pi}{180}\right)\sin\frac{\pi}{3}$$
$$=\frac{1}{2}+\frac{\pi}{180}\times\frac{\sqrt{3}}{2}$$
$$\fallingdotseq 0.5+0.01745\times 0.8660$$
$$\fallingdotseq 0.5+0.0151=0.5151$$
ゆえに，求める近似値は $0.515$．

---- 例題 2 ----
$x\fallingdotseq 0$ のとき，$\sqrt{1-x+x^2}$ の2次の近似式を求めよ．

[解答] $f(x)=\sqrt{1-x+x^2}$
とおくと
$$f'(x)=\frac{2x-1}{2\sqrt{1-x+x^2}}$$
$$f''(x)=\frac{3}{4(1-x+x^2)\sqrt{1-x+x^2}}$$
$$f(x)\fallingdotseq f(0)+f'(0)\cdot x+\frac{f''(0)}{2}x^2$$
であるから
$$\sqrt{1-x+x^2}\fallingdotseq 1-\frac{1}{2}x+\frac{3}{8}x^2$$

---- 例題 3 ----
1次の近似式を用いて $\sqrt[3]{1.03}$ の近似値を求め，このときの誤差の限界を求めよ．

[解答] $\sqrt[3]{1+h}=(1+h)^{1/3}$
であるから，$h\fallingdotseq 0$ のとき
$$\sqrt[3]{1+h}\fallingdotseq 1+\frac{1}{3}h \quad ①$$
$h=0.03$ とおくと
$$\sqrt[3]{1.03}\fallingdotseq 1+\frac{1}{3}\times 0.03=1.01$$
これが求める近似値である．
$f(x)=\sqrt[3]{x}$ とおくと
$$f'(x)=\frac{1}{3\sqrt[3]{x^2}}, \quad f''(x)=-\frac{2}{9\sqrt[3]{x^5}}$$
$0<x<1.03$ のとき，$|f''(x)|<2/9$ であるから，1次の近似式 ① を用いたときの誤差を $R_1$ とすると
$$|R_1|<\frac{|f''(x)|}{(1+1)!}h^2 \quad (1<x<1.03)$$
ゆえに
$$|R_1|<\frac{1}{2}\times\frac{2}{9}\times(0.03)^2=0.0001$$
以上より，求める近似値は $1.01$，誤差の限界は $0.0001$．

# Ⅶ. 積 分 法

## 24. 不定積分

### 24.1 不定積分

ある区間で連続な関数 $f(x)$ に対して微分すると $f(x)$ となる関数を，$f(x)$ の**不定積分**または**原始関数**といい，$\int f(x)dx$ で表す．

$\int$ を積分記号，$f(x)$ を被積分関数という．

$f(x)$ の不定積分の一つを $F(x)$ とすると

$$\int f(x)dx = F(x) + c$$

（ただし，$c$ は定数）

この定数 $c$ を**積分定数**という．$f(x)$ の不定積分を求めることを $f(x)$ を**積分する**といい，その方法を**積分法**という．

#### 不定積分の基本公式

(1) $\int kf(x)dx = k\int f(x)dx$

（ただし，$k$ は定数）

(2) $\int \{f(x) \pm g(x)\}dx$
$= \int f(x)dx \pm \int g(x)dx$ （複号同順）

導関数の公式から，不定積分についての公式が得られる．

#### 主な関数の不定積分

(1) $\int x^\alpha dx = \dfrac{1}{\alpha+1}x^{\alpha+1} + c \quad (\alpha \neq -1)$

(2) $\int \dfrac{1}{x}dx = \log|x| + c$

(3) $\int \sin x\, dx = -\cos x + c$

(4) $\int \cos x\, dx = \sin x + c$

(5) $\int \dfrac{1}{\cos^2 x}dx = \tan x + c$

(6) $\int \dfrac{1}{\sin^2 x}dx = -\cot x + c$

(7) $\int e^x dx = e^x + c$

(8) $\int a^x dx = \dfrac{a^x}{\log a} + c$

［注］微分法，積分法で底を省略した対数は，すべて自然対数である．すなわち

$\log x = \log_e x$

$\int 1\, dx$ は，ふつう $\int dx$ と書く．

---

**例題 1**

次の不定積分を求めよ．

(1) $\int (x^2 + 2x)dx$  (2) $\int (x^2+1)^2 dx$

(3) $\int \dfrac{2x^2+1}{x^3}dx$  (4) $\int \dfrac{1}{\sqrt[3]{x}}dx$

(5) $\int \tan^2 x\, dx$  (6) $\int (10^x + e^x)dx$

[解答] (1) $\int (x^2+2x)dx$

$= \int x^2 dx + \int 2x\, dx = \dfrac{x^3}{3}+x^2+c$

(2) $\int (x^2+1)^2 dx = \int (x^4+2x^2+1)dx$

$= \dfrac{1}{5}x^5 + \dfrac{2}{3}x^3 + x + c$

(3) $\int \dfrac{2x^2+1}{x^3}dx = \int \left(\dfrac{2}{x}+x^{-3}\right)dx$

$= 2\log|x| + \dfrac{1}{-3+1}x^{-3+1}+c$

$= 2\log|x| - \dfrac{1}{2x^2}+c$

(4) $\int \dfrac{1}{\sqrt[3]{x}}dx = \int x^{-1/3}dx$

$= \dfrac{1}{-1/3+1}x^{-1/3+1}+c$

$= \dfrac{3}{2}x^{2/3}+c = \dfrac{3}{2}\sqrt[3]{x^2}+c$

(5) $\int \tan^2 x\, dx = \int \left(\dfrac{1}{\cos^2 x}-1\right)dx$

$= \tan x - x + c$

(6) $\int (10^x + e^x)dx = \dfrac{10^x}{\log 10}+e^x+c$

---
**例題 2**

次の不定積分を求めよ.

(1) $\int \dfrac{x-1}{\sqrt{x}+1}dx$

(2) $\int \dfrac{1}{\sin^2 x \cos^2 x}dx$

---

[解答] (1) $\int \dfrac{x-1}{\sqrt{x}+1}dx$

$= \int \dfrac{(\sqrt{x}+1)(\sqrt{x}-1)}{\sqrt{x}+1}dx$

$= \int (\sqrt{x}-1)dx = \int (x^{1/2}-1)dx$

$= \dfrac{1}{1/2+1}x^{1/2+1}-x+c$

$= \dfrac{2}{3}x^{3/2}-x+c = \dfrac{2}{3}\sqrt{x^3}-x+c$

(2) $\int \dfrac{1}{\sin^2 x \cos^2 x}dx$

$= \int \dfrac{\sin^2 x + \cos^2 x}{\sin^2 x \cos^2 x}dx$

$= \int \left(\dfrac{1}{\cos^2 x}+\dfrac{1}{\sin^2 x}\right)dx$

$= \tan x - \cot x + c$

## 24.2　置換積分法

---
**置換積分法の公式**

(1) $\int f(x)dx = \int f\{g(t)\}g'(t)dt$

　　（ただし, $x=g(t)$）

(2) $\int f\{g(x)\}g'(x)dx = \int f(t)dt$

　　（ただし, $t=g(x)$）

---

[注] (2) で $t=g(x)$ であるから, $dt/dx = g'(x)$. これを $g'(x)dx = dt$ と書くと, (2) は $\int f\{g(x)\}g'(x)dx$ において, $g(x)$ を $t$, $g'(x)dx$ を $dt$ とおきかえることによってえられる. (1) についても同様.

---
**例題 1**

次の不定積分を求めよ.

(1) $\int (2x+3)^5 dx$　　(2) $\int \dfrac{2x}{x^2+1}dx$

(3) $\int \sin\theta \cos\theta\, d\theta$　　(4) $\int \dfrac{\log x}{x}dx$

(5) $\int \dfrac{1-x}{\sqrt{2x-x^2}}dx$

---

[解答] (1) $2x+3=t$ とおくと

$$dx = \frac{1}{2}dt$$

これより

$$\int (2x+3)^5 \, dx = \int t^5 \cdot \frac{1}{2} dt$$
$$= \frac{1}{12} t^6 + c = \frac{1}{12}(2x+3)^6 + c$$

(2) $x^2+1 = t$ とおくと

$$2x \, dx = dt$$

よって

$$\int \frac{2x}{x^2+1} dx = \int \frac{1}{x^2+1} \cdot 2x \, dx$$
$$= \int \frac{1}{t} dt = \log|t| + c$$
$$= \log(x^2+1) + c$$

(3) $\sin\theta = t$ とおくと

$$\cos\theta \, d\theta = dt$$

よって

$$\int \sin\theta \cos\theta \, d\theta = \int t \, dt$$
$$= \frac{1}{2} t^2 + c = \frac{1}{2} \sin^2\theta + c$$

(4) $\log x = t$ とおくと

$$\frac{1}{x} dx = dt$$

よって

$$\int \frac{\log x}{x} dx = \int t \, dt = \frac{1}{2} t^2 + c$$
$$= \frac{1}{2}(\log x)^2 + c$$

(5) $2x - x^2 = t$ とおくと

$$2(1-x) dx = dt$$

よって

$$\int \frac{1-x}{\sqrt{2x-x^2}} dx = \int \frac{1}{\sqrt{t}} \cdot \frac{1}{2} dt$$
$$= \int \frac{1}{2} t^{-1/2} dt = t^{1/2} + c$$
$$= \sqrt{2x-x^2} + c$$

次の公式は記憶しておくと便利である．

---
**よく使われる公式**

(1) $F'(x) = f(x)$ とすると

$$\int f(ax+b) dx = \frac{1}{a} F(ax+b) + c$$

(2) $\int \{f(x)\}^n f'(x) dx$

$$= \frac{1}{n+1} \{f(x)\}^{n+1} + c$$

(3) $\int \frac{f'(x)}{f(x)} dx = \log|f(x)| + c$

---

**例題 2**

次の不定積分を求めよ．

(1) $\int (2-3x)^3 \, dx$   (2) $\int \frac{1}{4x+1} dx$

(3) $\int \sin(2x-1) dx$

[解答] (1) $\int x^3 \, dx = \frac{1}{4} x^4 + c$

より

$$\int (2-3x)^3 = -\frac{1}{12}(2-3x)^4 + c$$

(2) $\int \frac{1}{x} dx = \log|x| + c$

より

$$\int \frac{1}{4x+1} dx = \frac{1}{4} \log|4x+1| + c$$

(3) $\int \sin x \, dx = -\cos x + c$

より

$$\int \sin(2x-1) dx = -\frac{1}{2} \cos(2x-1) + c$$

**例題 3**

次の不定積分を求めよ．

(1) $\int \sin^3 x \cos x \, dx$   (2) $\int \frac{(\log x)^2}{x} dx$

[解答] (1) $\int \sin^3 x (\sin x)' dx = \frac{1}{4} \sin^4 x + c$

(2) $\int (\log x)^2 (\log x)' dx = \frac{1}{3} (\log x)^3 + c$

───── 例題 4 ─────
次の不定積分を求めよ．
(1) $\int \dfrac{2x+1}{x^2+x+1} dx$
(2) $\int \cot x\, dx$

[解答] (1) $\int \dfrac{(x^2+x+1)'}{x^2+x+1} dx$

$= \log(x^2+x+1) + c$

(2) $\int \dfrac{\cos x}{\sin x} dx = \int \dfrac{(\sin x)'}{\sin x} dx$

$= \log|\sin x| + c$

## 24.3 部分積分法

部分積分法の公式
$\int f(x) g'(x) dx$
$= f(x)g(x) - \int f'(x)g(x) dx$

───── 例題 1 ─────
次の不定積分を求めよ．
(1) $\int x e^x dx$   (2) $\int \log x\, dx$
(3) $\int x \sin x\, dx$

[解答] (1) $\int x e^x dx = \int x(e^x)' dx$

$= xe^x - \int 1 \cdot e^x dx = xe^x - e^x + c$

(2) $\int \log x\, dx = \int (x)' \log x\, dx$

$= x \log x - \int x(\log x)' dx$

$= x \log x - \int x \cdot \dfrac{1}{x} dx$

$= x \log x - x + c$

(3) $\int x \sin x\, dx = \int x(-\cos x)' dx$

$= x(-\cos x) - \int 1 \cdot (-\cos x) dx$

$= -x \cos x + \sin x + c$

───── 例題 2 ─────
次の不定積分を求めよ．
(1) $\int (\log x)^2 dx$
(2) $\int e^x \sin x\, dx$

[解答] (1) $\int (\log x)^2 dx = \int (x)' (\log x)^2 dx$

$= x(\log x)^2 - \int x \cdot 2(\log x) \dfrac{1}{x} dx$

$= x(\log x)^2 - 2 \int \log x\, dx$

$= x(\log x)^2 - 2(x \log x - x + c_0)$

$= x(\log x)^2 - 2x \log x + 2x + c$

（ただし，$c = -2c_0$）

(2) $\int e^x \sin x\, dx$

$= e^x \sin x - \int e^x \cos x\, dx$  ①

$\int e^x \cos x\, dx$

$= e^x \cos x + \int e^x \sin x\, dx$  ②

① に ② を代入して計算すると

$\int e^x \sin x\, dx = \dfrac{1}{2} e^x (\sin x - \cos x) + c$

部分積分法を用いて，次の漸化式を導くことができる．

## 不定積分の漸化式

(1) $\displaystyle\int \sin^n x \, dx = -\frac{\sin^{n-1} x \cos x}{n} + \frac{n-1}{n}\int \sin^{n-2} x \, dx$

(2) $\displaystyle\int \cos^n x \, dx = \frac{\sin x \cos^{n-1} x}{n} + \frac{n-1}{n}\int \cos^{n-2} x \, dx$

(3) $\displaystyle\int \tan^n x \, dx = \frac{\tan^{n-1} x}{n-1} - \int \tan^{n-2} x \, dx$

(4) $\displaystyle\int (\log x)^n \, dx = x(\log x)^n - n\int (\log x)^{n-1} dx$

---

**例題 3**

次の不定積分を求めよ.

(1) $\displaystyle\int \sin^5 x \, dx$

(2) $\displaystyle\int \tan^4 x \, dx$

(3) $\displaystyle\int (\log x)^4 \, dx$

---

[解答] 不定積分の漸化式(1)により

$\displaystyle\int \sin^5 x \, dx = -\frac{\sin^4 x \cos x}{5}$
$\displaystyle\quad + \frac{4}{5}\int \sin^3 x \, dx = -\frac{\sin^4 x \cos x}{5}$
$\displaystyle\quad + \frac{4}{5}\left(-\frac{\sin^2 x \cos x}{3} + \frac{2}{3}\int \sin x \, dx\right)$
$\displaystyle\quad = -\frac{\sin^4 x \cos x}{5} - \frac{4\sin^2 x \cos x}{15}$
$\displaystyle\quad + \frac{8}{15}\int \sin x \, dx$
$\displaystyle\quad = -\frac{\sin^4 x \cos x}{5} - \frac{4\sin^2 x \cos x}{15}$
$\displaystyle\quad - \frac{8}{15}\cos x + c$

(2) 不定積分の漸化式(3)により

$\displaystyle\int \tan^4 x \, dx = \frac{\tan^3 x}{3} - \int \tan^2 x \, dx$
$\displaystyle\quad = \frac{\tan^3 x}{3} - \left(\tan x - \int dx\right)$
$\displaystyle\quad = \frac{\tan^3 x}{3} - \tan x + x + c$

(3) 不定積分の漸化式(4)により

$\displaystyle\int (\log x)^4 \, dx = x(\log x)^4 - 4\int (\log x)^3 dx$
$\displaystyle\quad = x(\log x)^4$
$\displaystyle\quad\quad - 4\left\{x(\log x)^3 - 3\int (\log x)^2 dx\right\}$
$\displaystyle\quad = x(\log x)^4 - 4x(\log x)^3$
$\displaystyle\quad\quad + 12\int (\log x)^2 dx = \cdots$
$\displaystyle\quad = x(\log x)^4 - 4x(\log x)^3$
$\displaystyle\quad\quad + 12x(\log x)^2 - 24x\log x + 24x + c$

## 24.4　有理関数の積分

$x$ の実係数の真分数式 $f(x)/g(x)$ は実係数の範囲で

$$\frac{A_1}{x-\alpha} + \frac{A_2}{(x-\alpha)^2} + \cdots + \frac{A_l}{(x-\alpha)^l}$$

$$\frac{B_1 x + C_1}{x^2+px+q} + \frac{B_2 x + C_2}{(x^2+px+q)^2} + \cdots$$

$$+ \frac{B_m x + C_m}{(x^2+px+q)^m}$$

$$(p^2-4q<0)$$

の形の何個かの分数の和で表すことができる.

$$\frac{A_k}{(x-\alpha)^k}, \quad \frac{B_k x + C_k}{(x^2+px+q)^k}$$

をもとの分数の**部分分数**という.

## 24. 不定積分

---
**例題 1**

$$\frac{5x+1}{(x-1)^2(x+2)}$$

を部分分数に分解せよ.

---

[解答] $\dfrac{5x+1}{(x-1)^2(x+2)}$

$= \dfrac{a}{x-1} + \dfrac{b}{(x-1)^2} + \dfrac{c}{x+2}$

とおき，分母を払うと

$5x+1 = a(x-1)(x+2) + b(x+2) + c(x-1)^2$

$x$ に $x=1, -2, 0$ を代入すると

$b=2, \quad c=-1, \quad a=1$

ゆえに

$\dfrac{5x+1}{(x-1)^2(x+2)}$

$= \dfrac{1}{x-1} + \dfrac{2}{(x-1)^2} - \dfrac{1}{x+2}$

有理関数の積分は

$$\dfrac{A}{(x-\alpha)^l}, \quad \dfrac{Bx+C}{(x^2+px+q)^m}$$
$$(p^2-4q<0)$$

の積分に帰着する.

$$\int \frac{1}{(x-\alpha)^l} dx$$
$$= \begin{cases} \dfrac{-1}{(l-1)(x-\alpha)^{l-1}} & (l \ne 1) \\ \log|x-\alpha| & (l=1) \end{cases}$$

ところで

$I_m = \int \dfrac{Bx+C}{(x^2+px+q)^m} dx$

$= \int \dfrac{Bx+C}{\{(x+p/2)^2 + q - p^2/4\}^m} dx$

である.

$x + \dfrac{p}{2} = t, \quad q - \dfrac{p^2}{4} = a^2$

とおくと

$I_m = \int \dfrac{B(t-p/2)+C}{(t^2+a^2)^m} dt$

$= B\int \dfrac{t}{(t^2+a^2)^m} dt$

$\quad + \left(C - \dfrac{1}{2}Bp\right)\int \dfrac{1}{(t^2+a^2)^m} dt$

となるから，有理関数の積分は

$$\int \frac{x}{(x^2+a^2)^m} dx, \quad \int \frac{dx}{(x^2+a^2)^m}$$

が求められればよい.

$$\int \frac{x}{(x^2+a^2)^m} dx$$
$$= \begin{cases} \dfrac{-1}{2(m-1)(x^2+a^2)^{m-1}} & (m \ne 1) \\ \dfrac{1}{2}\log(x^2+a^2) & (m=1) \end{cases}$$

[注] $I_m = \int \dfrac{dx}{(x^2+a^2)^m}$

とおくと

$I_1 = \dfrac{1}{a} \tan^{-1} \dfrac{x}{a}$

$I_m = \dfrac{1}{a^2} \left\{ \dfrac{x}{(2m-2)(x^2+a^2)^{m-1}} \right.$

$\left. + \dfrac{2m-3}{2m-2} I_{m-1} \right\} \quad (m \geq 2)$

となる. $\tan^{-1}(x/a)$ は逆正接関数を表す.

---
**例題 2**

次の不定積分を求めよ.

(1) $\displaystyle\int \dfrac{6}{x(x-1)(x+2)} dx$

(2) $\displaystyle\int \dfrac{x}{(x-1)^3} dx$

---

[解答] (1) $\dfrac{6}{x(x-1)(x+2)}$

$=\dfrac{-3}{x}+\dfrac{2}{x-1}+\dfrac{1}{x+2}$

であるから

$-3\displaystyle\int\dfrac{dx}{x}+2\int\dfrac{dx}{x-1}+\int\dfrac{dx}{x+2}$

$=-3\log|x|+2\log|x-1|$
$\quad+\log|x+2|+c$

$=\log\left|\dfrac{(x-1)^2(x+2)}{x^3}\right|+c$

(2) $\dfrac{x}{(x-1)^3}=\dfrac{1}{(x-1)^2}+\dfrac{1}{(x-1)^3}$

であるから

$\displaystyle\int\dfrac{dx}{(x-1)^2}+\int\dfrac{dx}{(x-1)^3}$

$=\dfrac{-1}{x-1}+\dfrac{-1}{2(x-1)^2}+c$

$=-\dfrac{2x-1}{2(x-1)^2}+c$

---  例題 3  ---

$\displaystyle\int\dfrac{dx}{x(x^2+1)^2}$ を求めよ.

[解答] $\dfrac{1}{x(x^2+1)^2}$

$=\dfrac{1}{x}-\dfrac{x}{x^2+1}-\dfrac{x}{(x^2+1)^2}$

となるから

$\displaystyle\int\dfrac{dx}{x}-\int\dfrac{x}{x^2+1}dx-\int\dfrac{x}{(x^2+1)^2}dx$

$=\log|x|-\dfrac{1}{2}\log(x^2+1)$

$\quad+\dfrac{1}{2(x^2+1)}+c$

$=\log\dfrac{|x|}{\sqrt{x^2+1}}+\dfrac{1}{2(x^2+1)}+c$

## 24.5 いろいろな関数の積分

$\displaystyle\int f(x,\sqrt[n]{ax+b})dx$ の積分
$\quad\sqrt[n]{ax+b}=t$ とおく

$\displaystyle\int f\left(x,\sqrt[n]{\dfrac{ax+b}{cx+d}}\right)dx$
$\quad(ad-bc\neq 0)$ の積分
$\quad\sqrt[n]{\dfrac{ax+b}{cx+d}}=t$ とおく

[注] $f(x,y)$ は $x, y$ の有理式とする.

---  例題 1  ---

$\displaystyle\int\dfrac{dx}{2x\sqrt{1-x}}$ を求めよ.

[解答] $\sqrt{1-x}=t$ とおくと
$\quad x=1-t^2,\quad dx=-2t\,dt$

ゆえに

$\displaystyle\int\dfrac{dx}{2x\sqrt{1-x}}=\int\dfrac{-2t}{2(1-t^2)t}dt=\int\dfrac{dt}{t^2-1}$

$=\dfrac{1}{2}\displaystyle\int\left(\dfrac{1}{t-1}-\dfrac{1}{t+1}\right)dt$

$=\dfrac{1}{2}(\log|t-1|-\log|t+1|)+c$

$=\dfrac{1}{2}\log\left|\dfrac{t-1}{t+1}\right|+c$

$=\dfrac{1}{2}\log\left|\dfrac{\sqrt{1-x}-1}{\sqrt{1-x}+1}\right|+c$

---  例題 2  ---

$\displaystyle\int\sqrt{\dfrac{x+1}{x+2}}\,dx$ を求めよ.

[解答] $\sqrt{\dfrac{x+1}{x+2}}=t$ とおくと, $\dfrac{x+1}{x+2}=t^2$.

これを $x$ について解くと

$$x = -\frac{2t^2-1}{t^2-1}$$

となる．

$$dx = \frac{2t}{(t^2-1)^2}dt$$

となるから

$$\int \sqrt{\frac{x+1}{x+2}}\,dx = \int t \cdot \frac{2t}{(t^2-1)^2}\,dt$$

$$= \frac{1}{2}\int\left\{\frac{1}{t-1} - \frac{1}{t+1} + \frac{1}{(t-1)^2} + \frac{1}{(t+1)^2}\right\}dt$$

$$= \frac{1}{2}\left\{\log|t-1| - \log|t+1| - \frac{1}{t-1} - \frac{1}{t+1}\right\} + c$$

$$= \frac{1}{2}\log\left|\frac{t-1}{t+1}\right| - \frac{t}{t^2-1} + c$$

$$= \frac{1}{2}\log\left|\frac{\sqrt{x+1}-\sqrt{x+2}}{\sqrt{x+1}+\sqrt{x+2}}\right| + \sqrt{(x+1)(x+2)} + c$$

$$= \log|\sqrt{x+1}-\sqrt{x+2}| + \sqrt{(x+1)(x+2)} + c$$

---

**特別な無理関数の積分**

$$\int \sqrt{x^2+A}\,dx = \frac{1}{2}\{x\sqrt{x^2+A} + A\log|x+\sqrt{x^2+A}|\} + c$$

（ただし，$A \neq 0$）

$$\int \frac{dx}{\sqrt{x^2+A}} = \log|x+\sqrt{x^2+A}| + c$$

（ただし，$A \neq 0$）

---

**── 例題 3 ──**

$\displaystyle\int \frac{dx}{\sqrt{x^2-4x-5}}$ を求めよ．

[解答] $x^2 - 4x - 5 = (x-2)^2 - 9$

であるから，$x - 2 = t$ とおくと

$$\int \frac{dx}{\sqrt{x^2-4x-5}} = \int \frac{dt}{\sqrt{t^2-9}}$$

$$= \log|t + \sqrt{t^2-9}| + c$$

$$= \log|x-2 + \sqrt{x^2-4x-5}| + c$$

三角関数の積分は，$\tan(x/2) = t$ として求めることもできる．

---

$\tan(x/2) = t$ とおくと

$$\sin x = \frac{2t}{1+t^2}, \quad \cos x = \frac{1-t^2}{1+t^2}$$

$$\tan x = \frac{2t}{1-t^2}, \quad dx = \frac{2}{1+t^2}dt$$

---

**── 例題 4 ──**

$\displaystyle\int \frac{dx}{\sin x}$ を求めよ．

[解答] $\tan(x/2) = t$ とおくと

$$\int \frac{dx}{\sin x} = \int \frac{1}{\frac{2t}{1+t^2}} \cdot \frac{2}{1+t^2}\,dt$$

$$= \int \frac{1}{t}\,dt = \log|t| + c$$

$$= \log\left|\tan\frac{x}{2}\right| + c$$

---

$\displaystyle\int f(e^x)dx$ の積分

$e^x = t$ とおく

---

[注] $f(x)$ は $x$ の有理式とする．

**── 例題 5 ──**

$\displaystyle\int \frac{dx}{1+e^x}$ を求めよ．

[解答] $e^x = t$ とおくと，$e^x dx = dt$ であるから，$dx = dt/t$．ゆえに

$$\int \frac{dx}{1+e^x} = \int \frac{dt}{(1+t)t}$$
$$= \int \left(\frac{1}{t} - \frac{1}{t+1}\right) dt$$

$$= \log|t| - \log|t+1| + c$$
$$= \log \frac{e^x}{e^x+1} + c$$

▶ワイヤシュトラス (Kari Weierstrass), 1815-1897, ドイツ

ドイツのオステンフェルデに生まれた．彼は貧しい生活の中で語学と数学に卓抜した能力を発揮し，商業と法律を学ばせようという父親の希望で，ボン大学へ進学した．大学で彼は学生生活を十分楽しんだ．フェンシングで彼の相手になる者はいなかったという．在学中数学者ブリュッカーの講義に出席し，ラプラスの天体力学に興味をもったが，法律学へは打ち込めず，学位を取ることができなかった．

中等学校教師の検定試験を受けるためにミュンスター大学へ入学した．ここで楕円関数を研究していたグーデルマン教授との出会いが彼に大きな影響を与えることになる．教授はすべての関数をべき級数に展開して研究することを中心にしていたが，この方法が彼の研究への大きな指針となった．彼は優秀な成績で検定試験に合格した．その後 1855 年まで中等学校の教師として勤め，その間数学の研究を続けた．

1848 年ブラウンスベルグのオベレ・ギムナジウムの年報に，論文「アーベル積分論について」を発表し，続いて論文「アーベル関数について」をクレルレ誌に送った．この論文は 1854 年に掲載され，そのすばらしさは大きな反響を呼び，彼の名は世界に知られたのである．

ケーニヒスベルグ大学から学位が贈られ，1856 年王立ベルリン工芸研究所の助教授に，その年の秋にはベルリン大学の助教授を兼ねることになり，またベルリン科学アカデミーの会員に選ばれた．1864 年にはベルリン大学の教授になり，終生この職にあった．ベルリン大学で彼の講義を聴講する者は年とともに増加し，晩年は数学界の権威として尊敬された．

# 25. 定積分

## 25.1 定積分とその基本性質

ある区間で連続な関数 $f(x)$ の不定積分の一つを $F(x)$ とする．この区間の二つの実数 $a, b$ に対して，$F(b)-F(a)$ を $f(x)$ の $a$ から $b$ までの**定積分**といい，$\int_a^b f(x)dx$ で表す．$a$ を積分の下端，$b$ を上端という．$F(b)-F(a)$ を $[F(x)]_a^b$ と表す．したがって

$$\int_a^b f(x)dx = [F(x)]_a^b = F(b)-F(a)$$

---

**定積分の公式**

(1) $\int_a^a f(x)dx = 0$

(2) $\int_a^b f(x)dx = -\int_b^a f(x)dx$

(3) $\int_a^b f(x)dx = \int_a^c f(x)dx + \int_c^b f(x)dx$

(4) $\int_a^b kf(x)dx = k\int_a^b f(x)dx$
 　（$k$ は定数）

(5) $\int_a^b \{f(x) \pm g(x)\}dx$
$= \int_a^b f(x)dx \pm \int_a^b g(x)dx$ （複号同順）

---

**例題 1**

次の定積分の値を求めよ．

(1) $\int_1^2 x^2\,dx$　　(2) $\int_1^e \dfrac{1}{x}dx$

(3) $\int_{\pi/4}^{\pi/3} \sin x\,dx$　　(4) $\int_0^{-2} 3^x\,dx$

---

［解答］(1) $\int_1^2 x^2\,dx = \left[\dfrac{x^3}{3}\right]_1^2 = \dfrac{8}{3} - \dfrac{1}{3} = \dfrac{7}{3}$

(2) $\int_1^e \dfrac{1}{x}dx = [\log|x|]_1^e$
$= \log e - \log 1 = 1 - 0 = 1$

(3) $\int_{\pi/4}^{\pi/3} \sin x\,dx = [-\cos x]_{\pi/4}^{\pi/3}$
$= -\cos\dfrac{\pi}{3} + \cos\dfrac{\pi}{4}$
$= -\dfrac{1}{2} + \dfrac{1}{\sqrt{2}} = \dfrac{\sqrt{2}-1}{2}$

(4) $\int_0^{-2} 3^x\,dx = \left[\dfrac{3^x}{\log 3}\right]_0^{-2}$
$= \dfrac{3^{-2}}{\log 3} - \dfrac{1}{\log 3} = -\dfrac{8}{9\log 3}$

---

**例題 2**

次の定積分の値を求めよ．

(1) $\int_{-1}^2 (x^2+2x+4)dx$

(2) $\int_0^1 (e^x+e^{-x})dx$

(3) $\int_0^{\pi/4} \left(\sin\dfrac{\theta}{2} + \cos\dfrac{\theta}{2}\right)^2 d\theta$

---

［解答］(1) $\int_{-1}^2 (x^2+2x+4)dx$
$= \left[\dfrac{x^3}{3} + x^2 + 4x\right]_{-1}^2$
$= \dfrac{8}{3} + 4 + 8 - \left(-\dfrac{1}{3} + 1 - 4\right) = 18$

(2) $\int_0^1 (e^x+e^{-x})dx = [e^x - e^{-x}]_0^1$
$= e - e^{-1} - (e^0 - e^0) = e - e^{-1}$

(3) $\int_0^{\pi/4} \left(\sin\dfrac{\theta}{2} + \cos\dfrac{\theta}{2}\right)^2 d\theta$
$= \int_0^{\pi/4} \left(1 + 2\sin\dfrac{\theta}{2}\cos\dfrac{\theta}{2}\right)d\theta$

$$= \int_0^{\pi/4} (1+\sin\theta)d\theta = [\theta - \cos\theta]_0^{\pi/4}$$

$$= \frac{\pi}{4} - \frac{1}{\sqrt{2}} - (0-1)$$

$$= \frac{\pi}{4} - \frac{1}{\sqrt{2}} + 1 = \frac{\pi}{4} + \frac{2-\sqrt{2}}{2}$$

---
**例題 3**

次の定積分の値を求めよ．

(1) $\int_0^3 |x-1|dx$

(2) $\int_{-1}^2 |x^2-2x|dx$

---

[解答] (1) $\int_0^3 |x-1|dx$

$$= \int_0^1 |x-1|dx + \int_1^3 |x-1|dx$$

$$= \int_0^1 (-x+1)dx + \int_1^3 (x-1)dx$$

$$= \left[-\frac{x^2}{2}+x\right]_0^1 + \left[\frac{x^2}{2}-x\right]_1^3$$

$$= \left(\frac{1}{2}-0\right) + \left\{\frac{3}{2}-\left(-\frac{1}{2}\right)\right\} = \frac{5}{2}$$

(2) $x^2-2x = x(x-2)$

であるから，$-1 \leq x \leq 0$ のとき

$$|x^2-2x| = x^2-2x$$

$0 \leq x \leq 2$ のとき

$$|x^2-2x| = -x^2+2x$$

ゆえに

$$\int_{-1}^2 |x^2-2x|dx$$

$$= \int_{-1}^0 |x^2-2x|dx + \int_0^2 |x^2-2x|dx$$

$$= \int_{-1}^0 (x^2-2x)dx + \int_0^2 (-x^2+2x)dx$$

$$= \left[\frac{x^3}{3}-x^2\right]_{-1}^0 + \left[-\frac{x^3}{3}+x^2\right]_0^2$$

$$= \left\{0-\left(-\frac{4}{3}\right)\right\} + \left(\frac{4}{3}-0\right) = \frac{8}{3}$$

## 25.2　置換積分法

---
**置換積分法**

$x = g(t)$ とするとき，$a = g(\alpha)$, $b = g(\beta)$ であれば

$$\int_a^b f(x)dx = \int_\alpha^\beta f\{g(t)\}g'(t)dt$$

---

[注] 関数 $f(x)$ は区間 $[a, b]$ で連続で，$g(t)$ は区間 $[\alpha, \beta]$ で微分可能．$g'(t)$ もこの区間で連続でなければならない．ふつう取り扱う関数の多くは，この条件をみたしている．

上の公式において，$x$ と $t$ を入れかえると，次の公式がえられる：$g(x) = t$ とするとき

$$g(a) = \alpha, \quad g(b) = \beta$$

であれば

$$\int_a^b f\{g(x)\}g'(x)dx = \int_\alpha^\beta f(t)dt$$

---
**例題 1**

次の定積分の値を求めよ．

(1) $\int_0^1 (2x+1)^5 dx$

(2) $\int_1^2 \frac{1}{x^2-2x+2}dx$

(3) $\int_0^a \sqrt{a^2-x^2}\, dx \quad (a>0)$

(4) $\int_0^{\pi/2} \sin^3 x \cos x\, dx$

(5) $\int_1^2 x\, e^{x^2} dx$

---

[解答] (1) $2x+1 = t$ とおくと

$$2dx = dt$$

$x=0$ のとき $t=1$, $x=1$ のとき $t=3$ であるから

$$\int_0^1 (2x+1)^5\,dx = \int_1^3 t^5 \cdot \frac{1}{2}\,dt$$
$$= \frac{1}{2}\left[\frac{1}{6}t^6\right]_1^3 = \frac{182}{3}$$

(2) $\displaystyle\int_1^2 \frac{1}{x^2-2x+2}\,dx = \int_1^2 \frac{1}{(x-1)^2+1}\,dx$

であるから $x-1 = \tan\theta$ とおくと

$$dx = \frac{1}{\cos^2\theta}\,d\theta$$

$x=1$ のとき $\theta=0$, $x=2$ のとき $\theta=\pi/4$ であるから

$$\int_1^2 \frac{1}{x^2-2x+2}\,dx$$
$$= \int_0^{\pi/4} \frac{1}{\tan^2\theta+1}\cdot\frac{1}{\cos^2\theta}\,d\theta$$
$$= \int_0^{\pi/4} d\theta = [\theta]_0^{\pi/4} = \frac{\pi}{4}$$

(3) $x = a\sin\theta$ とおくと

$$dx = a\cos\theta\,d\theta$$

$x=0$ のとき $\theta=0$, $x=a$ のとき $\theta=\pi/2$ であるから

$$\int_0^a \sqrt{a^2-x^2}\,dx$$
$$= \int_0^{\pi/2} \sqrt{a^2-a^2\sin^2\theta}\cdot a\cos\theta\,d\theta$$
$$= \int_0^{\pi/2} \sqrt{a^2\cos^2\theta}\cdot a\cos\theta\,d\theta$$
$$= \int_0^{\pi/2} a^2\cos^2\theta\,d\theta$$
$$= a^2\int_0^{\pi/2} \frac{1+\cos 2\theta}{2}\,d\theta$$
$$= a^2\left[\frac{\theta}{2}+\frac{1}{4}\sin 2\theta\right]_0^{\pi/2} = \frac{\pi a^2}{4}$$

(4) $\sin x = t$ とおくと

$$\cos x \cdot dx = dt$$

$x=0$ のとき $t=0$, $x=\pi/2$ のとき $t=1$ であるから

$$\int_0^{\pi/2} \sin^3 x \cos x\,dx = \int_0^1 t^3\,dt$$

$$= \left[\frac{1}{4}t^4\right]_0^1 = \frac{1}{4}$$

(5) $x^2 = t$ とおくと

$$2x\,dx = dt$$

$x=1$ のとき $t=1$, $x=2$ のとき $t=4$ であるから

$$\int_1^2 x\,e^{x^2}\,dx = \int_1^4 e^t \cdot \frac{1}{2}\,dt$$
$$= \frac{1}{2}[e^t]_1^4 = \frac{1}{2}(e^4 - e)$$

── 例題 2 ──────────────
連続な関数 $f(x)$ について, 次のことを証明せよ.
(1) $f(-x) = f(x)$ ならば
$$\int_{-a}^a f(x)\,dx = 2\int_0^a f(x)\,dx$$
(2) $f(-x) = -f(x)$ ならば
$$\int_{-a}^a f(x)\,dx = 0$$
────────────────────

[証明] (1) $\displaystyle\int_{-a}^a f(x)\,dx$
$$= \int_{-a}^0 f(x)\,dx + \int_0^a f(x)\,dx$$

$x = -t$ とおくと

$$\int_{-a}^0 f(x)\,dx = \int_a^0 f(-t)(-1)\,dt$$
$$= -\int_a^0 f(-t)\,dt = \int_0^a f(-t)\,dt$$
$$= \int_0^a f(t)\,dt = \int_0^a f(x)\,dx$$

ゆえに

$$\int_{-a}^a f(x)\,dx = \int_0^a f(x)\,dx + \int_0^a f(x)\,dx$$
$$= 2\int_0^a f(x)\,dx$$

(2) $\displaystyle\int_{-a}^a f(x)\,dx = \int_{-a}^0 f(x)\,dx + \int_0^a f(x)\,dx$

$x = -t$ とおくと

$$\int_{-a}^0 f(x)\,dx = \int_a^0 f(-t)(-1)\,dt$$

$$= -\int_a^0 f(-t)\,dt = \int_0^a f(-t)\,dt$$
$$= \int_0^a -f(t)\,dt = -\int_0^a f(x)\,dx$$

よって
$$\int_{-a}^0 f(x)\,dx + \int_0^a f(x)\,dx = 0$$

となるから
$$\int_{-a}^a f(x)\,dx = 0$$

$$= \frac{\sqrt{3}\,\pi}{6} + [\log|\sin x|]_{\pi/6}^{\pi/2}$$
$$= \frac{\sqrt{3}\,\pi}{6} + \log 2$$

---

**例題 2**

次の定積分の値を求めよ．

(1) $\displaystyle\int_0^1 x^2 e^x\,dx$

(2) $\displaystyle\int_0^\pi x^2 \cos x\,dx$

---

## 25.3 部分積分法

**部分積分法**
$$\int_a^b f(x) g'(x)\,dx = [f(x)g(x)]_a^b - \int_a^b f'(x) g(x)\,dx$$

---

**例題 1**

次の定積分の値を求めよ．

(1) $\displaystyle\int_1^e x^2 \log x\,dx$  (2) $\displaystyle\int_{\pi/6}^{\pi/2} \frac{x}{\sin^2 x}\,dx$

---

[解答] (1) $\displaystyle\int_1^e x^2 \log x\,dx$
$$= \int_1^e \left(\frac{1}{3} x^3\right)' \log x\,dx$$
$$= \left[\frac{1}{3} x^3 \log x\right]_1^e - \int_1^e \frac{1}{3} x^3 \cdot \frac{1}{x}\,dx$$
$$= \frac{1}{3} e^3 - \frac{1}{9}[x^3]_1^e = \frac{2}{9} e^3 + \frac{1}{9}$$

(2) $\displaystyle\int_{\pi/6}^{\pi/2} \frac{x}{\sin^2 x}\,dx = \int_{\pi/6}^{\pi/2} x(-\cot x)'\,dx$
$$= [x(-\cot x)]_{\pi/6}^{\pi/2} - \int_{\pi/6}^{\pi/2} (-\cot x)\,dx$$
$$= \frac{\sqrt{3}\,\pi}{6} + \int_{\pi/6}^{\pi/2} \frac{\cos x}{\sin x}\,dx$$

[解答] (1) $\displaystyle\int_0^1 x^2 e^x\,dx = \int_0^1 x^2 (e^x)'\,dx$
$$= [x^2 e^x]_0^1 - \int_0^1 2x\, e^x\,dx$$
$$= e - 2\left\{\int_0^1 x(e^x)'\,dx\right\}$$
$$= e - 2\left\{[x e^x]_0^1 - \int_0^1 e^x\,dx\right\}$$
$$= e - 2\{e - [e^x]_0^1\}$$
$$= e - 2\{e - (e-1)\} = e - 2$$

(2) $\displaystyle\int_0^\pi x^2 \cos x\,dx = \int_0^\pi x^2 (\sin x)'\,dx$
$$= [x^2 \sin x]_0^\pi - \int_0^\pi 2x \sin x\,dx$$
$$= 2\int_0^\pi x(\cos x)'\,dx$$
$$= 2[x \cos x]_0^\pi - 2\int_0^\pi \cos x\,dx$$
$$= 2(-\pi) - 2[\sin x]_0^\pi = -2\pi$$

---

## 25.4 定積分のいろいろな公式

**定積分と不等式**

(1) 区間 $[a, b]$ で $f(x) \geqq g(x)$ ならば
$$\int_a^b f(x)\,dx \geqq \int_a^b g(x)\,dx$$
等号は，区間 $[a, b]$ でつねに $f(x) =$

$g(x)$ となるときに限り成り立つ.

(2) $\left|\int_a^b f(x)dx\right| \leq \int_a^b |f(x)|dx$

(3) $\left\{\int_a^b f(x)g(x)dx\right\}^2$
$\leq \int_a^b \{f(x)\}^2 dx \int_a^b \{g(x)\}^2 dx$

等号は,$f(x)/g(x)$ が一定のときに限り成り立つ.

[注] (3)の不等式を**シュワルツの不等式**という.

---- 例題1 ----

次の不等式が成り立つことを示せ.
$$\frac{1}{2} < \int_0^{1/2} \frac{dx}{\sqrt{1-x^4}} < \frac{\pi}{6}$$

[解答] $0 < x < 1/2$ のとき
$$1 < \frac{1}{\sqrt{1-x^4}} < \frac{1}{\sqrt{1-x^2}}$$

ゆえに
$$\int_0^{1/2} dx < \int_0^{1/2} \frac{dx}{\sqrt{1-x^4}} < \int_0^{1/2} \frac{dx}{\sqrt{1-x^2}}$$
$$\int_0^{1/2} dx = [x]_0^{1/2} = \frac{1}{2}$$

$x = \sin\theta$ とおいて積分すると
$$\int_0^{1/2} \frac{dx}{\sqrt{1-x^2}} = \frac{\pi}{6}$$

よって
$$\frac{1}{2} < \int_0^{1/2} \frac{dx}{\sqrt{1-x^4}} < \frac{\pi}{6}$$

---- 定積分の平均値の定理 ----

$f(x)$ が区間 $[a,b]$ で連続ならば
$$\int_a^b f(x)dx = (b-a)f(c) \quad (a < c < b)$$
をみたす $c$ が存在する.

---- 例題2 ----

$f(x) = x(2-x)$ とするとき
$$\int_0^2 f(x)dx = 2f(c) \quad (0 < c < 2)$$
をみたす $c$ の値を求めよ.

[解答] $\int_0^2 f(x)dx = \left[x^2 - \frac{x^3}{3}\right]_0^2 = 4 - \frac{8}{3} = \frac{4}{3}$

である.
$$2f(c) = 2c(2-c)$$
であるから
$$2c(2-c) = \frac{4}{3}$$
これを解くと
$$c = \frac{3 \pm \sqrt{3}}{3}$$

[注] $y = f(x)$ のグラフと $x$ 軸とで囲まれた部分の面積が,下図の斜線の長方形の面積と等しいことになる.

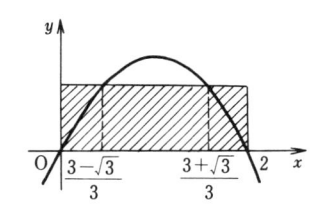

---- 定積分と微分との関係 ----

(1) $\dfrac{d}{dx}\int_a^b f(x)dx = 0$

(2) $\dfrac{d}{dx}\int_a^x f(t)dt = f(x)$

(3) $\dfrac{d}{dx}\int_a^{g(x)} f(t)dt = f\{g(x)\} \cdot g'(x)$

---- 例題3 ----

次の $x$ の関数を微分せよ.

(1) $\int_1^x t\sqrt{1-t^2}\, dt$   (2) $\int_1^{x^2} \dfrac{dt}{1+t^2}$

[解答] (1) $\dfrac{d}{dx}\displaystyle\int_1^x t\sqrt{1-t^2}\,dt = x\sqrt{1-x^2}$

(2) $\dfrac{d}{dx}\displaystyle\int_1^{x^2}\dfrac{dt}{1+t^2} = \dfrac{1}{1+(x^2)^2}\cdot(x^2)' = \dfrac{2x}{1+x^4}$

---

**定積分と数列の和の極限**

関数 $f(x)$ が区間 $[a,b]$ で連続であるとき

$$\lim_{n\to\infty}\sum_{k=1}^n f(x_k)\varDelta x = \int_a^b f(x)\,dx$$

ただし，$\varDelta x = \dfrac{b-a}{n}$,  $x_k = a + k\varDelta x$

---

**例題 4**

次の極限を求めよ．

(1) $\displaystyle\lim_{n\to\infty}\sum_{k=1}^n \dfrac{1}{n+k}$

(2) $\displaystyle\lim_{n\to\infty}\dfrac{1}{n}\sum_{k=1}^n \dfrac{k}{\sqrt{n^2+k^2}}$

---

[解答] (1) $\dfrac{1}{n+k} = \dfrac{1}{n}\cdot\dfrac{1}{1+k/n}$

ゆえに

$$\sum_{k=1}^n \dfrac{1}{n+k} = \dfrac{1}{n}\sum_{k=1}^n \dfrac{1}{1+k/n}$$

である．

$$f(x) = \dfrac{1}{1+x}$$

とおくと

$$\sum_{k=1}^n \dfrac{1}{n+k} = \dfrac{1}{n}\sum_{k=1}^n f\left(\dfrac{k}{n}\right)$$

よって

$$\lim_{n\to\infty}\sum_{k=1}^n \dfrac{1}{n+k} = \lim_{n\to\infty}\dfrac{1}{n}\sum_{k=1}^n f\left(\dfrac{k}{n}\right)$$
$$= \int_0^1 f(x)\,dx = \int_0^1 \dfrac{1}{1+x}\,dx$$
$$= [\log(1+x)]_0^1 = \log 2$$

(2) $\dfrac{k}{\sqrt{n^2+k^2}} = \dfrac{k/n}{\sqrt{1+(k/n)^2}}$

である．

$$f(x) = \dfrac{x}{\sqrt{1+x^2}}$$

とおくと

$$\lim_{n\to\infty}\dfrac{1}{n}\sum_{k=1}^n \dfrac{k}{\sqrt{n^2+k^2}}$$
$$= \lim_{n\to\infty}\dfrac{1}{n}\sum_{k=1}^n f\left(\dfrac{k}{n}\right) = \int_0^1 f(x)\,dx$$
$$= \int_0^1 \dfrac{x}{\sqrt{1+x^2}}\,dx = [\sqrt{1+x^2}]_0^1 = \sqrt{2}-1$$

---

**重要な定積分**

(1) $\displaystyle\int_\alpha^\beta (x-\alpha)(x-\beta)\,dx = -\dfrac{1}{6}(\beta-\alpha)^3$

(2) $m, n$ が整数のとき

$$\int_0^{2\pi}\sin mx\sin nx\,dx$$
$$= \int_0^{2\pi}\cos mx\cos nx\,dx$$
$$= \begin{cases} 0 & (m\neq n) \\ \pi & (m=n\neq 0) \end{cases}$$

$$\int_0^{2\pi}\sin mx\cos nx\,dx = 0$$

(3) $n$ が正の整数のとき

$$\int_0^{\pi/2}\sin^{2n}x\,dx = \int_0^{\pi/2}\cos^{2n}x\,dx$$
$$= \dfrac{(2n-1)(2n-3)\cdots 3\cdot 1}{(2n)(2n-2)\cdots 4\cdot 2}\cdot\dfrac{\pi}{2}$$

$$\int_0^{\pi/2}\sin^{2n+1}x\,dx = \int_0^{\pi/2}\cos^{2n+1}x\,dx$$
$$= \dfrac{(2n)(2n-2)\cdots 4\cdot 2}{(2n+1)(2n-1)\cdots 5\cdot 3}$$

---

**例題 5**

次の定積分を求めよ．

(1) $\displaystyle\int_0^{\pi/2}(\sin x + 1)^3\,dx$

(2) $\displaystyle\int_0^{2\pi}(\sin x + \sin 3x)^2\,dx$

[解答] (1) $\int_0^{\pi/2} (\sin x + 1)^3 \, dx$

$= \int_0^{\pi/2} \sin^3 x \, dx + 3\int_0^{\pi/2} \sin^2 x \, dx$

$\qquad + 3\int_0^{\pi/2} \sin x \, dx + \int_0^{\pi/2} dx$

$= \dfrac{2}{3} + 3 \cdot \dfrac{1}{2} \cdot \dfrac{\pi}{2} + 3[-\cos x]_0^{\pi/2}$

$\qquad + [x]_0^{\pi/2} = \dfrac{11}{3} + \dfrac{5\pi}{4}$

(2) $\int_0^{2\pi} (\sin x + \sin 3x)^2 \, dx$

$= \int_0^{2\pi} \sin^2 x \, dx + \int_0^{2\pi} \sin^2 3x \, dx$

$\qquad + 2\int_0^{2\pi} \sin x \sin 3x \, dx$

$= \pi + \pi + 0 = 2\pi$

## 25.5 定積分の近似値

台形公式

区間 $[a, b]$ の端点とこの区間を $n$ 等分する分点を

$\qquad a = x_0, x_1, x_2, \cdots, x_n = b$

$\qquad h = x_i - x_{i-1} = \dfrac{b-a}{n}$

$y_i = f(x_i) \ (i = 0, 1, \cdots, n)$ とすると

$\int_a^b f(x) \, dx \fallingdotseq \dfrac{h}{2} \{ y_0 + y_n$

$\qquad + 2(y_1 + y_2 + \cdots + y_{n-1}) \}$

シンプソンの公式

区間 $[a, b]$ の端点とこの区間を $2n$ 等分する分点を

$\qquad a = x_0, x_1, x_2, \cdots, x_{2n-1}, x_{2n} = b$

$\qquad h = x_i - x_{i-1} = \dfrac{b-a}{2n}$

$y_i = f(x_i) \ (i = 0, 1, \cdots, 2n)$ とすると

$\int_a^b f(x) \, dx \fallingdotseq \dfrac{h}{3} \{ y_0 + y_{2n}$

$\qquad + 4(y_1 + y_3 + \cdots + y_{2n-1})$

$\qquad + 2(y_2 + y_4 + \cdots + y_{2n-2}) \}$

―― 例題 1 ――

区間 $[0, 1]$ を 10 等分し,台形公式,シンプソンの公式を用いて $\int_0^1 \dfrac{dx}{1+x^2}$ の近似値を求めよ.

[解答] 区間 $[0, 1]$ の端点を $x_0 = 0$, $x_{10} = 1$, 10 等分点を $x_1, x_2, x_3, \cdots, x_9$ とすると

$\qquad x_i = \dfrac{i}{10} \quad (i = 0, 1, \cdots, 10)$

$\qquad y_i = \dfrac{1}{1 + x_i^2}$

として $y_i$ を計算すると

$\qquad y_0 = 1, \qquad\qquad y_{10} = 0.5$
$\qquad y_1 = 0.990099, \quad y_2 = 0.961538$
$\qquad y_3 = 0.917431, \quad y_4 = 0.862069$
$\qquad y_5 = 0.800000, \quad y_6 = 0.735294$
$\qquad y_7 = 0.671141, \quad y_8 = 0.609756$
$\qquad y_9 = 0.552486$

よって

$\qquad y_0 + y_{10} = 1.5$
$\qquad y_1 + y_3 + y_5 + y_7 + y_9 = 3.931157$
$\qquad y_2 + y_4 + y_6 + y_8 = 3.168657$

$n = 10$ として台形公式を用いると

$\qquad \dfrac{0.1}{2} \{ 1.5 + 2(3.931157 + 3.168657) \}$

$\qquad \fallingdotseq 0.784981$

$n = 5$ としてシンプソンの公式を用いると

$\qquad \dfrac{0.1}{3} (1.5 + 4 \times 3.931157 + 2 \times 3.168657)$

$\qquad \fallingdotseq 0.785398$

[注] $\int_0^1 \dfrac{dx}{1+x^2} = \dfrac{\pi}{4} = 0.785398163\cdots$

## 26. 積分法の応用

### 26.1 面積

関数 $f(x)$ が区間 $[a, b]$ で連続ならば，曲線 $y=f(x)$ と $x$ 軸および 2 直線 $x=a$, $x=b$ とで囲まれる部分の面積 $S$ は
$$S=\int_a^b |f(x)| dx$$

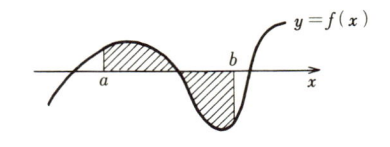

関数 $f(x)$, $g(x)$ が区間 $[a, b]$ で連続ならば，2 曲線 $y=f(x)$, $y=g(x)$ と 2 直線 $x=a$, $x=b$ とで囲まれる部分の面積 $S$ は
$$S=\int_a^b |f(x)-g(x)| dx$$

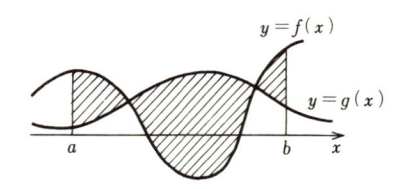

── 例題 1 ──
2 曲線
$$y=x^2-2x-3 \qquad ①$$
$$y=x^3-3x^2-x+3 \qquad ②$$
によって囲まれる部分の面積 $S$ を求めよ．

[解答] 曲線①，②の交点の $x$ 座標は②−①より
$$x^3-4x^2+x+6=0$$
$$(x+1)(x-2)(x-3)=0$$
ゆえに，$x=-1, 2, 3$．①，②のグラフは下図のようになる．

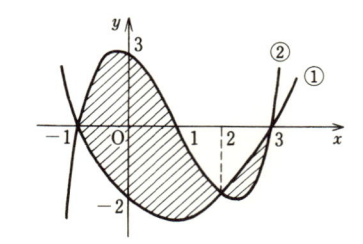

$$S=\int_{-1}^{3} |(x^3-3x^2-x+3)-(x^2-2x-3)| dx$$
$$=\int_{-1}^{3} |x^3-4x^2+x+6| dx$$
$$=\int_{-1}^{2} (x^3-4x^2+x+6) dx$$
$$\quad +\int_{2}^{3} (-x^3+4x^2-x-6) dx$$
$$=\left(\frac{21}{4}+6\right)+\left(\frac{79}{12}-6\right)=\frac{71}{6}$$

放物線 $y=a(x-\alpha)(x-\beta)$ $(\alpha<\beta)$ と $x$ 軸とで囲まれる部分の面積 $S$ は
$$S=\frac{1}{6}|a|(\beta-\alpha)^3$$

── 例題 2 ──
放物線 $y=-2x^2+4x+1$ と $x$ 軸とで囲まれる部分の面積を求めよ．

[解答] 与式を変形すると

$$y = -2\left(x - \frac{2-\sqrt{6}}{2}\right)\left(x - \frac{2+\sqrt{6}}{2}\right)$$

となるから

$$S = \frac{1}{6}|-2|\left(\frac{2+\sqrt{6}}{2} - \frac{2-\sqrt{6}}{2}\right)^3$$

$$= \frac{1}{3}(\sqrt{6})^3 = 2\sqrt{6}$$

曲線の方程式が媒介変数を用いて表されているときは，置換積分法を用いて面積を求めればよい．

--- 例題 3 ---

サイクロイド
$$x = a(t - \sin t), \quad y = a(1 - \cos t)$$
$$(a > 0, \quad 0 \leq t \leq 2\pi)$$

と $x$ 軸とで囲まれる部分の面積 $S$ を求めよ．

[解答]

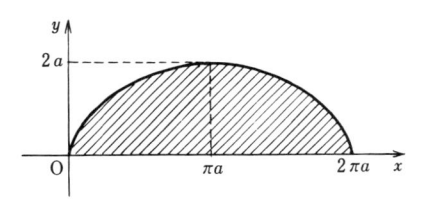

$0 \leq t \leq 2\pi$ のとき，$0 \leq x \leq 2\pi a$, $y \geq 0$ であるから

$$S = \int_0^{2\pi a} y \, dx$$

ここで，$x = a(t - \sin t)$ であるから

$$dx = a(1 - \cos t) dt$$

$x = 0$ のとき $t = 0$，$x = 2\pi a$ のとき $t = 2\pi$．ゆえに

$$S = \int_0^{2\pi a} y \, dx$$
$$= \int_0^{2\pi} a(1 - \cos t) \cdot a(1 - \cos t) dt$$
$$= a^2 \int_0^{2\pi} (1 - 2\cos t + \cos^2 t) dt$$
$$= a^2 \int_0^{2\pi} \left(1 - 2\cos t + \frac{1 + \cos 2t}{2}\right) dt$$
$$= a^2 \int_0^{2\pi} \left(\frac{3}{2} - 2\cos t + \frac{\cos 2t}{2}\right) dt$$
$$= a^2 \left[\frac{3t}{2} - 2\sin t + \frac{1}{4}\sin 2t\right]_0^{2\pi}$$
$$= 3\pi a^2$$

[注] $\int_0^{2\pi} \cos^2 mx \, dx = \pi$

となることを用いてもよい（25.4 節，定積分のいろいろな公式参照）．

## 26.2 体　　積

$x$ 軸上の点 $x$ を通り $x$ 軸に垂直な平面で立体を切ったときの切断面の面積が $S(x)$ であるとき，この立体の 2 平面 $x = a$ と $x = b$ $(a < b)$ の間にある部分の体積 $V$ は

$$V = \int_a^b S(x) dx$$

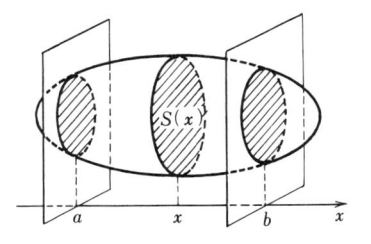

--- 例題 1 ---

底面の半径が $a$ の直円柱がある．底面の直径を通り底面と $\theta$ の角をなす平面でこの直円柱を切り，この平面と直円柱の底面および側面でつつまれた立体をつくる．この立体の体積を求めよ．ただし，$0 < \theta < \pi/2$ とする．

[解答] 下図で OP=$x$ とする．点 P を通り底面の直径に垂直な平面でこの立体を切ったときの切口は，下図のような $\angle Q = \angle R$ の直角三角形 PQR になる．

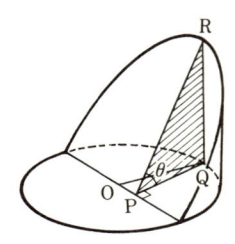

$$PQ = \sqrt{a^2 - x^2}$$
$$QR = PQ \times \tan\theta = \sqrt{a^2 - x^2}\tan\theta$$

であるから，△PQR の面積は

$$\frac{1}{2}PQ \cdot QR = \frac{1}{2}(a^2 - x^2)\tan\theta$$

ゆえに，求める体積は

$$\int_{-a}^{a} \frac{1}{2}(a^2 - x^2)\tan\theta\, dx$$
$$= \frac{1}{2}\tan\theta \left[a^2 x - \frac{x^3}{3}\right]_{-a}^{a} = \frac{2}{3}a^3 \tan\theta$$

曲線 $y = f(x)$ と $x$ 軸および 2 直線 $x = a$, $x = b$ $(a < b)$ で囲まれる図形を，$x$ 軸のまわりに回転してできる立体の体積 $V$ は

$$V = \int_a^b \pi\{f(x)\}^2\, dx$$

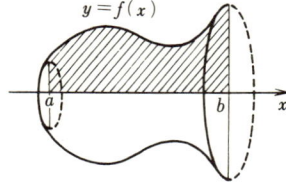

---
**例題 2**

曲線 $y = 9x^3 - 18x^2 + 9x$ と $x$ 軸とで囲まれる図形を，$x$ 軸のまわりに回転してできる立体の体積を求めよ．

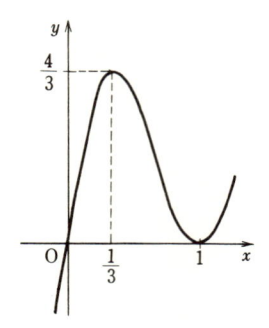

---

[解答] $y = 9x^3 - 18x^2 + 9x$ のグラフは上図のようになるから，求める立体の体積は

$$\int_0^1 \pi y^2\, dx = 81\pi \int_0^1 (x^3 - 2x^2 + x)^2\, dx$$
$$= 81\pi \int_0^1 (x^6 - 4x^5 + 6x^4 - 4x^3 + x^2)\, dx$$
$$= 81\pi \left[\frac{x^2}{7} - \frac{2x^6}{3} + \frac{6x^5}{5} - x^4 + \frac{x^3}{3}\right]_0^1$$
$$= \frac{27}{35}\pi$$

---
**例題 3**

円 $x^2 + (y-b)^2 = a^2$ (ただし，$0 < a < b$) を $x$ 軸のまわりに回転してできる立体（円環体）の体積を求めよ．

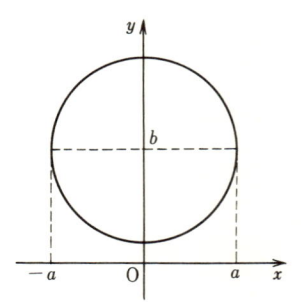

---

[解答] 直線 $y = b$ の上側の半円周の方程式は

$$y = b + \sqrt{a^2 - x^2}$$

下側の半円周の方程式は

$$y = b - \sqrt{a^2 - x^2}$$

であるから，求める立体の体積を $V$ とすると

$$V = \int_{-a}^{a} \pi(b+\sqrt{a^2-x^2})^2 dx$$
$$\quad - \int_{-a}^{a} \pi(b-\sqrt{a^2-x^2})^2 dx$$
$$= 4\pi b \int_{-a}^{a} \sqrt{a^2-x^2}\, dx$$
$$= 4\pi b \times \frac{\pi a^2}{2}$$
$$= 2\pi^2 a^2 b$$

[注] $V$ は円の中心から $x$ 軸までの距離 $b$ を半径とする円周の長さ $2b\pi$ に円の面積 $\pi a^2$ をかけたものになっている．

---- 例題 4 ----
楕円 $\dfrac{x^2}{a^2}+\dfrac{y^2}{b^2}=1$ を $y$ 軸のまわりに回転してできる立体の体積を求めよ．

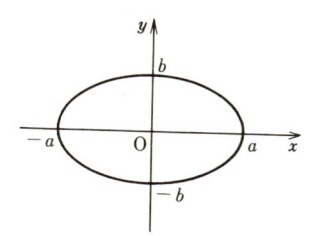

[解答] 求める立体の体積は
$$\int_{-b}^{b} \pi x^2 \, dy = \pi \int_{-b}^{b} \frac{a^2}{b^2}(b^2-y^2) dy$$
$$= \frac{2\pi a^2}{b^2} \int_{0}^{b} (b^2-y^2) dy$$
$$= \frac{2\pi a^2}{b^2} \left[ b^2 y - \frac{y^3}{3} \right]_0^b$$
$$= \frac{2\pi a^2}{b^2} \times \frac{2b^3}{3}$$
$$= \frac{4}{3}\pi a^2 b$$

[注] $x$ 軸のまわりに回転してできる立体の体積は $(4/3)\pi ab^2$，$a=b$ とおけば半径 $a$ の球の体積になる．

## 26.3 曲線の長さ・道のり

曲線 $y=f(x)$ $(a \leq x \leq b)$ の長さ $S$ は
$$S = \int_{a}^{b} \sqrt{1+\left(\frac{dy}{dx}\right)^2} dx$$

---- 例題 1 ----
曲線 $y=\dfrac{1}{2}(e^x+e^{-x})$ の $x=0$ から $x=1$ までの弧の長さ $S$ を求めよ．

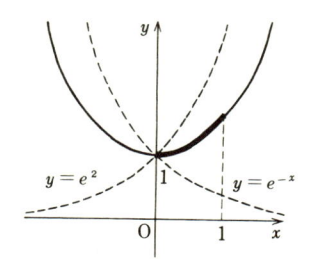

[解答] $\dfrac{dy}{dx}=\dfrac{e^x-e^{-x}}{2}$
となるから
$$1+\left(\frac{dy}{dx}\right)^2 = \frac{1}{4}(e^x+e^{-x})^2$$
これより
$$\sqrt{1+\left(\frac{dy}{dx}\right)^2} = \frac{1}{2}(e^x+e^{-x})$$
ゆえに
$$S = \int_0^1 \frac{1}{2}(e^x+e^{-x}) dx$$
$$= \frac{1}{2}\left[e^x - e^{-x}\right]_0^1$$
$$= \frac{1}{2}\left(e - \frac{1}{e}\right)$$

[注] 曲線 $y=\dfrac{a}{2}(e^{x/a}+e^{-x/a})$ $(a>0)$ を**懸垂曲線**という．

## VII. 積分法

曲線
$$\begin{cases} x = f(t) \\ y = g(t) \end{cases} \quad (\alpha \leq t \leq \beta)$$
の長さ $S$ は
$$S = \int_\alpha^\beta \sqrt{\left(\frac{dx}{dt}\right)^2 + \left(\frac{dy}{dt}\right)^2}\, dt$$

### 例題 2

星芒形
$$\begin{cases} x = a\cos^3 t \\ y = a\sin^3 t \end{cases} \quad (a>0)$$
の全長 $S$ を求めよ．

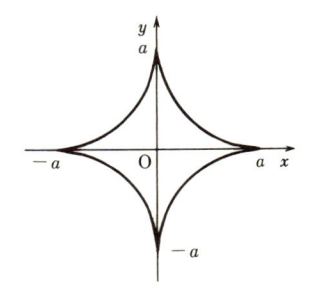

[解答] 星芒形（アステロイド）のグラフを書くと，上図のような両座標軸に関して対称な曲線である．

$$\frac{dx}{dt} = -3a\cos^2 t \sin t$$

$$\frac{dy}{dt} = 3a\sin^2 t \cos t$$

であるから

$$\sqrt{\left(\frac{dx}{dt}\right)^2 + \left(\frac{dy}{dt}\right)^2} = 3a\sin t \cos t$$

$$S = 4\int_0^{\pi/2} 3a\sin t \cos t\, dt$$
$$= 12a\int_0^{\pi/2} \sin t \cos t\, dt$$
$$= 12a\left[\frac{1}{2}\sin^2 t\right]_0^{\pi/2} = 6a$$

---

$x$ 軸上の動点 P の時刻 $t$ における速度を $f(t)$ とするとき，$t=a$ から $t=b$ ($a \leq b$) までの点 P の

位置の変化は $\displaystyle\int_a^b f(t)\,dt$

動いた道のりは $\displaystyle\int_a^b |f(t)|\,dt$

[注] 道のりとは，点 P が実際に動いた距離の総和をいう．

### 例題 3

$x$ 軸上を動く点 P の時刻 $t$ における速度 $f(t)$ が
$$f(t) = 6(t^2 - 3t + 2)$$
で与えられている．$t=0$ から $t=3$ の間に点 P が動いた道のりを求めよ．

[解答] 点 P の動いた道のりは

$$\int_0^3 |f(t)|\,dt$$
$$= \int_0^1 f(t)\,dt - \int_1^2 f(t)\,dt$$
$$\quad + \int_2^3 f(t)\,dt$$
$$= [2t^3 - 9t^2 + 12t]_0^1$$
$$\quad - [2t^3 - 9t^2 + 12t]_1^2$$
$$\quad + [2t^3 - 9t^2 + 12t]_2^3$$
$$= 5 - (-1) + 5 = 11$$

---

座標平面上の動点 P の時刻 $t$ における位置 $(x, y)$ が
$$x = f(t), \quad y = g(t)$$
で与えられているとき，$t=a$ から $t=b$ ($a \leq b$) までに点 P の動いた道のりは
$$\int_a^b \sqrt{\{f'(t)\}^2 + \{g'(t)\}^2}\, dt$$

---- 例題 4 ----
平面上の動点 P の時刻 $t$ ($t \geq 0$) における位置 $(x, y)$ が
$$x = 1 + 3t, \quad y = t^{3/2}$$
で表されるとき，$t=0$ から $t=5$ までに点 P の動いた道のりを求めよ．

[解答] $\dfrac{dx}{dt} = 3, \quad \dfrac{dy}{dt} = \dfrac{3}{2} t^{1/2}$

であるから
$$\left(\dfrac{dx}{dt}\right)^2 + \left(\dfrac{dy}{dt}\right)^2 = \dfrac{9}{4}(t+4)$$

ゆえに，点 P の動いた道のりは
$$\int_0^5 \sqrt{\left(\dfrac{dx}{dt}\right)^2 + \left(\dfrac{dy}{dt}\right)^2}\, dt = \int_0^5 \dfrac{3}{2}\sqrt{t+4}\, dt$$
$$= \left[\sqrt{(t+4)^3}\right]_0^5 = \sqrt{9^3} - \sqrt{4^3}$$
$$= 27 - 8 = 19$$

## 26.4　回転体の表面積

$a \leq x \leq b$ で $f(x) \geq 0$ のとき，曲線の弧 $y = f(x)$ ($a \leq x \leq b$) を $x$ 軸のまわりに回転して得られる回転面の面積 $S$ は
$$S = 2\pi \int_a^b y \sqrt{1 + \left(\dfrac{dy}{dx}\right)^2}\, dx$$

---- 例題 1 ----
曲線の弧 $y = 2\sqrt{x}$ ($0 \leq x \leq 3$) を $x$ 軸のまわりに回転してできる回転面の面積を求めよ．

[解答] 求める面積を $S$ とする．
$$\dfrac{dy}{dx} = \dfrac{1}{\sqrt{x}}$$
であるから

$$S = 2\pi \int_0^3 2\sqrt{x} \sqrt{1 + \left(\dfrac{1}{\sqrt{x}}\right)^2}\, dx$$
$$= 4\pi \int_0^3 \sqrt{x+1}\, dx$$
$$= 4\pi \left[\dfrac{2}{3}(x+1)^{3/2}\right]_0^3$$
$$= 4\pi \left(\dfrac{16}{3} - \dfrac{2}{3}\right) = \dfrac{56}{3}\pi$$

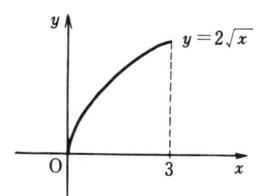

---- 例題 2 ----
サイクロイド
$$x = a(\theta - \sin\theta), \quad y = a(1 - \cos\theta)$$
$$(a > 0,\ 0 \leq \theta \leq 2\pi)$$
を $x$ 軸のまわりに回転して得られる回転体の表面積を求めよ．

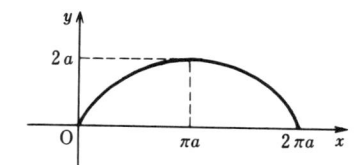

[解答] 表面積を $S$ とすると
$$S = 2 \times 2\pi \int_0^{\pi a} y \sqrt{1 + \left(\dfrac{dy}{dx}\right)^2}\, dx$$

$x = a(\theta - \sin\theta)$ とおくと $y = a(1 - \cos\theta)$ であるから
$$\dfrac{dy}{dx} = \dfrac{\sin\theta}{1 - \cos\theta}$$
$$dx = a(1 - \cos\theta)\, d\theta$$

これより
$$S = 4\pi \int_0^\pi a^2(1 - \cos\theta)^2 \sqrt{1 + \dfrac{\sin^2\theta}{(1-\cos\theta)^2}}\, d\theta$$
$$= 4\sqrt{2}\, \pi a^2 \int_0^\pi (1 - \cos\theta)^{3/2}\, d\theta$$

$$=4\sqrt{2}\,\pi a^2 \int_0^\pi \left(2\sin^2\frac{\theta}{2}\right)^{3/2} d\theta$$

$$=16\pi a^2 \int_0^\pi \sin^3\frac{\theta}{2} d\theta$$

$\theta/2=t$ とおくと

$$S=32\pi a^2 \int_0^{\pi/2} \sin^3 t\, dt$$

$$=32\pi a^2 \times \frac{2}{3} = \frac{64}{3}\pi a^2$$

## 26.5 微分方程式

未知関数の導関数を含む方程式を**微分方程式**といい，含まれる導関数の最高の次数を，その微分方程式の**階数**という．

$$\frac{d^2y}{dx^2}+3\frac{dy}{dx}-xe^{-x}=0$$

は2階の微分方程式である．

---
**例題 1**

$A$ を定数とするとき，$y=Ae^{3x}$ は微分方程式 $dy/dx=3y$ をみたすことを示せ．

---

［解答］ $y=Ae^{3x}$ を $x$ で微分すると

$$\frac{dy}{dx}=A\cdot 3e^{3x}=3Ae^{3x}$$

$Ae^{3x}=y$ であるから

$$\frac{dy}{dx}=3y$$

与えられた微分方程式をみたす関数を求めることを，**微分方程式を解く**といい，その関数を微分方程式の**解**という．$n$ 階の微分方程式を解くと，$n$ 個の任意定数を含む関数がえられるが，これをその微分方程式の**一般解**という．一般解の任意定数に特定の値を与えてえられる解を**特殊解**，特殊解を与えるための条件を**初期条件**という．一般解に含まれない微分方程式の解を**特異解**という．

例題1では $y=Ae^{3x}$ が一般解であり，「$x=0$ のとき $y=2$」という条件が与えられたとき，これをみたす解 $y=2e^{3x}$ が特殊解，与えられた条件が初期条件である．

$n$ 個の任意定数を含む関数 $y=f(x)$ を解とする微分方程式をつくるには，$y=f(x)$ を $n$ 回微分し，$y', y'', \cdots, y^{(n)}$ より $n$ 個の任意定数を消去すればよい．

---
**例題 2**

$A, B$ を任意定数とするとき
$$y=(A\sin x+B\cos x)e^x$$
を解とする微分方程式をつくれ．

---

［解答］ $y'=(A\cos x-B\sin x)e^x$
$\qquad +(A\sin x+B\cos x)e^x$
$\qquad =(A\cos x-B\sin x)e^x+y$ ①
$y''=-(A\sin x+B\cos x)e^x$
$\qquad +(A\cos x-B\sin x)e^x+y'$
$\qquad =(A\cos x-B\sin x)e^x+y'-y$ ②

②−① より

$$y''-y'=y'-2y$$

ゆえに，求める微分方程式は

$$y''-2y'+2y=0$$

---
**微分方程式の解法**

(1) $\dfrac{dy}{dx}=f(x)$

一般解は

$$y=\int f(x)dx+c$$

(2) 変数分離形

$$\frac{dy}{dx}=f(x)\cdot g(y)$$

一般解は
$$\int \frac{1}{g(y)} dy = \int f(x) dx + c$$

(3) 同次形
$$\frac{dy}{dx} = f\left(\frac{y}{x}\right)$$

$y = ux$ とおくと
$$x \frac{du}{dx} = f(u) - u$$

となり，変数分離形になる．

---

**例題 3**

次の微分方程式を解け．
$$\frac{dy}{dx} = x(y+1)$$

[解答] これは変数分離形である．
$$\frac{dy}{dx} = x(y+1) \qquad ①$$

$$\int \frac{dy}{y+1} = \int x\, dx + c$$

これより
$$\log|y+1| = \frac{1}{2}x^2 + c$$

ゆえに
$$|y+1| = e^c \cdot e^{(1/2)x^2}$$

すなわち
$$y+1 = \pm e^c e^{(1/2)x^2}$$

$\pm e^c = A$ とおくと
$$y+1 = Ae^{(1/2)x^2}$$

となるから
$$y = Ae^{(1/2)x^2} - 1 \qquad ②$$

$y = -1$ も ① の解であるが，これは ② で $A = 0$ としてえられる．以上より，求める解は
$$y = Ae^{(1/2)x^2} - 1 \quad (A \text{ は任意定数})$$

---

**例題 4**

次の微分方程式を解け．
$$\frac{dy}{dx} = \frac{x^2 + y^2}{2xy}$$

[解答] これは同次形である．
$$\frac{dy}{dx} = \frac{x^2 + y^2}{2xy} \qquad ①$$

$y = ux$ とおくと
$$\frac{dy}{dx} = x \frac{du}{dx} + u$$

$$\frac{x^2 + y^2}{2xy} = \frac{x^2 + u^2 x^2}{2ux^2} = \frac{u^2 + 1}{2u}$$

ゆえに，① は
$$x \frac{du}{dx} + u = \frac{u^2 + 1}{2u}$$

となるから
$$x \frac{du}{dx} = -\frac{u^2 - 1}{2u} \qquad ②$$

これより
$$\int \frac{1}{x} dx = -\int \frac{2u}{u^2 - 1} du + c$$

$$\log|x| = -\log|u^2 - 1| + c$$

$$\log|x(u^2 - 1)| = c$$

$$|x(u^2 - 1)| = e^c$$

であるから
$$x(u^2 - 1) = \pm e^c$$

$\pm e^c = A$ とおくと
$$x(u^2 - 1) = A$$

$u = \pm 1$ も ② の解であるが，これは $A = 0$ としてえられる．ゆえに，② の解は
$$x(u^2 - 1) = A \quad (A \text{ は任意定数})$$

$u = y/x$ であるから
$$x\left(\frac{y^2}{x^2} - 1\right) = A$$

ゆえに，与えられた微分方程式の解は
$$y^2 - x^2 = Ax \quad (A \text{ は任意定数})$$

### 例題 5

底面の半径 $r$ の直円柱のタンクに，高さ $h$ まで水が入っている．いまタンクの底に亀裂が生じ，水もれが起った．流出する水量の速さは水面の高さに比例し，1時間後には全体の $\alpha$ % が流出するという．$t$ 時間後にタンクに残っている水量はいくらか．

[解答] $t$ 時間後の水面の高さを $x$，タンクに残っている水量を $V$ とする．流出する水量の速さは水面の高さに比例するから

$$\frac{dV}{dt} = -kx \quad (k \text{ は正の定数}) \quad ①$$

ところで，$V = \pi r^2 x$ であるから

$$\frac{dV}{dt} = \pi r^2 \frac{dx}{dt} \quad ②$$

①，② より

$$\pi r^2 \frac{dx}{dt} = -kx$$

ゆえに

$$\int \frac{dx}{x} = -\frac{k}{\pi r^2} \int dt$$

$$\log|x| = -\frac{k}{\pi r^2} t + c$$

$$|x| = e^{(-k/\pi r^2)t + c} = e^c e^{-(k/\pi r^2)t}$$

であるから

$$x = \pm e^c e^{-(k/\pi r^2)t}$$

$\pm e^c = A$ とおくと

$$x = A e^{-(k/\pi r^2)t}$$

$t = 0$ のとき $x = h$ であるから

$$A = h$$

よって

$$x = h e^{-(k/\pi r^2)t} \quad ③$$

ところで，$t = 1$ のときのタンクに残っている水量は

$$\left(1 - \frac{\alpha}{100}\right) \pi r^2 h$$

であるから

$$\pi r^2 h e^{-k/\pi r^2} = \left(1 - \frac{\alpha}{100}\right) \pi r^2 h$$

ゆえに

$$e^{-k/\pi r^2} = 1 - \frac{\alpha}{100} \quad ④$$

③，④ より

$$x = h \left(1 - \frac{\alpha}{100}\right)^t$$

よって，$t$ 時間後にタンクに残っている水量 $V$ は

$$\pi r^2 h \left(1 - \frac{\alpha}{100}\right)^t$$

# VIII. 順列・組合せ

## 27. 場合の数

### 27.1 集合

■ 集合とその表し方

ある条件をみたすものの集まりを **集合** といい，その条件をみたす各々のものを，その集合の **要素**（元）という．$x$ が集合 $A$ の要素であることを

$$x \in A \quad \text{または} \quad A \ni x$$

と表す．要素が有限個からなる集合を有限集合といい，要素が無限個からなる集合を無限集合という．

■ 包含関係

二つの集合 $A$, $B$ が全く同じ要素から成り立つとき，$A$ と $B$ とは等しいといい，$A = B$ と書く．$A$ のどの要素も必ず $B$ の要素のとき，$A$ は $B$ に含まれるといい

$$A \subseteq B \quad \text{または} \quad B \supseteq A$$

と書き，$A$ は $B$ の部分集合であるという．

■ 全体集合，補集合，空集合

ある集合 $U$ の部分集合だけについて論ずるとき，$U$ を **全体集合** という．このとき，$U$ に属するが $A$ に属さない要素全体の集合を $A$ の補集合といい，$\overline{A}$ と書く．

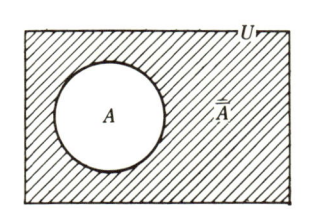

$$\overline{A} = \{x \mid x \in U \text{ かつ } x \notin A\}$$

要素を一つももたない集合を空集合といい，$\phi$ で表す．

■ 積集合と和集合

集合 $A$, $B$ のどちらにも属する要素全体の集合を $A$ と $B$ の **積集合**（共通部分）といい，$A \cap B$ と書く．

$$A \cap B = \{x \mid x \in A \text{ かつ } x \in B\}$$

とくに $A \cap B = \phi$ ならば，$A$ と $B$ は互いに素という．集合 $A$, $B$ のどちらかに属する要素全体の集合を $A$ と $B$ の **和集合** といい，$A \cup B$ と書く．

$$A \cup B = \{x \mid x \in A \text{ または } x \in B\}$$

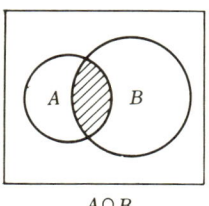

―― 例題 1 ――

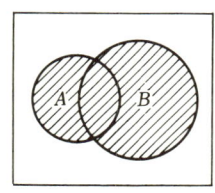

$U = \{1, 2, 3, 4, 5, 6, 7, 8\}$ を全体集合とし，$A = \{2, 4, 6, 8\}$, $B = \{5, 6, 7, 8\}$ とするとき，次のものを求めよ．

(1) $A \cap B$  (2) $\overline{A}$  (3) $\overline{B}$
(4) $A \cap \overline{B}$  (5) $\overline{A} \cup B$  (6) $A \cup \overline{B}$
(7) $\overline{A} \cap \overline{B}$  (8) $\overline{A} \cup \overline{B}$

［解答］次のヴェン図より

(1) $A \cap B = \{6, 8\}$

(2) $\overline{A} = \{1, 3, 5, 7\}$
(3) $\overline{B} = \{1, 2, 3, 4\}$
(4) $A \cap \overline{B} = \{2, 4\}$
(5) $\overline{A} \cup B = \{1, 3, 5, 6, 7, 8\}$
(6) $A \cup \overline{B} = \{1, 2, 3, 4, 6, 8\}$
(7) $\overline{A} \cap \overline{B} = \{1, 3\}$
(8) $\overline{A} \cup \overline{B} = \{1, 2, 3, 4, 5, 7\}$

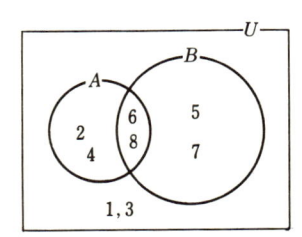

─── 例題 2 ───
実数全体を全体集合 $U$ とし
$$A = \{x \mid x^2 - x - 2 = 0\}$$
$$B = \{x \mid x^2 + x \geq 0\}$$
$$C = \{x \mid x^2 + x - 2 < 0\}$$
とするとき，次のものを求めよ．
(1) $A \cap B$　　(2) $A \cap C$
(3) $B \cap C$　　(4) $\overline{B}$
(5) $\overline{B} \cup C$

[解答] $x^2 - x - 2 = 0$. よって
$(x-2)(x+1) = 0$ より $x = 2, -1$
$x^2 + x \geq 0$. よって
$x(x+1) \geq 0$ より
$x \leq -1$ または $0 \leq x$
$x^2 + x - 2 < 0$. よって
$(x-1)(x+2) < 0$ より $-2 < x < 1$
したがって，集合 $A, B, C$ は
$A = \{-1, 2\}$
$B = \{x \mid x \leq -1$ または $0 \leq x\}$
$C = \{x \mid -2 < x < 1\}$
となる．ゆえに求める解は，

(1) $A \cap B = \{-1, 2\}$
(2) $A \cap C = \{-1\}$
(3) $B \cap C = \{x \mid -2 < x \leq -1$
　　または $0 \leq x < 1\}$
(4) $\overline{B} = \{-1 < x < 0\}$
(5) $\overline{B} \cup C = \{-2 < x < 1\}$

─── 例題 3 ───
ヴェン図を使って次のことを示せ．ただし，全体集合を $U$ とする．
(1) $A \cap B = C$ ならば $\overline{C} = \overline{A} \cup \overline{B}$ である
($\overline{A \cap B} = \overline{A} \cup \overline{B}$).
(2) $A \cup B = D$ ならば $\overline{D} = \overline{A} \cap \overline{B}$ である
($\overline{A \cup B} = \overline{A} \cap \overline{B}$).

[解答] (1) $A \cap B = C$ は下のヴェン図の斜線の部分であるから，$\overline{C}$ は白地の部分である．そして，これは確かに $\overline{A}$ と $\overline{B}$ との合併集合 $\overline{A} \cup \overline{B}$ となっている．
(2) $A \cup B = D$ とすれば $\overline{D} = \overline{A} \cap \overline{B}$. すなわち，$\overline{A \cup B} = \overline{A} \cap \overline{B}$ であることも，下のヴェン図より明らかである．

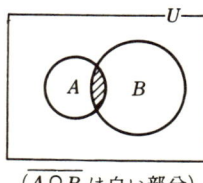

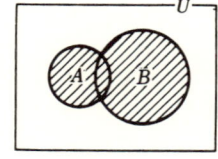

($\overline{A \cap B}$ は白い部分)
(1)　　　(2)

─── 例題 4 ───
$xy$ 平面全体を全体集合 $U$ とし
$$A = \{(x, y) \mid x + y < 3\}$$
$$B = \{(x, y) \mid x^2 + y^2 = 9\}$$
$$C = \{(x, y) \mid x^2 + y^2 > 9\}$$
とするとき，次の点集合を図示せよ．
(1) $A \cap B$　　(2) $A \cap C$　　(3) $\overline{A} \cup \overline{C}$

[解答]

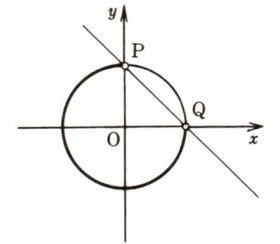

(1) 優弧 $\stackrel{\frown}{PQ}$
(P, Q は除く)

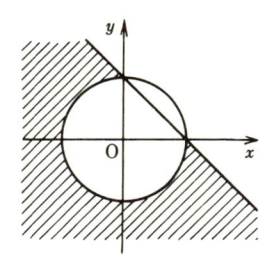

(2) 斜線の部分
(境界を除く)

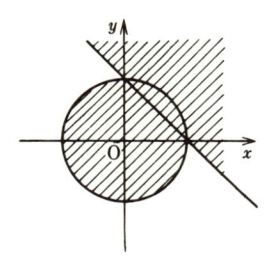

(3) 斜線の部分
(境界を含む)

## 27.2 集合の要素の個数

有限集合 $A$ の要素の個数を $n(A)$ と表す．
集合 $A$, $B$, $C$ が有限集合のとき
(1) $A \cap B = \phi$ であれば
$$n(A \cup B) = n(A) + n(B)$$
(2) 一般に
$$n(A \cup B) = n(A) + n(B) - n(A \cap B)$$
$$n(A \cup B \cup C) = n(A) + n(B) + n(C)$$
$$- n(A \cap B) - n(B \cap C) - n(C \cap A)$$
$$+ n(A \cap B \cap C)$$

(3) $A$ が有限集合 $U$ の部分集合であれば
$$n(A) = n(U) - n(\overline{A})$$

―― 例題 1 ――

1 から 100 までの自然数のうち
(1) 3 で割り切れないものは，いくつあるか．
(2) 15 と互いに素である（1 以外に公約数のない）ものは，いくつあるか．

[解答] 1 から 100 までの自然数の集合を $U$ とすると，$n(U) = 100$．$U$ の要素で，3 の倍数全体の集合を $A$ とすると，$n(A) = 33$．$U$ の要素で，5 の倍数全体の集合を $B$ とすると，$n(B) = 20$．

(1) 3 で割り切れない数全体の集合は $\overline{A}$ で，その要素の個数は
$$n(\overline{A}) = n(U) - n(A)$$
$$= 100 - 33 = 67$$

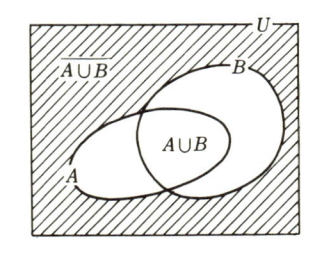

(2) 15 の倍数全体の集合は $A \cap B$．
$A \cap B = \{15, 30, \cdots, 90\}$, $n(A \cap B) = 6$
また，3 または 5 の少なくとも一方の倍数全体の集合は $A \cup B$ で，その要素の個数は
$$n(A \cup B) = n(A) + n(B) - n(A \cap B)$$
$$= 33 + 20 - 6 = 47$$
よって，15 と互いに素である数，すなわち，3 でも 5 でも割り切れない数の全体は，集合 $\overline{A \cup B}$ で表され，その個数は
$$n(\overline{A \cup B}) = n(U) - n(\overline{A \cap B})$$
$$= 100 - 47 = 53$$

## 例題 2

あるクラス 50 名の生徒に，a, b, c の書名を書いた紙を渡し，読んだ書名に○をつけさせたところ，次のとおりであった．a だけに○：8 名，b だけに○：4 名，c だけに○：3 名，a, b だけに○：4 名，b, c だけに○：3 名，c, a だけに○：2 名，a, b, c に○：2 名．

(1) a, b, c のどれかを読んだものは何名か．
(2) a, b, c のどれも読まないものは何名か．
(3) a を読んだものは何名か．
(4) a, b のどれかを読んだものは何名か．

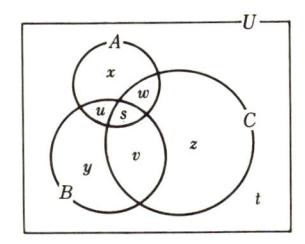

[解答] 上のようなヴェン図を書き，各部分の個数を記入すると，与えられた条件より
$$x=8, \quad y=4, \quad z=3$$
$$u=4, \quad v=3, \quad w=2, \quad s=2$$
となる．全体が
$$x+y+z+u+v+w+s+t=50$$
よって
$$t=50-(8+4+3+4+3+2+2)=24$$
となる．したがって

(1) $x+y+z+u+v+w+s=26$
(2) $t=24$
(3) $x+u+w+s=16$
(4) $x+y+u+v+w+s=23$

## 例題 3

100 人のうち，40 人が野球のファンであり，30 人がすもうのファンであるとする．このとき，100 人中の過半数が，少なくともどちらかのファンであるという判断は正しいであろうか．

[解答] 野球のファンの集合を $A$，すもうのファンの集合を $B$ とすると
$$n(A\cup B)=n(A)+n(B)-n(A\cap B)$$
$$=70-n(A\cap B)$$
ゆえに，$n(A\cup B)>50$ となるには
$$n(A\cap B)<20$$
一方，$n(A\cap B)$ は最大 30 にもなることができる．よって，上の判断は正しくない．

## 例題 4

100 から 200 までの整数のうちで，2 の倍数の個数を $n(A)$，3 の倍数の個数を $n(B)$，5 の倍数の個数を $n(C)$ とするとき，次のものを求めよ．
(1) $n(A\cup B\cup C)$　　(2) $n(A\cap C\cap \overline{B})$

[解答] $n(A)=100-(50-1)=51$
$$200\div 3=66\cdots 2, \quad 100\div 3=33\cdots 1$$
よって
$$n(B)=66-33=33, \quad n(C)=21$$
2 と 3 の公倍数の個数 $n(A\cap B)$ は
$$n(A\cap B)=33-16=17$$
3 と 5 の公倍数の個数 $n(B\cap C)$ は
$$n(B\cap C)=13-6=7$$
2 と 5 の公倍数の個数 $n(A\cap C)$ は
$$n(A\cap C)=20-(10-1)=11$$
2 と 3 と 5 の公倍数の個数 $n(A\cap B\cap C)$ は
$$n(A\cap B\cap C)=3$$
よって

(1) $n(A \cup B \cup C)$
$= 51+33+21-17-7-11+3 = 73$
(2) $n(A \cap C \cap \overline{B})$
$= n(A \cap C) - n(A \cap B \cap C) = 11 - 3 = 8$

## 27.3 和・積の法則

**和の法則**：二つの事柄 $A, B$ があって，これらは同時に起らないとする．$A$ の起り方が $m$ 通り，$B$ の起り方が $n$ 通りとすると，$A, B$ のいずれかが起る場合の数は $(m+n)$ 通りである．

**積の法則**：二つの事柄 $A, B$ があって，$A$ の起り方は $m$ 通り，その各々について，$B$ の起り方が $n$ 通りであるとすると，$A$ と $B$ とがともに起る場合の数は $m \times n$ 通りである．

― 例題 1 ―
100 円で 40 円，20 円，5 円の切手を買いたい．何種類買ってもよいとすると，いく通りの買い方があるか．

［解答］40 円切手の枚数の多い順に，40 円切手の枚数が等しいときは，20 円切手の枚数の多い順に整理すれば下表のようになる．

| 40円切手の枚数 | 2 | 1 | | | | 0 | | | | | |
|---|---|---|---|---|---|---|---|---|---|---|---|
| 20円切手の枚数 | 1 0 | 3 | 2 | 1 | 0 | 5 | 4 | 3 | 2 | 1 | 0 |
| 5円切手の枚数 | 0 4 | 0 | 4 | 8 | 12 | 0 | 4 | 8 | 12 | 16 | 20 |
| 場合の数 | 2 | 4 | | | | 6 | | | | | |

これらの場合は同時には起らないから，買い方の総数は
$2+4+6 = 12$ (通り)

― 例題 2 ―
正十角形がある．いま，3 個の頂点でつくられる三角形で，正十角形と少なくとも 1 辺を共有するものはいくつあるか．

［解答］正十角形と辺を共有する三角形は，
(1) 1 辺のみを共有するもの
(2) 2 辺を共有するもの
の二つにわけることができる．

(1) の 1 辺のみを共有するものは，下図(1) からわかるように共有する辺と，その両どなりの辺上にない頂点が三角形の第 3 の頂点となる．この辺に対して，$(10-4)$ 個の三角形ができる．したがって，三角形の個数は
$10 \times 6 = 60$ (個)

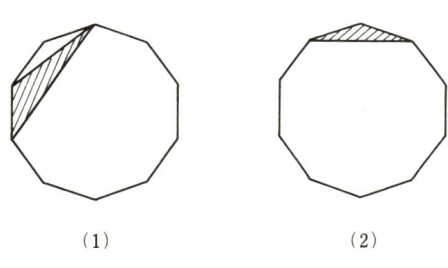

(1)　　　(2)

(2) の 2 辺を共有するものは，上図(2) からわかるように正十角形の頂点の個数だけある．よって，この場合の三角形の個数は，10 個．

以上，(1), (2) から，共通な三角形がないから，求める三角形の個数は，和の法則より
$60 + 10 = 70$ (個)

― 例題 3 ―
A 市から B 市へ行く道が 2 本，B 市から C 市へ行く道が 3 本ある．A 市から B 市を経て C 市へ行く道筋は，何通りあるか．

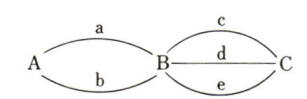

[解答] A市からB市へ行く方法は，a, b の2通りで，その各々について，B市から C市へ行く方法は，c, d, e の3通りある． よって，A市からB市を経由してC市へ 行く方法は，全部で

$2 \times 3 = 6$ （通り）

---
**例題 4**

360の約数は，1と360を含めて何通りあるか．

---

[解答] 360を素因数の積に分解すると
$$360 = 2^3 \cdot 3^2 \cdot 5$$
したがって，その約数は
$$2^x \cdot 3^y \cdot 5^z \begin{cases} x, y, z \text{ は整数} \\ 0 \leq x \leq 3, \ 0 \leq y \leq 2 \\ 0 \leq z \leq 1 \end{cases}$$
の形に書くことができる．ここで$x$のとり方は，0, 1, 2, 3の4通りあり，この各々について，$y$のとり方は0, 1, 2の3通りある．$x, y$を定めると，その各々について$z$のとり方は0, 1の2通りあるから，$(x, y, z)$のとり方の総数は

$4 \times 3 \times 2 = 24$ （通り）

---
**例題 5**

サイコロを3回振って，出た目の数を順に並べて3桁の数をつくるとき，
(1) 各位の数字がすべて異なる数はいくつできるか．
(2) 相異なる数はいくつできるか．
(3) 各位の数字に同じ数字をちょうど二つ含む数はいくつできるか．

---

[解答] 100の位，10の位，1の位の数をそれぞれ $a, b, c$ とする．

(1) $a$ の決め方は6通り．それにより $b$ は $a$ で決めた数以外の5通り，$c$ は $a, b$ で決めた数以外の4通りになる．よって

$6 \times 5 \times 4 = 120$ （通り）

(2) $a, b, c$ の決める数には制限がないから，それぞれの決め方は，いずれも6通りである．よって

$6 \times 6 \times 6 = 216$ （通り）

(3) 3桁のすべての数は(2)より216個，そのうち各位の数字の異なるものは(1)より120個．また，各位の数字が同じものは，111, 222, …, 666 の6個である．よって

$216 - (120 + 6) = 90$ （通り）

## 27.4 樹形図と直積

各場合を，一定の順に整理して考え，順次，枝わかれの図で書き表したものを**樹形図**という．二つの集合 $A, B$ について，$A$ の要素 $x$ と $B$ の要素 $y$ の，順序をも考えた組 $(x, y)$ の全体が作る集合を，$A$ と $B$ の**直積**といい，$A \times B$ と表す．すなわち

$$A \times B = \{(x, y) \mid x \in A, \ y \in B\}$$

なお，有限集合 $A, B$ について，直積 $A \times B$ の要素の個数は

$$n(A \times B) = n(A) \times n(B)$$

である．

---
**例題 1**

$a, b, c, d$ の四つの文字を並べて，$a$ は先頭になく，$b$ は2番目になく，$c$ は3番目になく，$d$ は4番目にないようにしたい．何通りの並べ方があるか．

---

[解答]

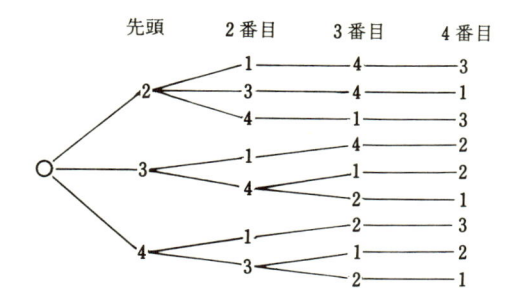

1番目は，$b, c, d$ のいずれかであり，これら各々の場合について，2番目を考え，さらに，3番目，4番目というように考えて，上の樹形図をつくる．よって，この樹形図の結果より，並べ方は全部で9通りある．

---- 例題2 ----
囲碁の名人は，次のようにきめる．そのときの名人Aが，挑戦者決定のリーグ戦で優勝した棋士Bと7番勝負をし，先に4勝したものが次期の名人になる．今，3回戦がおわったところで，名人Aの戦績が1勝2敗であったとする．次の問いに答えよ．
(1) 名人決定までに何通りの場合が考えられるか．
(2) そのうち，Aがふたたび名人位につく場合は何通りか．

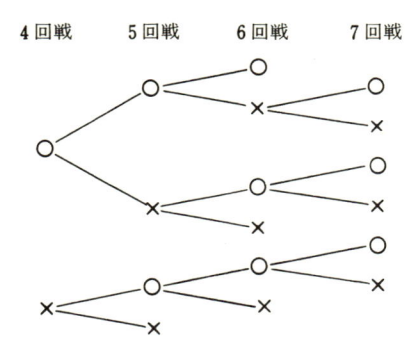

[解答] Aが先に3勝，Bが先に2勝すれば，名人位につけるのであるから，Aの勝つことを○，Bの勝つこと（Aの負けること）を×で表すと，左下の樹形図になる．よって
(1) 名人がきまるまでに10通りの場合がある．
(2) Aが名人位を守るのは，最後が○でおわっているものであるから，4通りの場合がある．

---- 例題3 ----
二つの集合 $A=\{T, H\}$，$B=\{a, b, c\}$ の直積集合 $A \times B$ を求めよ．

[解答] 定義によって
$$A \times B = \{(T, a), (T, b), (T, c), (H, a), (H, b), (H, c)\}$$

---- 例題4 ----
男子30人，女子24人のクラスから，男女各1人ずつ合計2人の代表を選ぶ方法は何通りあるか．

[解答] 男子全体の集合を $A$，女子全体の集合を $B$ とすると，
$$n(A)=30$$
$$n(B)=24$$
集合 $A, B$ から，それぞれ男子 $a$，女子 $b$ を代表として選ぶことを，$(a, b)$ で表すと，選び方の全体は，集合
$$\{(a, b) \mid a \in A, b \in B\}$$
すなわち，直積 $A \times B$ で表される．したがって，選び方の総数は
$$n(A \times B) = n(A) \cdot n(B)$$
$$= 30 \times 24$$
$$= 720 \text{（通り）}$$

### 例題 5

大きさの違う二つのサイコロ X と Y を同時に振るとき，次の目の出方は何通りあるか．
(1) 二つとも偶数の目が出る．
(2) 出た目の和が 5 以下の奇数になる．

[解答] 大きい方のサイコロを X とすると，目の出方は
$$X=\{1,2,3,4,5,6\}$$
小さい方の Y のサイコロの目の出方は
$$Y=\{1,2,3,4,5,6\}$$
これらの直積 $X\times Y$ が，ありえるすべての場合であるから，よって
(1) 二つとも偶数の目が出るのは $(2,2)$, $(2,4)$, $(2,6)$, $(4,2)$, $(4,4)$, $(4,6)$, $(6,2)$, $(6,4)$, $(6,6)$ の 9 通りである．
(2) X の目を $x$, Y の目を $y$ とすると，目の和が 5 以下の奇数になるのは
$$x+y=3, \quad x+y=5$$
$x+y=3$ をみたす $(x,y)$ の集合は $(1,2)$, $(2,1)$. $x+y=5$ をみたすものは $(1,4)$, $(2,3)$, $(3,2)$, $(4,1)$ である．よって，求める総数は，$2+4=6$（通り）．

---

▶ **ポアンカレ（Henri Poincaré），1854-1912，フランス**

学問が，きわめて専門化，細分化された現代において，広範囲な領域で著しい成果をあげた最後の「普遍学者」であろうといわれる．数学だけでなく，天文学，哲学，教育的・啓蒙的な分野にも幅広く活躍し，多くの著作と 1500 編にものぼる論文を残した．

1901 年に，他の数学者の求めに応じてそれまでの仕事の一覧をまとめた．それを "Analyse des travaux scientifiques" というが，その中で彼は，自身の仕事を次のように分類している．①常微分方程式，②関数の一般理論（複素関数論），③純粋数学のいろいろな問題（代数，数論，群論，位相幾何学），④天体力学，⑤数理物理学，⑥科学の哲学，⑦教育的・啓蒙的なもの，その他．

これらのうち，特に著名な数学・物理の業績は，保形関数の理論の創始，代数的位相幾何学の開拓，ニュートン以来未解決のまま残されている 3 体問題についての貢献，相対性理論や量子力学の予見などがある．また，平明で美しい文体により科学思想を展開し，3 部作としての『科学と仮説』『科学の価値』『科学の方法』やその他の著作は，現在でも多くの人々に親しまれている．

生涯を通じ熱烈な愛国者であったが，その背景には，少年時代の普仏戦争の体験があるといわれる．

なお，第 3 共和政第 9 代大統領（在位 1913-1920）のレーモン・ポアンカレは従弟にあたる．一時期，同じ区に居を構え，ともに文学・哲学に没頭したこともあった．

# 28. 順列・組合せ

## 28.1 順列

■順列

いくつかのものを，ある順序をつけてならべたものを**順列**という．互いに異なる $n$ 個のものから，$r$ 個をとって 1 列にならべたものを，$n$ 個のものから $r$ 個とった順列といい，その総数 ${}_n\mathrm{P}_r$ は

$${}_n\mathrm{P}_r = n(n-1)(n-2)\cdots(n-r+1) \quad \text{①}$$

となる．

なお①で，$r=n$ とすると

$${}_n\mathrm{P}_n = n(n-1)(n-2)\cdots \times 3 \times 2 \times 1$$

これを $n$ の**階乗**といい，記号 $n!$ で表す．また $0!=1$ と定める．この記号を用いると，

$${}_n\mathrm{P}_n = n!.$$

①は階乗を使うと

$${}_n\mathrm{P}_r = \frac{n!}{(n-r)!}$$

と表す．

---- 例題 1 ----
5 人の選手からリレーのメンバーとして 3 人を選ぶとき，走者の順序を考えに入れれば，メンバーの組み方は何通りか．

[解答] メンバーの組み方は，5 個から 3 個とった順列であるから，その総数は ${}_5\mathrm{P}_3$ 通りである．よって

$${}_5\mathrm{P}_3 = \frac{5!}{(5-3)!} = \frac{5\cdot 4\cdot 3\cdot 2\cdot 1}{2\cdot 1}$$
$$= 60 \text{（通り）}$$

---- 例題 2 ----
6 個の数字 1, 2, 3, 4, 5, 6 のうちの異なる数字を使ってできる次のような整数は何個あるか．
(1) 1000 より小さい整数．
(2) 両端が奇数である 6 桁の整数．

[解答] (1) 1000 より小さい整数は，3 個以内の数字を使ってできるものである．

1 桁の整数は ${}_6\mathrm{P}_1$ 通り
2 桁の整数は ${}_6\mathrm{P}_2$ 通り
3 桁の整数は ${}_6\mathrm{P}_3$ 通り

したがって，和の法則より，求める整数の総数は

$${}_6\mathrm{P}_1 + {}_6\mathrm{P}_2 + {}_6\mathrm{P}_3 = 6+30+120 = 156 \text{（個）}$$

(2) 奇 ○ ○ ○ ○ 奇

奇数は 1, 3, 5 の 3 個だから，両端に奇数をおくおき方は ${}_3\mathrm{P}_2$ 通り．両端が定まると，中央の 4 個は残りの数字をどんな順にならべてもよいから，そのならべ方は ${}_4\mathrm{P}_4$ 通り．したがって，積の法則より，求める整数の総数は

$${}_3\mathrm{P}_2 \times {}_4\mathrm{P}_4 = 6 \times 24 = 144 \text{（個）}$$

---- 例題 3 ----
次の等式を証明せよ．また順列の考えで，この等式が成り立つことを証明せよ．
(1) ${}_n\mathrm{P}_r = n \cdot {}_{n-1}\mathrm{P}_{r-1}$
(2) ${}_n\mathrm{P}_r = (n-r+1) \cdot {}_n\mathrm{P}_{r-1}$

[解答] (1) 右辺 $= n \cdot {}_{n-1}\mathrm{P}_{r-1}$
$= n \cdot (n-1) \times \cdots \times (n-r+1)$

$= {}_nP_r =$ 左辺

(2) 右辺 $= (n-r+1) \cdot {}_nP_{r-1}$
$= (n-r+1) \cdot n(n-1) \times \cdots \times (n-r+2)$
$= n(n-1) \times \cdots \times (n-r+1)$
$= {}_nP_r =$ 左辺

よって(1), (2)は証明された.

順列の考えで,次のように説明することができる.

(1) $n$ 個から $r$ 個選んでならべるとき,第1のものの選び方は $n$ 通り,その一つ一つについて残り $(n-1)$ 個から $(r-1)$ 個選んでならべる方法が,${}_{n-1}P_{r-1}$ 通り.よって,ならべ方の総数は $n \cdot {}_{n-1}P_{r-1}$ 通り.ゆえに
$${}_nP_r = n \cdot {}_{n-1}P_{r-1}$$

(2) (1)と同様に考えて,$n$ 個から $(r-1)$ 個選んでならべる方法は ${}_nP_{r-1}$ 通り.そのおのおのについて,残りの1個を $(n-r+1)$ 個から選ぶ方法は $(n-r+1)$ 通り.よって,ならべ方の総数は,$(n-r+1) \cdot {}_nP_{r-1}$ 通り.ゆえに
$${}_nP_r = (n-r+1) \cdot {}_nP_{r-1}$$

■円順列

$n$ 個の異なるものを円状にならべ,そのならぶ順序だけを問題にするとき,その一つ一つのならび方を,$n$ 個のものの**円順列**といい,その総数は,$(n-1)!$である.

---- 例題 4 ----
(1) 5人の子供が手をつないで輪をつくるとき,ならび方は何通りあるか.
(2) 5個の相異なるじゅず玉を1本の糸で輪にしたじゅずをつくるとき,いく通りのつくり方があるか.

[解答] (1) 5人の子供が1列に手をつないでならび,その両端の2人が手をつなぐと円形ができる.このとき,ABCDE, BCDEA, CDEAB, DEABC, EABCD の五つは,いずれも同じであるから,一つの円順列によって五つの順列ができる.よって
$$\frac{{}_5P_5}{5} = (5-1)! = 24 \text{ (通り)}$$

(2) 5個のじゅず玉の円順列は $(5-1)! = 4!$ である.じゅずであるから,裏返しても同じである.$4!$個の円順列のうちには,裏返すと同じになるものが2個ずつあるから,じゅずのつくり方は $4!$ の半分になる.よって
$$\frac{(5-1)!}{2} = \frac{4!}{2} = 12 \text{ (通り)}$$

■重複順列

$n$ 個の異なるものから,重複を許して $r$ 個とり出して1列にならべたものを,$n$ 個から $r$ 個とった**重複順列**といい,その総数は $n^r$ である.

---- 例題 5 ----
5個の数字 0, 1, 2, 3, 4 を使ってできる4桁の整数は何個あるか.ただし,同じ数字をくりかえし使ってもよい.

[解答] 1000位の数字は 0 でないから,その定め方は 4 通りある.100位の数字は 0, 1, 2, 3, 4 の 5 通りである.同じ数字をくりかえし使ってよいから,10位,1位の数字もそれぞれ 0, 1, 2, 3, 4 の 5 通りある.したがって,求める整数の総数は
$$4 \times 5 \times 5 \times 5 = 4 \times 5^3 = 500 \text{ (個)}$$

■同じものを含む場合の順列

$n$ 個のもののうちで,$p$ 個は同じもの,$q$ 個は他の同じもの,$r$ 個もまた他の同じもの,$\cdots$ であるとき,それら $n$ 個のものの全部を

とってつくられる順列の総数は
$$\frac{n!}{p!\,q!\,r!\cdots}$$
（ただし，$p+q+r+\cdots=n$）
である．

---- 例題 6 ----
文字 $a$ が 3 個，文字 $b$ が 2 個，文字 $c$ が 1 個ある．これらの文字全部を 1 列にならべるならべ方は何通りあるか．

[解答] 6 個の文字のうち，3 個は同じ $a$，2 個は同じ $b$ であるから
$$\frac{6!}{3!\,2!\,1!}=60\ （通り）$$

---- 例題 7 ----
白球 4 個，黒球 2 個，赤球 1 個の中から，4 個取り出して 1 列にならべる方法は何通りあるか．ただし，同色の球はそれぞれ区別できないものとする．

[解答] まず，4 個の球をとり出す方法は白，黒，赤の順に，また，そのおのおのについて，取り出す個数の大きい順に書きならべると

白 4 3 3 2 2 1
黒 0 1 0 2 1 2
赤 0 0 1 0 1 1

各々について，ならべ方の個数を，同じものを含む場合の順列を用いて計算し加えると，求めるならべ方の総数は
$$1+\frac{4!}{3!\,1!}\cdot 2+\frac{4!}{2!\,2!}+\frac{4!}{2!\,1!\,1!}$$
$$+\frac{4!}{1!\,2!\,1!}=39\ （通り）$$

## 28.2　組合せ

■組合せ

$n$ 個の異なるものがあるとき，その中から，順序は問題にしないで，$r$ 個取り出して 1 組としたものを，$n$ 個のものから $r$ 個取り出した**組合せ**といい，その組合せの総数 ${}_nC_r$ は
$$_nC_r=\frac{{}_nP_r}{r!}=\frac{n!}{r!(n-r)!}$$
$$=\frac{n(n-1)(n-2)\cdots(n-r+1)}{r(r-1)\cdots 2\cdot 1}$$
なお，${}_nC_0=1$ と定める．

---- 例題 1 ----
6 冊の異なる本を次のようにわける方法は，何通りあるか．
(1) 2 冊ずつ 3 人の子供にわけ与える．
(2) 2 冊ずつにわけて，三つの組にする．

[解答] (1) 3 人を A，B，C とすると，A に与える 2 冊を選ぶ方法は ${}_6C_2$ 通り．B に与える 2 冊を残り 4 冊から選ぶ方法は ${}_4C_2$ 通り．C には残りの 2 冊を与えるから，その方法は ${}_2C_2=1$ 通り．したがって，積の法則より，総数は
$${}_6C_2\times {}_4C_2\times {}_2C_2=90\ （通り）$$

(2) 6 冊の本を a, b, c, d, e, f とすると，その一つの組わけ $\{a,b\}$, $\{c,d\}$, $\{e,f\}$ を考えると，この 3 組を 3 人に 1 組ずつ与える方法は $3!$ 通りある．したがって，求める答を $x$ とすると，(1) により，次の等式が成り立つ．
$${}_6C_2\times {}_4C_2=x\times 3!$$
ゆえに

$$x = \frac{90}{3!} = 15 \text{ (通り)}$$

── 例題 2 ──
次の等式を説明せよ.
(1) $_nC_r = {}_nC_{n-r}$
(2) $_nC_r = {}_{n-1}C_{r-1} + {}_{n-1}C_r$

[解答] (1) $n$ 個のものから $r$ 個をとり出すことは, 残りの $n-r$ 個をとり出すことと同じである. したがって, その方法の数も等しく, $_nC_r = {}_nC_{n-r}$ である.

(2) $n$ 個の $a_1, a_2, \cdots, a_n$ から $r$ 個とってつくった $_nC_r$ 個の組合せは, 次の2種類にわけられる.

① $a_1$ を含む組合せは, $a_1$ 以外の $n-1$ 個から $r-1$ 個を選んで, それに $a_1$ を加えてえられるから, その組合せの数は, $_{n-1}C_{r-1}$.

② $a_1$ を含まない組合せは, $a_1$ 以外の $n-1$ 個から $r$ 個を選んでえられるから, その数は $_{n-1}C_r$.

したがって, ①, ② より
$$_nC_r = {}_{n-1}C_{r-1} + {}_{n-1}C_r$$

なお, (1), (2) は公式を用いて計算で証明することもできる.

■重複組合せ

異なる $n$ 個のものから, くりかえして取り出すことを許して, $r$ 個を選び出す組合せを**重複組合せ**といい, その総数 $_nH_r$ は
$$_nH_r = {}_{n+r-1}C_r$$

── 例題 3 ──
候補者3人, 有権者が15人の選挙がある.
(1) 記名投票で1人1票投票するとき, その結果は何通りあるか.
(2) 無記名とすればどうか.

[解答] (1) 同じ候補者 A に対する1票であっても, それが有権者 a の投じたものであるか, b の投じたものであるかの区別がある. 有権者 a は候補者 A, B, C のどれに投票してもよいのであるから3通りの方法がある. 同様に, 15人すべてが3通りずつ投票することができるから重複順列で, 全部で $3^{15}$ 通りある.

(2) 候補者 A に対する1票は, だれが投じたものだか区別がつかない. よって求める総数は, 三つのものから15個とった重複組合せで,
$$_3H_{15} = {}_{3+15-1}C_{15} = {}_{17}C_2$$
$$= \frac{17!}{15!\,2!} = 136 \text{ (通り)}$$

── 例題 4 ──
下図のような碁盤の目の街がある. 縦の道の数は5本, 横の道の数は4本である. A から B まで, まわり道をせず, 最短経路を通って行くのに, いく通りの方法があるか.

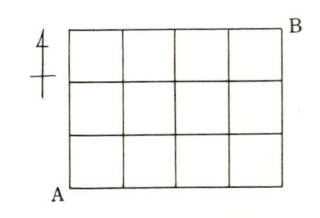

[解答] 下図のような経路で A から B に向ったとする.

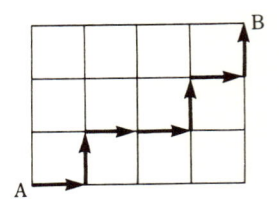

[解 1] 南から北に向って ⓐ, ⓑ, ⓒ, 西

から東に向って①，②，③，④と記号をつける．右図の経路は①ⓐ②③ⓑ④ⓒとなる．
(1) ⓐ，ⓑ，ⓒはアルファベット順
(2) ①，②，③，④は小さい数の順
であるから，7個のうちⓐ，ⓑ，ⓒの位置がきまれば，数字の順もきまり経路もきまるから，よって

$$_7C_3 = 35 \text{ (通り)}$$

[解2] 解1で，ⓐ，ⓑ，ⓒをすべてⓐ，①，②，③，④をすべて①とすると，上例の経路は①ⓐ①①ⓐ①ⓐとなるから同じものを含む順列となり

$$\frac{7!}{4!3!} = 35 \text{ (通り)}$$

[解3] 南北の道路を西から順に①，②，③，④，⑤とし，北に向う路のとり方だけをきめることにすると，上例は②，④，⑤と表され，①，②，③，④，⑤から重複を許して3個とる組合せとなる．よって

$$_5H_3 = {}_{5+3-1}C_3 = {}_7C_3$$
$$= 35 \text{ (通り)}$$

## 28.3 二項定理

■**パスカルの三角形**

$(a+b)^n$ において，$n=1, 2, 3, \cdots$ としたときの展開式の係数は，下表のようになっている．これを**パスカルの三角形**という．

```
n=1           1   1
n=2         1   2   1
n=3       1   3   3   1
n=4     1   4   6   4   1
n=5   1   5  10  10   5   1
n=6   ············
```

この表の∨は加えることを意味し，下段の両端には，いつでも1（1を書き忘れないこと）がある．このパスカルの三角形を組合せの記号で書くと，下表のようになる．

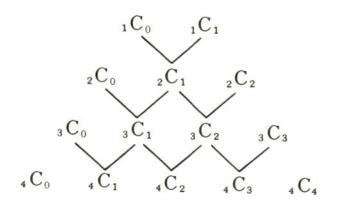

$$\begin{array}{c} {}_1C_0 \quad {}_1C_1 \\ {}_2C_0 \quad {}_2C_1 \quad {}_2C_2 \\ {}_3C_0 \quad {}_3C_1 \quad {}_3C_2 \quad {}_3C_3 \\ {}_4C_0 \quad {}_4C_1 \quad {}_4C_2 \quad {}_4C_3 \quad {}_4C_4 \end{array}$$

この表から

$$_{n-1}C_{r-1} + {}_{n-1}C_r = {}_nC_r$$

であることがわかる（28.2節，例題2(2)）．

■**二項定理**

$$(a+b)^n$$
$$= {}_nC_0 a^n + {}_nC_1 a^{n-1}b + {}_nC_2 a^{n-2}b^2 + \cdots$$
$$\quad + {}_nC_r a^{n-r}b^r + \cdots + {}_nC_n b^n$$
$$= a^n + na^{n-1}b + \frac{n(n-1)}{2!}a^{n-2}b^2 + \cdots$$
$$\quad + \frac{n(n-1)\cdots(n-r+1)}{r!}a^{n-r}b^r + \cdots$$
$$\quad + b^n$$

これを**二項定理**という．${}_nC_r a^{n-r}b^r$ を $(a+b)^n$ の展開式の一般項といい，${}_nC_r$ を**二項係数**という．

---
**例題1**

$(x^2 - 2/x)^8$ の展開式における $x^7$ の項の係数を求めよ．また，$x^8$ の係数はあるか．

---

[解答] 展開式の一般項は

$$_8C_r (x^2)^{8-r} \left(-\frac{2}{x}\right)^r$$
$$= {}_8C_r x^{16-2r} \frac{(-2)^r}{x^r}$$
$$= {}_8C_r (-2)^r x^{16-3r}$$

$x^7$ の項となるのは，$16 - 3r = 7$．よって，

$r=3$. したがって，$x^7$ の係数は
$$_8C_3(-2)^3 = \frac{8!}{5!\,3!}(-2)^3 = -448$$
また，$x^8$ の項となるのは
$$16-3r=8$$
よって，$r=8/3$．これは整数でないから，$x^8$ の係数はない．

――― 例題 2 ―――
次の等式が成り立つことを証明せよ．
(1) $_nC_0 + {}_nC_1 + {}_nC_2 + \cdots + {}_nC_n = 2^n$
(2) $_nC_0 - {}_nC_1 + {}_nC_2 + \cdots + (-1)^n \cdot {}_nC_n = 0$

[解答] (1) 二項定理において，$a=1, b=x$ とおけば，
$$(1+x)^n = {}_nC_0 + {}_nC_1 x + {}_nC_2 x^2 + \cdots + {}_nC_n x^n \quad ①$$
① で $x=1$ とおくと
$$2^n = {}_nC_0 + {}_nC_1 + {}_nC_2 + \cdots + {}_nC_n$$
(2) 同様にして，① で $x=-1$ とおくと
$$0 = {}_nC_0 - {}_nC_1 + \cdots + (-1)^r \cdot {}_nC_r + (-1)^n \cdot {}_nC_n$$

**■多項定理**

$(a+b+c)^n$ の展開式は
$$\frac{n!}{p!\,q!\,r!} a^p b^q c^r$$
の形をした $_{n+2}C_n$ 個の項の和である．ただし，$p+q+r=n$, $p \geq 0$, $q \geq 0$, $r \geq 0$．これを**多項定理**という．

――― 例題 3 ―――
$(x+2y-z)^8$ の展開式における $x^2 y^3 z^3$ の係数を求めよ．

[解答] この展開式の一般項は
$$\frac{8!}{p!\,q!\,r!} x^p (2y)^q (-z)^r$$
$$= (-1)^r 2^q \frac{8!}{p!\,q!\,r!} x^p y^q z^r$$
であるから，$x^2 y^3 z^3$ の係数は
$$(-1)^3 2^3 \cdot \frac{8!}{2!\,3!\,3!} = -4480$$

――― 例題 4 ―――
等式
$$(1+x)^{2n} = (1+x)^n (1+x)^n$$
の両辺の展開式を利用して，次の等式が成り立つことを証明せよ．
$$_{2n}C_n = {}_nC_0^2 + {}_nC_1^2 + \cdots + {}_nC_n^2$$

[解答] 等式の両辺を展開すると
$$(1+x)^{2n} = {}_{2n}C_0 + {}_{2n}C_1 + \cdots + {}_{2n}C_r x^r + \cdots + {}_{2n}C_{2n} x^{2n} \quad ①$$
$$(1+x)^n (1+x)^n = ({}_nC_0 + {}_nC_1 x + \cdots + {}_nC_n x^n)({}_nC_0 + {}_nC_1 x + \cdots + {}_nC_n x^n) \quad ②$$
① において $x^n$ の係数は $_{2n}C_n$．一方，② において $x^n$ の項は，第1因数の $_nC_r x^r$ と第2因数の $_nC_{n-r} x^{n-r}$ を掛けてえられる（$r=0, 1, 2, \cdots, n$）から，$x^n$ の係数は
$$_nC_0 \cdot {}_nC_n + {}_nC_1 \cdot {}_nC_{n-1} + \cdots + {}_nC_n \cdot {}_nC_0$$
$$= {}_nC_0^2 + {}_nC_1^2 + \cdots + {}_nC_n^2$$
したがって，$_nC_{n-r} = {}_nC_r$ を用いて
$$_{2n}C_n = {}_nC_0^2 + {}_nC_1^2 + \cdots + {}_nC_n^2$$

# IX. 確率・統計

## 29. 確　率

### 29.1　確率の定義

**■確率の定義 (1)**

一つの試行において，同程度に期待される結果が $n$ 通りあるとき，それらの結果を一つの集合 $\Omega$ で表す．事象 $E$ が $\Omega$ の中の $m$ 個の要素を含むとき，事象 $E$ の起る確率は $m/n$ である．事象 $E$ の確率を $P(E)$ と表す．したがって，$P(E)=m/n$．

**■確率の定義 (2)**

標本空間 $S$ が $n$ 個の根元事象から成り立っており，どの根元事象の起ることも同様に確からしいとするとき，ある事象 $A$ が $a$ 個の根元事象から成り立っていれば，事象 $A$ の起る確率 $P$ は $a/n$ である．したがって，$P=a/n$．

**■「同様に確からしい」の定義**

(1)（消極的）二つの事象があって，一方の事象が起ることよりも，他方の事象が起ることをより多く期待しうるようななんらの理由も存在しないとき，これら二つの事象は，その起ることが同様に確からしいという（ベルヌイ，ラプラス）．

(2)（積極的）一方の事象の起ることと，他方の事象が起ることとが同じ程度において期待できる十分な理由が存在するとき，これらの事象は同程度に確からしいという（ミル・クリース）．

**■確率の定義 (3)**

一定の条件のもとで，実験や観察などの試行を $n$ 回くりかえしたときに，事象 $A$ が $r$ 回起ったとする．$n$ を十分に大きくしたとき，相対度数 $r/n$ が，ほぼ一定の値 $P$ の近くに安定してくるならば，この $P$ を事象 $A$ の起る確率という．

**■確率の定義 (4)**

$\Omega$ を集合とする．$\Omega$ の部分集合を事象という．このとき，$\Omega$ の各々の事象 $E$ に対して，次の公理をみたす 0 以上の数 $P(E)$ を対応させるときに，$P(E)$ を事象 $E$ の確率と定義する．

公理1　$0 \leq P(E) \leq 1$

公理2　$P(\Omega)=1$

公理3　$E_i \cap E_j \neq \phi$ のとき

$$P(E_1 \cup E_2 \cup \cdots)=P(E_1)+P(E_2)+\cdots$$

定義(1)は，パスカル，フェルマに始まりラプラスにおいて完成されたものである．定義(2)は定義(1)を現代的に述べたもので，いわゆる古典的な定義である．定義(3)は統計による確率の定義である．コルモゴロフの公理的定義である定義(4)は，定義(2)を進めたものであり，その特別な場合として古典的定義（定義(1)）と統計的定義（定義(3)）を含み，両者の定義の欠陥を克服したものである．

## 29.2 確率の基本性質と加法定理

■**事象と集合**

ある試行において，起りうる場合全体の集合を**標本空間**といい，$\Omega$ で表す．標本空間 $\Omega$ 自身で表される事象を**全事象**という．空集合 $\phi$ で表される事象を**空事象**という．また，標本空間のただ一つの要素からなる集合の表す事象を**根元事象**という．

事象 $A$ または事象 $B$ が起る，という事象を，$A$ と $B$ の**和事象**といい，$A \cup B$ で表す．事象 $A$ と $B$ がともに起る，という事象を，$A$ と $B$ の**積事象**といい，$A \cap B$ で表す．$A \cap B = \phi$ のとき，事象 $A$ と $B$ は互いに**排反事象**であるという．事象 $A$ に対して，$A$ が起らないという事象を $A$ の**余事象**といい，$\overline{A}$ で表す．

■**確率の基本性質**

(1) $0 \leq P(A) \leq 1$
(2) $P(\Omega) = 1$, $P(\phi) = 0$
(3) $A \cap B = \phi$ ならば
$P(A \cup B) = P(A) + P(B)$

［定理］
(1) **余事象の定理**：任意の事象 $A$ に対して
$P(\overline{A}) = 1 - P(A)$
(2) **加法定理**：任意の事象 $A$, $B$ に対して
$P(A \cup B) = P(A) + P(B) - P(A \cap B)$
とくに，$A$, $B$ が互いに排反であるとき
$P(A \cup B) = P(A) + P(B)$
(3) 任意の三つの事象 $A$, $B$, $C$ に対して
$P(A \cup B \cup C) = P(A) + P(B) + P(C)$
$\quad - P(A \cap B) - P(B \cap C) - P(C \cap A)$
$\quad + P(A \cap B \cap C)$
とくに，$A$, $B$, $C$ が互いに排反のとき
$P(A \cup B \cup C) = P(A) + P(B) + P(C)$
(4) (3)を一般化すると
$P(A_1 \cup A_2 \cup \cdots \cup A_n)$
$= \sum P(A_i) - \sum P(A_i \cap A_j)$
$\quad + \sum P(A_i \cap A_j \cap A_k) - \cdots$
$\quad + (-1)^{n-1} P(A_1 \cap A_2 \cap \cdots \cap A_n)$

また，$A_1, A_2, \cdots, A_n$ が互いに排反（$A_i \cap A_j = \phi$, $i \neq j$）であるならば
$P(A_1 \cup A_2 \cup \cdots \cup A_n)$
$= P(A_1) + P(A_2) + \cdots + P(A_n)$

---- 例題 1 ----
15本のくじの中に5本の当たりくじがある．この中から同時に2本引くとき，少なくとも1本当たる確率を求めよ．

［解答］「少なくとも1本当たる」という事象を $A$ とすると，事象 $A$ は「2本ともはずれる」という事象 $B$ の余事象である．2本ともはずれる確率 $P(B)$ は

$$P(B) = \frac{{}_{10}C_2}{{}_{15}C_2} = \frac{45}{105} = \frac{3}{7}$$

よって，少なくとも1本当たる確率 $P(A)$ は

$$P(A) = P(\overline{B}) = 1 - P(B) = 1 - \frac{3}{7} = \frac{4}{7}$$

---- 例題 2 ----
10人の生徒をくじ引きでA組6人，B組4人の2組にわけるとき，特定の2人が同じ組に入る確率を求めよ．

［解答］Aと書いたカードを6枚，Bと書いたカードを4枚つくる．これを10人の生徒に1枚ずつ配る．Aのカードをもらった者はA組へ，Bのカードをもらった者はB組に入れるとする．標本空間は，10枚のカー

ドを 1 列にならべてできる順列全体，次に特定の 2 人が A 組に入る事象を $A$，B 組に入る事象を $B$ とすれば

$$n(\Omega) = \frac{10!}{6!4!} = 210$$

$$n(A) = \frac{8!}{4!4!} = 70$$

$$n(B) = \frac{8!}{6!2!} = 28$$

特定の 2 人が同じ組に入るという事象は $A \cup B$ と表され，$A$ と $B$ とは互いに排反事象であるから

$$P(A \cup B) = P(A) + P(B)$$
$$= \frac{70}{210} + \frac{28}{210} = \frac{7}{15}$$

---

**例題 3**

(モンモールの問題) 3 本の手紙とその宛先を書いた 3 枚の封筒がある．いま，3 本の手紙をでたらめにいずれかの封筒に 1 本ずつ入れるとき

(1) 少なくとも 1 本の手紙が正しい封筒に入れられる確率 $P_3$ を求めよ．

(2) 全部の手紙が間違った封筒に入れられる確率 $P_3'$ を求めよ．

---

[解答] 手紙を $l_1, l_2, l_3$，封筒を $e_1, e_2, e_3$ とし，$l_i$ が $e_i$ ($i=1,2,3$) に入れられるという事象を $A_i$ とする．

(1) は
$$P_3 = P(A_1 \cup A_2 \cup A_3)$$

(2) では
$$P_3' = P(\overline{A_1} \cup \overline{A_2} \cup \overline{A_3})$$
$$= 1 - P(A_1 \cup A_2 \cup A_3)$$

よって
$$P(A_1) = P(A_2) = P(A_3) = \frac{2!}{3!} = \frac{1}{3}$$

$$P(A_1 \cap A_2) = P(A_2 \cap A_3)$$
$$= P(A_3 \cap A_1) = \frac{1!}{3!} = \frac{1}{6}$$

$$P(A_1 \cap A_2 \cap A_3) = \frac{1}{3!} = \frac{1}{6}$$

以上より，(1) は
$$P_3 = P(A_1 \cup A_2 \cup A_3)$$
$$= P(A_1) + P(A_2) + P(A_3)$$
$$\quad - P(A_1 \cap A_2) - P(A_2 \cap A_3)$$
$$\quad - P(A_3 \cap A_1) + P(A_1 \cap A_2 \cap A_3)$$
$$= {}_3C_1 \frac{2!}{3!} - {}_3C_2 \frac{1!}{3!} + {}_3C_3 \frac{1}{3!} = \frac{2}{3}$$

(2) は
$$P_3' = 1 - P_3 = 1 - \frac{2}{3} = \frac{1}{3}$$

## 29.3 条件付確率

**■条件付確率**

標本空間を $\Omega$ とする．いま，$B$ は $P(B) > 0$ なる $\Omega$ の事象，$A$ は $\Omega$ の任意の事象とするとき

$$P(A|B) = \frac{P(A \cap B)}{P(B)}$$

を，$B$ が起きたときの $A$ の起る**条件付確率**という．この定義から明らかなように，$P(B) = 0$ のとき $P(A|B)$ は定義されない．

[定理] 標本空間 $\Omega$ において，条件付確率 $P(A|B)$ が定義されているとき，次の性質が成り立つ．

(1) $P(A|B) \geq 0$

(2) $P(\Omega|B) = 1$

(3) $A_1 \cap A_2 \neq \phi$ ならば
$$P(A_1 \cup A_2|B) = P(A_1|B) + P(A_2|B)$$

**乗法定理Ⅰ**：標本空間 $\Omega$ における二つの事象を $A$, $B$ とし，$P(A)>0$, $P(B)>0$ とするとき，$A$ と $B$ がともに起る確率 $P(A\cap B)$ は

$$P(A\cap B)=P(A)P(B|A)$$
$$=P(B)P(A|B)$$

───── 例題 1 ─────
ある資格試験は，学科と実技にわかれている．この資格をとろうとした人のうち，学科に合格した人は全体の 40％，資格をとった人は全体の 20％ である．学科の合格者の中から，ランダムに 1 人を選び出したとき，その人が資格をとっている確率を求めよ．

[解答] 資格をとろうとした人の中から，ランダムに 1 人を選び出したとき，その人が学科試験に合格したという事象を $A$，実技試験に合格したという事象を $B$ とすると

$$P(A)=0.4, \quad P(A\cap B)=0.2$$

よって，求める確率 $P(B|A)$ は

$$P(B|A)=\frac{P(A\cap B)}{P(A)}$$
$$=\frac{0.2}{0.4}=0.5$$

───── 例題 2 ─────
袋の中に同じ大きさの白球 5 個と赤球 4 個が入っている．この中から球を 1 つずつとり出し，それを袋に戻さないで，続けて 2 球をとり出すとき，2 個とも白球である確率を求めよ．

[解答] 最初に白球が出るという事象を $W_1$ とし，2 回目に白球が出るという事象を $W_2$ とする．$W_1$ が起るという条件のもとでは，2 回目には白球 4 個，赤球 4 個の中から白球を一つとり出すことになる．題意より

$$P(W_1)=\frac{5}{9}$$

$$P(W_2|W_1)=\frac{4}{8}=\frac{1}{2}$$

である．求める確率は $P(W_1\cap W_2)$ であるから，乗法定理Ⅰより

$$P(W_1\cap W_2)=P(W_1)P(W_2|W_1)$$
$$=\frac{5}{9}\times\frac{1}{2}=\frac{5}{18}$$

■**ベイズの定理**

$n$ 個の事象 $A_1, A_2, \cdots, A_n$ が互いに排反で，しかもその和が標本空間 $\Omega$ になるものとする．

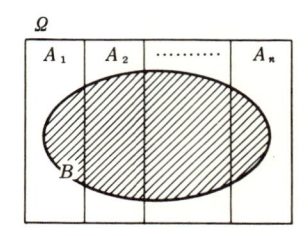

すなわち

$$A_i\cap A_j=\phi \quad (i\neq j)$$
$$A_1\cup A_2\cup\cdots\cup A_n=\Omega$$

とすれば，事象 $B$ に関して $A_1\cap B$, $A_2\cap B$, $\cdots$, $A_n\cap B$ は互いに排反で，その和は $B$ となる．よって

$$P(B)=P(A_1\cap B)+P(A_2\cap B)+\cdots$$
$$+P(A_n\cap B)$$
$$=P(A_1)P(B|A_1)+P(A_2)P(B|A_2)$$
$$+\cdots+P(A_n)P(B|A_n)$$

したがって

$$P(A_i\cap B)=\frac{P(A_i|B)}{P(B)}$$
$$=\frac{P(A_i)P(B|A_i)}{P(A_1)P(B|A_1)+P(A_2)P(B|A_2)+\cdots+P(A_n)P(B|A_n)}$$

これを**ベイズの定理**という．

## 例題 3
トランプのカード 52 枚のうち 1 枚を紛失した.残り 51 枚のなかから 2 枚をとり出したところ,2 枚ともスペードであったという.紛失したカードがスペードである確率を求めよ.

[解答] トランプ 52 枚は 4 種類からなり,各種とも 13 枚ずつある.したがって,スペードである事象を $A$,スペードでない事象を $\bar{A}$ とするときの確率は

$$P(A)=\frac{1}{4}, \quad P(\bar{A})=\frac{3}{4}$$

次にとり出したものが 2 枚ともスペードである事象を $B$ とすると,求める確率は

$$P(A|B)=\frac{P(A\cap B)}{P(B)}$$
$$=\frac{P(A)P(B|A)}{P(A)P(B|A)+P(\bar{A})P(B|\bar{A})}$$
$$=\frac{\frac{1}{4}\times\frac{{}_{12}C_2}{{}_{51}C_2}}{\frac{1}{4}\times\frac{{}_{12}C_2}{{}_{51}C_2}+\frac{3}{4}\times\frac{{}_{13}C_2}{{}_{51}C_2}}=\frac{11}{50}$$

## 29.4 事象の従属・独立

■事象の従属・独立

二つの事象 $A$, $B$ があって,一方の事象の起ることが他方の事象の起る確率に影響を与えないとき,すなわち

$$P(B|A)=P(B), \quad P(A|B)=P(A) \quad ①$$

が成り立つとき,事象 $A$ と事象 $B$ は**互いに独立**であるという.

**乗法定理Ⅱ**:二つの事象 $A$, $B$ が**独立**であるとき

$$P(A\cap B)=P(A)\cdot P(B) \quad ②$$

が成り立つ.

なお,② は ① と乗法定理Ⅰ (29.3 節参照)から導くことができる.また,② が成り立たないとき事象 $A$ と $B$ は**従属**であるという.

## 例題 1
大きいサイコロと小さいサイコロを投げる実験をするとき,「大きいサイコロの目が 6 である」という事象を $E$,「小さいサイコロの目が 5 である」という事象を $F$ とするとき,事象 $E$ と $F$ は独立事象であることを示せ.

[解答] 標本空間 $\Omega$ を $\{(1,1),(1,2),\cdots,(6,6)\}$ とし,各根元事象の確率を 1/36 とする.よって

$$P(E)=\frac{6}{36}=\frac{1}{6}, \quad P(F)=\frac{6}{36}=\frac{1}{6}$$
$$P(E\cap F)=\frac{1}{36}$$

であるから

$$P(E\cap F)=P(E)\cdot P(F)$$

が成り立つ.すなわち,$E$ と $F$ とは独立である.

## 例題 2
2 個のコインを投げる実験をするとき,「表の面が一つより多くは出ない」という事象を $E$,「表裏おのおのの面が少なくとも一つ出る」という事象を $F$ とするとき,事象 $E$ と $F$ は独立といえるか.

[解答] 標本空間 $\Omega$ を $\{HH, HT, TH, TT\}$ とする.各根元事象の確率は同様に確からしいとすれば 1/4 となる.

$$P(E)=P(\{HT, TH, TT\})=\frac{3}{4}$$

$$P(F)=P(\{HT, TH\})=\frac{2}{4}$$

$$P(E\cap F)=P(\{HT, TH\})=\frac{2}{4}$$

ゆえに

$$P(E\cap F)\neq P(E)P(F)$$

したがって, $E$ と $F$ は独立事象でない.

[注] 事象の独立・従属は計算しないとわからない.

---
**例題 3**

事象 $A$, $B$ が独立な事象ならば $\bar{A}$ と $B$, $A$ と $\bar{B}$, $\bar{A}$ と $\bar{B}$ もまた独立であることを証明せよ.

---

[解答] $A$, $B$ が独立であるから

$$P(A\cap B)=P(A)P(B) \quad ①$$

また

$$P(B)=P(A\cap B)+P(\bar{A}\cap B)$$

から

$$P(\bar{A}\cap B)=P(B)-P(A\cap B)$$

これに①を代入すると

$$P(\bar{A}\cap B)=P(B)-P(A)P(B)$$
$$=P(B)(1-P(A))=P(B)P(\bar{A})$$

よって, $\bar{A}$ と $B$ は独立. 同様に

$$P(A\cap \bar{B})=P(A)-P(A\cap B)$$
$$=P(A)-P(A)P(B)$$
$$=P(A)(1-P(B))=P(A)\cdot P(\bar{B})$$
$$P(\bar{A}\cap \bar{B})=P(\bar{A})-P(\bar{A}\cap B)$$
$$=P(\bar{A})(1-P(B))=P(\bar{A})P(\bar{B})$$

すなわち, $A$ と $\bar{B}$, $\bar{A}$ と $\bar{B}$ も独立である.

■**三つの事象の独立**

三つの事象 $A$, $B$, $C$ について

$$P(A\cap B)=P(A)P(B)$$
$$P(B\cap C)=P(B)P(C)$$
$$P(C\cap A)=P(C)P(A)$$
$$P(A\cap B\cap C)=P(A)P(B)P(C)$$

が成り立つとき, 三つの事象 $A$, $B$, $C$ は**独立**であるという.

---
**例題 4**

$a$, $b$, $c$, $d$ という4人の演奏家がいる. $a$ はピアノだけ, $b$ はバイオリンだけ, $c$ はチェロだけしか演奏できないが, $d$ はそのいずれをも演奏することができる. この4人の中から任意に1人を選んで演奏会を開くとき, 選ばれた演奏家がピアノをひけるという事象を $A$, バイオリンをひけるという事象を $B$, チェロをひけるという事象を $C$ とするとき, 事象 $A$, $B$, $C$ は独立といえるか調べよ.

---

[解答] 標本空間 $\Omega$ は $\Omega=\{a, b, c, d\}$ 同様に確からしいとすると各事象の確率は $1/4$ となる.

$$A=\{a, d\}, \quad B=\{b, d\}, \quad C=\{c, d\}$$
$$A\cap B=B\cap C=C\cap A=\{d\}$$
$$A\cap B\cap C=\{d\}$$

である.

$$P(A)=P(B)=P(C)=\frac{1}{2}$$

よって

$$P(A\cap B)=\frac{1}{4}=P(A)P(B)$$

$$P(B\cap C)=\frac{1}{4}=P(B)P(C)$$

$$P(C\cap A)=\frac{1}{4}=P(C)P(A)$$

$$P(A\cap B\cap C)=\frac{1}{4}$$

$$P(A)P(B)P(C)=\frac{1}{8}$$

ゆえに
$$P(A \cap B \cap C) \neq P(A)P(B)P(C)$$
よって，$A, B, C$ は互いに独立でない．

## 29.5 期待値

ある量 $X$ の取る値が，$x_1, x_2, \cdots, x_n$ で，これらの値をとる確率 $P$ が，$p_1, p_2, \cdots, p_n$ であるとき，

| $X$ | $x_1, x_2, \cdots, x_n$ |
|---|---|
| $P$ | $p_1, p_2, \cdots, p_n$ |

ただし
$$p_1 + p_2 + \cdots + p_n = 1$$
このとき
$$x_1 p_1 + x_2 p_2 + \cdots + x_n p_n$$
を $X$ の**期待値**といい，$E(X)$ で表す．とくに，$X$ が金額であるときには，それを**期待金額**（**希望金額**）という．

―― 例題 1 ――
同等の技能をもった甲乙 2 人の試合において，先に 3 回勝ったものが優勝者となり，所定の賞金をもらうものとする．甲が 1 回，乙が 2 回勝ったところで，都合により以後の試合を中止した．この場合，賞金をどんな割合に分配すればよいか．ただし，試合には引きわけはないものとする．

[解答] 試合を続行するとしたときの甲，乙の優勝する確率を考える．甲が優勝するのは，第 4 回目，第 5 回目とも勝つ場合だけであるから，その確率は
$$\frac{1}{2} \times \frac{1}{2} = \frac{1}{4}$$

したがって，乙が優勝する確率は
$$1 - \frac{1}{4} = \frac{3}{4}$$
ゆえに，賞金を $a$ 円とすると

甲の期待金額は $\dfrac{1}{4}a$ 円

乙の期待金額は $\dfrac{3}{4}a$ 円

よって，$1:3$ の割合で分配すればよい．

―― 例題 2 ――
1 個 20 円のある食品の原価が 13 円である．毎朝その日に売る分をつくり，売れないときは捨てる．毎日の需要量を 75 日間調査したところ，下表のようになった．ただし，100 個を単位とし，単位未満は切り捨てる．

| 1 日の需要量 (個) | 700 | 800 | 900 | 1000 | 1100 | 1200 |
|---|---|---|---|---|---|---|
| 日数 (日) | 2 | 8 | 16 | 23 | 19 | 7 |

(1) 1000 個作ったとして，1 日の利益金 $X$ と，その確率 $P$ とを表で示せ．
(2) $X$ の期待値を求めよ．

[解答] (1) 原価は $13 \times 1000 = 13000$ 円．
よって，1 日の利益金 $X = 20 \times$ 販売個数 $- 13000$ と，その確率 $P$ を示すと下表の通り．

| $X$ | 1000 | 3000 | 5000 | 7000 |
|---|---|---|---|---|
| $P$ | $\dfrac{2}{75}$ | $\dfrac{8}{75}$ | $\dfrac{16}{75}$ | $\dfrac{23+19+7}{75}$ |

(2) よって，その期待値は
$$1000 \times \frac{2}{75} + 3000 \times \frac{8}{75} + 5000 \times \frac{16}{75}$$
$$+ 7000 \times \frac{49}{75}$$
$$= \frac{449000}{75} \doteqdot 5987 \text{ (円)}$$

## 29.6 試行の独立

■試行の独立

[定義] 第1試行 $T_1$ の標本空間を $\Omega_1$
$$\Omega_1 = \{a_1, a_2, \cdots, a_n\}$$
第2試行 $T_2$ の標本空間を $\Omega_2$
$$\Omega_2 = \{b_1, b_2, \cdots, b_m\}$$
とするとき,複合試行 $T = (T_1, T_2)$ の標本空間を $\Omega$ とすると
$$\Omega = \Omega_1 \times \Omega_2$$
$$= \{(a_1, b_1), (a_2, b_2), \cdots, (a_n, b_m)\}$$
このとき,試行 $T$ の根元事象 $(a_i, b_j)$ の確率が
$$P_\Omega(\{(a_i, b_j)\}) = P_{\Omega_1}(\{a_i\}) \cdot P_{\Omega_2}(\{b_j\})$$
$$(i = 1 \sim n,\ j = 1 \sim m)$$
のとき,**試行 $T_1$ と $T_2$ とは独立である**という.

[定理] 試行 $T_1$, $T_2$ の各々の標本空間を $\Omega_1$, $\Omega_2$ とするとき,複合試行 $T$ の標本空間 $\Omega = \Omega_1 \times \Omega_2$ とする.
試行 $T_1$ の任意の事象:$A$, $A \subset \Omega_1$
試行 $T_2$ の任意の事象:$B$, $B \subset \Omega_2$
に対して
$$E_A = A \times \Omega_2, \quad E_B = \Omega_1 \times B$$
となる $E_A$, $E_B$ があるとき
$$P_\Omega(E_A \cap E_B) = P_{\Omega_1}(A) \cdot P_{\Omega_2}(B)$$
が成り立つとき,**二つの試行は互いに独立**である.

---
**例題1**

3個の異なるサイコロを同時に振ったとき,次のような目が出る確率を求めよ.
(1) 3個とも異なる目.
(2) 少なくとも2個の目は等しい.

---

[解答] (1) サイコロを振る試行を $T_1$, $T_2$, $T_3$ とすると,各々の標本空間 $\Omega_i$ $(i=1\sim3)$ は
$$\Omega_i = \{1, 2, 3, 4, 5, 6\}$$
次に,複合試行 $T = (T_1, T_2, T_3)$ の標本空間を $\Omega$ とすると
$$\Omega = \Omega_1 \times \Omega_2 \times \Omega_3$$
$$\Omega \ni (a, b, c) \quad (a, b, c = 1 \sim 6)$$
このとき,$a, b, c$ が異なる数のときの $\Omega$ の根元事象の個数は ${}_6P_3 = 120$ 個.このうち,一つの事象たとえば,$(1, 2, 3)$ の確率は,試行 $T_1$, $T_2$, $T_3$ が独立であると考えてよいから
$$P_\Omega(\{(1, 2, 3)\})$$
$$= P_{\Omega_1}(\{1\}) \cdot P_{\Omega_2}(\{2\}) \cdot P_{\Omega_3}(\{3\})$$
$$= \left(\frac{1}{6}\right)^3$$
他の根元事象も同様に,その確率は $(1/6)^3$,よって
$$P_\Omega(\{3\text{個とも異なる目}\})$$
$$= \frac{1}{6} \times \frac{1}{6} \times \frac{1}{6} \times 120 = \frac{5}{9}$$
(2) (1)の $\Omega$ の余事象の確率より
$$1 - \frac{5}{9} = \frac{4}{9}$$

■ベルヌイ試行

[定義] いくつかの試行からなる実験があって,各試行の標本空間は $\{s, f\}$ で,$P(s) = p$ はどの試行に対しても同じで一定していて,各試行が独立である実験を**ベルヌイ試行**という.

[定理] 1回の試行で事象 $E$ の起る確率が $p$ であるとき,この試行を $n$ 回くりかえすとき,そのうちちょうど $r$ 回 $E$ が起る確率は,${}_nC_r p^r q^{n-r}$ に等しい(ただし,$q = 1 - p$).

―― 例題 2 ――
サイコロを 50 回振るとき，1 の目が何回出る確率が最も大きいか．

[解答] 1 の目が $r$ 回出る確率を $P_r$ とすると
$$P_r = {}_{50}C_r \left(\frac{1}{6}\right)^r \left(\frac{5}{6}\right)^{50-r}$$
$$P_{r-1} = {}_{50}C_{r-1} \left(\frac{1}{6}\right)^{r-1} \left(\frac{5}{6}\right)^{50-(r-1)}$$
よって
$$\frac{P_r}{P_{r-1}} = \frac{51-r}{5r}$$
ゆえに，$\frac{51-r}{5r} > 1$ ならば，$P_r > P_{r-1}$．

$\frac{51-r}{5r} > 1$ をとくと，$r > 0$ より
$$51 - r > 5r$$
ゆえに，$r < \frac{17}{2} = 8\frac{1}{2}$．したがって
$r \leq 8$ のとき $P_r > P_{r-1}$
同様にして
$r \geq 9$ のとき $P_r < P_{r-1}$
すなわち
$$P_0 < P_1 < \cdots < P_8 > P_9 > P_{10} > \cdots > P_{50}$$
ゆえに，1 の目が 8 回出る確率が最も大きい．

―― 例題 3 ――
(メレの質問) 二つのサイコロを何回か投げて，少なくとも 1 回 (6, 6) が出たら勝ちとする．何回投げれば勝つか．

[解答] 勝つ確率が 1/2 より大きくなる回数を求めることである．したがって，二つのサイコロを $n$ 回投げたとき，少なくとも 1 回 (6, 6) の目の出る確率を $P(n)$ とするとき，$P(n) > 1/2$ となる $n$ をきめればよい．二つのサイコロをくりかえし投げたとき，$k$ 回目に (6, 6) が出ないという事象を $A_k$ とすれば
$$P(A_k) = \frac{35}{36}$$
$$P(n) = P(\bar{A_1} \cup \bar{A_2} \cup \cdots \cup \bar{A_n})$$
$$= 1 - P(A_1 \cap A_2 \cap \cdots \cap A_n)$$
$$= 1 - \left(\frac{35}{36}\right)^n$$
よって
$$1 - \left(\frac{35}{36}\right)^n > \frac{1}{2}$$
$$\left(\frac{35}{36}\right)^n < \frac{1}{2}$$
したがって
$$n > \frac{-\log 2}{\log 35 - \log 36} = 24.5\cdots$$
よって，25 回以上投げればよい．

# 30. 度数分布・確率分布

## 30.1 表とグラフ

### ■度数分布表

生のデータを大きさの順にいくつかのクラスにわけ、各クラスに入るデータの数を数えてひとつの表にしたものを**度数分布表**という。度数分布を表すグラフは、横軸に変量を、縦軸に度数をとり、次のような方法で求める。

**ヒストグラム**（度数分布柱状グラフ）：各階級の幅を底辺とする柱（長方形）をつくり、柱の面積で度数を表す。ヒストグラムでは、変量のある区間に対する度数はその上の柱状部分の面積で表される。

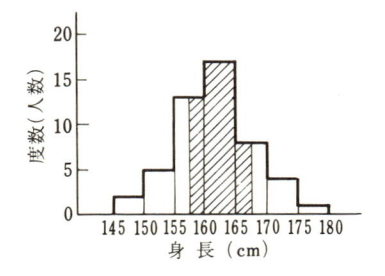

**度数分布多角形**：ヒストグラムの各柱（長方形）の上辺の中点を順次線分で結んでつくる。ただし、横軸上の両端点は、ヒストグラムの両端点から外側へ、階級の幅の半分の距離にとる。

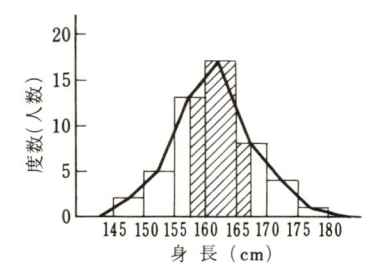

**度数分布曲線**：度数分布多角形における折れ線にそってなめらかな曲線で書き、どの区間でも、そのグラフの下の面積と度数分布多角形の下の面積とが等しいようにする。

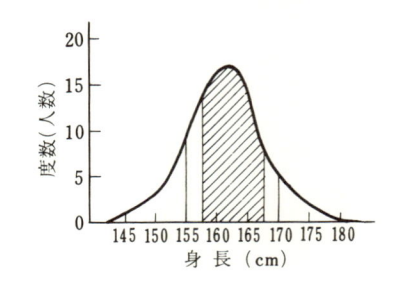

### ■度数分布の型

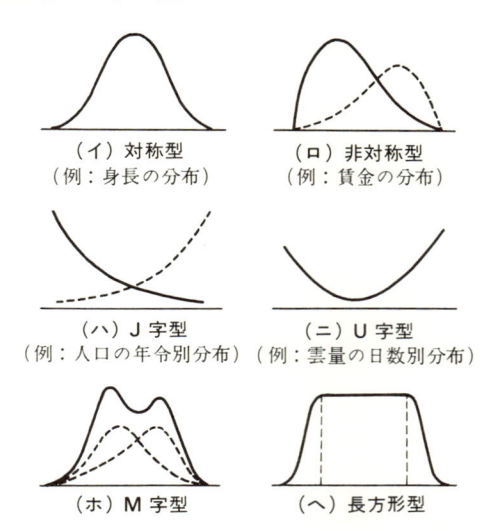

(イ) 対称型 （例：身長の分布）
(ロ) 非対称型 （例：賃金の分布）
(ハ) J字型 （例：人口の年令別分布）
(ニ) U字型 （例：雲量の日数別分布）
(ホ) M字型
(ヘ) 長方形型

---

**例題1**

100個の塗装した製品を検査し、その表面にきずのあるものを数えて次の表をえた。この分布の型を調べよ。

| きずの数 | 0 | 1 | 2 | 3 | 4 |
|---|---|---|---|---|---|
| 度　数 | 58 | 30 | 8 | 3 | 1 |

---

[解答] 度数分布多角形を書くと、左に山

のある非対称型になる．

■**グラフ**（図表）（p.260 参照）

**棒グラフ**：棒の長さで統計数字を表し，互いの棒の長さの程度の比較によって統計の大小を比較する．

**線グラフ**：時間（$t$）と，それに対応する統計数字（$Y$）によって座標（$t, Y$）を組み，その座標を互いに時間（$t$）の順序に直線で結ぶことによって作成する．

**面積図表**：図形の面積の比較によって，統計の大小を比較する．四つの種類がある．

**円グラフ**（パイグラフ）は，円をいくつかの扇形に分割して，構成比を比較する．**帯グラフ**は，長方形を横にし，これをいくつかに分割して，構成比を比較する．**正方形（円）面積図表**は，正方形（円）の面積で，統計数字を表し，その面積の大きさで統計の大小を比較する．

**点グラフ**：あらかじめ，点1個または，物の形1個を一定の大きさと定めておいて，その画いた数が，統計数字の大きさを示すものとして比較する．

**統計地図**（カルトグラム）：統計数字の大きさの段階に従って，地図の上に濃淡で差をつけた模様を画いたりして，地理上の特性を把握しやすいように考えた図表．

---- 例題2 ----
50名からなるクラスのあるテストの度数分布表が下表のようになった．このクラスのヒストグラムと度数分布多角形をつくれ．

| 階級(点) | 1〜10 | 11〜20 | 21〜30 | 31〜40 | 41〜50 | 51〜60 | 61〜70 | 71〜80 | 81〜90 | 91〜100 | 計 |
|---|---|---|---|---|---|---|---|---|---|---|---|
| 度数 | 0 | 2 | 3 | 4 | 10 | 14 | 12 | 4 | 1 | 0 | 50 |

[解答]

ヒストグラム

度数分布多角形

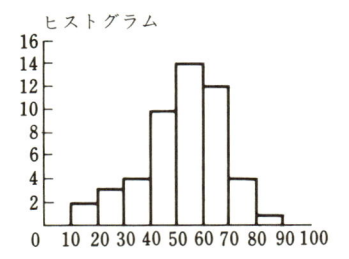

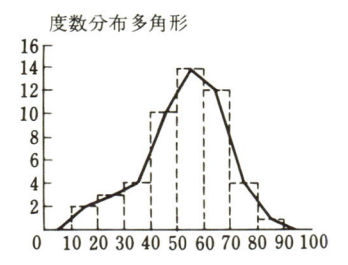

## 30.2 代　表　値

資料全体を代表し，しかもその全体の特徴を表す目安となる一つの数値を，その資料の**代表値**という．

■**平均値**

それぞれの階級の階級値を

$$x_1, x_2, \cdots, x_n$$

その階級に対する度数を，それぞれ

$$f_1, f_2, \cdots, f_n$$

とするとき，平均値 $\bar{x}$ は

公式1：$\bar{x} = \dfrac{1}{N} \sum\limits_{i=1}^{n} f_i x_i$

$$\left( \text{ただし，} N = \sum_{i=1}^{n} f_i \right)$$

各階級の幅 $c$ が等しい場合，仮平均を $\bar{x}'$，$u_i = \dfrac{x_i - \bar{x}'}{c}$ とすると

公式2：$\bar{x} = \bar{x}' + \dfrac{c}{N} \sum\limits_{i=1}^{n} f_i u_i$

$$\left( \text{ただし，} N = \sum_{i=1}^{n} f_i \right)$$

なお

## IX. 確率・統計

### 棒グラフ
国民1人あたりビール消費量比較（1977年）

|  |  |
|---|---|
| チェコスロバキア | 149.3 |
| 西ドイツ | 146.6 |
| オーストリア | 137.8 |
| アイルランド | 116.8 |
| アメリカ合衆国 | 77.4 |
| フランス | 44.3 |
| 日本 | 37.7 |
| ソ連 | 23.9 |

### 帯グラフ
地域別の世界輸出貿易（1979年）
総額 1,631,250 百万ドル

先進国 66.2%：日本 6.3%、アメリカ合衆国 11.1、EC 35.2、EFTA 6.0、その他 7.6
発展途上国 24.7：OPEC 12.7、その他 12.0
共産圏諸国 9.1

### 線グラフ
主要国の自動車生産高推移（万台）
日本自動車工業会「自動車統計月報」（1981年2月号）による．四輪車のみ．

アメリカ合衆国、日本、西ドイツ、フランス、イギリス（1968〜80年）

### 正方形面積図表
主要都市人口総数（昭和45年10月1日現在，国勢調査）

| 都市 | 人口 |
|---|---|
| 東京都の区部 | 8 833 千人 |
| 大阪市 | 2 980 千人 |
| 名古屋市 | 2 036 千人 |
| 北九州市 | 1 042 千人 |
| 札幌市 | 1 010 千人 |

### 点グラフ
各国の耕地1ヘクタールあたり肥料消費（1978/79肥料年度）

|  |  |
|---|---|
| オランダ | 743 kg |
| 日本 | 450 kg |
| 西ドイツ | 429 kg |
| フランス | 297 kg |
| アメリカ合衆国 | 106 kg |
| 中国 | 94 kg |
| ソ連 | 79 kg |
| インド | 27 kg |

■は1個につき20 kg

### 円グラフ
相手地域別の輸出割合（1979年）

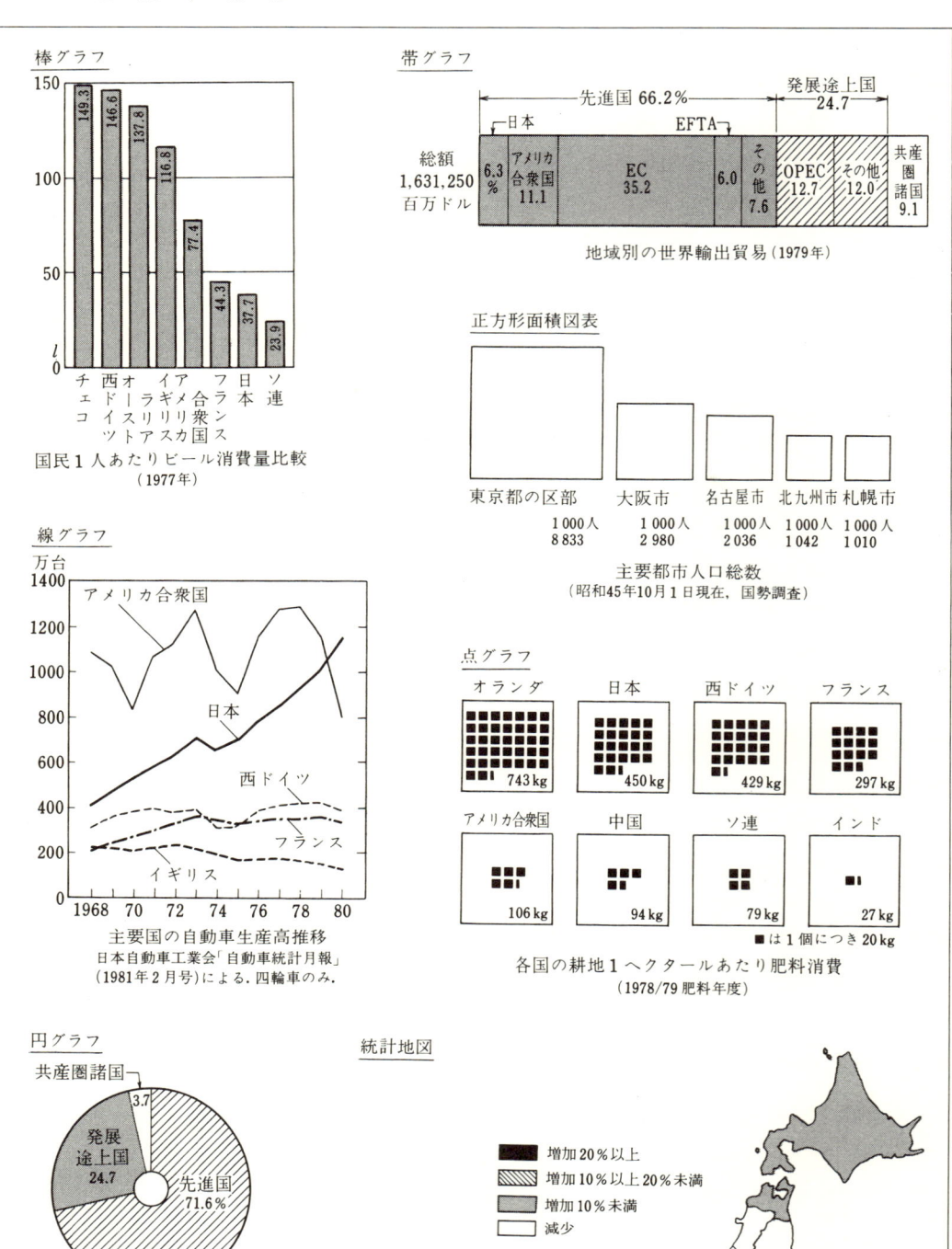

先進国 71.6%、発展途上国 24.7、共産圏諸国 3.7

### 統計地図
都道府県別人口の増減状況
（昭和40年10月1日〜45年9月30日，5年間の増減率）資料 国勢調査

- 増加20%以上
- 増加10%以上20%未満
- 増加10%未満
- 減少

## 30. 度数分布・確率分布

$$\bar{u} = \frac{1}{N}\sum_{i=1}^{n} f_i u_i$$

とおくと，公式 2 は

$$\bar{x} = \bar{x}' + c\bar{u}$$

---**例題 1**---

上の公式 1 から公式 2 を導け．

[解答] $u_i = \dfrac{x_i - \bar{x}'}{c}$ より $x_i = \bar{x}' + cu_i$

これを公式 1 に代入すると

$$\bar{x} = \frac{1}{N}\sum_{i=1}^{n} f_i(\bar{x}' + cu_i)$$

$$= \frac{1}{N}\left(\bar{x}'\sum_{i=1}^{n} f_i + c\sum_{i=1}^{n} f_i u_i\right)$$

$$= \bar{x}' + \frac{c}{N}\sum_{i=1}^{n} f_i u_i \quad (公式 2)$$

---**例題 2**---

50 名からなるクラス全員の身長を測定し，度数分布表をつくったら右表のようになった．平均値を求めよ．また仮平均を使うとどうか．

| 階級（cm） | 度数 |
|---|---|
| 145 以上～150 未満 | 2 |
| 150 ～155 | 5 |
| 155 ～160 | 13 |
| 160 ～165 | 17 |
| 165 ～170 | 8 |
| 170 ～175 | 4 |
| 175 ～180 | 1 |
| 合　計 | 50 |

[解答]

| 階級値 ($x_i$) | 度数 ($f_i$) | $f_i x_i$ | $u_i = \dfrac{x_i - \bar{x}'}{c}$ | $f_i u_i$ |
|---|---|---|---|---|
| 147.5 | 2 | 295.0 | $-3$ | $-6$ |
| 152.5 | 5 | 762.5 | $-2$ | $-10$ |
| 157.5 | 13 | 2047.5 | $-1$ | $-13$ |
| 162.5 | 17 | 2762.5 | 0 | 0 |
| 167.5 | 8 | 1340.0 | 1 | 8 |
| 172.5 | 4 | 690.0 | 2 | 8 |
| 177.5 | 1 | 177.5 | 3 | 3 |
| 計 | 50 | 8075.0 | | $-10$ |

平均値を $\bar{x}$ とすると

$$\bar{x} = \frac{1}{N}\sum_{i=1}^{n} f_i x_i = \frac{8075}{50} = 161.5$$

度数の最大である階級値を仮平均 $\bar{x}'$ とすると，$\bar{x}' = 162.5$．よって

$$\bar{x} = \bar{x}' + \frac{c}{N}\sum f_i u_i$$

$$= 162.5 + \frac{5 \times (-10)}{50} = 161.5$$

■**メジアン（中央値）**

資料全体を変量の大きさの順にならべたときの中央の値．その個数が

奇数個のときは，全体の中央にある変量の値

偶数個のときは，中央にある二つの変量の平均値

をメジアン（中央値）といい，$M_e$ で表す．
度数分布表から $M_e$ の位置の計算は

$$M_e = x' + c \times \frac{n/2 - F}{f}$$

ただし，$x'$：$M_e$ を含む級の下限界値，$c$：階級の幅，$n$：総度数，$F$：$x'$ 未満の変量の総度数，$f$：メジアンを含む級の度数．

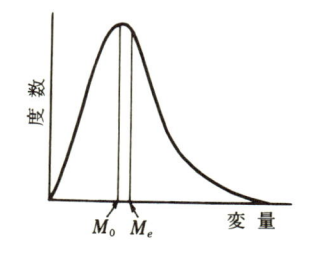

■**モード（最頻値）**

最大の度数をもつ変量の値を，モード（最頻値）といい，$M_o$ で表す．$M_o$ は度数分布曲線の最高点の位置に相当する変量の値である．度数分布表から $M_o$ の位置の計算は

$$M_o = x' + c \times \frac{f_0 - f_{-1}}{(f_0 - f_{-1}) + (f_0 - f_{+1})}$$

ただし，$x'$：$M_o$の級の下限界値，$c$：階級の幅，$f_0$：$M_o$の級の度数，$f_{-1}$：$M_o$の級の前の度数，$f_{+1}$：$M_o$の級の後の度数．

---
**例題 3**

右の度数分布表から，メジアン（$M_e$）とモード（$M_o$）を求めよ．

| 階級 | 度数 | 累積度数 |
|---|---|---|
| 30～40 | 2 | 2 |
| 40～50 | 3 | 5 |
| 50～60 | 11 | 16 |
| 60～70 | 20 | 36 |
| 70～80 | 32 | 68 |
| 80～90 | 25 | 93 |
| 90～100 | 7 | 100 |

---

[解答] 階級値の小さい方から順に，度数の累計を求めると，上表（累積度数表）のようになる．総度数 $N=100$，よって $N/2=50$．ゆえに，メジアン（$M_e$）は 70～80 の階級にある．したがって

$$70 < M_e < 80$$

このとき，度数 32 がこの階級に平均的に分布しているとみなすと

$$M_e = 70 + 10 \times \frac{50-36}{32} = 74.4$$

次に，モード（$M_o$）は，級度数の最大は 70～80 の級で 32 である．したがって

$$70 < M_o < 80$$

この級に平均的に分布していると考えて

$$M_o = 70 + 10 \times \frac{32-20}{(32-20)+(32-25)}$$
$$= 76.3$$

## 30.3 散布度

■散布度

平均値のまわりに度数がどのようにばらついているかを示す測度を**散布度**という．

順序統計量によるもの：レンジ（範囲），4 分位偏差

平均値に対する変量の偏差によるもの：平均偏差，標準偏差，分散

■レンジ（範囲）と 4 分位偏差

変量の値の最大値 Max と最小値 Min の差を**レンジ**（$R$）という．すなわち

$$R = \text{Max} - \text{Min}$$

変量の上位 1/4 と下位 1/4 を除く中央の 1/2 の変量が含まれている範囲の大きさによってばらつきの大小を測定するのを **4 分位偏差**（$Q$）という．

$$Q = \frac{Q_3 - Q_1}{2}$$

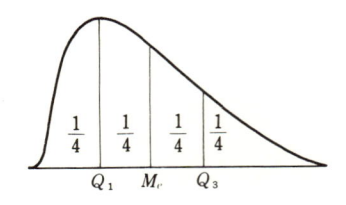

■標準偏差と分散

一つの資料について，おのおのの変量の値を $x_i$，平均値を $\bar{x}$ とするとき，$x_i - \bar{x}$ を $x_i$ の偏差という．偏差の平方の平均値を資料の**分散**といい，分散の正の平方根を**標準偏差**という．これを $\sigma$ で表す．したがって，分散は $\sigma^2$．

次に，変量の値を $x_1, x_2, \cdots, x_n$，その度数をそれぞれ $f_1, f_2, \cdots, f_n$，平均値を $\bar{x}$ で表すと

公式 1：$\sigma = \sqrt{\dfrac{1}{N} \sum_{i=1}^{n} f_i (x_i - \bar{x})^2}$

$\left(\text{ただし，} N = \sum_{i=1}^{n} f_i \right)$

公式 2：$\sigma = \sqrt{\dfrac{1}{N} \sum f_i x_i^2 - \bar{x}^2}$

$\left(\text{ただし，} N = \sum_{i=1}^{n} f_i, \bar{x} = \dfrac{1}{N} \sum_{i=1}^{n} f_i x_i \right)$

## 30. 度数分布・確率分布

仮平均を $\bar{x}'$, 階級の幅を $c$ とし
$$x_i = \bar{x}' + cu_i$$

公式 3 : $\sigma = c\sqrt{\dfrac{1}{N}\sum_{i=1}^{n}f_i u_i^2 - \bar{u}^2}$

$\left(\text{ただし, } N=\sum_{i=1}^{n}f_i,\ \bar{u}=\dfrac{1}{N}\sum_{i=1}^{n}f_i u_i\right)$

---- 例題 1 ----

あるクラスの英語のテストの結果は右表のようである. このときの標準偏差を求めよ. ただし, 公式 3 で求めてみよ.

| 階級 | 度数 |
|---|---|
| 41〜50 | 2 |
| 51〜60 | 14 |
| 61〜70 | 20 |
| 71〜80 | 13 |
| 81〜90 | 1 |
| 計 | 50 |

[解答] 仮平均 $x'$ を 65 として, 下表のように計算すると

$$\bar{u} = \frac{1}{N}\sum_{i=1}^{n}f_i u_i = \frac{-3}{50} = -0.06$$

よって, $\bar{u}^2 = 0.0036$.

$$\frac{1}{N}\sum f_i u_i^2 = \frac{39}{50} = 0.78, \quad c = 10$$

ゆえに
$$\sigma = 10\sqrt{0.78 - 0.0036} \fallingdotseq 10\sqrt{0.78} \fallingdotseq 8.8$$

| $x_i$ | $f_i$ | $u_i=\dfrac{x_i-\bar{x}}{c}$ | $f_i u_i$ | $f_i u_i^2$ |
|---|---|---|---|---|
| 45 | 2 | −2 | −4 | 8 |
| 55 | 14 | −1 | −14 | 14 |
| 65 | 20 | 0 | 0 | 0 |
| 75 | 13 | 1 | 13 | 13 |
| 85 | 1 | 2 | 2 | 4 |
| 計 | 50 | | −3 | 39 |

---- 例題 2 ----

例題 1 において, 平均値 $\bar{x}$ が $\bar{x}=64.4$ である. このとき, 区間 $[\bar{x}-\sigma, \bar{x}+\sigma]$ に含まれる度数は, 全体の度数の何 % であるか調べよ. また, 区間 $[\bar{x}-2\sigma, \bar{x}+2\sigma]$ のときはどうか.

[解答] 例題 1 より $\sigma=8.8$, また $\bar{x}=64.4$.
よって, $[\bar{x}-\sigma, \bar{x}+\sigma]$ のとき
$$\bar{x}-\sigma = 64.4-8.8 = 55.6$$
$$\bar{x}+\sigma = 64.4+8.8 = 73.2$$

で, 区間 $[55.8, 73.2]$ に含まれる度数は
$$14 \times \frac{60-55.6}{60-50} + 20 + 13 \times \frac{73.2-70}{80-70}$$
$$= 30.32$$

ゆえに
$$\frac{30.32}{50} \times 100 = 60.64\ (\%)$$

同様に $[\bar{x}-2\sigma, \bar{x}+2\sigma]$ に含まれる相対度数は $95.687(\%)$ となる.

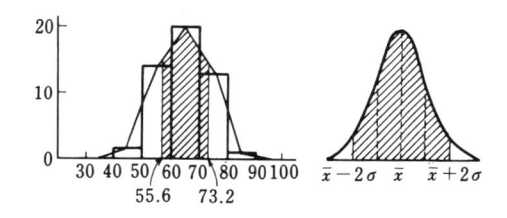

---- 例題 3 ----

**チェビシェフの定理**: 平均値 $\bar{x}$, 標準偏差 $\sigma$ の度数分布では
$$|x-\bar{x}| < k\sigma \quad (k\geq 1)$$
の範囲に含まれる変量の度数の, 全度数に対する割合は $1-1/k^2$ 以上である.

[解答] 変量のうち $|x-\bar{x}|<k\sigma$ をみたすものを $x_1, x_2, \cdots, x_l$, $|x-\bar{x}|\geq k\sigma$ をみたすものを $x_{l+1}, x_{l+2}, \cdots, x_n$ とし, $x_1, x_2, \cdots, x_n$ に対する度数をそれぞれ $f_1, f_2, \cdots, f_n$ とする.

$$\sigma^2 = \frac{1}{N}\sum_{i=1}^{n}f_i(x_i-\bar{x})^2$$
$$\geq \frac{1}{N}\sum_{i=l+1}^{n}f_i(x_i-\bar{x})^2 \geq \frac{1}{N}\sum_{i=l+1}^{n}f_i k^2 \sigma^2$$
$$= k^2\sigma^2 \cdot \frac{1}{N}\sum_{i=l+1}^{n}f_i$$

よって

$$\frac{1}{k^2} \geq \frac{1}{N}\sum_{i=l+1}^{n} f_i$$

また

$$N = \sum_{i=1}^{n} f_i = \sum_{i=1}^{l} f_i + \sum_{i=l+1}^{n} f_i$$

よって

$$\frac{1}{N}\sum_{i=1}^{n} f_i = \frac{1}{N}\left(N - \sum_{i=l+1}^{n} f_i\right)$$
$$= 1 - \frac{1}{N}\sum_{i=l+1}^{n} f_i \geq 1 - \frac{1}{k^2}$$

## 30.4 相関関係

資料のもつ2種類の変量 $X$, $Y$ を調べて，一方の値 $X$ の大小が他方の値 $Y$ の大小に影響するとき，$X$ と $Y$ との間に**相関関係がある**という．一方の変量 $X$ の値が増加するとき，他の変量 $Y$ の値も増加する傾向にあるとき，これら二つの変量 $X$, $Y$ の間には，**正の相関関係**があるという．また，変量 $X$ の値が増加するとき，他の変量 $Y$ の値が減少する傾向にあるとき，これら二つの変量 $X$, $Y$ の間には**負の相関関係**があるという．2変量 $X$ と $Y$ とに相関関係があるとき，$X$ を定めると $Y$ のとる値の範囲は一般に制限される．その範囲が狭いとき，すなわち，制限が強い場合には，**相関関係が強い**という．反対に，制限が弱い場合には，**相関関係が弱い**という．

―― 例題1 ――
下表はあるクラスの男子30名の身長と体重を測ったものである．この表から相関図，相関表をつくれ．

| 身長(cm) | 体重(kg) | 身長(cm) | 体重(kg) | 身長(cm) | 体重(kg) |
|---|---|---|---|---|---|
| 159 | 51.6 | 149 | 44.8 | 153 | 47.6 |
| 163 | 58.2 | 159 | 54.6 | 164 | 53.9 |
| 158 | 57.4 | 162 | 52.6 | 152 | 43.8 |
| 173 | 57.0 | 151 | 47.7 | 163 | 57.9 |
| 169 | 57.1 | 161 | 52.8 | 158 | 47.7 |
| 156 | 52.1 | 154 | 50.4 | 155 | 52.9 |
| 164 | 61.1 | 147 | 41.5 | 153 | 42.3 |
| 157 | 43.2 | 158 | 52.0 | 164 | 52.4 |
| 169 | 64.3 | 170 | 52.2 | 172 | 61.4 |
| 158 | 58.7 | 156 | 51.3 | 161 | 55.1 |

［解答］下図は相関図，次表は相関表である．ここで，たとえば $x$ の160の欄と $y$ の52の欄との交わり4とあるのは，身長157.5

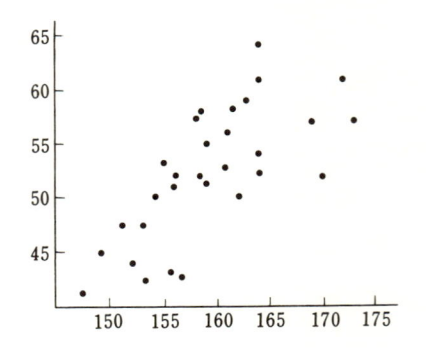

| y \ x | 145 | 150 | 155 | 160 | 165 | 170 | 175 | 計 |
|---|---|---|---|---|---|---|---|---|
| 62 | | | | | 1 | 1 | | 2 |
| 60 | | | | | | 1 | | 1 |
| 58 | | | | 2 | 2 | 1 | 1 | 6 |
| 56 | | | | 1 | | | | 1 |
| 54 | | | | 1 | 1 | | | 2 |
| 52 | | | 3 | 4 | 1 | 1 | | 9 |
| 50 | | | | 1 | | | | 1 |
| 48 | | 1 | 1 | 1 | | | | 3 |
| 46 | | | | | | | | |
| 44 | | 2 | 1 | | | | | 3 |
| 42 | 1 | | 1 | | | | | 2 |
| 40 | | | | | | | | |
| 計 | 1 | 3 | 7 | 9 | 5 | 4 | 1 | 30 |

〜162.5 で，体重が 51〜53 のものが 4 人という意味である．相関図からみて，やや弱い正の相関関係を表しているとみることができる．

## 30.5 相関係数

二つの変量 $X$, $Y$ の間になんらかの相関関係があると予想されるとき，その関係の程度を数量的に表す係数を **相関係数** という．すなわち，相関関係にある二つの変量 $X$, $Y$ の $N$ 個の値の組

$$(x_1, y_1), (x_2, y_2), \cdots, (x_N, y_N)$$

があるとき，$X$, $Y$ の平均をそれぞれ $\bar{x}$, $\bar{y}$，標準偏差をそれぞれ $\sigma_x$, $\sigma_y$ とする．このとき，組 $(x_i, y_i)$ について，標準測度の積の平均

$$\frac{1}{N} \cdot \sum_{i=1}^{N} \frac{x_i - \bar{x}}{\sigma_x} \cdot \frac{y_i - \bar{y}}{\sigma_y}$$
$$= \frac{1}{N \cdot \sigma_x \cdot \sigma_y} \sum_{i=1}^{N} (x_i - \bar{x})(y_i - \bar{y})$$

を，変量 $X$, $Y$ の **相関係数** といい，$r$ で表す．

$$r = \frac{\sum_{i=1}^{N} \overline{x_i} \, \overline{y_i}}{N \sigma_x \sigma_y}$$

（ただし，$\overline{x_i} = x_i - \bar{x}$, $\overline{y_i} = y_i - \bar{y}$）

■相関係数の性質

(1) $|r| \leq 1$

(2) $r = 1$ のとき　完全な正の相関

　　$0 < r < 1$ のとき　正の相関

　　$r = 0$ のとき　相関なし

　　$-1 < r < 0$ のとき　負の相関

　　$r = -1$ のとき　完全な負の相関

(3) 相関は，それがただちに原因・結果を意味するものではない．

(4) 相関係数の値は，相関関係の強度を示すもので，その強度は $r$ の大きさに比例しているわけではない．

(5) 相関係数は絶対的なものではなく，方法や対象によって違ってくる．

---- 例題 1 ----

ある大学の研究所で，実験用のハツカネズミを用いてある薬剤の実験を行った．この薬剤 $X$ の効果時間 $Y$ との間に，下表のような関係がえられた．相関係数を求め，相関の度合について述べよ．

| 薬剤 $X$ ($\mu$g/体重g) | 1 | 2 | 5 | 7 | 8 | 11 | 12 | 12 | 13 | 15 |
|---|---|---|---|---|---|---|---|---|---|---|
| 効果時間 $Y$ (時間) | 1 | 6 | 3 | 7 | 10 | 6 | 10 | 7 | 9 | 15 |

〔解答〕

$\bar{X} = 8.6$,　$\sum(X - \bar{X})^2 = 206.4$

$\bar{Y} = 7.4$,　$\sum(Y - \bar{Y})^2 = 138.4$

$\sum(X - \bar{X})(Y - \bar{Y}) = 132.6$

よって
$$r = \frac{132.6}{\sqrt{206.4 \times 138.4}} \fallingdotseq 0.785$$

したがって，強い相関がある．

| $X$ | $X-\bar{X}$ | $(X-\bar{X})^2$ | $Y$ | $Y-\bar{Y}$ | $(Y-\bar{Y})^2$ | $(X-\bar{X})(Y-\bar{Y})$ |
|---|---|---|---|---|---|---|
| 1 | $-7.6$ | 57.76 | 1 | $-6.4$ | 40.96 | 48.64 |
| 2 | $-6.6$ | 43.56 | 6 | $-1.4$ | 1.96 | 9.24 |
| 5 | $-3.6$ | 12.96 | 3 | $-4.4$ | 19.36 | 15.84 |
| 7 | $-1.6$ | 2.56 | 7 | $-0.4$ | 0.16 | 0.64 |
| 8 | $-0.6$ | 0.36 | 10 | 2.6 | 6.76 | $-1.56$ |
| 11 | 2.4 | 5.76 | 6 | $-1.4$ | 1.96 | $-3.36$ |
| 12 | 3.4 | 11.56 | 10 | 2.6 | 6.76 | 8.84 |
| 12 | 3.4 | 11.56 | 7 | $-0.4$ | 0.16 | $-1.36$ |
| 13 | 4.4 | 19.36 | 9 | 1.6 | 2.56 | 7.04 |
| 15 | 6.4 | 40.96 | 15 | 7.6 | 57.76 | 48.64 |

## 30.6 確率分布

一般に，根元事象 $e$ の集合を $S$ とする．$F: S \to R$（実数）において，変数 $X$ が，$R$ のある値 $x_i$ をとる確率を $P(X=x_i)$ とする．この場合
$$A_i = \{e \mid X(e) = x_i\}$$
とするとき
$$P(X=x_i) = P(A_i) = p_i$$
と定める．このように，変数 $X$ がいろいろな値 $x_i$ $(i=1, 2, \cdots)$ をとって，それらの確率 $p_i$ が定まるとき，この変数 $X$ を**確率変数**という．

一般に，確率変数 $X$ のとる値を $x_1, x_2, \cdots, x_n$ とし，$X$ がこれらの値をとる確率を，それぞれ $p_1, p_2, \cdots, p_n$ とする．このとき，$X$ の各値 $x_i$ に対してその値をとる確率 $p_i$ を対応させる写像を，この確率変数 $X$ の**確率分布**という．

$$p_i \geq 0, \quad \sum_{i=1}^{n} p_i = 1$$

── 例題 1 ──
ある工場で製品 6 個入りの箱をつくっている．5000 個の箱について，その中の不良品の個数を調べ，次の度数分布をえた．任意に 1 箱をとるとき，その中の不良品の個数 $X$ の確率分布を示す表をつくれ．

| 不良品の個数 | 0 | 1 | 2 | 3 | 計 |
|---|---|---|---|---|---|
| 度　　数 | 4959 | 32 | 7 | 2 | 5000 |

[解答] 調査した箱の数が多いので，この度数分布は，その工場の製品の状況をほぼ表しているとみなしてよい．$X$ のとりうる値は 0 から 6 までの整数で，それらの値をとる確率は表から計算できる相対度数と考えてよい．したがって，$X$ の確率分布は下表のようになる．

| $X$ | 0 | 1 | 2 | 3 | 4 | 5 | 6 |
|---|---|---|---|---|---|---|---|
| 確率 | 0.9918 | 0.0064 | 0.0014 | 0.004 | 0 | 0 | 0 |

── 例題 2 ──
つぼの中に，赤球 3 個と白球 7 個が入っている．この中から 1 個をとり出し，色をみてからつぼに戻す．このような試行を 3 回行い，3 回のうち赤球の出る回数を $X$ とするとき，$X$ の確率分布を求めよ．

[解答] $X$ のとりうる値 0, 1, 2, 3 に対する確率を計算すると
$$P_0 = {}_3C_0 \left(\frac{7}{10}\right)^3 = 0.343$$
$$P_1 = {}_3C_1 \frac{3}{10} \left(\frac{7}{10}\right)^2 = 0.441$$
$$P_2 = {}_3C_2 \left(\frac{3}{10}\right)^2 \frac{7}{10} = 0.189$$

$$P_3 = {}_3C_3\left(\frac{3}{10}\right)^3 = 0.027$$

$X$ の確率分布は下表のようになる．

| $X$ | 0 | 1 | 2 | 3 |
|---|---|---|---|---|
| $P$ | 0.343 | 0.441 | 0.189 | 0.027 |

## 30.7 離散的確率変数の平均値と標準偏差

■平均値

確率変数 $X$ の確率分布が下表

| $X$ | $x_1$ | $x_2$ | $\cdots$ | $x_n$ |
|---|---|---|---|---|
| $P$ | $p_1$ | $p_2$ | $\cdots$ | $p_n$ |

で与えられているとき

$$\sum_{i=1}^{n} x_i p_i = x_1 p_1 + x_2 p_2 + \cdots + x_n p_n$$

を $X$ の**平均値**といい，$E(X)$ で表す．すなわち

$$E(X) = \sum_{i=1}^{n} x_i p_i$$

公式1：$E(X+Y) = E(X) + E(Y)$

公式2：$a, b$ を定数とするとき

$$E(aX+b) = aE(X) + b$$

公式3：確率変数 $X, Y$ が互いに独立ならば

$$E(XY) = E(X)E(Y)$$

──── 例題1 ────

1個のサイコロを3回投げて，1の目が出る回数を $X$ とするとき，確率変数 $X$ の平均値を求めよ．

［解答］$X$ のとる値は 0, 1, 2, 3 である．これらの値をとる確率は，それぞれ

$$P_0 = \left(\frac{5}{6}\right)^3, \quad P_1 = {}_3C_1 \frac{1}{6} \times \left(\frac{5}{6}\right)^2$$

$$P_2 = {}_3C_2\left(\frac{1}{6}\right)^2 \frac{5}{6}, \quad P_3 = \left(\frac{1}{6}\right)^3$$

これらを計算して確率分布をつくると，下表のようになる．

| $X$ | 0 | 1 | 2 | 3 |
|---|---|---|---|---|
| $P$ | $\frac{125}{216}$ | $\frac{75}{216}$ | $\frac{15}{216}$ | $\frac{1}{216}$ |

そこで，平均値 $E(X)$ を求めると

$$E(X) = 0 \times \frac{125}{216} + 1 \times \frac{75}{216} + 2 \times \frac{15}{216}$$
$$+ 3 \times \frac{1}{216} = \frac{1}{2}$$

──── 例題2 ────

ある製品は500個に1個の割合で不良品が含まれている．この製品3個を1箱に包装して売り出すとき，包装の不良なものが1000箱に1箱の割合であるものとする．1000箱の中に，中味または包装の不良なものが何箱あると考えればよいか．

［解答］中味，包装ともに完全である確率は

$$\left(\frac{499}{500}\right)^3 \left(\frac{999}{1000}\right)$$

中味または包装が不良である確率は

$$1 - \left(\frac{499}{500}\right)^3 \left(\frac{999}{1000}\right)$$

第 $k$ 番目の箱が完全なとき0，不良のとき1をとる確率変数を $X_k$ とすれば

$$Y = X_1 + X_2 + \cdots + X_{1000}$$

は不良な箱の個数を表す確率変数．

$$E(X_k) = 0\left(\frac{499}{500}\right)^3 \frac{999}{1000}$$
$$+ 1\left\{1 - \left(\frac{499}{500}\right)^3 \frac{999}{1000}\right\}$$
$$= 1 - \left(\frac{499}{500}\right)^3 \frac{999}{1000}$$

ゆえに
$$E(Y) = E(X_1) + E(X_2) + \cdots + E(X_{1000})$$
$$= 10000\left\{1 - \left(\frac{499}{500}\right)^3 \frac{999}{1000}\right\} = 69.8$$

よって，約 70 箱．

■ **標準偏差**

確率変数 $X$ の確率分布が

| $X$ | $x_1$ | $x_2$ | $\cdots$ | $x_n$ |
|---|---|---|---|---|
| $P$ | $p_1$ | $p_2$ | $\cdots$ | $p_n$ |

で与えられているとき，$X$ の平均値を $m$，$x_i$ の $m$ からの偏差の平方 $(x_i - m)^2$ に $p_i$ を掛けて加えたものを $X$ の **分散** といい，$V(X)$ で表す．すなわち

$$V(X) = \sum_{i=1}^{n} (x_i - m)^2 p_i$$

$X$ の分散の正の平方根を $X$ の **標準偏差** といい，$D(X)$ で表す．すなわち

$$D(X) = \sqrt{V(X)}$$

公式 1：$V(X) = \sum_{i=1}^{n} x_i^2 p_i - m^2$

$m = E(X)$, $\sum x_i^2 p_i = E(X^2)$ より

公式 1'：$V(X) = E(X^2) - \{E(X)\}^2$

公式 2：$a, b$ を定数とするとき
$$V(aX + b) = a^2 V(X)$$

公式 3：確率変数 $X$ と $Y$ とが互いに独立ならば
$$V(X + Y) = V(X) + V(Y)$$

── 例題 3 ──
7 個の赤玉と 3 個の白玉が入っているつぼの中から，同時に 2 個の玉をとり出すとき，その 2 個の中の白玉の個数を $X$ とする．確率変数 $X$ の分散と標準偏差を求めよ．

[解答] $X$ のとりうる値は 0, 1, 2 である．各値について，$X$ がその値をとる確率を求めると

$$P(X=0) = \frac{{}_7C_2 \cdot {}_3C_0}{{}_{10}C_2} = \frac{7}{15}$$

$$P(X=1) = \frac{{}_7C_1 \cdot {}_3C_1}{{}_{10}C_2} = \frac{7}{15}$$

$$P(X=2) = \frac{{}_7C_0 \cdot {}_3C_2}{{}_{10}C_2} = \frac{1}{15}$$

したがって，$X$ の平均値 $E(X)$ は
$$E(X) = 0 \cdot \frac{7}{15} + 1 \cdot \frac{7}{15} + 2 \cdot \frac{1}{15}$$
$$= \frac{3}{5}$$

また，$X^2$ の期待値は
$$E(X^2) = 0 \cdot \frac{7}{15} + 1^2 \cdot \frac{7}{15} + 2^2 \cdot \frac{1}{15}$$
$$= \frac{11}{15}$$

したがって，$X$ の分散は
$$V(X) = E(X^2) - \{E(X)\}^2$$
$$= \frac{11}{15} - \left(\frac{3}{5}\right)^2 = \frac{28}{75}$$

また，標準偏差は
$$D(X) = \sqrt{\frac{28}{75}} = \frac{2\sqrt{21}}{15}$$

── 例題 4 ──
確率変数 $X$ の平均値が $m$，標準偏差が $\sigma$ で $\sigma > 0$ のとき，確率変数 $Y = \dfrac{X - m}{\sigma}$ の平均値と標準偏差を求めよ．

[解答] $E(Y) = \dfrac{1}{\sigma} E(X - m) = \dfrac{E(X) - m}{\sigma}$
$= 0$

$V(Y) = \dfrac{1}{\sigma^2} \cdot V(X - m) = \dfrac{1}{\sigma^2} \cdot V(X)$

$D(Y) = 1$

## 30.8 二項分布

**■二項分布**

確率変数 $X$ の変域が

$X : 0, 1, 2, 3, \cdots, n$

で，その各値 $r$ について

$$P(X=r)={}_nC_r p^r q^{n-r}$$

が成り立つとき，$X$ の確率分布を**二項分布**といい，$B(n, p)$ で表す．ただし，$0 < p < 1$, $q = 1 - p$．

**■二項分布の平均値と分散**

確率変数 $X$ が，二項分布 $B(n, p)$ に従うとき

平均値　$E(X) = np$

分　散　$V(X) = npq$

　　　　（ただし，$q = 1 - p$）

--- 例題 1 ---

二項分布 $B(n, p)$ の平均値 $E(X)$ と分散 $V(X)$ は

$$E(X) = np, \quad V(X) = npq$$

（ただし，$q = 1 - p$）

であることを証明せよ．

---

[解答] 第 $r$ 回目に $A$ が起れば 1，起らなければ 0 という値をとる確率変数を $X_r$ とすれば，その確率分布は

| $X_r$ | 1 | 0 |
|---|---|---|
| $P$ | $p$ | $q$ |

（ただし，$q = 1 - p$）

となり，$X_r$ の平均値と分散は

$E(X_r) = 1 \cdot p + 0 \cdot q = p$

$V(X_r) = E(X_r^2) - \{E(X_r)\}^2$

$= \{1^2 \cdot p + 0^2 \cdot q\} - p^2$

$= p - p^2 = p(1-p) = pq$

確率変数 $X$ は，$X_1, X_2, \cdots, X_n$ の和すなわち

$X = X_1 + X_2 + \cdots + X_n$

となり，$X_1, X_2, \cdots, X_n$ は互いに独立であるから

$E(X) = E(X_1) + E(X_2) + \cdots + E(X_n)$

$= np$

$V(X) = V(X_1) + V(X_2) + \cdots + V(X_n)$

$= npq$

--- 例題 2 ---

サイコロを 10 回振るとき，1 の目が $r$ 回出る確率を $P_r$ とする．$P_r$ の値を $r = 0, 1, 2, \cdots, 9, 10$ の各場合について，小数第 3 位まで計算し，これを図示せよ．

---

[解答] 1 の目が $r$ 回出る確率は

$$P_r = P(X=r) = {}_{10}C_r \left(\frac{1}{6}\right)^r \left(\frac{5}{6}\right)^{10-r}$$

$$= {}_{10}C_r \frac{5^{10-r}}{6^{10}}$$

よって

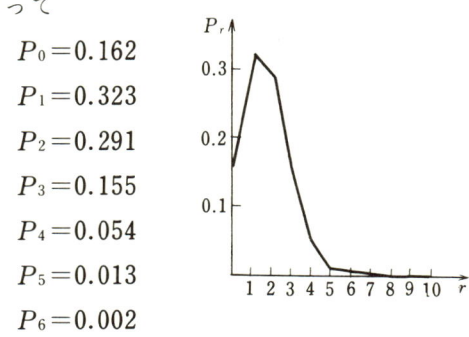

$P_0 = 0.162$

$P_1 = 0.323$

$P_2 = 0.291$

$P_3 = 0.155$

$P_4 = 0.054$

$P_5 = 0.013$

$P_6 = 0.002$

$P_7 = \cdots = P_{10} = 0.000$

--- 例題 3 ---

一つのサイコロを 30 回振るとき，1 の目の出る回数を $X$，その平均値を $m$，標準偏差を $\sigma$ とするとき

$$|X - m| < 2\sigma$$

となる確率を求めよ．

[解答] 二項分布 $(30, 1/6)$ に従うから

平均値 $m = 30 \times \dfrac{1}{6} = 5$

標準偏差 $\sigma = \sqrt{30 \times \dfrac{1}{6} \times \dfrac{5}{6}} = 2.04$

よって，与えられた不等式は
$$|X - 5| < 2 \times 2.04$$
ゆえに
$$5 - 4.08 < X < 5 + 4.08$$
$X$ は 0 から 30 までの整数値であるから
$$1 \leq X \leq 9$$
よって
$$P_1(X=1) = {}_{30}C_1 \left(\dfrac{1}{6}\right)^1 \left(\dfrac{5}{6}\right)^{29} = 0.0253$$
$$P_2(X=2) = {}_{30}C_2 \left(\dfrac{1}{6}\right)^2 \left(\dfrac{5}{6}\right)^{28} = 0.0733$$

以下同様に計算すると

$P_3 = 0.1368, \quad P_4 = 0.1847$

$P_5 = 0.1921, \quad P_6 = 0.1601$

$P_7 = 0.1098, \quad P_8 = 0.0631$

$P_9 = 0.0309$

よって
$$P\{|X - m| < 2\sigma\}$$
$$= P_1 + P_2 + \cdots + P_9 = 0.9761$$

---
**例題 4**

硬貨を 10000 回投げたら 5400 回表が出た．この硬貨は正しくつくられていると仮定できるか．

---

[解答] $X$ を $B(10000, 1/2)$ とする．
$$E(X) = 10000 \times \dfrac{1}{2} = 5000$$
$$V(X) = npq = 10000 \times \dfrac{1}{2} \times \dfrac{1}{2} = 2500$$
よって
$$P\{|X - E(X)| \geq 400\} \leq \dfrac{2500}{(400)^2} = 0.016$$

5400 回表の出る確率は 0.016 より小さいから，この硬貨の表の出る確率が 1/2 と仮定することはできない．すなわち正しくつくられていると仮定できない．

---
**例題 5**

1 枚の硬貨を 10 回投げるとき，表が出る回数を $X$ とする．$X$ の期待値，標準偏差を求めよ．

---

[解答] $X$ は二項分布 $B(10, 1/2)$ に従う．
よって，$X$ の平均値 $E(X)$ と分散 $V(X)$ は
$$E(X) = 10 \times \dfrac{1}{2} = 5$$
$$V(X) = 10 \times \dfrac{1}{2} \times \dfrac{1}{2} = \dfrac{10}{4}$$
したがって，標準偏差 $D(X)$ は
$$D(X) = \sqrt{V(X)} = \sqrt{\dfrac{10}{4}} = \dfrac{\sqrt{10}}{2}$$

## 30.9 その他の離散的確率分布

■ポアソン分布

確率変数 $X: 0, 1, 2, \cdots$ のとき，$X = x$ となる確率 $P(X = x)$ が
$$P(X = x) = e^{-\lambda} \dfrac{\lambda^x}{x!}$$
$$(x = 1, 2, \cdots)$$
で表される確率分布をポアソン分布という．ポアソン分布の平均値は $\lambda$，標準偏差は $\sqrt{\lambda}$ である．

[注] ポアソン分布は二項分布 $B(n, p)$ において，$n$ が非常に大きく，$p$ がきわめて 0 に近い場合，$n \to \infty$ にしたときの極限値である．また，平均値 $\lambda$ は $\lambda = np$ である．

---
**例題 1**

ある学校では 2% の割合で左利きの人がいる．このとき，50 人のクラスで 3 人以上の左利きの生徒がいる確率を求めよ．

---

[解答] $\lambda = np = 50 \times 0.02 = 1.0$
のポアソン分布に従うとみなすと，求める確率は

$$P(x \geq 3) = 1 - P(x \leq 2)$$
$$= 1 - (P_0 + P_1 + P_2)$$

$$P_0 = e^{-1} \frac{1^1}{0!} = 0.368$$

同様に $P_1, P_2$ を求めると

$$P(x \geq 3) = 1 - (0.368 + 0.368 + 0.184)$$
$$= 0.080$$

■ **幾何分布**

独立試行で事象 $A$ の起る確率を $P$ とするとき，第 $x$ 回目にはじめて $A$ が起る確率は

$$P(X = x) = P(1-P)^{x-1}$$
$$(x = 1, 2, \cdots)$$

であり，このような式で表される確率分布を**幾何分布**という．

---
**例題 2**

$n$ 個のカギのついたカギ束に，一つだけドアにあうものがあるが，本人は酔っているために，1 度試したカギを除外しないでもとに戻してしまっている．このとき，この人が $x$ 回目にドアを開くことができる確率を求めよ．

---

[解答] 成功する確率は $1/n$, 失敗する確率は $1 - 1/n$, よって，$x$ 回目に開く確率は

$$P(X = x) = \frac{1}{n}\left(1 - \frac{1}{n}\right)^{x-1}$$

■ **超幾何分布**

$N$ 個のもののうち，$M$ 個はある性質をもち，残りの $N-M$ 個はその性質をもたない．いま，$N$ 個のなかから $n$ 個をとり出したとき，そのうちの $x$ 個がその性質をもち，残りの $n-x$ 個がその性質をもたないような確率は

$$P(X = x) = \frac{{}_M C_x \cdot {}_{N-M} C_{n-x}}{{}_N C_n}$$
$$(x = 0, 1, \cdots, n)$$

で表される．このような確率分布を超幾何分布という．

## 30.10 連続変数の平均値と分散・標準偏差

■ **連続な確率変数**

(1) $f(x) \geq 0$

(2) $\int_{-\infty}^{+\infty} f(x) = 1$

(3) $P(X < x) = \int_{-\infty}^{x} f(x) dx$

のとき，(1)〜(3) によって確率の定まる変数 $X$ を**連続的な確率変数**といい，(1), (2) の性質をもつ関数 $f(x)$ を**確率密度関数**という．また (3) を確率変数 $X$ の分布関数といい，$F(x)$ で表す．

分布関数の性質

(1) $0 \leq F(x) \leq 1$

(2) $\lim_{x \to \infty} F(x) = 1, \quad \lim_{x \to -\infty} F(x) = 0$

(3) $F(x)$ は，$x_1 < x_2$ ならば
$F(x_1) \leq F(x_2)$

(4) $P(a \leq x < b) = F(b) - F(a)$

とくに $f(x)$ が連続関数のとき，この値は $\int_a^b f(x) dx$ に等しい．

## 例題 1

確率変数 $X$ の確率密度関数が

$$f(x) = \begin{cases} 2x & (0 \leq x \leq 1) \\ 0 & (0 < x,\ 1 < x) \end{cases}$$

であるとき、$X$ の分布関数 $F(x)$ を求め、そのグラフを書け。

[解答] $F(x) = \int_{-\infty}^{x} f(x)dx$

である。したがって、$x < 0$ のとき

$$F(x) = \int_{-\infty}^{x} 0\, dx = 0$$

$0 \leq x \leq 1$ のとき

$$F(x) = \int_{-\infty}^{0} 0\, dx + \int_{0}^{x} 2x\, dx = x^2$$

$1 < x$ のとき

$$F(x) = \int_{-\infty}^{0} 0\, dx + \int_{0}^{1} 2x\, dx + \int_{1}^{+\infty} 0\, dx = 1$$

以上より

$$F(x) = \begin{cases} 0 & (x < 0) \\ x^2 & (0 \leq x \leq 1) \\ 1 & (1 < x) \end{cases}$$

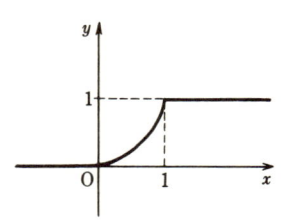

## 例題 2

$X$ は区間 $[0, 20]$ を変域とし、次のような確率密度関数 $f(x)$ をもつ確率変数であるとする。

$$f(x) = Ax(20-x) \quad (0 \leq x \leq 20)$$

(1) 定数 $A$ の値を求めよ。
(2) $0 \leq X \leq 5$ である確率を求めよ。

[解答] (1) $\int_{0}^{20} f(x)dx = 1$

よって、左辺を計算すると

$$\int_{0}^{20} Ax(20-x)dx = A\left[10x^2 - \frac{x^3}{3}\right]_{0}^{20}$$
$$= \frac{4000}{3}A$$

よって

$$\frac{4000}{3}A = 1$$

$$A = \frac{3}{4000}$$

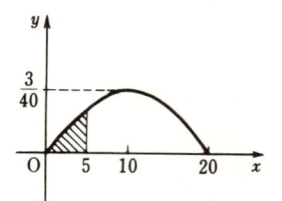

(2) 求める確率は

$$\int_{0}^{5} \frac{3}{4000} x(20-x)dx$$
$$= \frac{3}{4000}\left[10x^2 - \frac{x^3}{3}\right]_{0}^{5}$$
$$= 0.1563$$

## 例題 3

確率変数 $X$ の分布関数が

$$F(x) = \begin{cases} 0 & (x \leq 1) \\ \dfrac{(x-1)^4}{16} & (1 < x \leq 3) \\ 1 & (3 < x) \end{cases}$$

であるとき、確率密度関数 $f(x)$ を求め、グラフを書け。

[解答] $F(x)$ と $f(x)$ の関係は

$$F(x) = \int_{-\infty}^{x} f(x)dx$$

両辺を $x$ について微分すると

$$f(x) = F'(x)$$

となる。したがって

$x \leq 1$ のとき $F'(x) = 0$

$1 < x \leq 3$ のとき $F'(x) = \dfrac{(x-1)^3}{4}$

$3 < x$ のとき $F'(x) = 0$

よって
$$f(x) = \begin{cases} 0 & (x \leq 1) \\ \dfrac{(x-1)^3}{4} & (1 < x \leq 3) \\ 0 & (3 < x) \end{cases}$$

グラフは下図のようになる.

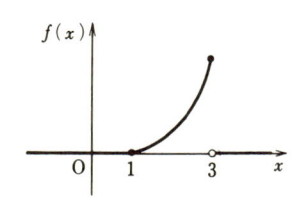

■平均値と分散・標準偏差

連続的な確率変数 $X$ の確率密度関数を $f(x)$ とするとき

$$E(X) = \int_{-\infty}^{+\infty} x f(x) dx$$

を $X$ の**平均値**(期待値)という. $X$ の平均値を $m$ とするとき

$$V(X) = \int_{-\infty}^{+\infty} (x-m)^2 f(x) dx$$

を $X$ の**分散**, その正の平方根 $\sigma(X)$ を $X$ の**標準偏差**という. すなわち

$$\sigma(X) = \sqrt{V(X)}$$

---
**例題 4**

ある店で 1 人の客が来てから,次の客が来るまでの時間を $X$ とする. その確率密度関数が

$$f(x) = \begin{cases} 5e^{-5x} & (x > 0) \\ 0 & (x \leq 0) \end{cases}$$

であるとき,1 分以内に次の客が来る確率と平均値(期待値)を求めよ.

---

[解答] 求める確率は

$$P(0 \leq X \leq 1) = \int_0^1 5e^{-5x} dx$$
$$= [-e^{-5x}]_0^5 = e^0 - e^{-5}$$
$$= 0.9933$$

次に平均値は

$$E(x) = \int_{-\infty}^{+\infty} x \cdot f(x) dx$$
$$= \int_{-\infty}^0 x \cdot 0 \, dx + \int_0^{+\infty} 5xe^{-5x} dx$$
$$= [-xe^{-5x}]_0^{+\infty} + \int_0^{+\infty} e^{-5x} dx$$
$$= -\dfrac{1}{5}[e^{-5x}]_0^{+\infty} = \dfrac{1}{5} = 0.2$$

## 30.11 一様分布

確率変数 $X$ の確率密度関数 $f(x)$ が

$$f(x) = \begin{cases} 0 & (x \leq a) \\ \dfrac{1}{b-a} & (a < x < b) \\ 0 & (b \leq x) \end{cases}$$

と表されるとき,$X$ は**一様分布**または**長方形分布**をしているという. $X$ が一様分布をするとき

平均値 $E(X) = \dfrac{a+b}{2}$

分散 $V(X) = \dfrac{(b-a)^2}{12}$

---
**例題 1**

上記の一様分布の分布関数 $F(x)$ を求めよ. また,一様分布の平均値 $E(X)$,分散 $V(X)$ を確かめよ.

---

[解答] 分布関数 $F(x)$ は

$$F(x) = \int_{-\infty}^x f(x) dx$$

であるから,$x \leq a$ のとき

$x \leq a$ のとき
$$F(x) = \int_{-\infty}^{x} 0\, dx = 0$$

$a < x < b$ のとき
$$F(x) = \int_{-\infty}^{a} 0\, dx + \int_{a}^{x} \frac{1}{b-a} dx$$
$$= \left[\frac{x}{b-a}\right]_{a}^{x} = \frac{x-a}{b-a}$$

$x \leq b$ のとき
$$F(x) = \int_{-\infty}^{a} 0\, dx + \int_{a}^{b} \frac{1}{b-a} dx + \int_{b}^{+\infty} 0\, dx = 1$$

よって
$$F(x) = \begin{cases} 0 & (x \leq a) \\ \dfrac{x-b}{b-a} & (a \leq x \leq b) \\ 1 & (b \leq x) \end{cases}$$

また
$$E(X) = \int_{-\infty}^{+\infty} x f(x) dx = \frac{1}{b-a} \int_{a}^{b} x\, dx$$
$$= \frac{b+a}{2}$$
$$V(X) = E(X^2) - (E(X))^2$$
$$= \int_{-\infty}^{+\infty} x^2 f(x) dx - \left(\frac{b+a}{2}\right)^2$$
$$= \frac{1}{b-a} \int_{a}^{b} x^2\, dx - \left(\frac{b+a}{2}\right)^2$$
$$= \frac{1}{12}(b-a)^2$$

--- 例題 2 ---

毎時 0 分, 40 分にバスが発車する停留所がある. 発車時刻を知らない人が, 無作為に停留所に来てバスを待つ時間の平均値を求めよ.

［解答］毎時 $X$ 分に到着した人の待ち時間 $Y$ 分は
$$Y = \begin{cases} 40 - X & (0 \leq X \leq 40) \\ 60 - X & (40 \leq X \leq 60) \end{cases}$$

$X$ の分布は $[0, 60]$ において一様分布と考えてよいから
$$f(x) = \begin{cases} \dfrac{1}{60} & (0 \leq x \leq 60) \\ 0 & (x < 0,\ 60 < x) \end{cases}$$

よって
$$E(X) = \int_{0}^{40} (40 - x) \frac{1}{60} dx$$
$$+ \int_{40}^{60} (60 - x) \frac{1}{60} dx$$
$$= 16\frac{2}{3}\ (= 16\ \text{分}\ 40\ \text{秒})$$

## 30.12 正規分布

■正規分布

連続的な確率変数 $X$ の確率密度関数 $f(x)$ が
$$f(x) = \frac{1}{\sqrt{2\pi}\, \sigma} e^{-(x-m)^2/2\sigma^2}$$
のとき, $X$ は**正規分布** $N(m, \sigma^2)$ に従うといい, この確率密度関数 $f(x)$ のグラフを**正規分布曲線**あるいは**正規曲線**という. $X$ が正規分布 $N(m, \sigma^2)$ に従う確率変数であるとき

平均値　　$E(X) = m$

標準偏差　$\sigma(X) = \sigma$

上の関数およびそのグラフの性質

(1) 直線 $x = m$ に関して対称.

(2) $x$ 軸は漸近線.

(3) $x = m$ で最大値 $\dfrac{1}{\sqrt{2\pi}\, \sigma}$ をとる.

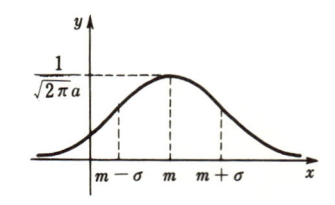

(4) $x=m\pm\sigma$ で変曲点をもつ．

■**標準正規分布**

平均値 0，標準偏差 1 の正規分布 $N(0,1)$ を**標準正規分布**という．$N(0,1)$ に従う確率変数 $z$ の確率密度関数 $f(z)$ は

$$f(z)=\frac{1}{\sqrt{2\pi}}e^{-z^2/2}$$

---
**例題 1**

$X$ が正規分布 $N(m,\sigma^2)$ であるとき，$U=\dfrac{X-m}{\sigma}$ は標準正規分布 $N(0,1)$ に従うことを示せ．

---

[解答] $X$ の値が $x, x_1, x_2$ であるときの $U$ の値を，それぞれ $u, u_1, u_2$ とすると

$$u=\frac{x-m}{\sigma}, \quad u_1=\frac{x_1-m}{\sigma}, \quad u_2=\frac{x_2-m}{\sigma}$$

であって

$$P(u_1 \leq U \leq u_2) = P(x_1 \leq X \leq x_2)$$

また

$$dx = \sigma\, du$$

したがって

$$P(x_1 \leq X \leq x_2)$$
$$=\int_{x_1}^{x_2}\frac{1}{\sqrt{2\pi}\,\sigma}e^{-(x-m)^2/2\sigma^2}\,dx$$
$$=\int_{u_1}^{u_2}\frac{1}{\sqrt{2\pi}}e^{-u^2/2}\,du$$

ゆえに

$$P(u_1 \leq U \leq u_2)=\int_{u_1}^{u_2}\frac{1}{\sqrt{2\pi}}e^{-u^2/2}\,du$$

したがって，変数 $U$ の確率密度関数は

$$\phi(u)=\frac{1}{\sqrt{2\pi}}e^{-u^2/2}$$

であって，$U$ は平均値 0，標準偏差 1 の正規分布 $N(0,1)$ に従う．

[注] 標準正規分布に従う変数 $U$ について

$$P(u)=P(0 \leq U \leq u)$$

と表すと

$$P(u)=\int_0^u \phi(u)\,du$$

$P(u)$ の値は巻末の正規分布表のようになる．たとえば，$P\{0 \leq U \leq 1.23\}$ は $P(1.23)=0.3907$．

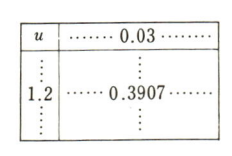

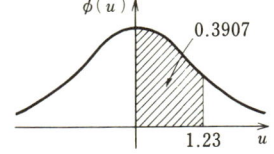

| $u$ | ……0.03…… |
|---|---|
| ⋮ | |
| 1.2 | ……0.3907…… |
| ⋮ | |

---
**例題 2**

変数 $X$ が，平均値 $m$，標準偏差 $\sigma$ の正規分布 $N(m,\sigma^2)$ に従うとき，次のことが成り立つことを示せ．

$P\{m-\sigma \leq X \leq m+\sigma\}$ は約 68.3 %

$P\{m-2\sigma \leq X \leq m+2\sigma\}$ は約 95.4 %

$P\{m-3\sigma \leq X \leq m+3\sigma\}$ は約 99.7 %

---

[解答] $U=\dfrac{X-m}{\sigma}$ とおくと，$X=m+U\sigma$．ゆえに，$k=1,2,3$ に対して，それぞれ $m-k\sigma \leq X \leq m+k\sigma$ と $-k \leq U \leq k$ とは同値である．また，$U$ は標準正規分布 $N(0,1)$ に従うから

$$P\{m-\sigma \leq m+\sigma\}=P\{-1 \leq U \leq 1\}$$
$$=2\cdot P(1)$$

正規分布表より $P(1)=0.3413$．ゆえに

$$P\{m-\sigma \leq X \leq m+\sigma\}=0.3413\times 2$$
$$\fallingdotseq 0.683 = 68.3\ (\%)$$

以下，同様にできる．

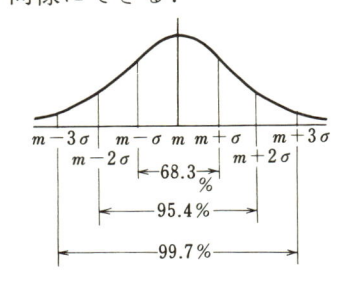

### 例題 3
400人の生徒の成績 $X$ が，平均65点，標準偏差7.5点の正規分布をなすとき
(1) 成績が50点から80点までの生徒の人数は約何人か．
(2) 上から50番以内に入るには何点以上をとればよいか．

[解答] (1) $U=(X-65)/7.5$ とおくと，$U$ は標準正規分布 $N(0,1)$ に従う．このとき
$$65-2\times 7.5=50,\quad 65+2\times 7.5=80$$
であるから
$$P\{50\leq X\leq 80\}=P\{-2\leq U\leq 2\}$$
$$=2\times P(2)\doteqdot 0.954$$
ゆえに
$$400\times 0.954=381.6\doteqdot 382\text{（人）}$$
(2) 上から50番は，上から $50\div 400=0.125$ (12.5%) のところに当る．よって
$$P(u)=\int_0^u \phi(u)du=0.5-0.125=0.375$$
となる $u$ の値を，正規分布表から求めて，$u\doteqdot 1.15$．よって
$$1.15=\frac{x-65}{7.5},\quad x=73.6$$
おおよそ74点以上．

### 例題 4
$N$ 社の電球の平均寿命が2480時間，標準偏差60時間の正規分布をしているという．この電球が2400時間以内に切れる確率を求めよ．

[解答] $N(2480, 60^2)$ を $N(0,1)$ に標準化すると
$$U=\frac{X-2480}{60}$$
$x=2400$ より

$$u=\frac{2400-2480}{60}=-1.33$$
よって
$$P(x\leq 2400)=P(u\leq -1.33)$$
$$=0.5-P(1.33)=0.5-0.408=0.092$$

## 30.13 その他の分布

確率変数 $X$ の確率密度関数 $f(x)$ が
$$f(x)=\begin{cases}\lambda e^{-\lambda x} & (x\geq 0)\\ 0 & (x<0)\end{cases}$$
と表されるとき，$X$ はパラメーター $\lambda$ の**指数分布**をしているという．分布関数 $F(x)$ は
$$F(x)=\begin{cases}1-e^{-\lambda x} & (x\geq 0)\\ 0 & (x<0)\end{cases}$$
となる．この指数分布の平均値と分散は

平均値 $E(X)=\dfrac{1}{\lambda}$

分 散 $V(X)=\dfrac{1}{\lambda^2}$

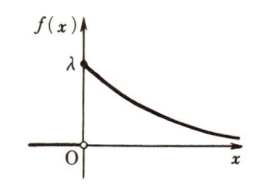

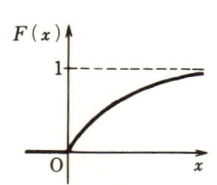

### 例題 1
若い女性の電話の会話の長さを $X$（分）とすれば，$X$ の確率密度関数は
$$f(x)=\begin{cases}\dfrac{1}{5}e^{-x/5} & (0<x)\\ 0 & (x\leq 0)\end{cases}$$
であるという．電話の長さが5分以内である確率と10分以上である確率を求めよ．

[解答] 電話の長さが5分以内である確率は
$$P(X \leq 5) = \int_{-\infty}^{5} f(x)dx$$
$$= \int_{-\infty}^{0} 0\,dx + \int_{0}^{5} \frac{1}{5} e^{-x/5} dx$$
$$= -[e^{-x/5}]_{0}^{5} = e^{0} - \frac{1}{e} = 0.6321$$

同様にして，10分以上である確率は
$$P(10 \leq X) = \int_{10}^{+\infty} f(x)dx$$
$$= \int_{10}^{+\infty} \frac{1}{5} e^{-x/5} dx = -[e^{-x/5}]_{10}^{\infty}$$
$$= \frac{1}{e^2} = 0.1353$$

---
**例題2**

確率密度関数 $f(x)$ が
$$f(x) = \begin{cases} 1-|x| & (-1 \leq x \leq 1) \\ 0 & (x<-1,\ 1<x) \end{cases}$$
であるとき，$X$ の分布を三角形分布という．この分布の平均値と分散を求めよ．

---

[解答]
$$E(X) = \int_{-\infty}^{-1} x \cdot 0\,dx + \int_{-1}^{1} x(1-|x|)dx$$
$$+ \int_{1}^{+\infty} x \cdot 0\,dx$$
$$= \int_{-1}^{0} x(1+x)dx + \int_{0}^{1} x(1-x)dx = 0$$
$$V(X) = \int_{-\infty}^{+\infty} (x-0)^2 f(x)dx$$
$$= \int_{-1}^{0} x^2(1+x)dx + \int_{0}^{1} x^2(1-x)dx = \frac{1}{6}$$

## 30.14 中心極限定理

■二項分布と正規分布の関係

**ラプラスの定理**：二項分布 $B(n, p)$ に従う変数 $X$ は，$n$ が十分に大きいときは，正規分布 $N(np, npq)$ に従うものとみなすことができる．ただし，$q = 1-p > 0$．したがって，変数 $U = (X-np)/\sqrt{npq}$ は標準正規分布 $N(0,1)$ に従うものとみなすことができる．

---
**例題1**

サイコロを720回振って，1の目が出る回数を $X$ とするとき，$X$ が100以上150以下の値をとる確率を求めよ．

---

[解答] 1の目の出る確率は $1/6$．$X$ は二項分布 $B(720, 1/6)$ に従う．よって

平均値　$m = np = 720 \times \frac{1}{6} = 120$

標準偏差　$\sigma = \sqrt{npq} = \sqrt{720 \times \frac{1}{6} \times \frac{5}{6}} = 10$

したがって，$U = (X-120)/10$ は標準正規分布 $N(0, 1)$ に従う．

$X = 100$ のとき　$U = -2$
$X = 150$ のとき　$U = 3$

よって，巻末の正規分布表より
$$P(100 \leq X \leq 150) = P(-2 \leq U \leq 3)$$
$$= P(2) + P(3)$$
$$= 0.4772 + 0.4987 = 0.9759$$

なお，この例題1で二項分布を使って求めると
$$P(100 \leq X \leq 150) = \sum_{r=100}^{150} P(X=r)$$
$$= \sum_{r=100}^{150} {}_{720}C_r \left(\frac{1}{6}\right)^r \left(\frac{5}{6}\right)^{720-r}$$

これを電算機で計算してみると $0.9801\cdots$ となり，例題1の結果と大差ないことがわかる．

■中心極限定理

**中心極限定理**：平均値 $m$，分散 $\sigma^2$ の母集団（正規母集団でなくてもよい）から，$n$

個の独立な標本を抽出したとき，標本数 $n$ が十分に大きいとき，標本合計 $X$ の分布は正規分布 $N(mn, n\sigma^2)$ に近づく．標本平均 $X$ の分布は正規分布 $N=(m, \sigma^2/n)$ に近づく（ただし，$m, \sigma^2$ は有限確定値とする）．

**系**（比率の分布）：母比率 $p$ の事象 $A$ が，$n$ 個の独立な標本の中に $X$ 個現れるとする．標本数 $n$ が十分に大きいとき，$X$ の分布は $N(np, npq)$ に近づく．標本比率 $X/n$ の分布は $N(p, pq/n)$ に近づく（ただし，$p \neq 0$, $q \neq 0$, $p+q=1$）．

---

▶**ヒルベルト**（David Hilbert），1862-1943，ドイツ

公理とは，ユークリッド以来パスカルの時代までは，「自明の真理」「万人に承認される明析なことがら」と考えられてきた．しかし，非ユークリッド幾何の発見などを経て，「自明」「明析」の意の問直しが行われた．ヒルベルトは，「公理とは，学問を体系的に組み立てるために必要な基礎概念の間の関係を述べたもの，すなわち，日常経験とはかかわりなく，論理の出発点としての単なる「仮定」である」ととらえた．この立場を公理主義といい，現代の数学の主流をなす考えである．これによれば，数学は現象世界から独立に存在することになる．公理主義の考えから，『幾何学の基礎』を1899年に著し，その立場を明らかにした．

この他，代数的整数論，ポテンシャル論，積分方程式論，数学基礎論など多くの分野で活躍した．

なお，1900年パリの国際数学者大会で行った講演「数学の問題」は，20世紀の数学研究の目標を示したものとして有名である．そこでは，23の問題が示されたが，そのうちいまだに解決されない主なものは次の通りである（[　] 内の数字はもとの問題番号を示す）．① 算術の公理の無矛盾 [2]，② 直線が最短距離を与える幾何学の組織的研究 [4]，③ 物理学の各部門の公理的扱い [6]，④ 素数分布の問題，特にリーマンの予想 [8]，⑤ 不定方程式の有理整数解の存在の有無を有限回の手段で判定すること [10]，⑥ 一般代数的数体における 2 次形式論 [11]，⑦ 類体の構成問題 [12]，⑧ 代数曲線および曲面の位相的研究 [16]，⑨ いくつかの多面体と合同な多面体によって空間をうめつくすこと [18]，⑩ 一般境界値問題 [20]，⑪ 変分学的方法の研究の展開 [23]．

# 31. 推定・検定

## 31.1 標本調査

調査をして結論をえようとする対象全体を**母集団**という.

**■統計調査**

**全数調査**：調査の対象全体について，もれなく資料を集めて調べる.

**標本調査**：対象全体から一部を抜き出して調べ，その結果から全体の状況を推測する．標本を抜き出すことを抽出，抽出された標本に属する資料の個数を標本の大きさという．

**■抽出法**

**無作為抽出法**：公平に標本を抽出する方法．

**有意抽出法**：調査する者の知識や経験に基づいて，最も代表的だと思われるものを抽出する方法．

統計では，主に無作為抽出法が用いられる．

**■無作為抽出法**

**層別抽出法**：調査結果に影響をもつと思われる性質について，あらかじめいくつかの組（層）にわけ，各組ごとにその何％かを抽出する．

**集落抽出法**：母集団をいくつかのグループにわけ，その中からいくつかのグループを抽出する．抽出されたグループ内の資料は全部調べる．

**2段抽出法**：集落抽出法の場合と同じように，わけられたグループの中からいくつかのグループを抽出し，さらに，抽出された各グループの中からいくつかずつの標本を抽出する．

**■乱数表**：0から9までの数字を縦横に配列した表で，並べ方に規則性がなく，0から9までの数字が等しい確率1/10で選び出せるようにつくられている．

― 例題1 ―
100個の資料から10個の標本を任意抽出せよ（乱数表を用いよ）．

［解答］100個の資料に1から100までの番号をつける．乱数表はどこから用いてもよいが，まず，出発点の数字を定めるために，行数と同じ数のカードに番号をつけ，これをよく切ってから1枚を抜き出して行を定め，次に，やはりカードを用いて，その行の何番目からはじめるか定める．たとえば，第6行目の4番目の数からはじめることにすると

24, 63, 64, 73, 17, 80, 05, 55,
53, 53, 73, 70, 57, 51, ⋯

重複するものを省いて，はじめの方から順に，10組を選ぶ．これらの番号のものを抜きとり，標本とする．

## 31.2 母平均の推定

**(1) 正規母集団のとき**

母分散 $\sigma^2$ が既知母集団から抽出した $n$ 個の独立な標本を，$X_1, X_2, \cdots, X_n$ とする．標本平均を $\overline{X}$ とすると

$$\overline{X} = \frac{X_1 + X_2 + \cdots + X_n}{n}$$

正規分布の加法性により，$\overline{X}$ は平均 $m$，標準偏差 $\sigma/\sqrt{n}$ の正規分布をする．

信頼度95%の $m$ の信頼区間は
$$\overline{X}-1.96\frac{\sigma}{\sqrt{n}}<m<\overline{X}+1.96\frac{\sigma}{\sqrt{n}}$$

信頼度99%の $m$ の信頼区間は
$$\overline{X}-2.58\frac{\sigma}{\sqrt{n}}<m<\overline{X}+2.58\frac{\sigma}{\sqrt{n}}$$

(2) 標本数が多い

母平均 $m$，母分散 $\sigma^2$ である母集団から $n$ 個の独立な標本を抽出して標本平均 $\overline{X}$ をつくると，標本数 $n$ が大きいとき，$\overline{X}$ の分布は平均値 $m$，標準偏差 $\sigma/\sqrt{n}$ の正規分布に近づく（中心極限定理）．

$n$ の値が十分大きいとき，

信頼度95%の $m$ の信頼区間は
$$\overline{X}-1.96\frac{\sigma}{\sqrt{n}}<m<\overline{X}+1.96\frac{\sigma}{\sqrt{n}}$$

信頼度99%の $m$ の信頼区間は
$$\overline{X}-2.58\frac{\sigma}{\sqrt{n}}<m<\overline{X}+2.58\frac{\sigma}{\sqrt{n}}$$

一般に，母平均 $m$ とともに $\sigma$ の値も未知のとき，標本数が多いときは，$\sigma$ のかわりに標本標準偏差 $s$ を使う．
$$s=\sqrt{\frac{1}{n}\sum(X_i-\overline{X})^2}$$

信頼度95%の $m$ の信頼区間は
$$\overline{X}-1.96\frac{s}{\sqrt{n}}<m<\overline{X}+1.96\frac{s}{\sqrt{n}}$$

信頼度99%の $m$ の信頼区間は
$$\overline{X}-2.58\frac{s}{\sqrt{n}}<m<\overline{X}+2.58\frac{s}{\sqrt{n}}$$

(3) 標本数が少ない

母集団に応じた方式を考える．たとえば，正規母集団で $\sigma^2$ が未知のとき，$t$ 分布を使う．

---

**例題 1**

正規分布をなす母集団から抽出した大きさ $n=36$ の標本の標本平均は 60，標本標準偏差は 6 であった．母集団の平均を推定せよ．

(1) 95% の信頼度の場合．
(2) 99% の信頼度の場合．

[解答] 標本の大きさ $n=36$

標本平均 $\overline{x}=60$

標本標準偏差 $s=6$

母平均を $m$ とすると，標本 $\overline{X}$ は，正規分布 $N(m, 6^2/36)$，すなわち，$N(m, 1)$ に従う．

(1) 95% の信頼度のとき
$$60-1.96\frac{6}{\sqrt{36}}<m<60+1.96\frac{6}{\sqrt{36}}$$
よって
$$58.04<m<61.96$$

(2) 99% の信頼度のとき
$$60-2.58\frac{6}{\sqrt{36}}<m<60+2.58\frac{6}{\sqrt{36}}$$
$$57.42<m<62.58$$

---

**例題 2**

ある学校で100人の生徒を無作為に抽出して調べたところ，本人を含む兄弟の数は下表のようであった．この学校の生徒1人当りの本人を含む兄弟の数の平均値を信頼度95%で推定せよ．

| 兄弟の数 $X$ | 1 | 2 | 3 | 4 | 5 | 計 |
|---|---|---|---|---|---|---|
| 度数 | 40 | 34 | 17 | 8 | 1 | 100 |

[解答] 標本平均 $\overline{X}$，標本偏差 $s$ とするとき，標本数 $n=100$ が十分に大きいと考える．母集団平均 $m$ とすると，$\overline{X}$ の分布は

平均値 $m$, 標準偏差 $s/\sqrt{n}$ の正規分布にいくらでも近づく. そこで, $\overline{X}$ と $s$ を求めると

$$\overline{X} = \frac{1}{100} \times (40 \times 1 + 34 \times 2 + 17 \times 3 + 8 \times 4 + 1 \times 5) = 1.96$$

$$s^2 = \frac{1}{100} \times (40 \times 1^2 + 34 \times 2^2 + 17 \times 3^2 + 8 \times 4^2 + 1 \times 5^2) - 1.96^2 = 0.98$$

よって, $s = 0.99$. 信頼度 95% であるから

$$1.96 - 1.96 \times \frac{0.99}{\sqrt{100}} < m$$
$$< 1.96 + 1.96 \frac{0.99}{\sqrt{100}}$$

よって, 求める信頼区間は
$$1.77 < m < 2.15$$

―― 例題 3 ――
ある市で, 一つの政策に対する賛否を調べるための調査を, 任意抽出した有権者 400 人に対して行ったところ, 政策支持者は 216 人であった. これから, この市における政策支持率を推定せよ.

[解答] この市の有権者 1 人 1 人に, この政策を支持する者には 1, 支持しない者には 0 と標識をつける. これら全体は一つの母集団をつくり, この中で標識 1 の占める割合がこの政策の支持率となる. 上の調査結果は, この母集団から抽出された大きさ 400 の任意標本であって, 216 個の 1 と 184 個の 0 からなっている. この標本において, 標本平均 $\overline{x}$ は

$$\overline{x} = \frac{216 \times 1 + 180 \times 0}{400} = 0.54$$

標本の大きさ $n = 400$
標本平均 $\overline{x} = 0.54$

標本標準偏差
$$s = \sqrt{0.54 \times (1 - 0.54)^2 + 0.46 \times (0 - 0.54)^2}$$

よって, $s = 0.50$. したがって, 母平均 $m$, すなわち, この政策の支持率は 95% の信頼度で

$$\overline{x} \pm \frac{1.96 s}{\sqrt{n}} = 0.54 \pm \frac{1.96 \times 0.50}{20}$$
$$= 54 \pm 5 \ (\%)$$

と推定できる.

## 31.3 母比率の推定

(1) 標本数が多いとき：母集団における比率（母比率）が $p$ である事象 $A$ が, 抽出した $n$ 個の独立な標本中に $X$ 回現れたとする. 標本比率 $X/n$ の値を知って, 母比率 $p$ の値を推定する. 標本数 $n$ が十分に大きいとき, $X/n$ は正規分布 $N(p, pq/n)$ に近づく.

信頼度 95% の $p$ の信頼区間は
$$\frac{X}{n} - 1.96 \sqrt{\frac{pq}{n}} < p < \frac{X}{n} + 1.96 \sqrt{\frac{pq}{n}}$$
$$(q = 1 - p)$$

一般には, 母比率 $p$ のかわりに標本比率 $X/n$ を, $q$ のかわりに $1 - X/n$ を代用する. $X/n = \overline{p}$ とすると, $n$ が十分大きく, $\overline{p}$ が 0 や 1 に近くないときは,

信頼度 95% の $p$ の信頼区間は
$$\overline{p} - 1.96 \sqrt{\frac{\overline{p}(1 - \overline{p})}{n}} < p$$
$$< \overline{p} + 1.96 \sqrt{\frac{\overline{p}(1 - \overline{p})}{n}}$$

信頼度 99% の $p$ の信頼区間は
$$\overline{p} - 2.58 \sqrt{\frac{\overline{p}(1 - \overline{p})}{n}} < p$$

$$< \bar{p} + 2.58\sqrt{\frac{\bar{p}(1-\bar{p})}{n}}$$

($p$ は母比率, $\bar{p}$ は標本比率)

---- **例題 1** ----

ある工場の製品 550 個について検査したところ，不良品が 65 個まじっていた．製品中の不良品の率を 99 % の信頼度で推定せよ．

[解答] 母集団の不良率を $p$ とすると

標本比率 $\bar{p} = \dfrac{65}{550} = \dfrac{13}{110}$

$p$ を 99 % の信頼度で推定すると

$$\frac{13}{110} - 2.58\sqrt{\frac{\frac{13}{100} \times \left(1 - \frac{13}{100}\right)}{550}} < p$$

$$< \frac{13}{110} + 2.58\sqrt{\frac{\frac{13}{100} \times \left(1 - \frac{13}{100}\right)}{550}}$$

よって

$0.118 - 0.035 < p < 0.118 + 0.035$

ゆえに，$8.3\% < p < 15.3\%$ となる．

---- **例題 2** ----

ある工場で生産される製品の不良率を信頼度 95 % で推定したい．経験的に，この不良率はほぼ 5 % であると予想できるという．信頼区間の幅を 0.02 以下にするには，標本の大きさをいくらぐらいにすればよいか．

[解答] 不良率 $p$ の信頼度 95 % の信頼区間の幅は

$$2 \times 1.96 \sqrt{\frac{\bar{p}(1-\bar{p})}{n}}$$

$\bar{p}$ の値がほぼ 0.05 とみてよいから

$$3.92 \times \sqrt{\frac{0.05 \times 0.95}{n}} \leqq 0.02$$

$$\sqrt{n} \geqq \frac{3.92\sqrt{0.0475}}{0.02}$$

ゆえに

$$n \geqq \frac{3.92^2 \times 0.0475}{0.004} = 1825$$

標本の大きさはほぼ 1825 以上．

## 31.4　母平均の検定

■**仮説の検定の順序**

(1) **仮説の設定**：母集団についてある予想を立てる（仮説という）．

(2) **標本の調査**：母集団から任意に抽出された標本の性質を調べ，その確率を計算する．

(3) **仮説の棄却**：(2)の確率がきわめて小さいとき，(1)の仮説は正しくないと判定する（仮説の棄却）．

仮説を立てるとき，仮説が棄却されることを予想して設定する．このような仮説を**帰無仮説**という．

仮説が正しいにもかかわらず，これを棄却する誤りを**第 1 種の誤り**といい，第 1 種の誤りをおかす確率を**有意水準**または**危険率**という．また，仮説が正しくないにもかかわらず，この仮説を採択する誤りを**第 2 種の誤り**という．仮説の棄却または採択をきめることを**仮説の検定**という．

■**平均値の検定**

正規母集団で，母分散 $\sigma^2$ が既知，または，標本数が多いとき

**両側検定**（$m = m_0$ の検定）

(1) 母平均 $m = m_0$ であるという仮説を立てる．

(2) これから抽出された $n$ 個の標本値 $x_1, x_2, \cdots, x_n$ について，標本平均 $\bar{x} = \dfrac{1}{n}\sum_{i=1}^{n} x_i$ を求め，$t = \dfrac{\bar{x} - m_0}{\sigma/\sqrt{n}}$ を計算する（$\bar{x}$ は $\bar{X}$ の実現値）．

(3) $|t| \geq 1.96$ ならば有意水準 5％
   $|t| \geq 2.58$ ならば有意水準 1％

で仮説 $m = m_0$ を棄却する（$m \neq m_0$）．
なお母分散 $\sigma^2$ が未知のときは，標本分散 $s^2$ を代用する．(2) の $t$ に対して，$t = \dfrac{\bar{x} - m_0}{s/\sqrt{n}}$ を用いる．

**片側（右側）検定**（$m > m_0$ の検定）

(1) $m \leq m_0$ という仮説を立てる．

(2) 両側検定と同様に，$t = \dfrac{\bar{x} - m_0}{\sigma/\sqrt{n}}$ の値を求める．

(3) $|t| \geq 1.65$ ならば有意水準 5％
   $|t| \geq 2.33$ ならば有意水準 1％

で，$m > m_0$ と判定する．
なお，母分散 $\sigma^2$ が未知のときは標本分散 $s^2$ を代用する．有意水準 5％ の棄却域は下図の通り．

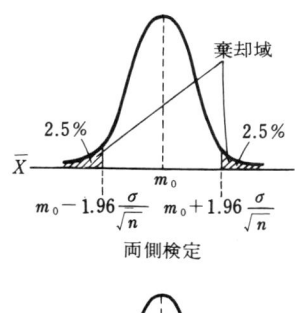

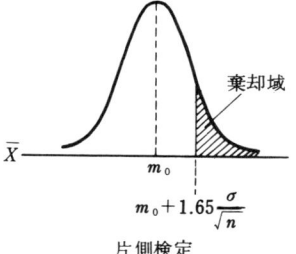

両側検定

片側検定

---

**例題 1**

300 g 入りと表示されている菓子袋の山から，無作為に 100 個を抽出して重さを計ったところ，平均値が 297.4 g であった．1袋当りの重さは表示通りであるとみなしてよいか，有意水準 5％ で検定せよ．ただし，母標準偏差は 7.5 g とする．

[解答] 無作為に抽出された袋の重さの標本平均を $\bar{X}$ とする
仮説： $m = 300$（g）
を立てる．標本数 $n = 100$ であるから十分に大きいとし，この仮説は正しいとする．$\bar{X}$ は正規分布 $N(300, 7.5^2/100)$ に従う．よって

$$t = \dfrac{297.4 - 300}{7.5/10} = -3.47$$

ゆえに
$$|t| = 3.47 > 1.96$$

したがって，棄却域にあり有意水準 5％ で，この仮説を棄却する．すなわち，有意水準 5％ で，このお菓子の1袋当りの重さは，表示通りでないと判断してよい．

---

**例題 2**

ある電池の寿命は平均 60 時間であるといわれている．この電池 10 本を無作為に抽出して寿命を調べたところ，平均値は 63.7 時間，標準偏差は 7.4 時間であった．この電池の寿命は平均 60 時間とみてよいかどうか，危険率 5％ で検定せよ．ただし，この電池の寿命は正規分布に従うものとする．

[解答] 仮説： $m = 60$（時間）

とする．母集団分布が正規分布であるから，仮説が正しいとすると，標本平均 $\overline{X}$ は正規分布 $N(60, \sigma^2/10)$ に従う．母分散 $\sigma^2$ が未知であるから，標本分散 $s^2$ を代用すると，$s=7.4$ であるから

$$t=\frac{63.7-60}{7.4/\sqrt{10}}=1.58$$

よって

$$|t|=1.58<1.96$$

したがって，危険率 5% の棄却域にない．よって，危険率 5% では仮説は棄却できない．すなわち，この電池の寿命は平均 60 時間でないとはいえない．

---- 例題 3 ----

ある工場でスチール製品を生産している．強度が従来の工程では平均値 49 ポンド，標準偏差 5 ポンドの正規分布に従っていたが，製造工程に新しい方式を採用した製品から，20 個の任意標本をとり出して調べてみたら，製品の強度の平均値は 51 ポンドであった．新方式は製品の強さを増したといえるか，危険率 5% で検定せよ．

[解答] 仮説： $m>49$

とする．母集団分布が正規分布であるから，仮説が正しいとすると，標本平均 $\overline{X}$ は正規分布 $N(49, 5^2/20)$ に従う．これは片側（右側）検定であるから

$$t=\frac{\overline{X}-49}{5/\sqrt{20}}$$

とすると，$\overline{X}=51$ であるから

$$t=\frac{51-49}{5/\sqrt{20}}=1.79>1.65$$

よって，危険率 5% で $m>49$ と判定する．すなわち，強度が増したとみなしてよい．

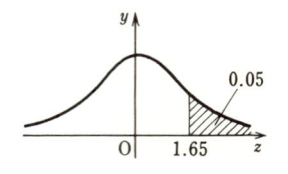

■ 平均値の差の検定

正規母集団で母分散 $\sigma^2$ が既知，または標本数が多いとき

二つの平均値の有意差検定（両側検定）

(1) 二つの母集団 $A$, $B$ について，仮説： $m_A=m_B$ を立てる．

(2) $A$, $B$ から，それぞれ $n_A$, $n_B$ 個の標本を抽出．えられた標本値

$$x_1, x_2, \cdots, x_{n_A}, \quad y_1, y_2, \cdots, y_{n_B}$$

について標本平均 $\overline{x}$, $\overline{y}$ を求め

$$z=\frac{\overline{x}-\overline{y}}{\sqrt{\sigma^2_A/n_A+\sigma^2_B/n_B}}$$

を計算する．

(3) $|z|\geqq 1.96$ ならば有意水準 5%
 $|z|\geqq 2.58$ ならば有意水準 1%

で，$m_A=m_B$ という仮説を棄却する．

なお，母分散が未知のときは標本分散を代用する．

二つの母集団 $m_A$, $m_B$ について $m_A>m_B$ の検定（片側検定）

(1) 仮説： $m_A=m_B$ を立てる．

(2) 両側検定と同様に $z$ の値を計算する．

(3) $|z|\geqq 1.65$ ならば有意水準 5%
 $|z|\geqq 2.33$ ならば有意水準 1%

で $m_A>m_B$ と判定する．

なお，母分散が未知のとき，標本分散を代用する．

---- 例題 4 ----

二つの小学校で，新 1 年生男子 50 人ずつについて身長を測定したら，その平均がそれぞれ 112.6 cm, 114.4 cm で

あった．2校の間に有意差が認められるか，有意水準5％で検定せよ．ただし，2校とも標準偏差5％の正規分布をなしている．

[解答] 2校の平均身長が等しいと仮説する．

仮説： $m_A = m_B$

標本平均を $\bar{x}_A, \bar{y}_B$ とすると

$\bar{x}_A = 112.6, \quad \bar{y}_B = 114.4$

よって

$$|z| = \frac{|112.6 - 114.4|}{\sqrt{5^2/50 + 5^2/50}} = 1.8 < 1.96$$

よって，有意水準5％では有意差があると認められない．

## 31.5 母比率の検定

■比率の検定

標本数が多いとき

母比率の検定（両側検定）

(1) 母比率が $p = p_0$ であるという仮説を立てる．

(2) $n$ 個の標本を抽出し，この中で上記の事象が $x$ 個表れるとき，標本比率 $\bar{p} = x/n$ を求め

$$t = \frac{\bar{p} - p_0}{\sqrt{p_0(1-p_0)/n}}$$

を計算する．

(3) $|t| \geq 1.96$ ならば有意水準5％
$|t| \geq 2.58$ ならば有意水準1％
で $p = p_0$ という仮説を棄却する．

母比率 $p > p_0$ の検定（片側検定）（右側）

上記の $t$ に対して

$t \geq 1.65$ ならば有意水準5％
$t \geq 2.33$ ならば有意水準1％
で $p > p_0$ と判定する．

――― 例題1 ―――

ある地方で400人の出生児中212人が男子であった．この400人を任意標本とみることによって，男子と女子との出生率が異なると判定できるか，有意水準5％で検定せよ．

[解答] 男子の出生率を $p$ とする．

仮説： 男女の出生率が等しい

とすると，$p = 1/2$ より $1 - p = 1/2$.

$n = 400$ だから

$$\bar{p} = \frac{x}{n} = \frac{212}{400}$$

したがって

$$t = \frac{|\bar{p} - p|}{\sqrt{p(1-p)/n}}$$

$$= \left|\frac{212}{400} - \frac{1}{2}\right| \div \sqrt{\frac{1}{2} \cdot \frac{1}{2} \cdot \frac{1}{400}}$$

$$= 1.2 < 1.96$$

ゆえに，5％の有意水準で $p = 1/2$ の仮説は棄却できない．すなわち，男女の出生率が異なるとはいえない．

――― 例題2 ―――

メンデルの遺伝法則によれば，ある種のエンドウを交配させれば3:1の割合で黄色と緑色のエンドウが生ずるという．ある実験で176個の黄色のエンドウと68個の緑色のエンドウがえられた．このエンドウはメンデルの法則に矛盾しないだろうか，5％の危険率で検定せよ．

[解答] 無作為に選んだ1個のエンドウが

黄色である比率を $p$ とする．

仮説： $p=\dfrac{3}{4}$

とすると，$p=3/4$ より，$1-p=1/4$.
$n=244$ であるから

$$\bar{p}=\frac{176}{244}$$

したがって

$$t=\frac{|\bar{p}-p|}{\sqrt{p(1-p)/n}}$$
$$=\left|\frac{176}{244}-\frac{3}{4}\right|\div\sqrt{\frac{(3/4)(1/4)}{244}}$$
$$=1.03\leq 1.96$$

よって，5％の危険率で $p=3/4$ という仮説は棄却できない．仮説は採択される．

――― 例題3 ―――
ある植物の種子をまいたら，その発芽率は20％であった．今回400個の種子をまき，ある養分を与えたら99個が発芽した．この養分の効果はあるといえるか，有意水準5％で検定せよ．

［解答］養分を与えたときの発芽率を $p$ とする．

仮説： $p>0.2$

とすると

$$t=\frac{|99/400-0.2|}{\sqrt{(0.2\times 0.8)/400}}$$
$$=2.38>1.65$$

よって，$p>0.2$ とは判定できる．したがって，効果があるといえる．

■比率の差の検定

比率の差の検定（両側検定）
(1) 二つの母集団 $A, B$ における比率を $p_A, p_B$ とし，仮説：$p_A=p_B$ を立てる．
(2) 標本比率 $\bar{p}_A, \bar{p}_B$ を求め

$$z=\frac{\bar{p}_A-\bar{p}_B}{\sqrt{\bar{p}_A(1-\bar{p}_A)/n_A+\bar{p}_B(1-\bar{p}_B)/n_B}}$$

を計算する．
(3) $|z|\geq 1.96$ ならば有意水準5％
    $|z|\geq 2.58$ ならば有意水準1％
で $p_A=p_B$ という仮説を棄却する．

$p_A>p_B$ の検定（片側検定）
上記の $z$ に対して
    $z\geq 1.65$ ならば有意水準5％
    $z\geq 2.33$ ならば有意水準1％
で $p_A>p_B$ と判定できる．

――― 例題4 ―――
205例の無作為標本について，A, Bの2種の血清抗体の有無について調べたところ下表のようであった．A抗体を有する者の比率70.7％とB抗体を有する者の比率60.6％に差があるといえるか，有意水準5％で両側検定せよ．

| A抗体＼B抗体 | あり | なし | 計 |
|---|---|---|---|
| あり | 84 | 61 | 145 |
| なし | 39 | 21 | 60 |
| 計 | 123 | 82 | 205 |

［解答］二つの母集団 $A, B$ の抗体を有する比率を $p_A, p_B$ とし，いま

仮説： $p_A=p_B$

とすると，標本比率

$$\bar{p}_A=0.707,\quad \bar{p}_B=0.6$$

よって

$$z=\frac{0.707-0.600}{\sqrt{\dfrac{0.707\times 0.293}{205}+\dfrac{0.600\times 0.400}{205}}}$$
$$=2.29>1.96$$

よって，比率の差はないと棄却される．

## ▶高木貞治, 1875-1960, 日本

岐阜県本巣郡一色村に生まれた．学校時代の成績は抜群で，1897年東京帝国大学を卒業し大学院に入学，1898年より3年間，文部省留学生としてドイツに留学した．この留学時代に自分の専攻分野を代数的整数論に定め，「クロネッカーの青春の夢」と呼ばれる問題に興味をもった．これはドイツの数学者クロネッカーが1857年に予想した問題で，多くの数学者の努力にもかかわらず解答が得られないため，「青春の夢」と呼ばれていた．彼はこの問題に関する論文を，帰国後（1903）発表し，これが学位論文ともなった．

1914年第1次世界大戦が始まり，日本とドイツ間の学術交流は跡絶えたが，彼は研究に没頭し，1920年東京帝国大学理学部紀要に「相対アーベル数体の理論について」という133頁にわたるドイツ語の論文を発表した．これが高木の類体論といわれるものである．これにより彼は，ヒルベルトが1900年パリの第2回国際数学者会議における講演「数学の問題」で提出した23の問題のうち第9番目の問題を解決し，また「クロネッカーの青春の夢」の問題も解決することができた．

この論文はドイツの数学者を魅了し，その業績は国際的に知られるようになった．1929年オスロ大学から名誉博士の学位を受け，1932年チューリッヒでの国際数学者会議では副議長，1955年東京と日光で開かれた代数的整数論国際シンポジウムでは名誉議長となった．

著書『解析概論』は評価の高い学習書であり，『数学小景』『近世数学史談』は数学の雰囲気を感じさせる読物として親しまれている．

## ▶ブルバキ (Nicolas Bourbaki), フランス

1930年頃から，当時フランスの新進気鋭の数学者たちが公理主義の立場のグループを作った．その団体のペンネームがニコラス・ブルバキである．このグループには，当初，カルタン，シュヴァレ，デルサルト，デュドンネ，ディクシミエ，エールスマン，サミュエル，シュヴァルツ，セール，ヴェイユらが属していた．

彼らは，数学があまりにも細分化しすぎ，各専門分野の者しか理解できなくなっている現状を憂い，「数学」としての総合性を取り戻そうと考えた．かつて，ヒルベルトは，直観主義者と戦いながら，数学を公理的に構成することを要請した．ブルバキ派の人人は，この精神に徹して，数学を再構築しようとしている．すなわち，「数学」を，単純から複雑へ，普遍的命題から特殊命題へと秩序づけようとしている．

また，彼らは，「構造」と「関係」を重視する．数学の対象としての「構造」を成り立たせている要素，その要素の間に与えられた「関係」は，ある種の条件を満すことが求められる．この条件が「構造」の公理であり，これをもとに，直観を排して，公理的に数学の構成を行っている．

このグループでは，個人としてではなく，互いに討議しあってまとめあげたものを，『数学原論』として，次々と出版し続けている．これらの著書は，いわば構造主義に具体的な骨格を与えるものである．

# ●付　表

## 1. 三角関数表

| 角 | 正弦<br>(sin) | 余弦<br>(cos) | 正接<br>(tan) | 角 | 正弦<br>(sin) | 余弦<br>(cos) | 正接<br>(tan) |
|---|---|---|---|---|---|---|---|
| 0° | 0.0000 | 1.0000 | 0.0000 | 45° | 0.7071 | 0.7071 | 1.0000 |
| 1° | 0.0175 | 0.9998 | 0.0175 | 46° | 0.7193 | 0.6947 | 1.0355 |
| 2° | 0.0349 | 0.9994 | 0.0349 | 47° | 0.7314 | 0.6820 | 1.0724 |
| 3° | 0.0523 | 0.9986 | 0.0524 | 48° | 0.7431 | 0.6691 | 1.1106 |
| 4° | 0.0698 | 0.9976 | 0.0699 | 49° | 0.7547 | 0.6561 | 1.1504 |
| 5° | 0.0872 | 0.9962 | 0.0875 | 50° | 0.7660 | 0.6428 | 1.1918 |
| 6° | 0.1045 | 0.9945 | 0.1051 | 51° | 0.7771 | 0.6293 | 1.2349 |
| 7° | 0.1219 | 0.9925 | 0.1228 | 52° | 0.7880 | 0.6157 | 1.2799 |
| 8° | 0.1392 | 0.9903 | 0.1405 | 53° | 0.7986 | 0.6018 | 1.3270 |
| 9° | 0.1564 | 0.9877 | 0.1584 | 54° | 0.8090 | 0.5878 | 1.3764 |
| 10° | 0.1736 | 0.9848 | 0.1763 | 55° | 0.8192 | 0.5736 | 1.4281 |
| 11° | 0.1908 | 0.9816 | 0.1944 | 56° | 0.8290 | 0.5592 | 1.4826 |
| 12° | 0.2079 | 0.9781 | 0.2126 | 57° | 0.8387 | 0.5446 | 1.5399 |
| 13° | 0.2250 | 0.9744 | 0.2309 | 58° | 0.8480 | 0.5299 | 1.6003 |
| 14° | 0.2419 | 0.9703 | 0.2493 | 59° | 0.8572 | 0.5150 | 1.6643 |
| 15° | 0.2588 | 0.9659 | 0.2679 | 60° | 0.8660 | 0.5000 | 1.7321 |
| 16° | 0.2756 | 0.9613 | 0.2867 | 61° | 0.8746 | 0.4848 | 1.8040 |
| 17° | 0.2924 | 0.9563 | 0.3057 | 62° | 0.8829 | 0.4695 | 1.8807 |
| 18° | 0.3090 | 0.9511 | 0.3249 | 63° | 0.8910 | 0.4540 | 1.9626 |
| 19° | 0.3256 | 0.9455 | 0.3443 | 64° | 0.8988 | 0.4384 | 2.0503 |
| 20° | 0.3420 | 0.9397 | 0.3640 | 65° | 0.9063 | 0.4226 | 2.1445 |
| 21° | 0.3584 | 0.9336 | 0.3839 | 66° | 0.9135 | 0.4067 | 2.2460 |
| 22° | 0.3746 | 0.9272 | 0.4040 | 67° | 0.9205 | 0.3907 | 2.3559 |
| 23° | 0.3907 | 0.9205 | 0.4245 | 68° | 0.9272 | 0.3746 | 2.4751 |
| 24° | 0.4067 | 0.9135 | 0.4452 | 69° | 0.9336 | 0.3584 | 2.6051 |
| 25° | 0.4226 | 0.9063 | 0.4663 | 70° | 0.9397 | 0.3420 | 2.7475 |
| 26° | 0.4384 | 0.8988 | 0.4877 | 71° | 0.9455 | 0.3256 | 2.9042 |
| 27° | 0.4540 | 0.8910 | 0.5095 | 72° | 0.9511 | 0.3090 | 3.0777 |
| 28° | 0.4695 | 0.8829 | 0.5317 | 73° | 0.9563 | 0.2924 | 3.2709 |
| 29° | 0.4848 | 0.8746 | 0.5543 | 74° | 0.9613 | 0.2756 | 3.4874 |
| 30° | 0.5000 | 0.8660 | 0.5774 | 75° | 0.9659 | 0.2588 | 3.7321 |
| 31° | 0.5150 | 0.8572 | 0.6009 | 76° | 0.9703 | 0.2419 | 4.0108 |
| 32° | 0.5299 | 0.8480 | 0.6249 | 77° | 0.9744 | 0.2250 | 4.3315 |
| 33° | 0.5446 | 0.8387 | 0.6494 | 78° | 0.9781 | 0.2079 | 4.7046 |
| 34° | 0.5592 | 0.8290 | 0.6745 | 79° | 0.9816 | 0.1908 | 5.1446 |
| 35° | 0.5736 | 0.8192 | 0.7002 | 80° | 0.9848 | 0.1736 | 5.6713 |
| 36° | 0.5878 | 0.8090 | 0.7265 | 81° | 0.9877 | 0.1564 | 6.3138 |
| 37° | 0.6018 | 0.7986 | 0.7536 | 82° | 0.9903 | 0.1392 | 7.1154 |
| 38° | 0.6157 | 0.7880 | 0.7813 | 83° | 0.9925 | 0.1219 | 8.1443 |
| 39° | 0.6293 | 0.7771 | 0.8098 | 84° | 0.9945 | 0.1045 | 9.5144 |
| 40° | 0.6428 | 0.7660 | 0.8391 | 85° | 0.9962 | 0.0872 | 11.4301 |
| 41° | 0.6561 | 0.7547 | 0.8693 | 86° | 0.9976 | 0.0698 | 14.3007 |
| 42° | 0.6691 | 0.7431 | 0.9004 | 87° | 0.9986 | 0.0523 | 19.0811 |
| 43° | 0.6820 | 0.7314 | 0.9325 | 88° | 0.9994 | 0.0349 | 28.6363 |
| 44° | 0.6947 | 0.7193 | 0.9657 | 89° | 0.9998 | 0.0175 | 57.2900 |
| 45° | 0.7071 | 0.7071 | 1.0000 | 90° | 1.0000 | 0.0000 | — |

## 2. 常用対数表

| 数 | 0 | 1 | 2 | 3 | 4 | 5 | 6 | 7 | 8 | 9 |
|---|---|---|---|---|---|---|---|---|---|---|
| 1.0 | 0.0000 | 0.0043 | 0.0086 | 0.0128 | 0.0170 | 0.0212 | 0.0253 | 0.0294 | 0.0334 | 0.0374 |
| 1.1 | 0.0414 | 0.0453 | 0.0492 | 0.0531 | 0.0569 | 0.0607 | 0.0645 | 0.0682 | 0.0719 | 0.0755 |
| 1.2 | 0.0792 | 0.0828 | 0.0864 | 0.0899 | 0.0934 | 0.0969 | 0.1004 | 0.1038 | 0.1072 | 0.1106 |
| 1.3 | 0.1139 | 0.1173 | 0.1206 | 0.1239 | 0.1271 | 0.1303 | 0.1335 | 0.1367 | 0.1399 | 0.1430 |
| 1.4 | 0.1461 | 0.1492 | 0.1523 | 0.1553 | 0.1584 | 0.1614 | 0.1644 | 0.1673 | 0.1703 | 0.1732 |
| 1.5 | 0.1761 | 0.1790 | 0.1818 | 0.1847 | 0.1875 | 0.1903 | 0.1931 | 0.1959 | 0.1987 | 0.2014 |
| 1.6 | 0.2041 | 0.2068 | 0.2095 | 0.2122 | 0.2148 | 0.2175 | 0.2201 | 0.2227 | 0.2253 | 0.2279 |
| 1.7 | 0.2304 | 0.2330 | 0.2355 | 0.2380 | 0.2405 | 0.2430 | 0.2455 | 0.2480 | 0.2504 | 0.2529 |
| 1.8 | 0.2553 | 0.2577 | 0.2601 | 0.2625 | 0.2648 | 0.2672 | 0.2695 | 0.2718 | 0.2742 | 0.2765 |
| 1.9 | 0.2788 | 0.2810 | 0.2833 | 0.2856 | 0.2878 | 0.2900 | 0.2923 | 0.2945 | 0.2967 | 0.2989 |
| 2.0 | 0.3010 | 0.3032 | 0.3054 | 0.3075 | 0.3096 | 0.3118 | 0.3139 | 0.3160 | 0.3181 | 0.3201 |
| 2.1 | 0.3222 | 0.3243 | 0.3263 | 0.3284 | 0.3304 | 0.3324 | 0.3345 | 0.3365 | 0.3385 | 0.3404 |
| 2.2 | 0.3424 | 0.3444 | 0.3464 | 0.3483 | 0.3502 | 0.3522 | 0.3541 | 0.3560 | 0.3579 | 0.3598 |
| 2.3 | 0.3617 | 0.3636 | 0.3655 | 0.3674 | 0.3692 | 0.3711 | 0.3729 | 0.3747 | 0.3766 | 0.3784 |
| 2.4 | 0.3802 | 0.3820 | 0.3838 | 0.3856 | 0.3874 | 0.3892 | 0.3909 | 0.3927 | 0.3945 | 0.3962 |
| 2.5 | 0.3979 | 0.3997 | 0.4014 | 0.4031 | 0.4048 | 0.4065 | 0.4082 | 0.4099 | 0.4116 | 0.4133 |
| 2.6 | 0.4150 | 0.4166 | 0.4183 | 0.4200 | 0.4216 | 0.4232 | 0.4249 | 0.4265 | 0.4281 | 0.4298 |
| 2.7 | 0.4314 | 0.4330 | 0.4346 | 0.4362 | 0.4378 | 0.4393 | 0.4409 | 0.4425 | 0.4440 | 0.4456 |
| 2.8 | 0.4472 | 0.4487 | 0.4502 | 0.4518 | 0.4533 | 0.4548 | 0.4564 | 0.4579 | 0.4594 | 0.4609 |
| 2.9 | 0.4624 | 0.4639 | 0.4654 | 0.4669 | 0.4683 | 0.4698 | 0.4713 | 0.4728 | 0.4742 | 0.4757 |
| 3.0 | 0.4771 | 0.4786 | 0.4800 | 0.4814 | 0.4829 | 0.4843 | 0.4857 | 0.4871 | 0.5886 | 0.4900 |
| 3.1 | 0.4914 | 0.4928 | 0.4942 | 0.4955 | 0.4969 | 0.4983 | 0.4997 | 0.5011 | 0.5024 | 0.5038 |
| 3.2 | 0.5051 | 0.5065 | 0.5079 | 0.5092 | 0.5105 | 0.5119 | 0.5132 | 0.5145 | 0.5159 | 0.5172 |
| 3.3 | 0.5185 | 0.5198 | 0.5211 | 0.5224 | 0.5237 | 0.5250 | 0.5263 | 0.5276 | 0.5289 | 0.5302 |
| 3.4 | 0.5315 | 0.5328 | 0.5340 | 0.5353 | 0.5366 | 0.5378 | 0.5391 | 0.5403 | 0.5416 | 0.5428 |
| 3.5 | 0.5441 | 0.5453 | 0.5465 | 0.5478 | 0.5490 | 0.5502 | 0.5514 | 0.5527 | 0.5539 | 0.5551 |
| 3.6 | 0.5563 | 0.5575 | 0.5587 | 0.5599 | 0.5611 | 0.5623 | 0.5635 | 0.5647 | 0.5658 | 0.5670 |
| 3.7 | 0.5682 | 0.5694 | 0.5705 | 0.5717 | 0.5729 | 0.5740 | 0.5752 | 0.5763 | 0.5775 | 0.5786 |
| 3.8 | 0.5798 | 0.5809 | 0.5821 | 0.5832 | 0.5843 | 0.5855 | 0.5866 | 0.5877 | 0.5888 | 0.5899 |
| 3.9 | 0.5911 | 0.5922 | 0.5933 | 0.5944 | 0.5955 | 0.5966 | 0.5977 | 0.5988 | 0.5999 | 0.6010 |
| 4.0 | 0.6021 | 0.6031 | 0.6042 | 0.6053 | 0.6064 | 0.6075 | 0.6085 | 0.6096 | 0.6107 | 0.6117 |
| 4.1 | 0.6128 | 0.6138 | 0.6149 | 0.6160 | 0.6170 | 0.6180 | 0.6191 | 0.6201 | 0.6212 | 0.6222 |
| 4.2 | 0.6232 | 0.6243 | 0.6253 | 0.6263 | 0.6274 | 0.6284 | 0.6294 | 0.6304 | 0.6314 | 0.6325 |
| 4.3 | 0.6335 | 0.6345 | 0.6355 | 0.6365 | 0.6375 | 0.6385 | 0.6395 | 0.6405 | 0.6415 | 0.6425 |
| 4.4 | 0.6435 | 0.6444 | 0.6454 | 0.6464 | 0.6474 | 0.6484 | 0.6493 | 0.6503 | 0.6513 | 0.6522 |
| 4.5 | 0.6532 | 0.6542 | 0.6551 | 0.6561 | 0.6571 | 0.6580 | 0.6590 | 0.6599 | 0.6609 | 0.6618 |
| 4.6 | 0.6628 | 0.6637 | 0.6646 | 0.6656 | 0.6665 | 0.6675 | 0.6684 | 0.6693 | 0.6702 | 0.6712 |
| 4.7 | 0.6721 | 0.6730 | 0.6739 | 0.6749 | 0.6758 | 0.6767 | 0.6776 | 0.6785 | 0.6794 | 0.6803 |
| 4.8 | 0.6812 | 0.6821 | 0.6830 | 0.6839 | 0.6848 | 0.6857 | 0.6866 | 0.6875 | 0.6884 | 0.6893 |
| 4.9 | 0.6902 | 0.6911 | 0.6920 | 0.6928 | 0.6937 | 0.6946 | 0.6955 | 0.6964 | 0.6972 | 0.6981 |
| 5.0 | 0.6990 | 0.6998 | 0.7007 | 0.7016 | 0.7024 | 0.7033 | 0.7042 | 0.7050 | 0.7059 | 0.7067 |
| 5.1 | 0.7076 | 0.7084 | 0.7093 | 0.7101 | 0.7110 | 0.7118 | 0.7126 | 0.7135 | 0.7143 | 0.7152 |
| 5.2 | 0.7160 | 0.7168 | 0.7177 | 0.7185 | 0.7193 | 0.7202 | 0.7210 | 0.7218 | 0.7226 | 0.7235 |
| 5.3 | 0.7243 | 0.7251 | 0.7259 | 0.7267 | 0.7275 | 0.7284 | 0.7292 | 0.7300 | 0.7308 | 0.7316 |
| 5.4 | 0.7324 | 0.7332 | 0.7340 | 0.7348 | 0.7356 | 0.7364 | 0.7372 | 0.7380 | 0.7388 | 0.7396 |

| 数 | 0 | 1 | 2 | 3 | 4 | 5 | 6 | 7 | 8 | 9 |
|---|---|---|---|---|---|---|---|---|---|---|
| 5.5 | 0.7404 | 0.7412 | 0.7419 | 0.7427 | 0.7435 | 0.7443 | 0.7451 | 0.7459 | 0.7466 | 0.7474 |
| 5.6 | 0.7482 | 0.7490 | 0.7497 | 0.7505 | 0.7513 | 0.7520 | 0.7528 | 0.7536 | 0.7543 | 0.7551 |
| 5.7 | 0.7559 | 0.7566 | 0.7574 | 0.7582 | 0.7589 | 0.7597 | 0.7604 | 0.7612 | 0.7619 | 0.7627 |
| 5.8 | 0.7634 | 0.7642 | 0.7649 | 0.7657 | 0.7664 | 0.7672 | 0.7679 | 0.7686 | 0.7694 | 0.7701 |
| 5.9 | 0.7709 | 0.7716 | 0.7723 | 0.7731 | 0.7738 | 0.7745 | 0.7752 | 0.7760 | 0.7767 | 0.7774 |
| 6.0 | 0.7782 | 0.7789 | 0.7796 | 0.7803 | 0.7810 | 0.7818 | 0.7825 | 0.7832 | 0.7839 | 0.7846 |
| 6.1 | 0.7853 | 0.7860 | 0.7868 | 0.7875 | 0.7882 | 0.7889 | 0.7896 | 0.7903 | 0.7910 | 0.7917 |
| 6.2 | 0.7924 | 0.7931 | 0.7938 | 0.7945 | 0.7952 | 0.7959 | 0.7966 | 0.7973 | 0.7980 | 0.7987 |
| 6.3 | 0.7993 | 0.8000 | 0.8007 | 0.8014 | 0.8021 | 0.8028 | 0.8035 | 0.8041 | 0.8048 | 0.8055 |
| 6.4 | 0.8062 | 0.8069 | 0.8075 | 0.8082 | 0.8089 | 0.8096 | 0.8102 | 0.8109 | 0.8116 | 0.8122 |
| 6.5 | 0.8129 | 0.8136 | 0.8142 | 0.8149 | 0.8156 | 0.8162 | 0.8169 | 0.8176 | 0.8182 | 0.8189 |
| 6.6 | 0.8195 | 0.8202 | 0.8209 | 0.8215 | 0.8222 | 0.8228 | 0.8235 | 0.8241 | 0.8248 | 0.8254 |
| 6.7 | 0.8261 | 0.8267 | 0.8274 | 0.8280 | 0.8287 | 0.8293 | 0.8299 | 0.8306 | 0.8312 | 0.8319 |
| 6.8 | 0.8325 | 0.8331 | 0.8338 | 0.8344 | 0.8351 | 0.8357 | 0.8363 | 0.8370 | 0.8376 | 0.8382 |
| 6.9 | 0.8388 | 0.8395 | 0.8401 | 0.8407 | 0.8414 | 0.8420 | 0.8426 | 0.8432 | 0.8439 | 0.8445 |
| 7.0 | 0.8451 | 0.8457 | 0.8463 | 0.8470 | 0.8476 | 0.8482 | 0.8488 | 0.8494 | 0.8500 | 0.8506 |
| 7.1 | 0.8513 | 0.8519 | 0.8525 | 0.8531 | 0.8537 | 0.8543 | 0.8549 | 0.8555 | 0.8561 | 0.8567 |
| 7.2 | 0.8573 | 0.8579 | 0.8585 | 0.8591 | 0.8597 | 0.8603 | 0.8609 | 0.8615 | 0.8621 | 0.8627 |
| 7.3 | 0.8633 | 0.8639 | 0.8645 | 0.8651 | 0.8657 | 0.8663 | 0.8669 | 0.8675 | 0.8681 | 0.8686 |
| 7.4 | 0.8692 | 0.8698 | 0.8704 | 0.8710 | 0.8716 | 0.8722 | 0.8727 | 0.8733 | 0.8739 | 0.8745 |
| 7.5 | 0.8751 | 0.8756 | 0.8762 | 0.8768 | 0.8774 | 0.8779 | 0.8785 | 0.8791 | 0.8797 | 0.8802 |
| 7.6 | 0.8808 | 0.8814 | 0.8820 | 0.8825 | 0.8831 | 0.8837 | 0.8842 | 0.8848 | 0.8854 | 0.8859 |
| 7.7 | 0.8865 | 0.8871 | 0.8876 | 0.8882 | 0.8887 | 0.8893 | 0.8899 | 0.8904 | 0.8910 | 0.8915 |
| 7.8 | 0.8921 | 0.8927 | 0.8932 | 0.8938 | 0.8943 | 0.8949 | 0.8954 | 0.8960 | 0.8965 | 0.8971 |
| 7.9 | 0.8976 | 0.8982 | 0.8987 | 0.8993 | 0.8998 | 0.9004 | 0.9009 | 0.9015 | 0.9020 | 0.9025 |
| 8.0 | 0.9031 | 0.9036 | 0.9042 | 0.9047 | 0.9053 | 0.9058 | 0.9063 | 0.9069 | 0.9074 | 0.9079 |
| 8.1 | 0.9085 | 0.9090 | 0.9096 | 0.9101 | 0.9106 | 0.9112 | 0.9117 | 0.9122 | 0.9128 | 0.9133 |
| 8.2 | 0.9138 | 0.9143 | 0.9149 | 0.9154 | 0.9159 | 0.9165 | 0.9170 | 0.9175 | 0.9180 | 0.9186 |
| 8.3 | 0.9191 | 0.9196 | 0.9201 | 0.9206 | 0.9212 | 0.9217 | 0.9222 | 0.9227 | 0.9232 | 0.9238 |
| 8.4 | 0.9243 | 0.9248 | 0.9253 | 0.9258 | 0.9263 | 0.9269 | 0.9274 | 0.9279 | 0.9284 | 0.9289 |
| 8.5 | 0.9294 | 0.9299 | 0.9304 | 0.9309 | 0.9315 | 0.9320 | 0.9325 | 0.9330 | 0.9335 | 0.9340 |
| 8.6 | 0.9345 | 0.9350 | 0.9355 | 0.9360 | 0.9365 | 0.9370 | 0.9375 | 0.9380 | 0.9385 | 0.9390 |
| 8.7 | 0.9395 | 0.9400 | 0.9405 | 0.9410 | 0.9415 | 0.9420 | 0.9425 | 0.9430 | 0.9435 | 0.9440 |
| 8.8 | 0.9445 | 0.9450 | 0.9455 | 0.9460 | 0.9465 | 0.9469 | 0.9474 | 0.9479 | 0.9484 | 0.9489 |
| 8.9 | 0.9494 | 0.9499 | 0.9504 | 0.9509 | 0.9513 | 0.9518 | 0.9523 | 0.9528 | 0.9533 | 0.9538 |
| 9.0 | 0.9542 | 0.9547 | 0.9552 | 0.9557 | 0.9562 | 0.9566 | 0.9571 | 0.9576 | 0.9581 | 0.9586 |
| 9.1 | 0.9590 | 0.9595 | 0.9600 | 0.9605 | 0.9609 | 0.9614 | 0.9619 | 0.9624 | 0.9628 | 0.9633 |
| 9.2 | 0.9638 | 0.9643 | 0.9647 | 0.9652 | 0.9657 | 0.9661 | 0.9666 | 0.9671 | 0.9675 | 0.9680 |
| 9.3 | 0.9685 | 0.9689 | 0.9694 | 0.9699 | 0.9703 | 0.9708 | 0.9713 | 0.9717 | 0.9722 | 0.9727 |
| 9.4 | 0.9731 | 0.9736 | 0.9741 | 0.9745 | 0.9750 | 0.9754 | 0.9759 | 0.9763 | 0.9768 | 0.9773 |
| 9.5 | 0.9777 | 0.9782 | 0.9786 | 0.9791 | 0.9795 | 0.9800 | 0.9805 | 0.9809 | 0.9814 | 0.9818 |
| 9.6 | 0.9823 | 0.9827 | 0.9832 | 0.9836 | 0.9841 | 0.9845 | 0.9850 | 0.9854 | 0.9859 | 0.9863 |
| 9.7 | 0.9868 | 0.9872 | 0.9877 | 0.9881 | 0.9886 | 0.9890 | 0.9894 | 0.9899 | 0.9903 | 0.9908 |
| 9.8 | 0.9912 | 0.9917 | 0.9921 | 0.9926 | 0.9930 | 0.9934 | 0.9939 | 0.9943 | 0.9948 | 0.9952 |
| 9.9 | 0.9956 | 0.9961 | 0.9965 | 0.9969 | 0.9974 | 0.9978 | 0.9983 | 0.9987 | 0.9991 | 0.9996 |

## 3. 正規分布表

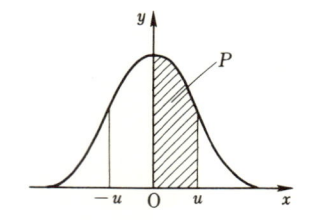

| u | 0.00 | 0.01 | 0.02 | 0.03 | 0.04 | 0.05 | 0.06 | 0.07 | 0.08 | 0.09 |
|---|---|---|---|---|---|---|---|---|---|---|
| 0.0 | 0.0000 | 0.0040 | 0.0080 | 0.0120 | 0.0160 | 0.0199 | 0.0239 | 0.0279 | 0.0319 | 0.0359 |
| 0.1 | 0.0398 | 0.0438 | 0.0478 | 0.0517 | 0.0557 | 0.0596 | 0.0636 | 0.0675 | 0.0714 | 0.0753 |
| 0.2 | 0.0793 | 0.0832 | 0.0871 | 0.0910 | 0.0948 | 0.0987 | 0.1026 | 0.1064 | 0.1103 | 0.1141 |
| 0.3 | 0.1179 | 0.1217 | 0.1255 | 0.1293 | 0.1331 | 0.1368 | 0.1406 | 0.1443 | 0.1480 | 0.1517 |
| 0.4 | 0.1554 | 0.1591 | 0.1628 | 0.1664 | 0.1700 | 0.1736 | 0.1772 | 0.1808 | 0.1844 | 0.1879 |
| 0.5 | 0.1915 | 0.1950 | 0.1985 | 0.2019 | 0.2054 | 0.2088 | 0.2123 | 0.2157 | 0.2190 | 0.2224 |
| 0.6 | 0.2257 | 0.2291 | 0.2324 | 0.2357 | 0.2389 | 0.2422 | 0.2454 | 0.2486 | 0.2517 | 0.2549 |
| 0.7 | 0.2580 | 0.2611 | 0.2642 | 0.2673 | 0.2704 | 0.2734 | 0.2764 | 0.2794 | 0.2823 | 0.2852 |
| 0.8 | 0.2881 | 0.2910 | 0.2939 | 0.2967 | 0.2995 | 0.3023 | 0.3051 | 0.3078 | 0.3106 | 0.3133 |
| 0.9 | 0.3159 | 0.3186 | 0.3212 | 0.3238 | 0.3264 | 0.3289 | 0.3315 | 0.3340 | 0.3365 | 0.3389 |
| 1.0 | 0.3413 | 0.3438 | 0.3461 | 0.3485 | 0.3508 | 0.3531 | 0.3554 | 0.3577 | 0.3599 | 0.3621 |
| 1.1 | 0.3643 | 0.3665 | 0.3686 | 0.3708 | 0.3729 | 0.3749 | 0.3770 | 0.3790 | 0.3810 | 0.3830 |
| 1.2 | 0.3849 | 0.3869 | 0.3888 | 0.3907 | 0.3925 | 0.3944 | 0.3962 | 0.3980 | 0.3997 | 0.4015 |
| 1.3 | 0.4032 | 0.4049 | 0.4066 | 0.4082 | 0.4099 | 0.4115 | 0.4131 | 0.4147 | 0.4162 | 0.4177 |
| 1.4 | 0.4192 | 0.4207 | 0.4222 | 0.4236 | 0.4251 | 0.4265 | 0.4279 | 0.4292 | 0.4306 | 0.4319 |
| 1.5 | 0.4332 | 0.4345 | 0.4357 | 0.4370 | 0.4382 | 0.4394 | 0.4406 | 0.4418 | 0.4429 | 0.4441 |
| 1.6 | 0.4452 | 0.4463 | 0.4474 | 0.4484 | 0.4495 | 0.4505 | 0.4515 | 0.4525 | 0.4535 | 0.4545 |
| 1.7 | 0.4554 | 0.4564 | 0.4573 | 0.4582 | 0.4591 | 0.4599 | 0.4608 | 0.4616 | 0.4625 | 0.4633 |
| 1.8 | 0.4641 | 0.4649 | 0.4656 | 0.4664 | 0.4671 | 0.4678 | 0.4686 | 0.4693 | 0.4699 | 0.4706 |
| 1.9 | 0.4713 | 0.4719 | 0.4726 | 0.4732 | 0.4738 | 0.4744 | 0.4750 | 0.4756 | 0.4761 | 0.4767 |
| 2.0 | 0.4772 | 0.4778 | 0.4783 | 0.4788 | 0.4793 | 0.4798 | 0.4803 | 0.4808 | 0.4812 | 0.4817 |
| 2.1 | 0.4821 | 0.4826 | 0.4830 | 0.4834 | 0.4838 | 0.4842 | 0.4846 | 0.4850 | 0.4854 | 0.4857 |
| 2.2 | 0.4861 | 0.4864 | 0.4868 | 0.4871 | 0.4875 | 0.4878 | 0.4881 | 0.4884 | 0.4887 | 0.4890 |
| 2.3 | 0.4893 | 0.4896 | 0.4898 | 0.4901 | 0.4904 | 0.4906 | 0.4909 | 0.4911 | 0.4913 | 0.4916 |
| 2.4 | 0.4918 | 0.4920 | 0.4922 | 0.4925 | 0.4927 | 0.4929 | 0.4931 | 0.4932 | 0.4934 | 0.4936 |
| 2.5 | 0.4938 | 0.4940 | 0.4941 | 0.4943 | 0.4945 | 0.4946 | 0.4948 | 0.4949 | 0.4951 | 0.4952 |
| 2.6 | 0.49534 | 0.49547 | 0.49560 | 0.49573 | 0.49585 | 0.49597 | 0.49609 | 0.49621 | 0.49632 | 0.49643 |
| 2.7 | 0.49653 | 0.49664 | 0.49674 | 0.49683 | 0.49693 | 0.49702 | 0.49711 | 0.49722 | 0.49728 | 0.49736 |
| 2.8 | 0.49744 | 0.49752 | 0.49760 | 0.49767 | 0.49774 | 0.49781 | 0.49788 | 0.49795 | 0.49801 | 0.49807 |
| 2.9 | 0.49813 | 0.49819 | 0.49825 | 0.49831 | 0.49836 | 0.49841 | 0.49846 | 0.49851 | 0.49855 | 0.49860 |
| 3.0 | 0.49865 | 0.49869 | 0.49873 | 0.49878 | 0.49882 | 0.49886 | 0.49889 | 0.49893 | 0.49897 | 0.49900 |

## 4. 乱 数 表

| | | | | | | | | | | | | | | |
|---|---|---|---|---|---|---|---|---|---|---|---|---|---|---|
| 36 | 84 | 78 | 10 | 06 | 61 | 12 | 87 | 36 | 65 | 97 | 81 | 54 | 95 | 10 |
| 91 | 92 | 64 | 52 | 62 | 87 | 24 | 43 | 63 | 80 | 39 | 65 | 70 | 97 | 93 |
| 50 | 56 | 58 | 33 | 25 | 34 | 86 | 07 | 65 | 66 | 07 | 40 | 54 | 70 | 21 |
| 92 | 86 | 15 | 75 | 72 | 47 | 71 | 49 | 46 | 51 | 91 | 00 | 41 | 53 | 33 |
| 24 | 32 | 75 | 67 | 38 | 64 | 38 | 93 | 44 | 15 | 53 | 49 | 87 | 34 | 56 |
| | | | | | | | | | | | | | | |
| 09 | 45 | 27 | 24 | 63 | 64 | 73 | 17 | 80 | 05 | 55 | 53 | 53 | 73 | 70 |
| 57 | 51 | 15 | 83 | 26 | 39 | 17 | 06 | 39 | 08 | 80 | 47 | 55 | 26 | 14 |
| 70 | 55 | 31 | 20 | 16 | 48 | 89 | 48 | 29 | 53 | 75 | 65 | 99 | 30 | 45 |
| 82 | 40 | 63 | 74 | 86 | 14 | 77 | 04 | 43 | 93 | 57 | 54 | 83 | 43 | 70 |
| 97 | 09 | 18 | 47 | 90 | 54 | 18 | 48 | 58 | 36 | 53 | 07 | 90 | 87 | 17 |
| | | | | | | | | | | | | | | |
| 01 | 51 | 54 | 04 | 75 | 10 | 72 | 37 | 50 | 81 | 44 | 42 | 49 | 56 | 02 |
| 28 | 39 | 95 | 29 | 98 | 85 | 39 | 79 | 05 | 45 | 05 | 57 | 09 | 35 | 66 |
| 13 | 33 | 05 | 35 | 58 | 31 | 26 | 51 | 03 | 75 | 30 | 42 | 65 | 77 | 13 |
| 43 | 70 | 19 | 09 | 66 | 60 | 99 | 39 | 40 | 39 | 42 | 78 | 98 | 48 | 22 |
| 89 | 70 | 16 | 53 | 49 | 31 | 45 | 75 | 00 | 99 | 97 | 50 | 25 | 22 | 06 |
| | | | | | | | | | | | | | | |
| 68 | 42 | 85 | 36 | 28 | 01 | 81 | 54 | 41 | 55 | 40 | 84 | 25 | 21 | 58 |
| 76 | 85 | 35 | 93 | 87 | 08 | 29 | 92 | 93 | 21 | 05 | 34 | 88 | 81 | 48 |
| 32 | 29 | 42 | 30 | 48 | 22 | 67 | 32 | 94 | 17 | 52 | 55 | 58 | 54 | 44 |
| 43 | 25 | 05 | 71 | 73 | 37 | 00 | 58 | 87 | 56 | 22 | 51 | 83 | 52 | 53 |
| 71 | 05 | 86 | 19 | 31 | 15 | 53 | 29 | 03 | 93 | 31 | 34 | 18 | 19 | 07 |
| | | | | | | | | | | | | | | |
| 75 | 07 | 28 | 36 | 78 | 92 | 33 | 35 | 18 | 46 | 85 | 04 | 45 | 81 | 10 |
| 04 | 67 | 61 | 22 | 75 | 69 | 15 | 84 | 95 | 08 | 15 | 41 | 15 | 29 | 33 |
| 69 | 73 | 85 | 72 | 99 | 70 | 00 | 50 | 65 | 28 | 04 | 87 | 54 | 65 | 75 |
| 57 | 85 | 28 | 84 | 50 | 20 | 30 | 19 | 58 | 19 | 44 | 41 | 55 | 92 | 20 |
| 36 | 96 | 61 | 38 | 83 | 66 | 50 | 98 | 24 | 05 | 25 | 34 | 64 | 17 | 77 |
| | | | | | | | | | | | | | | |
| 84 | 29 | 55 | 93 | 52 | 42 | 28 | 64 | 65 | 41 | 76 | 85 | 15 | 65 | 50 |
| 11 | 47 | 54 | 38 | 06 | 48 | 61 | 55 | 64 | 75 | 30 | 49 | 53 | 87 | 16 |
| 39 | 77 | 72 | 61 | 15 | 00 | 43 | 34 | 23 | 72 | 67 | 21 | 04 | 00 | 76 |
| 27 | 21 | 12 | 20 | 46 | 02 | 14 | 81 | 12 | 67 | 98 | 37 | 06 | 14 | 77 |
| 60 | 78 | 09 | 70 | 06 | 43 | 20 | 25 | 35 | 00 | 57 | 51 | 62 | 48 | 58 |

# ●索 引

## ア 行

アステロイド 230
余り 11
$|r^n|$ の極限 182
1次変換 153
1葉双曲面 133
一様分布 273
一致条件 98
一般解 81
一般角 72
一般項 170
因数 6
因数定理 29
因数分解 6
上に凸 203
$xy$ 平面 119
$n$ 乗根 56
円環体の体積 228
円グラフ 259
円順列 244
円柱座標 122
円の方程式 100
円面積図表 259
おうぎ形 74
大きさ 159
帯グラフ 259

## カ 行

開区間 190
階差数列 175
階乗 243
階数 143
外積 164
外分点 85
確率 249

確率分布 266
確率変数 266
　　連続な―― 271
確率密度関数 271
加減法 31
仮数 63
仮説の棄却 282
仮説の検定 282
加速度 206
片側検定 283
下端 219
加法定理 77, 250
関数 43
　　――の連続性 191
関数値の増減 200
幾何数列 173
幾何分布 271
危険率 282
軌跡 87
基線 92
期待金額 255
期待値 255, 273
帰無仮説 282
逆関数 52
逆行列 148
逆ベクトル 159
行 135
共役径 104, 108, 113
共役な複素数 23
行ベクトル 143
極 92
極限値 182, 188
極座標 92, 121
極小 201
極小値 201
曲線の凹凸 202
極大 201
極大値 201

極値 201
虚数 22
虚数解 26
虚数単位 22
近似式 208
空事象 250
空集合 21, 235
組合せ 245
クラメルの公式 141
係数 1
結合法則 1
元 135
原始関数 210
懸垂曲線 229
原線 92
交換法則 1
公差 171
合成変換 154
合同変換 155
公倍数 11
公比 173
公約数 11
コサイン 65
誤差の限界 209
弧度法 73
固有値 157
固有ベクトル 157
根元事象 250
混循環小数 187

## サ 行

サイクロイド 227
最小公倍数 12
最小値 48
最大公約数 11
最大値 48
最頻値 261

サイン　65
サラスの法則　136
3角数　170
三角比　67
三角不等式　82
三角方程式　81
3次の行列式　135
算術数列　171
散布度　262
試行の独立　256
事象の従属　253
事象の独立　253
指数　57
次数　143
指数関数　58
指数分布　276
指数法則　1, 58
指数方程式　62
始線　72
自然数　15
自然対数　195
下に凸　203
実数　15
実数解　26
始点　159
指標　63
斜交座標　90
周期　77
周期関数　77
集合　19, 235
　――の元　19
　――の要素　19, 235, 237
収束　188
収束する　182
終点　159
集落抽出法　279
樹形図　240
主軸　107, 112
シュワルツの不等式　223
循環小数　15, 187
循環節　187
純循環小数　187
準線　102
順列　243
商　10

小行列式　138
象限　84
条件付確率　251
上端　219
焦点　102, 106
焦点距離　102
乗法公式　3
乗法定理　253
常用対数　63
剰余の定理　29
真数　59
振動する　182
シンプソンの公式　225
垂直条件　98
数学的帰納法　177
数直線　16
数列　170
　――の和　176
図形の対称移動　88
図形の平行移動　88
ずらし変換　155
正割関数　74
正規曲線　274
正規分布　274
正規分布曲線　274
正弦　65
正弦関数　74
正弦定理　69
整式　2
整数　15
正接　66
正接関数　74
正の角　72
正の相関関係　264
正の向き　72
正の無限大　182, 188
星芒形　230
正方形面積図表　259
積事象　250
積集合　235
積の法則　239
積分記号　210
積分する　210
積分定数　210
接線　199

　――の傾き　194
絶対値　16
接点　199
$zx$ 平面　119
零ベクトル　159
漸化式　170, 179
漸近線　204
線グラフ　259
全事象　250
全体集合　21, 235
相関関係　264
相関係数　265
双曲線の方程式　111
相似変換　155
増分　193
層別抽出法　279
速度　206

## タ　行

第1種の誤り　282
第 $n$ 次導関数　196
第 $n$ 部分和　184
対角行列　150
対角要素　150
台形公式　225
対称行列　150
対数　59
対数関数　61
対数方程式　62
第2種の誤り　282
代入法　31
代表値　259
楕円　106
　――の中心　107
　――の方程式　107
楕円面　133
多項式　2
多項定理　248
単位ベクトル　159
単項式　1
タンジェント　66
短軸　107
値域　43
チェビシェフの定理　263

置換積分法　211, 220
中央値　261
中間値の定理　192
抽出法　279
中心　112
中心極限定理　277
超幾何分布　271
長軸　107
頂点　102, 112
重複解　26
重複組合せ　246
重複順列　244
長方形分布　273
調和数列　175
直積　240
直線の方程式　96
直角双曲線　51
直交座標　90, 119
直交軸　119
積立貯金　174
底　59
定数項　2
定積分　219
テイラーの定理　208
展開分式　3
点グラフ　259
転置行列　149
導関数　194
動径　72, 92
統計地図　259
統計調査　279
等差数列　171
等差中項　172
同次形　233
等置法　31
等比数列　173
等賦償還　174
同様に確からしい　249
特殊解　81
度数分布曲線　258
度数分布多角形　258
度数分布表　258

## ナ　行

内積　162
内分点　85
二項係数　247
二項定理　247
二項分布　269
2次関数　44
2次曲線の中心　117
2次曲面　133
2次の行列式　135
2段抽出法　279
2直線の交点　99
2変数の不等式　40
2葉双曲面　134
年金　174
のばし変換　155

## ハ　行

倍角の公式　79
倍数　11
排反事象　250
パスカルの三角形　247
発散　188
発散する　182
速さ　206
半角の公式　79
判別式　26, 38
微係数　193
ヒストグラム　258
被積分関数　210
左側極限　189
左側連続　190
微分可能　194
微分係数　193
微分する　194
微分法　195
微分方程式　232
標準正規分布　275
標準偏差　262, 268, 273
標本空間　250
比率の差の検定　286
ファレイ数列　170

フィボナッチの数列　171, 181
複号　5
複素数　22
複利法　174
不定積分　210
不等式の性質　36
負の角　72
負の相関関係　264
負の向き　72
負の無限大　182, 188
部分集合　20
部分積分法　213, 222
部分分数　214
分散　262, 273
分数関数　50
分配法則　1
平均値　259, 267, 273
　　——の差の検定　284
　　——の定理　197, 223
平均変化率　193
閉区間　190
平行条件　98
ベイズの定理　252
平方　1
平方根　17, 56
ヘッセの標準形　126
ベルヌイ試行　256
変域　43
偏角　92
変化率　193
変曲点　203
変数分離形　232
ポアソン分布　270
包含関係　235
棒グラフ　259
方向余弦　123
法線　200
放物線　102
　　——の軸　102
　　——の方程式　102
補集合　21, 235
母集団　279
補助円　107
母比率の検定　285
母比率の推定　281

母平均の検定　282
母平均の推定　279

## マ 行

交わり　21
右側極限　189
右側検定　283
右側連続　190
道のり　230
無限級数　184
無限集合　19
無限小数　15
無限数列　170
無限等比級数　186
無作為抽出法　279
無心2次曲線　117
無理関数　54
無理数　15
メジアン　261
メレの質問　257
面積図表　259
モード　261
モンモールの問題　251

## ヤ 行

約数　11

有意水準　282
有意抽出法　279
有限集合　19
有限小数　15
有限数列　170
有向線分　159
有心2次曲線　117
有理化　18
有理式　12
有理数　15
余因数　139, 148
要素　143
余割関数　74
余弦　65
余弦関数　74
余弦定理　70
余事象　250
余接関数　74
4角数　170
4分位偏差　262

## ラ 行

ライプニッツの公式　196
ラジアン　73
ラプラスの定理　277
乱数表　279
離心角　107, 112

離心率　107, 112
立方　1
立方根　30, 56
両側検定　282
隣接3項間の関係　180
隣接2項間の関係　179
累乗　1
累乗根　56
列　135
列ベクトル　143
レンジ　262
連続　190
　——な確率変数　271
連続関数　191
ロルの定理　197

## ワ 行

$yz$ 平面　119
和事象　250
和集合　21, 235
和の法則　239

**編者略歴**

秀島照次(ひでしまてるじ)

1929年　佐賀県に生まれる
1956年　日本大学理工学部電気工学科卒業
現　在　町田デザイン専門学校・参事

---

**数学公式活用事典**（新装版）　　　定価はカバーに表示

1985年 3月20日　初　版第1刷
1999年 5月20日　　　第9刷
2008年 5月20日　新装版第1刷

編　者　秀　島　照　次
発行者　朝　倉　邦　造
発行所　株式会社　朝倉書店

東京都新宿区新小川町6-29
郵便番号　162-8707
電　話　03(3260)0141
FAX　03(3260)0180
http://www.asakura.co.jp

〈検印省略〉

© 1985〈無断複写・転載を禁ず〉　　中央印刷・渡辺製本

ISBN 978-4-254-11120-0　C 3541　　　Printed in Japan

数学オリンピック財団 野口　廣監修
数学オリンピック財団編

## 数学オリンピック事典
―問題と解法― 〔基礎編〕〔演習編〕

11087-6　C3541　　　B5判 864頁 本体18000円

国際数学オリンピックの全問題の他に，日本数学オリンピックの予選・本戦の問題，全米数学オリンピックの本戦・予選の問題を網羅し，さらにロシア（ソ連）・ヨーロッパ諸国の問題を精選して，詳しい解説を加えた。各問題は分野別に分類し，易しい問題を基礎編に，難易度の高い問題を演習編におさめた。基本的な記号，公式，概念など数学の基礎を中学生にもわかるように説明した章を設け，また各分野ごとに体系的な知識が得られるような解説を付けた。世界で初めての集大成

---

理科大 鈴木増雄・中大 香取眞理・東大 羽田野直道・
物質材料研究機構 野々村禎彦訳

## 科学技術者のための 数学ハンドブック

11090-6　C3041　　　A5判 570頁 本体16000円

理工系の学生や大学院生にはもちろん，技術者・研究者として活躍している人々にも，数学の重要事項を一気に学び，また研究中に必要になった事項を手っ取り早く知ることのできる便利で役に立つハンドブック。〔内容〕ベクトル解析とテンソル解析／常微分方程式／行列代数／フーリエ級数とフーリエ積分／線形ベクトル空間／複素関数／特殊関数／変分法／ラプラス変換／偏微分方程式／簡単な線形積分方程式／群論／数値的方法／確率論入門／（付録）基本概念／行列式その他

---

T.H. サイドボサム著　前京大 一松　信訳

## はじめからの すうがく事典

11098-2　C3541　　　B5判 512頁 本体8800円

数学の基礎的な用語を収録した五十音順の辞典。図や例題を豊富に用いて初学者にもわかりやすく工夫した解説がされている。また，ふだん何気なく使用している用語の意味をあらためて確認・学習するのに好適の書である。大学生・研究者から中学・高校の教師，数学愛好者まであらゆるニーズに応える。巻末に索引を付して読者の便宜を図った。〔項目例〕1次方程式，因数分解，エラトステネスの篩，円周率，オイラーの公式，折れ線グラフ，括弧の展開，偶関数，他

---

元東工大 小松勇作編

## 新編 数学ハンドブック 基礎編
（復刊）

11107-1　C3041　　　A5判 596頁 本体12000円

大学教養課程から理工系の専門課程にいたる広い範囲の重要事項を網羅し，定理と証明，例題と解，例などを豊富にとりいれ解説。〔内容〕代数学・整数論（菅野恒雄）／幾何学（石原繁）／微分学（猪狩惺）／積分学（渡利千波）／函数論（松本幾久二）／位相数学（竹之内脩）／常微分方程式（大久保謙二郎）／積分方程式・変分法（小沢満）／特殊級数・積分変換（小松勇作）／特殊関数（西宮範）／偏微分方程式（平沢義一・西本敏彦）／確率論（魚返正）。初版1973年

---

元東工大 小松勇作編

## 新編 数学ハンドブック 応用編
（復刊）

11108-8　C3041　　　A5判 480頁 本体10000円

数学は基礎理論だけにとどまらず応用方面に広範な分野を広げるが，その応用分野の知識を網羅し実地に活用できるようわかりやすく解説。関連事項の間の有機的な引用にも意をはらって編集。〔内容〕ベクトル解析（茂木勇）／特殊曲線・特殊曲面（田代嘉宏）／函数の近似（小松勇作・吹田信之）／応用関数方程式（杉山昌平）／演算子法（広海玄光）／数値解析（梯鉄次郎）／統計（吉原健一）／OR（坂口実）／計算機（井関清志）／情報理論（西田俊夫）。初版1972年

---

藤田　宏・柴田敏男・島田　茂・竹之内脩・
寺田文行・難波完爾・野口　廣・三輪辰郎訳

## 図説 数学の事典（新装版）

11116-3　C3541　　　B5判 1272頁 本体39000円

二色刷りでわかりやすく，丁寧に解説した総合事典。〔内容〕初等数学（累乗と累乗根の計算，代数方程式，関数，百分率，平面幾何，立体幾何，画法幾何，3角法）／高度な数学への道程（集合論，群と体，線形代数，数列・級数，微分法，積分法，常微分方程式，複素解析，射影幾何，微分幾何，確率論，誤差の解析）／いくつかの話題（整数論，代数幾何学，位相空間論，グラフ理論，変分法，積分方程式，関数解析，ゲーム理論，ポケット電卓，マイコン・パソコン）／他

上記価格（税別）は 2008年4月現在